中文版 Photoshop CS5 基础培训教程

（第2版）

数字艺术教育研究室 编著

人 民 邮 电 出 版 社
北 京

图书在版编目（CIP）数据

中文版Photoshop CS5基础培训教程 / 数字艺术教育研究室编著. -- 2版. -- 北京 : 人民邮电出版社, 2018.5(2024.1重印)
ISBN 978-7-115-48047-7

Ⅰ. ①中… Ⅱ. ①数… Ⅲ. ①图象处理软件—技术培训—教材 Ⅳ. ①TP391.413

中国版本图书馆CIP数据核字(2018)第047083号

内容提要

本书全面系统地介绍了Photoshop CS5的基本操作方法和图形图像处理技巧，书中内容包括图像处理基础知识、初识Photoshop CS5、绘制和编辑选区、绘制图像、修饰图像、编辑图像、绘制图形及路径、调整图像的色彩和色调、图层的应用、应用文字与蒙版、使用通道与滤镜、商业案例实训等内容。

本书内容均以课堂案例为主线，通过对各案例实际操作的讲解，使读者可以快速熟悉软件功能和艺术设计思路。书中的软件功能解析部分使读者能够深入学习软件功能。课堂练习和课后习题，可以拓展读者的实际应用能力，提高读者的软件使用技巧。商业案例实训，可以帮助读者快速地掌握商业图形图像的设计理念和设计元素，以顺利达到实战水平。

下载资源中包括书中所有案例的素材及效果文件，读者可通过在线方式获取这些资源，具体方法请参看本书前言。同时，读者除了可以通过扫描书中二维码观看当前案例视频外，还可以扫描前言的“在线视频”二维码观看本书所有案例视频。

本书适合作为院校和培训机构艺术专业课程的教材，也可作为Photoshop CS5自学人员的参考用书。

◆ 编　　著　数字艺术教育研究室
责任编辑　张丹丹
责任印制　陈　犇
◆ 人民邮电出版社出版发行　　北京市丰台区成寿寺路11号
邮编　100164　　电子邮件　315@ptpress.com.cn
网址　http://www.ptpress.com.cn
固安县铭成印刷有限公司印刷
◆ 开本：787×1092　1/16
印张：18　　　　2018年5月第2版
字数：515千字　　　　2024年1月河北第16次印刷

定价：45.00元

读者服务热线：(010)81055410　印装质量热线：(010)81055316
反盗版热线：(010)81055315
广告经营许可证：京东市监广登字20170147号

前　言

Photoshop CS5 是由 Adobe 公司开发的图形图像处理和编辑软件，它功能强大、易学易用，深受图形图像处理爱好者和平面设计人员的喜爱，已经成为这一领域非常流行的软件。目前，我国很多院校和培训机构的艺术专业，都将 Photoshop 作为一门重要的专业课程。为了帮助院校和培训机构的教师比较全面、系统地讲授这门课程，使读者能够熟练地使用 Photoshop CS5 来进行设计创意，数字艺术培训研究室组织院校从事 Photoshop 教学的教师和专业平面设计公司经验丰富的设计师共同编写了本书。

我们对本书的编写体系做了精心的设计，按照“课堂案例－软件功能解析－课堂练习－课后习题”这一思路进行编排，通过课堂案例演练使读者快速熟悉软件功能和艺术设计思路，通过软件功能解析使读者深入学习软件功能和制作特色，通过课堂练习和课后习题，拓展读者的实际应用能力。在内容编写方面，我们力求通俗易懂，细致全面；在文字叙述方面，我们注重言简意赅、重点突出；在案例选取方面，我们强调案例的针对性和实用性。

本书附带下载资源，内容包括书中所有案例的素材及效果文件。读者在学完本书内容以后，可以调用这些资源进行深入练习。这些学习资源文件均可在线下载，扫描封底或者右侧的“资源下载”二维码，关注我们的微信公众号即可获得资源文件下载方式。另外，购买本书作为授课教材的教师也可以通过该方式获得教师专享资源，其中包括教学大纲、备课教案、教学 PPT，以及课堂案例、课堂练习和课后习题的教学视频等相关教学资源包。如需资源下载技术支持，请致函 szys@ptpress.com.cn。同时，读者除了可以通过扫描书中二维码观看当前案例视频外，还可以扫描“在线视频”二维码观看本书所有案例视频。本书的参考学时为 66 学时，其中实践环节为 28 学时，各章的参考学时参见下面的学时分配表。

章	课程内容	学时分配	
		讲　授	实　训
第 1 章	图像处理基础知识	1	
第 2 章	初识 Photoshop CS5	1	
第 3 章	绘制和编辑选区	3	2
第 4 章	绘制图像	3	2
第 5 章	修饰图像	3	2
第 6 章	编辑图像	3	2
第 7 章	绘制图形及路径	4	3
第 8 章	调整图像的色彩和色调	4	3
第 9 章	图层的应用	4	3
第 10 章	应用文字与蒙版	4	3
第 11 章	使用通道与滤镜	3	2
第 12 章	商业案例实训	5	6
学时总计		38	28

由于时间仓促，加作者之水平有限，书中难免存在不妥之处，敬请广大读者批评指正。

作　者

2018 年 3 月

目 录

第7章 绘制图形及路径..............107

第8章 调整图像的色彩和色调...133

第1章 图像处理基础知识

本章介绍

本章将主要介绍 Photoshop CS5 图像处理的基础知识，包括位图与矢量图、分辨率、文件常用格式、图像色彩模式等。通过对本章的学习，读者可以快速掌握这些基础知识，有助于更快、更准确地处理图像。

学习目标

- 了解位图和矢量图的概念。
- 了解不同的分辨率。
- 熟悉图像的不同色彩模式。
- 熟悉软件常用的图像文件格式。

1.1 位图和矢量图

图像文件可以分为两大类：位图和矢量图。在绘图或处理图像的过程中，这两种类型的图像可以相互交叉使用。

1.1.1 位图

位图图像也叫点阵图像，它是由许多单独的小方块组成的，这些小方块又称为像素点，每个像素点都有特定的位置和颜色值，位图图像的显示效果与像素点是紧密联系在一起的，不同排列和着色的像素点组合在一起构成了一幅色彩丰富的图像。像素点越多，图像的分辨率越高，相应地，图像的文件量也会随之增大。

一幅位图图像的原始效果如图 1-1 所示，使用放大工具放大后，可以清晰地看到像素的小方块形状与不同的颜色，效果如图 1-2 所示。

图 1-1

图 1-2

位图与分辨率有关，如果在屏幕上以较大的倍数放大显示图像，或以低于创建时的分辨率打印图像，图像就会出现锯齿状的边缘，并且会丢失细节。

1.1.2 矢量图

矢量图也叫向量图，它是一种基于图形的几何特性来描述的图像。矢量图中的各种图形元素称为对象，每一个对象都是独立的个体，都具有大小、颜色、形状、轮廓等属性。

矢量图与分辨率无关，可以将它设置为任意大小，其清晰度不变，也不会出现锯齿状的边缘。在任何分辨率下显示或打印，都不会损失细节。一幅矢量图的原始效果如图 1-3 所示，使用放大工具放大后，其清晰度不变，效果如图 1-4 所示。

图 1-3

图 1-4

矢量图所占的容量较少，但这种图形的缺点是不易制作色调丰富的图像，而且绘制出来的图形无法像位图那样精确地描绘各种绚丽的景象。

1.2 分辨率

分辨率是用于描述图像文件信息的术语。分辨率分为图像分辨率、屏幕分辨率和输出分辨率。下面将分别进行讲解。

1.2.1 图像分辨率

在 Photoshop CS5 中，图像中每单位长度上的像素数目，称为图像的分辨率，其单位为像素/英寸或是像素/厘米。

在相同尺寸的两幅图像中，高分辨率的图像包含的像素比低分辨率的图像包含的像素多。例如，一幅尺寸为 1 英寸 × 1 英寸的图像，其分辨率为 72 像素/英寸，这幅图像包含 5184 个像素（72 × 72 = 5184）。同样尺寸，分辨率为 300 像素/英寸的图像，图像包含 90000 个像素。相同尺寸下，分辨率为 72 像素/英寸的图像效果如图 1-5 所示，分辨率为 10 像素/英寸的图像效果如图 1-6 所示。由此可见，在相同尺寸下，高分辨率的图像将更能清晰地表现图像内容。

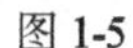

图 1-5

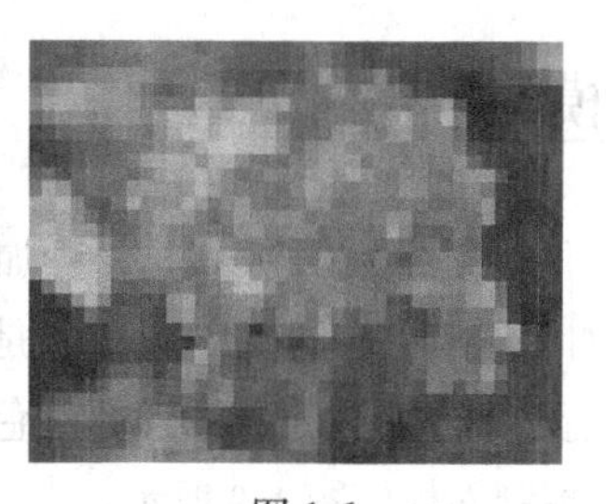

图 1-6

如果一幅图像所包含的像素是固定的，增加图像尺寸后，会降低图像的分辨率。

1.2.2 屏幕分辨率

屏幕分辨率是显示器上每单位长度显示的像素数目。屏幕分辨率取决于显示器大小及其像素设置。PC 显示器的分辨率一般约为 96 像素/英寸，Mac 显示器的分辨率一般约为 72 像素/英寸。在 Photoshop CS5 中，图像像素被直接转换成显示器像素，当图像分辨率高于显示器分辨率时，屏幕中显示的图像比实际尺寸大。

1.2.3 输出分辨率

输出分辨率是照排机或打印机等输出设备产生的每英寸的油墨点数（dpi）。打印机的分辨率在 720 dpi 以上的，可以使图像获得比较好的效果。

1.3 图像的色彩模式

Photoshop CS5 提供了多种色彩模式，这些色彩模式正是作品能够在屏幕和印刷品上成功表现的重要保障。在这些色彩模式中，经常使用到的有 CMYK 模式、RGB 模式、Lab 模式以及 HSB 模式。另外，还有索引模式、灰度模式、位图模式、双色调模式、多通道模式等。这些模式都可以在模式菜单下选取，每种色彩模式都有不同的色域，并且各个模式之间可以相互转换。下面将介绍主要的色彩模式。

1.3.1 CMYK 模式

CMYK 代表了印刷用的 4 种油墨颜色：C 代表青色，M 代表洋红色，Y 代表黄色，K 代表黑色。CMYK 颜色控制面板如图 1-7 所示。

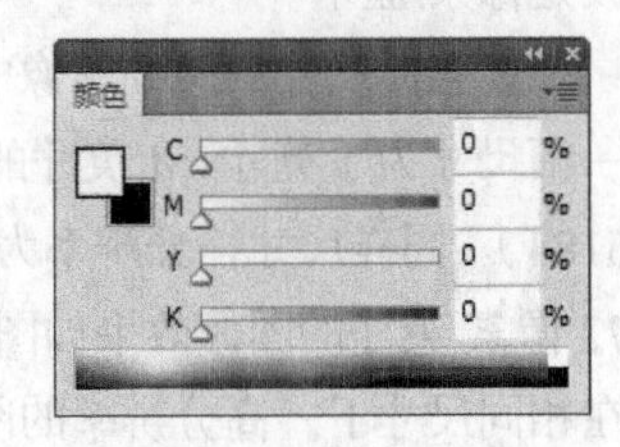

图 1-7

CMYK 模式在印刷时应用了色彩学中的减法混合原理，即减色色彩模式，它是图片、插图和其他 Photoshop 作品中最常用的一种印刷方式。因为在印刷中通常都要进行四色分色，出四色胶片，然后再进行印刷。

1.3.2 RGB 模式

与 CMYK 模式不同的是，RGB 模式是一种加色模式，它通过红、绿、蓝 3 种色光相叠加而形成更多的颜色。RGB 是色光的彩色模式，一幅 24bit 的 RGB 图像有 3 个色彩信息的通道：红色（R）、绿色（G）和蓝色（B）。RGB 颜色控制面板如图 1-8 所示。

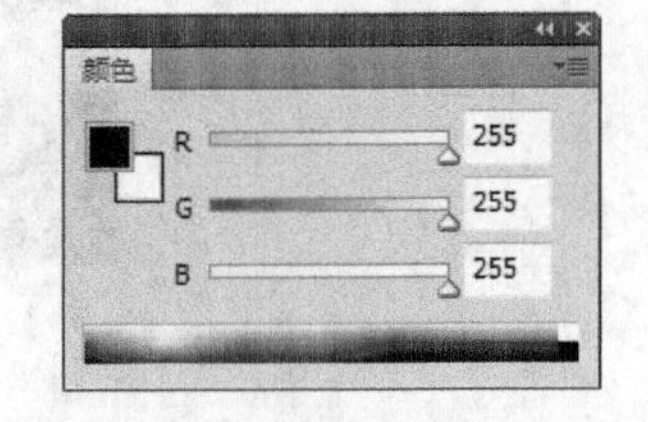

图 1-8

每个通道都有 8 bit 的色彩信息—— 一个 0 ~ 255 的亮度值色域。也就是说，每一种色彩都有 256 个亮度水平级。3 种色彩相叠加，可以有 256×256×256=1670 万种可能的颜色。这 1670 万种颜色足以表现出绚丽多彩的世界。

在 Photoshop CS5 中编辑图像时，RGB 模式应是最佳的选择。因为它可以提供全屏幕的多达 24 bit 的色彩范围，一些计算机领域的色彩专家称之为“True Color（真色彩）”显示。

1.3.3 灰度模式

灰度模式，灰度图又叫 8 bit 深度图。每个像素用 8 个二进制位表示，能产生 2^8（即 256）级灰色调。当一个彩色文件被转换为灰度模式文件时，所有的颜色信息都将从文件中丢失。尽管 Photoshop CS5 允许将一个灰度文件转换为彩色模式文件，但不可能将原来的颜色完全还原。所以，当要转换灰度模式时，应先做好图像的备份。

与黑白照片一样，一个灰度模式的图像只有明暗值，没有色相和饱和度这两种颜色信息。0%代表白，100%代表黑。其中的 K 值用于衡量黑色油墨用量，颜色控制面板如图 1-9 所示。

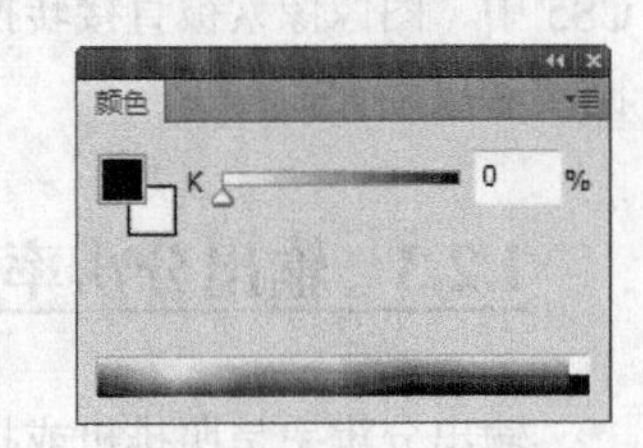

图 1-9

提示　将彩色模式转换为后面介绍的双色调（Duotone）模式或位图（Bitmap）模式时，必须先转换为灰度模式，然后由灰度模式转换为双色调模式或位图模式。

1.4　常用的图像文件格式

当用 Photoshop CS5 制作或处理好一幅图像后，就要进行存储。这时，选择一种合适的文件格式就显得十分重要。Photoshop CS5 有 20 多种文件格式可供选择。在这些文件格式中，既有 Photoshop CS5 的专用格式，也有用于应用程序交换的文件格式，还有一些比较特殊的格式。

1.4.1　PSD 格式

PSD 格式和 PDD 格式是 Photoshop CS5 自身的专用文件格式，能够支持从线图到 CMYK 的所有图像类型，但由于在一些图形处理软件中没有得到很好的支持，所以其通用性不强。PSD 格式和 PDD 格式能够保存图像数据的细小部分，如图层、附加的遮膜通道等 Photoshop CS5 对图像进行特殊处理的信息。在没有最终决定图像存储的格式前，最好先以这两种格式存储。另外，Photoshop CS5 打开和存储这两种格式的文件比其他格式更快。但是这两种格式也有缺点，就是它们所存储的图像文件数据量大，占用磁盘空间较多。

1.4.2　TIF 格式

TIF 格式是标签图像格式。TIF 格式对于色彩通道图像来说是最有用的格式，具有很强的可移植性，它可以用于 PC、Macintosh 以及 UNIX 工作站 3 大平台，是这 3 大平台上使用最广泛的绘图格式。

用 TIF 格式存储时应考虑到文件的大小，因为 TIF 格式的结构要比其他格式更复杂。但 TIF 格式支持 24 个通道，能存储多于 4 个通道的文件格式。TIF 格式还允许使用 Photoshop CS5 中的复杂工具和滤镜特效。TIF 格式非常适合于印刷和输出。

1.4.3　BMP 格式

BMP 格式可以用于绝大多数 Windows 下的应用程序。

BMP 格式使用索引色彩，它的图像具有极为丰富的色彩，并可以使用 16MB 色彩渲染图像。BMP 格式能够存储黑白图、灰度图和 16MB 色彩的 RGB 图像等。此格式一般在多媒体演示、视频输出等情况下使用，但不能在 Macintosh 程序中使用。在存储 BMP 格式的图像文件时，还可以进行无损失压缩，这样能够节省磁盘空间。

1.4.4　GIF 格式

GIF 格式的图像文件数据量比较小，它形成一种压缩的 8 bit 图像文件。正因为这样，一般用这种格式的文件来缩短图形的加载时间。如果在网络中传送图像文件，GIF 格式的图像文件要比其他格式的图像文件快得多。

1.4.5 JPEG 格式

JPEG 格式既是 Photoshop CS5 支持的一种文件格式，也是一种压缩方案。它是 Macintosh 上常用的一种存储类型。JPEG 格式是压缩格式中的“佼佼者”，与 TIF 文件格式采用的 LIW 无损失压缩相比，它的压缩比例更大。但它使用的有损失压缩会丢失部分数据。用户可以在存储前选择图像的最后质量，这就能控制数据的损失程度。

1.4.6 EPS 格式

EPS 格式是 Illustrator CS5 和 Photoshop CS5 之间可交换的文件格式。Illustrator 软件制作出来的流动曲线、简单图形和专业图像一般都存储为 EPS 格式。Photoshop 可以获取这种格式的文件。在 Photoshop CS5 中，也可以把其他图形文件存储为 EPS 格式，在排版类的 PageMaker 和绘图类的 Illustrator 等其他软件中使用。

1.4.7 选择合适的图像文件存储格式

可以根据工作任务的需要选择合适的图像文件存储格式，下面就根据图像的不同用途介绍应该选择的图像文件存储格式。

用于印刷：TIFF、EPS。

出版物：PDF。

Internet 图像：GIF、JPEG、PNG。

用于 Photoshop CS5 工作：PSD、PDD、TIFF。

第2章 初识 Photoshop CS5

本章介绍

本章首先对 Photoshop CS5 进行概述，然后介绍 Photoshop CS5 的功能特色。通过对本章的学习，读者可以对 Photoshop CS5 的多种功用有一个大体的、全方位的了解，有助于在制作图像的过程中快速地定位，应用相应的知识点，完成图像的制作任务。

学习目标

- 了解软件的工作界面。
- 了解文件的操作方法。
- 了解图像的显示效果和辅助线的设置方法。
- 了解图像和画面尺寸的调整以及绘图颜色的设置方法。
- 了解图层的基本应用和恢复操作的方法。

2.1 工作界面的介绍

2.1.1 菜单栏及其快捷方式

熟悉工作界面是学习 Photoshop CS5 的基础。熟练掌握工作界面的内容，有助于初学者日后得心应手地驾驭 Photoshop CS5。Photoshop CS5 的工作界面主要由标题栏、菜单栏、属性栏、工具箱、控制面板和状态栏组成，如图 2-1 所示。

图 2-1

菜单栏：菜单栏中共包含 10 个菜单命令。利用菜单命令可以完成对图像的编辑、调整色彩、添加滤镜效果等操作。

工具箱：工具箱中包含了多个工具。利用不同的工具可以完成对图像的绘制、观察、测量等操作。

属性栏：属性栏是工具箱中各个工具的功能扩展。通过在属性栏中设置不同的选项，可以快速地完成多样化的操作。

控制面板：控制面板是 Photoshop CS5 的重要组成部分。通过不同的功能面板，可以完成图像中填充颜色、设置图层、添加样式等操作。

状态栏：状态栏可以提供当前文件的显示比例、文档大小、当前工具、暂存盘大小等提示信息。

1．菜单分类

Photoshop CS5 的菜单栏依次分为：“文件”菜单、“编辑”菜单、“图像”菜单、“图层”菜单、“选择”菜单、“滤镜”菜单、“分析”菜单、“3D”菜单、“视图”菜单、“窗口”菜单及“帮助”菜单，如图 2-2 所示。

文件(F)　编辑(E)　图像(I)　图层(L)　选择(S)　滤镜(T)　分析(A)　3D(D)　视图(V)　窗口(W)　帮助(H)

图 2-2

文件菜单：包含了各种文件操作命令。编辑菜单：包含了各种编辑文件的操作命令。图像菜单：包含了各种改变图像的大小、颜色等的操作命令。图层菜单：包含了各种调整图像中图层的操作命令。

选择菜单：包含了各种关于选区的操作命令。滤镜菜单：包含了各种添加滤镜效果的操作命令。分析菜单：包含了各种测量图像、数据分析的操作命令。3D 菜单：包含了新的 3D 绘图与合成命令。视图菜单：包含了各种对视图进行设置的操作命令。窗口菜单：包含了各种显示或隐藏控制面板的命令。帮助菜单：包含了各种帮助信息。

2. 菜单命令的不同状态

子菜单命令：有些菜单命令中包含了更多相关的菜单命令，包含子菜单的菜单命令，其右侧会显示黑色的三角形▶，单击带有三角形的菜单命令，就会显示出其子菜单，如图 2-3 所示。

不可执行的菜单命令：当菜单命令不符合运行的条件时，就会显示为灰色，即不可执行状态。例如，在 CMYK 模式下，滤镜菜单中的部分菜单命令将变为灰色，不能使用。

可弹出对话框的菜单命令：当菜单命令后面显示有省略号“...”时，如图 2-4 所示，表示单击此菜单，可以弹出相应的对话框，可以在对话框中进行相应的设置。

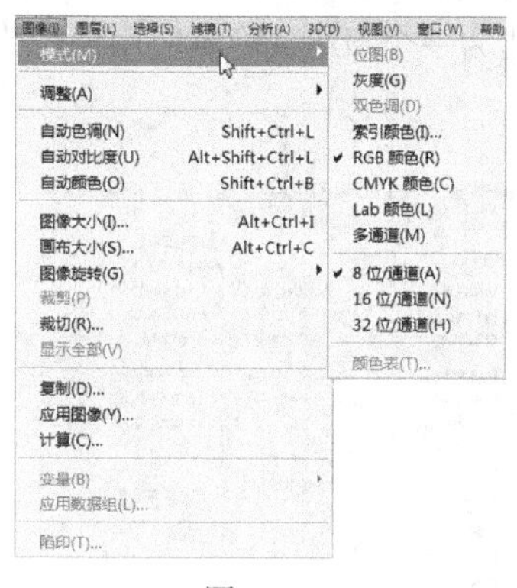

图 2-3

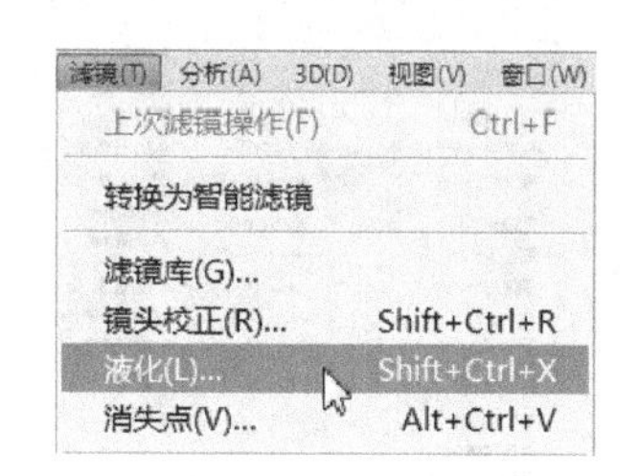

图 2-4

3. 显示或隐藏菜单命令

可以根据操作需要隐藏或显示指定的菜单命令。不经常使用的菜单命令可以暂时隐藏。选择“窗口 > 工作区 > 键盘快捷键和菜单”命令，弹出“键盘快捷键和菜单”对话框，如图 2-5 所示。

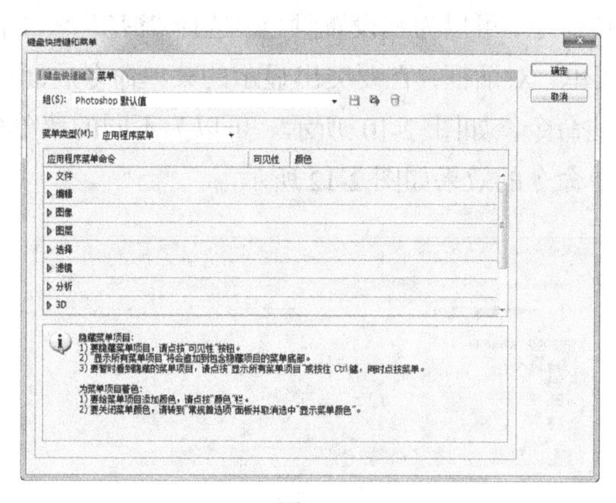

图 2-5

单击“应用程序菜单命令”栏中的命令左侧的三角形按钮▷，将展开详细的菜单命令，如图 2-6 所示。单击“可见性”选项下方的眼睛图标👁，将其相对应的菜单命令进行隐藏，如图 2-7 所示。

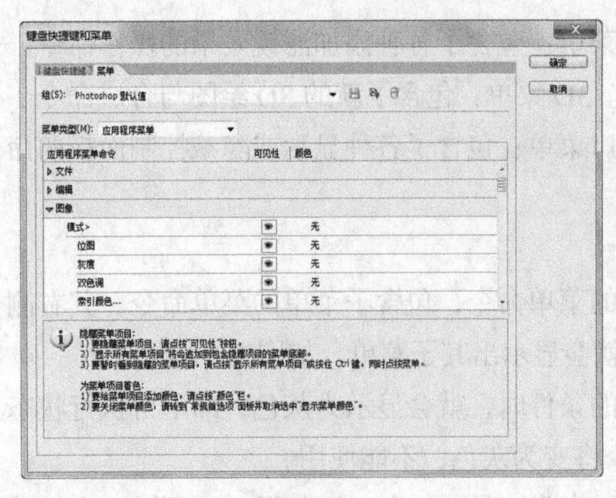

图 2-6

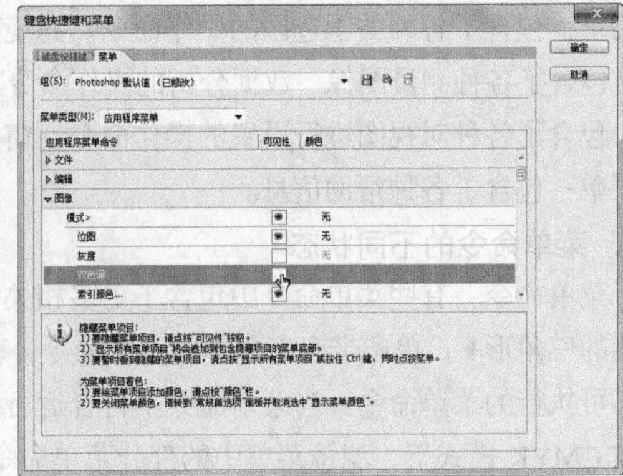

图 2-7

设置完成后，单击“存储对当前菜单组的所有改变”按钮，保存当前的设置。也可单击“根据当前菜单组创建一个新组”按钮，将当前的修改创建为一个新组。隐藏应用程序菜单命令前后的菜单效果如图 2-8 和图 2-9 所示。

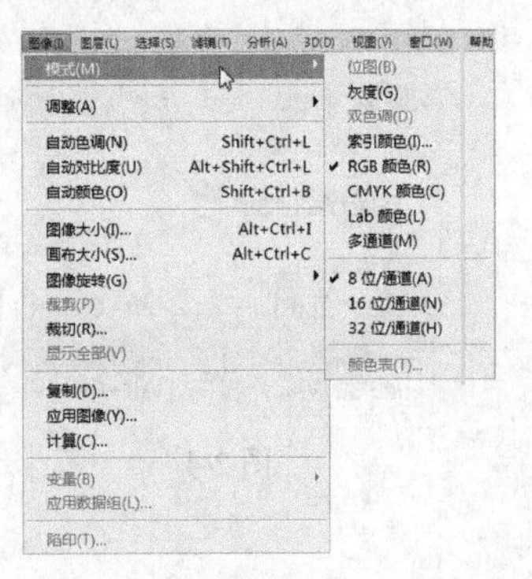

图 2-8

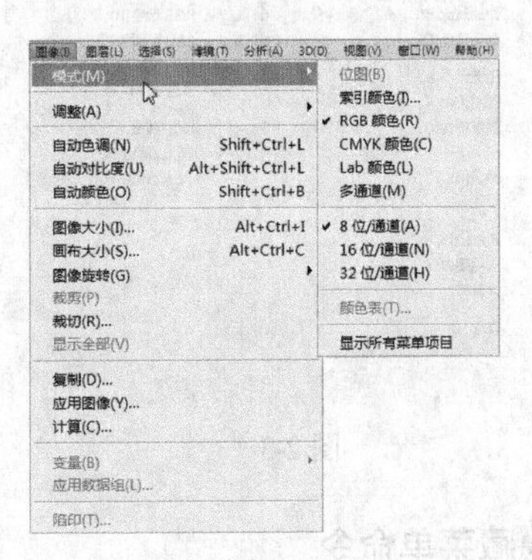

图 2-9

4．突出显示菜单命令

为了突出显示需要的菜单命令，可以为其设置颜色。选择“窗口 > 工作区 > 键盘快捷键和菜单”命令，弹出“键盘快捷键和菜单”对话框，在要突出显示的菜单命令后面单击“无”，在弹出的下拉列表中可以选择需要的颜色标注命令，如图 2-10 所示。可以为不同的菜单命令设置不同的颜色，如图 2-11 所示。设置颜色后，菜单命令的效果如图 2-12 所示。

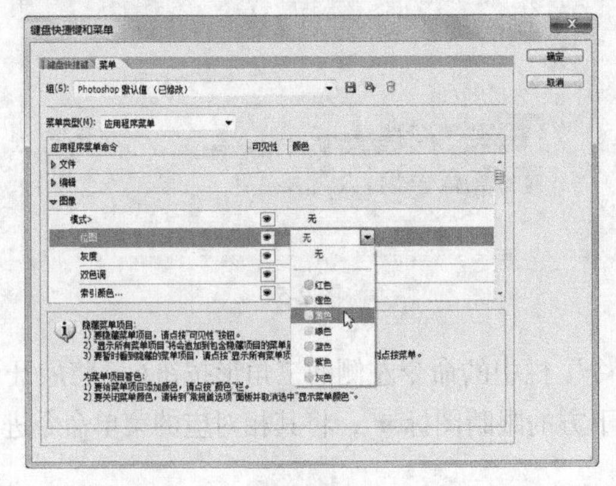

图 2-10

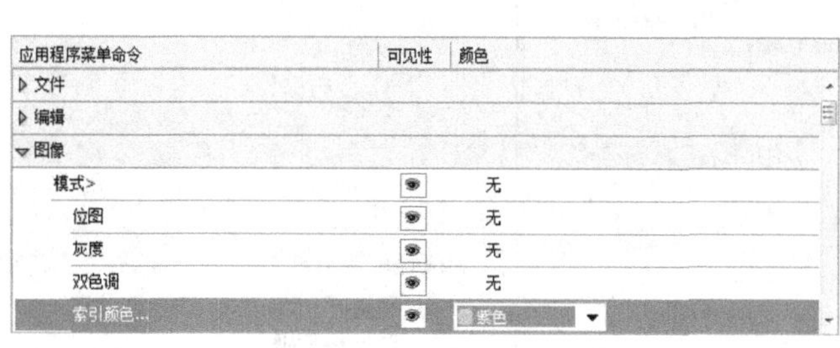

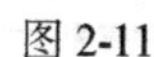
图 2-11

图 2-12

提示　如果要暂时取消显示菜单命令的颜色，可以选择“编辑 > 首选项 > 常规”命令，在弹出的对话框中选择“界面”选项，然后取消勾选“显示菜单颜色”复选框即可。

5. 键盘快捷方式

使用键盘快捷方式：当要选择菜单命令时，可以使用菜单命令旁标注的快捷键，例如，要选择“文件 > 打开”命令，直接按 Ctrl+O 组合键即可。

按住 Alt 键的同时，单击菜单栏中文字后面带括号的字母，可以打开相应的菜单，再按菜单命令中的带括号的字母即可执行相应的命令。例如，要选择“选择”命令，按 Alt+S 组合键即可弹出菜单，要想选择菜单中的“色彩范围”命令，再按 C 键即可。

自定义键盘快捷方式：为了更方便地使用最常用的命令，Photoshop CS5 提供了自定义键盘快捷方式和保存键盘快捷方式的功能。

选择“窗口 > 工作区 > 键盘快捷键和菜单”命令，弹出“键盘快捷键和菜单”对话框，如图 2-13 所示。在对话框下面的信息栏中说明了快捷键的设置方法，在“组”选项中可以选择要设置快捷键的组合，在“快捷键用于”选项中可以选择需要设置快捷键的菜单或工具，在下面的选项窗口中选择需要设置的命令或工具进行设置，如图 2-14 所示。

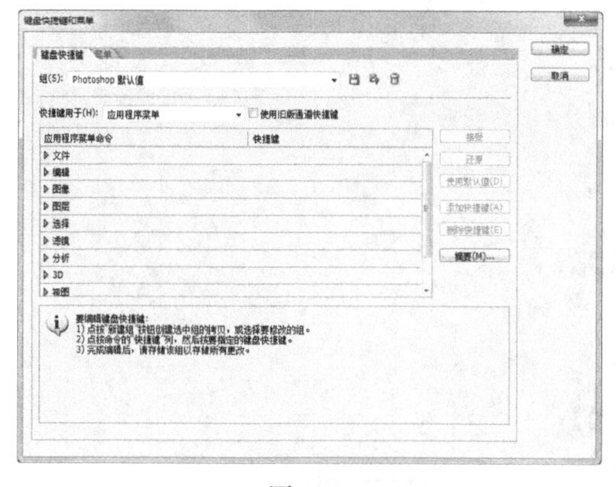
图 2-13

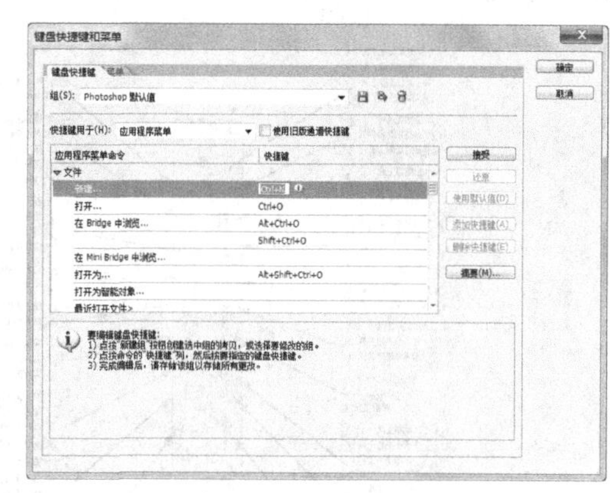
图 2-14

设置新的快捷键后，单击对话框右上方的“根据当前的快捷键组创建一组新的快捷键”按钮，弹出“存储”对话框，在“文件名”文本框中输入名称，如图 2-15 所示，单击“保存”按钮则存储新的快捷键设置。这时，在“组”选项中即可选择新的快捷键设置，如图 2-16 所示。

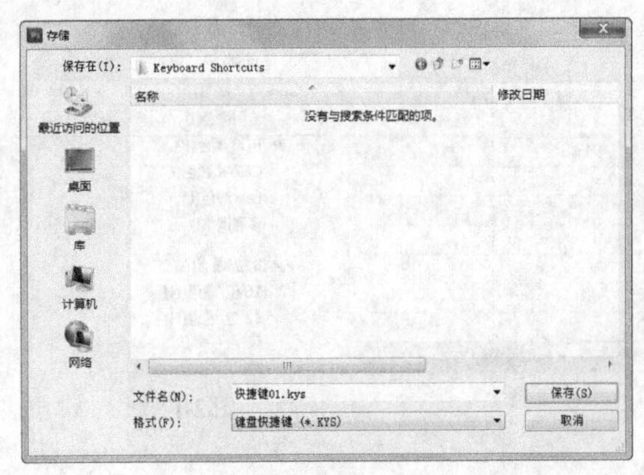

图 2-15

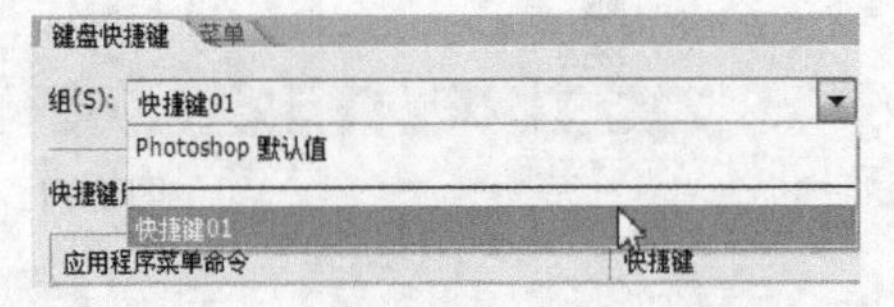

图 2-16

更改快捷键设置后，需要单击“存储对当前菜单组的所有更改”按钮对设置进行存储，单击“确定”按钮，应用更改的快捷键设置。要将快捷键的设置删除，可以在对话框中单击“删除”按钮，将快捷键的设置进行删除，Photoshop CS5 会自动还原为默认设置。

提示

在为控制面板或应用程序菜单中的命令定义快捷键时，这些快捷键必须包括 Ctrl 键或一个功能键。在为工具箱中的工具定义快捷键时，必须使用 A ~ Z 的字母。

2.1.2 工具箱

Photoshop CS5 的工具箱包括选择工具、绘图工具、填充工具、编辑工具、颜色选择工具、屏幕视图工具、快速蒙版工具、3D 工具等，如图 2-17 所示。要了解每个工具的具体名称，可以将鼠标光标放置在具体工具的上方，此时会出现一个黄色的图标，上面会显示该工具的具体名称，如图 2-18 所示。工具名称后面括号中的字母，代表选择此工具的快捷键，只要在键盘上按该字母，就可以快速切换到相应的工具上。

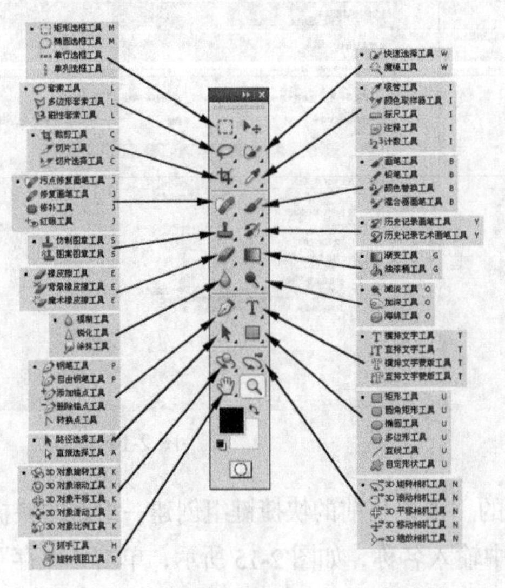

图 2-17

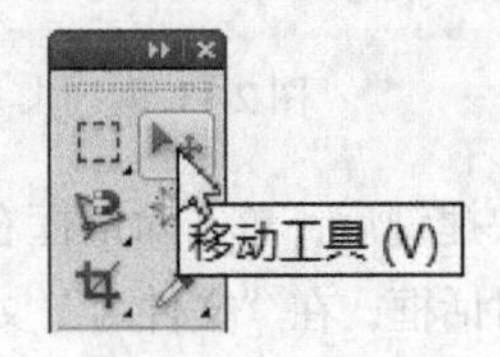

图 2-18

切换工具箱的显示状态：Photoshop CS5 的工具箱可以根据需要在单栏与双栏之间自由切换。当工具箱显示为双栏时，如图 2-19 所示，单击工具箱上方的双箭头图标，工具箱即可转换为单栏，节省工作空间，如图 2-20 所示。

图 2-19　　　　图 2-20

显示隐藏工具箱：在工具箱中，部分工具图标的右下方有一个黑色的小三角，表示在该工具下还有隐藏的工具。用鼠标在工具箱中有小三角的工具图标上单击并按住鼠标不放，弹出隐藏工具选项，如图 2-21 所示，将鼠标光标移动到需要的工具图标上，即可选择该工具。

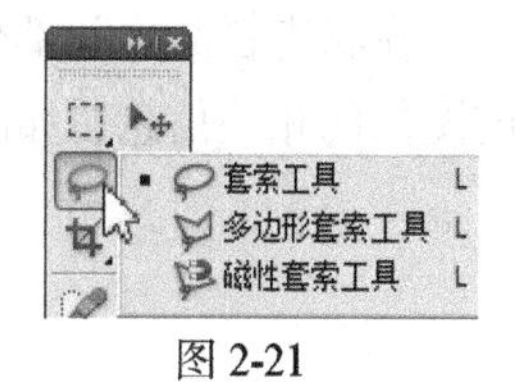

图 2-21

恢复工具箱的默认设置：要想恢复工具默认的设置，可以选择该工具，在相应的工具属性栏中，用鼠标右键单击工具图标，在弹出的菜单中选择“复位工具”命令，如图 2-22 所示。

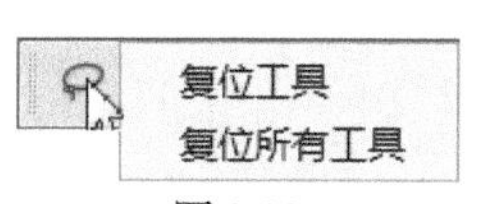

图 2-22

光标的显示状态：当选择工具箱中的工具后，图像中的光标就变为工具图标。例如，选择“裁剪”工具，图像窗口中的光标随之显示为裁剪工具的图标，如图 2-23 所示。

选择“画笔”工具，光标显示为画笔工具的对应图标，如图 2-24 所示。按 Caps Lock 键，光标转换为精确的十字形图标，如图 2-25 所示。

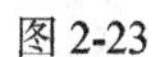

图 2-23

图 2-24

图 2-25

2.1.3　属性栏

当选择某个工具后，会出现相应的工具属性栏，可以通过属性栏对工具进行进一步的设置。例如，当选择“魔棒”工具时，工作界面的上方会出现相应的魔棒工具属性栏，可以应用属性栏中的各个命令对工具做进一步的设置，如图 2-26 所示。

图 2-26

2.1.4 状态栏

打开一幅图像时，图像的下方会出现该图像的状态栏，如图 2-27 所示。

图 2-27

状态栏的左侧显示当前图像缩放显示的百分数。在显示区的文本框中输入数值可改变图像窗口的显示比例。

在状态栏的中间部分显示当前图像的文件信息，单击三角形图标▶，在弹出的菜单中可以选择当前图像的相关信息，如图 2-28 所示。

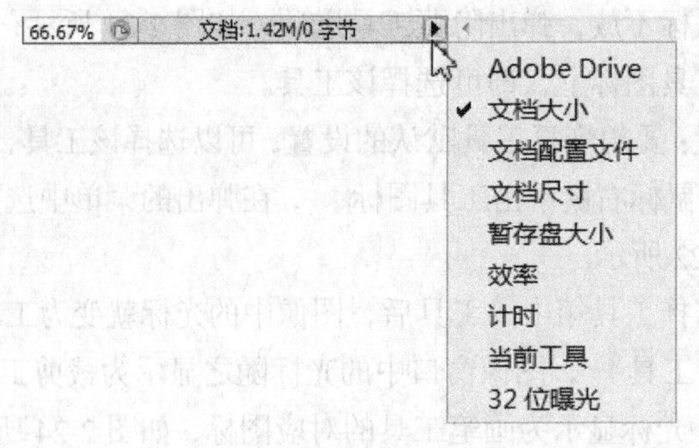

图 2-28

2.1.5 控制面板

控制面板是处理图像时另一个不可或缺的部分。Photoshop CS5 界面为用户提供了多个控制面板组。

收缩与扩展控制面板：控制面板可以根据需要进行伸缩。面板的展开状态如图 2-29 所示。单击控制面板上方的双箭头图标，可以将控制面板收缩，如图 2-30 所示。如果要展开某个控制面板，可以直接单击其选项卡，相应的控制面板会自动弹出，如图 2-31 所示。

图 2-29

图 2-30

图 2-31

拆分控制面板：若需单独拆分出某个控制面板，可用鼠标选中该控制面板的选项卡并向工作区拖曳，如图 2-32 所示，选中的控制面板将被单独地拆分出来，如图 2-33 所示。

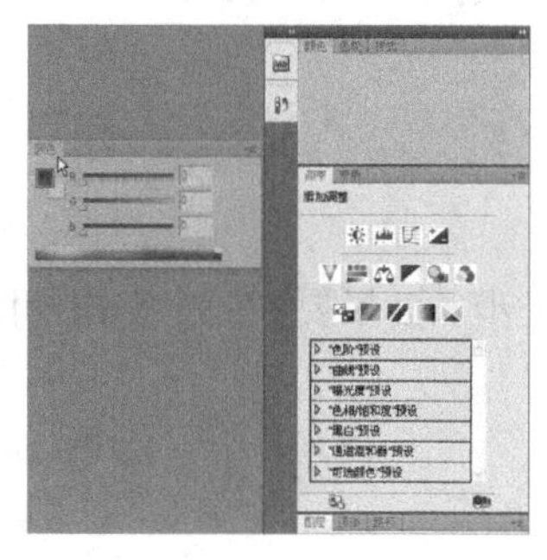

图 2-32

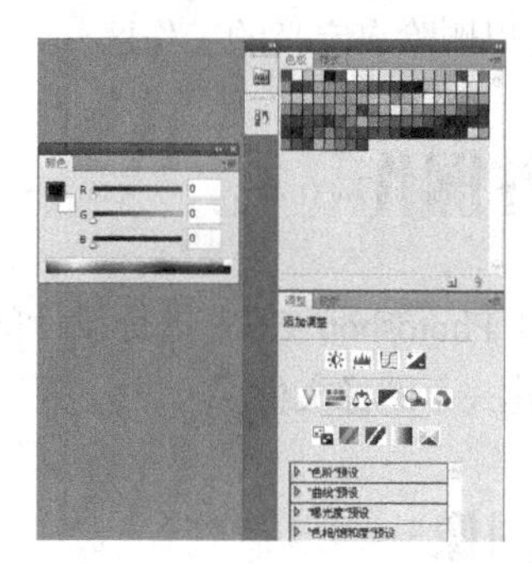

图 2-33

组合控制面板：可以根据需要将两个或多个控制面板组合到一个面板组中，这样可以节省操作的空间。要组合控制面板，可以选中外部控制面板的选项卡，用鼠标将其拖曳到要组合的面板组中，面板组周围出现蓝色的边框，如图 2-34 所示，此时，释放鼠标，控制面板将被组合到面板组中，如图 2-35 所示。

控制面板弹出式菜单：单击控制面板右上方的图标，可以弹出控制面板的相关命令菜单，应用这些菜单可以提高控制面板的功能性，如图 2-36 所示。

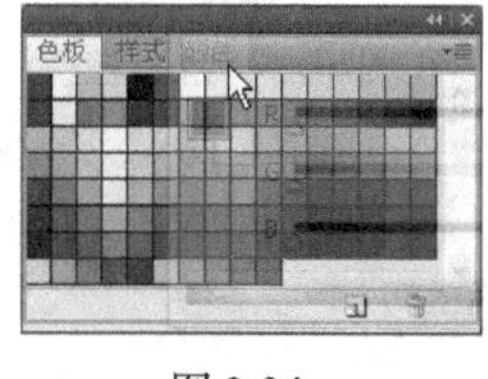

图 2-34

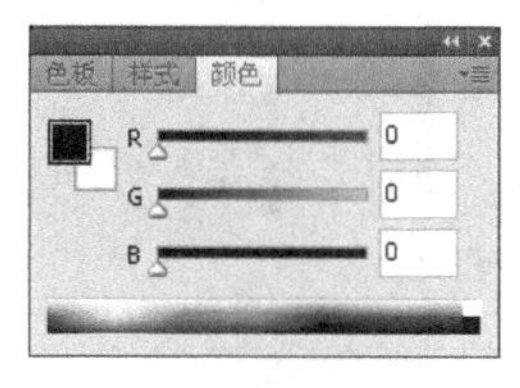

图 2-35

图 2-36

隐藏与显示控制面板：按 Tab 键，可以隐藏工具箱和控制面板；再次按 Tab 键，可显示出隐藏的部分。按 Shift+Tab 组合键，可以隐藏控制面板；再次按 Shift+Tab 组合键，可显示出隐藏的部分。

提示 按 F6 键显示或隐藏“颜色”控制面板，按 F7 键显示或隐藏“图层”控制面板，按 F8 键显示或隐藏“信息”控制面板。按住 Alt 键的同时单击控制面板上方的最小化按钮，将只显示控制面板的选项卡。

自定义工作区：可以依据操作习惯自定义工作区、存储控制面板及设置工具的排列方式，设计出个性化的 Photoshop CS5 界面。

设置工作区后，选择“窗口 > 工作区 > 新建工作区”命令，弹出“新建工作区”对话框，输入工作区名称，如图 2-37 所示，单击“存储”按钮，即可将自定义的工作区进行存储。

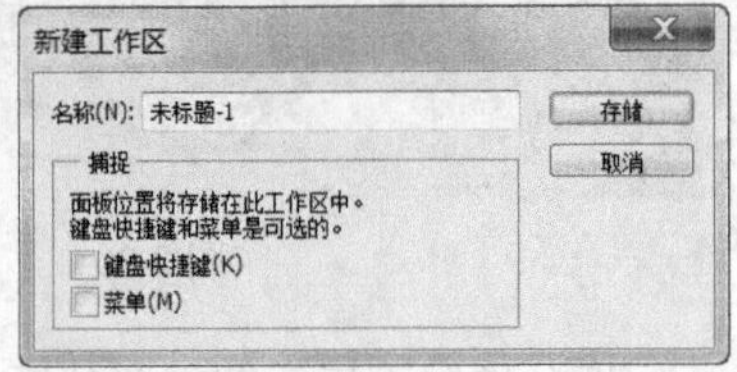

图 2-37

使用自定义工作区时，在“窗口 > 工作区”的子菜单中选择新保存的工作区名称。如果要再恢复使用 Photoshop CS5 默认的工作区状态，可以选择“窗口 > 工作区 > 复位基本功能”命令进行恢复。选择“窗口 > 工作区 > 删除工作区”命令，可以删除自定义的工作区。

2.2 文件操作

新建图像是使用 Photoshop CS5 进行设计的第一步。如果要在一个空白的图像上绘图，就要在 Photoshop CS5 中新建一个图像文件。

2.2.1 新建图像

选择“文件 > 新建”命令，或按 Ctrl+N 组合键，弹出“新建”对话框，如图 2-38 所示。在对话框中可以设置新建图像的名称、图像的宽度和高度、分辨率、颜色模式等选项，设置完成后单击“确定”按钮，即可完成新建图像，如图 2-39 所示。

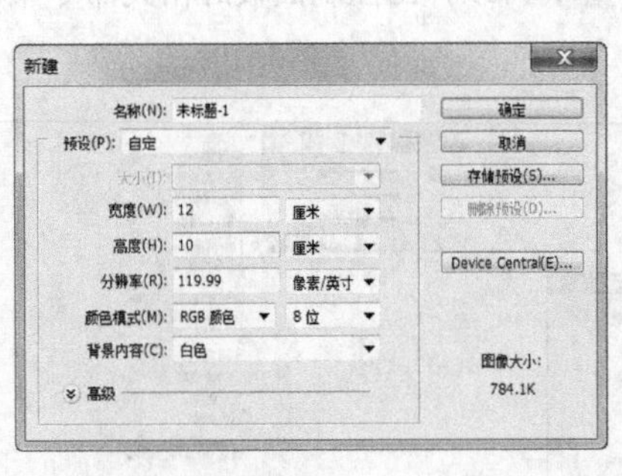

图 2-38

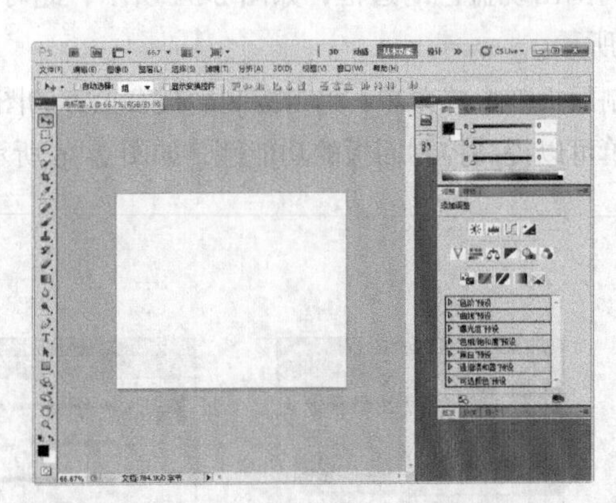

图 2-39

2.2.2 打开图像

如果要对照片或图片进行修改和处理，就要在 Photoshop CS5 中打开需要的图像。

选择“文件 > 打开”命令，或按 Ctrl+O 组合键，弹出“打开”对话框，在对话框中搜索路径和文件，确认文件类型和名称，通过 Photoshop CS5 提供的预览略图选择文件，如图 2-40 所示，然后单击“打开”按钮，或直接双击文件，即可打开所指定的图像文件，如图 2-41 所示。

图 2-40

图 2-41

提示　在“打开”对话框中，也可以一次同时打开多个文件，只要在文件列表中将所需的几个文件选中，并单击“打开”按钮。在“打开”对话框中选择文件时，按住 Ctrl 键的同时，用鼠标单击，可以选择不连续的多个文件。按住 Shift 键的同时，用鼠标单击，可以选择连续的多个文件。

2.2.3　保存图像

编辑和制作完图像后，就需要将图像进行保存，以便于下次打开继续操作。

选择“文件 > 存储”命令，或按 Ctrl+S 组合键，可以存储文件。当设计好的作品进行第一次存储时，选择“文件 > 存储”命令，将弹出“存储为”对话框，如图 2-42 所示，在对话框中输入文件名、选择文件格式后，单击“保存”按钮，即可将图像保存。

图 2-42

提示 当对已存储过的图像文件进行各种编辑操作后，选择“存储”命令，将不弹出“存储为”对话框，计算机直接保存最终确认的结果，并覆盖原始文件。

2.2.4 关闭图像

将图像进行存储后，可以将其关闭。选择“文件 > 关闭”命令，或按 Ctrl+W 组合键，可以关闭文件。关闭图像时，若当前文件被修改过或是新建文件，则会弹出提示框，如图 2-43 所示，单击“是”按钮即可存储并关闭图像。

图 2-43

2.3 图像的显示效果

使用 Photoshop CS5 编辑和处理图像时，可以通过改变图像的显示比例，以使工作更便捷、高效。

2.3.1 100%显示图像

100%显示图像，如图 2-44 所示。在此状态下可以对文件进行精确的编辑。

图 2-44

2.3.2 放大显示图像

选择“缩放”工具，在图像中鼠标光标变为放大图标，每单击一次鼠标，图像就会放大一倍。当图像以 100%的比例显示时，用鼠标在图像窗口中单击 1 次，图像则以 200%的比例显示，效果如图 2-45 所示。

当要放大一个指定的区域时，选择放大工具，按住鼠标不放，在图像上框选出一个矩形选区，如图 2-46 所示，选中需要放大的区域，松开鼠标，选中的区域会放大显示并填满图像窗口，如图 2-47 所示。

图 2-45

图 2-46

图 2-47

按 Ctrl+ + 组合键，可逐次放大图像，例如，从 100%的显示比例放大到 200%，直至 300%、400%。

2.3.3　缩小显示图像

缩小显示图像，一方面可以用有限的屏幕空间显示出更多的图像，另一方面可以看到一个较大图像的全貌。

选择“缩放”工具，在图像中光标变为放大工具图标，按住 Alt 键不放，鼠标光标变为缩小工具图标。每单击一次鼠标，图像将缩小显示一级。图像的原始效果如图 2-48 所示，缩小显示后的效果如图 2-49 所示。按 Ctrl+ – 组合键，可逐次缩小图像。

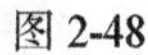

图 2-48

图 2-49

也可在缩放工具属性栏中单击缩小工具按钮，如图 2-50 所示，则鼠标光标变为缩小工具图标，每单击一次鼠标，图像将缩小显示一级。

图 2-50

2.3.4 全屏显示图像

如果要将图像的窗口放大填满整个屏幕，可以在缩放工具的属性栏中单击“适合屏幕”按钮 适合屏幕，再勾选“调整窗口大小以满屏显示”选项，如图 2-51 所示。这样在放大图像时，窗口就会和屏幕的尺寸相适应，效果如图 2-52 所示。单击“实际像素”按钮 实际像素，图像将以实际像素比例显示。单击“打印尺寸”按钮 打印尺寸，图像将以打印分辨率显示。

☑调整窗口大小以满屏显示 ☐缩放所有窗口 ☑细微缩放 实际像素 适合屏幕 填充屏幕 打印尺寸

图 2-51

图 2-52

2.3.5 图像窗口显示

当打开多个图像文件时，会出现多个图像文件窗口，这就需要对窗口进行布置和摆放。

同时打开多幅图像，效果如图 2-53 所示。按 Tab 键，关闭操作界面中的工具箱和控制面板，将鼠标光标放在图像窗口的标题栏上，拖曳图像到操作界面的任意位置，如图 2-54 所示。

图 2-53

图 2-54

选择“窗口 > 排列 > 层叠”命令，图像的排列效果如图 2-55 所示。选择“窗口 > 排列 > 平铺”命令，图像的排列效果如图 2-56 所示。

图 2-55

图 2-56

2.3.6　观察放大图像

选择“抓手”工具，在图像中鼠标光标变为抓手，用鼠标拖曳图像，可以观察图像的每个部分，效果如图 2-57 所示。直接用鼠标拖曳图像周围的垂直和水平滚动条，也可观察图像的每个部分，效果如图 2-58 所示。如果正在使用其他的工具进行工作，按住 Spacebar（空格）键，可以快速切换到“抓手”工具。

图 2-57

图 2-58

2.4　标尺、参考线和网格线的设置

标尺和网格线的设置可以使图像处理更加精确，而实际设计任务中的问题有许多也需要使用标尺和网格线来解决。

2.4.1　标尺的设置

设置标尺可以精确地编辑和处理图像。选择“编辑 > 首选项 > 单位与标尺”命令，弹出相应的对话框，如图 2-59 所示。

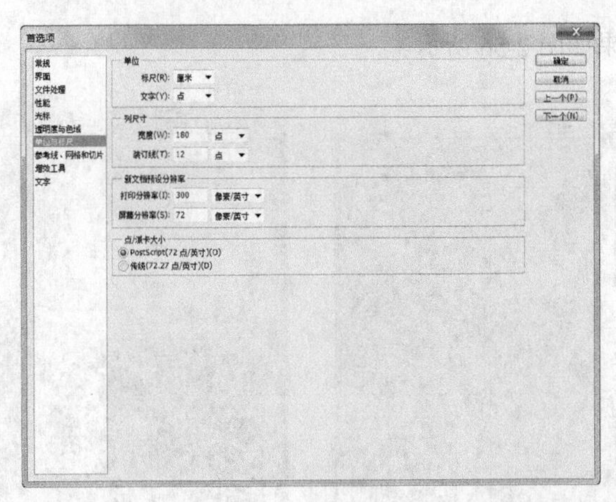

图 2-59

单位：用于设置标尺和文字的显示单位，有不同的显示单位可以选择。列尺寸：用列来精确确定图像的尺寸。点/派卡大小：与输出有关。选择“视图 > 标尺”命令，可以将标尺显示或隐藏，如图 2-60 和图 2-61 所示。

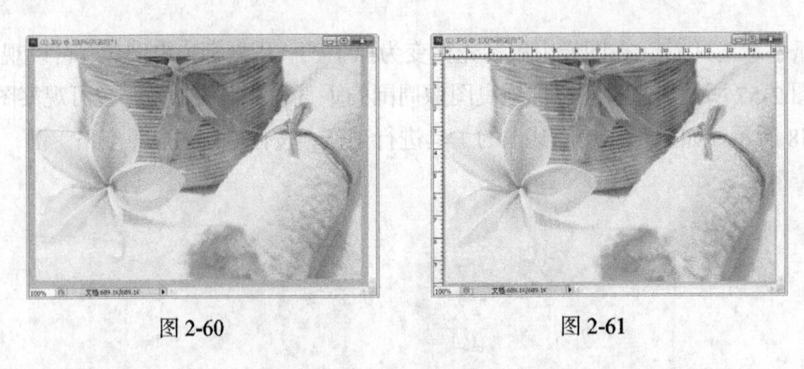

图 2-60　　　　图 2-61

将鼠标光标放在标尺的 x 和 y 轴的 0 点处，如图 2-62 所示。单击并按住鼠标不放，向右下方拖曳鼠标到适当的位置，如图 2-63 所示，释放鼠标，标尺的 x 和 y 轴的 0 点就变为鼠标移动后的位置，如图 2-64 所示。

图 2-62　　　　图 2-63　　　　图 2-64

2.4.2　参考线的设置

设置参考线：设置参考线可以使编辑图像的位置更精确。将鼠标的光标放在水平标尺上，按住鼠标不放，向下拖曳出水平的参考线，效果如图 2-65 所示。将鼠标的光标放在垂直标尺上，按住鼠标不放，向右拖曳出垂直的参考线，效果如图 2-66 所示。

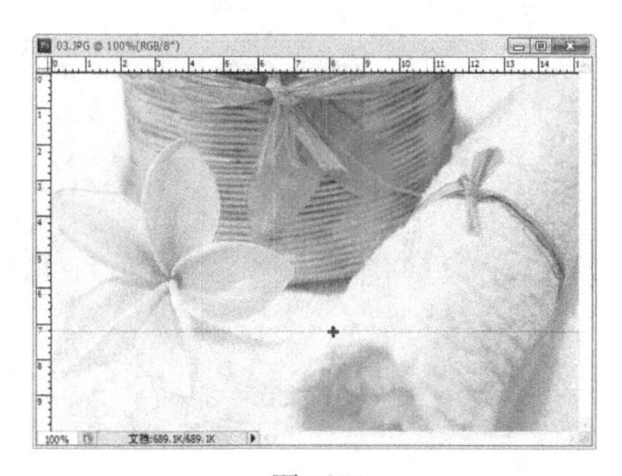

图 2-65

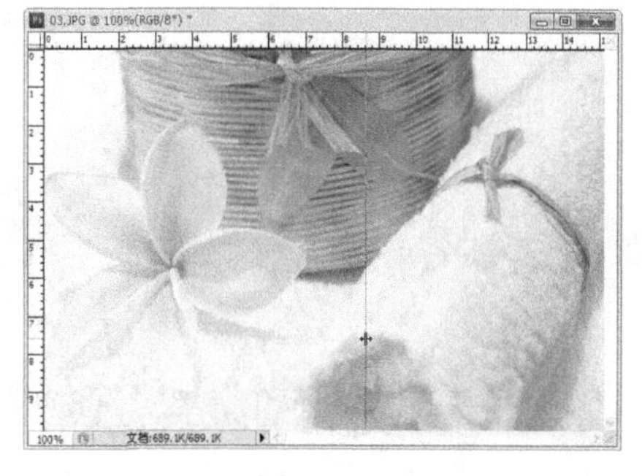

图 2-66

显示或隐藏参考线：选择“视图 > 显示 > 参考线”命令，可以显示或隐藏参考线，此命令只有存在参考线的前提下才能应用。

移动参考线：选择“移动”工具，将鼠标光标放在参考线上，鼠标光标变为，按住鼠标拖曳，可以移动参考线。

锁定、清除、新建参考线：选择“视图 > 锁定参考线”命令或按 Alt +Ctrl+; 组合键，可以将参考线锁定，参考线锁定后将不能移动。选择“视图 > 清除参考线”命令，可以将参考线清除。选择“视图 > 新建参考线”命令，弹出“新建参考线”对话框，如图 2-67 所示，设定后单击“确定”按钮，图像中出现新建的参考线。

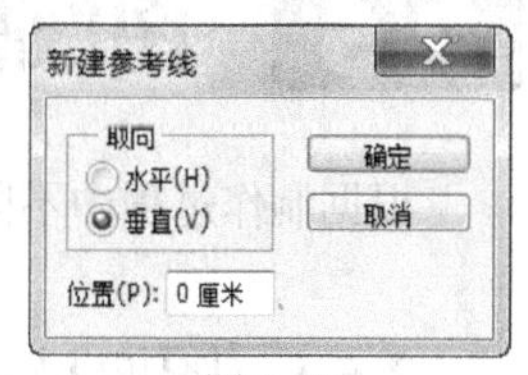

图 2-67

2.4.3　网格线的设置

设置网格线可以将图像处理得更精准。选择“编辑 > 首选项 > 参考线、网格和切片”命令，弹出相应的对话框，如图 2-68 所示。

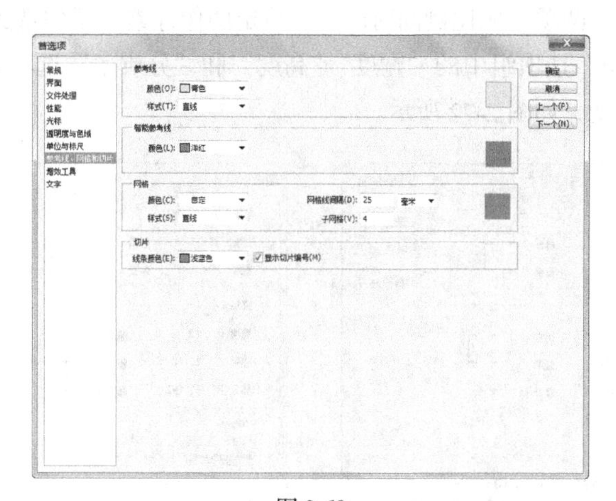

图 2-68

参考线：用于设定参考线的颜色和样式。网格：用于设定网格的颜色、样式、网格线间隔、子网格等。切片：用于设定切片的颜色和显示切片的编号。

选择“视图 > 显示 > 网格”命令，可以显示或隐藏网格，如图 2-69 和图 2-70 所示。

图 2-69

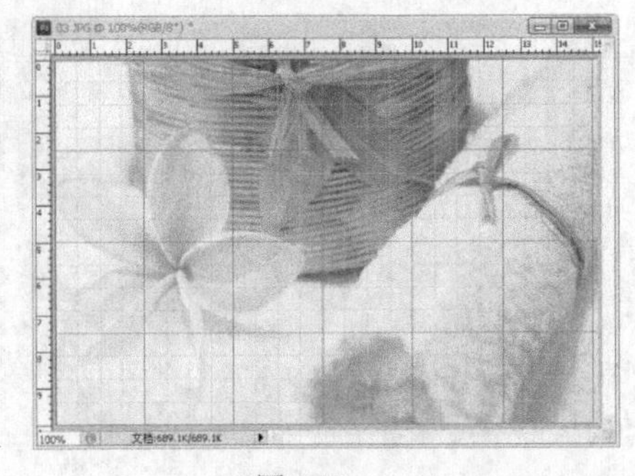

图 2-70

技巧

反复按 Ctrl+R 组合键，可以将标尺显示或隐藏。反复按 Ctrl+; 组合键，可以将参考线显示或隐藏。反复按 Ctrl+’ 组合键，可以将网格显示或隐藏。

2.5 图像和画布尺寸的调整

根据制作过程中不同的需求，可以随时调整图像的尺寸与画布的尺寸。

2.5.1 图像尺寸的调整

打开一幅图像，选择“图像 > 图像大小”命令，弹出“图像大小”对话框，如图 2-71 所示。

像素大小：通过改变“宽度”和“高度”选项的数值，改变图像在屏幕上显示的大小，图像的尺寸也相应改变。文档大小：通过改变“宽度”“高度”和“分辨率”选项的数值，改变图像的文档大小，图像的尺寸也相应改变。约束比例：选中此复选框，在“宽度”和“高度”选项右侧出现锁链标志，表示改变其中一项设置时，两项会成比例同时改变。重定图像像素：不勾选此复选框，像素的数值将不能单独设置，“文档大小”选项组中的“宽度”“高度”和“分辨率”选项右侧将出现锁链标志，改变数值时 3 项会同时改变，如图 2-72 所示。

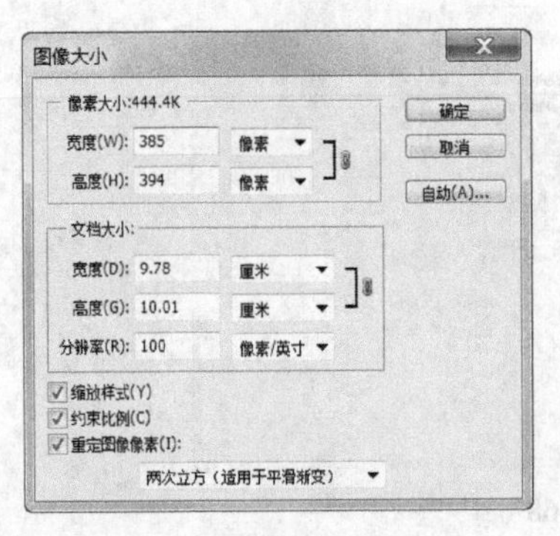

图 2-71

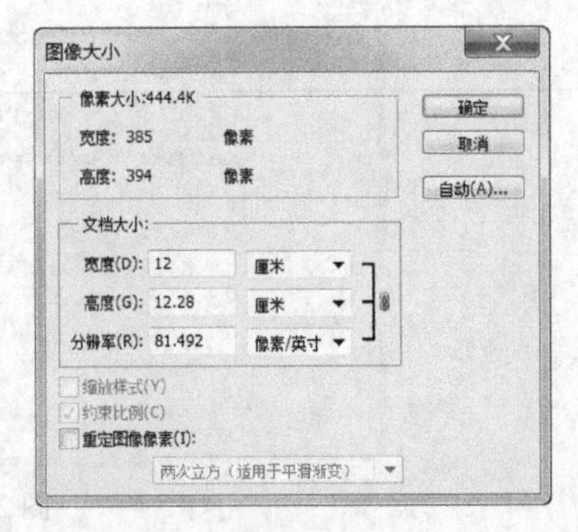

图 2-72

在“图像大小”对话框中可以改变选项数值的计量单位，在选项右侧的下拉列表中进行选择，如图 2-73 所示。单击“自动”按钮，弹出“自动分辨率”对话框，系统将自动调整图像的分辨率和品质效果，如图 2-74 所示。

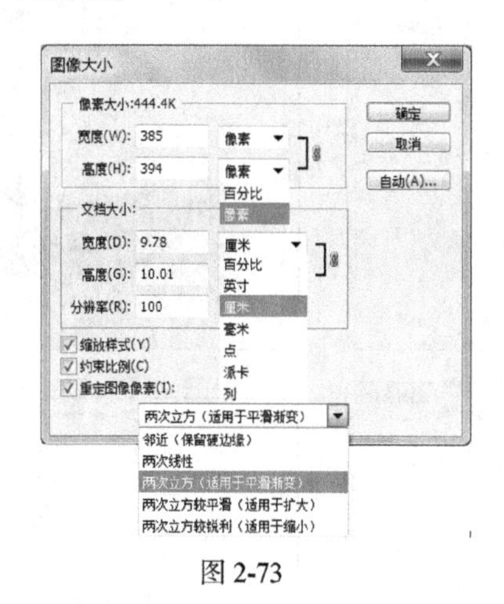

图 2-73

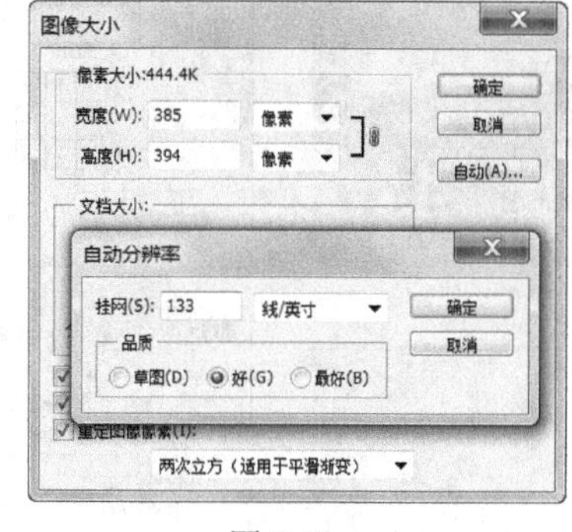

图 2-74

2.5.2　画布尺寸的调整

图像画布尺寸的大小是指当前图像周围的工作空间的大小。选择“图像 > 画布大小”命令，弹出“画布大小”对话框，如图 2-75 所示。

当前大小：显示的是当前文件的大小和尺寸。新建大小：用于重新设定图像画布的大小。定位：可调整图像在新画面中的位置，可偏左、居中或在右上角等，如图 2-76 所示。设置不同的调整方式，图像调整后的效果如图 2-77 所示。

图 2-75

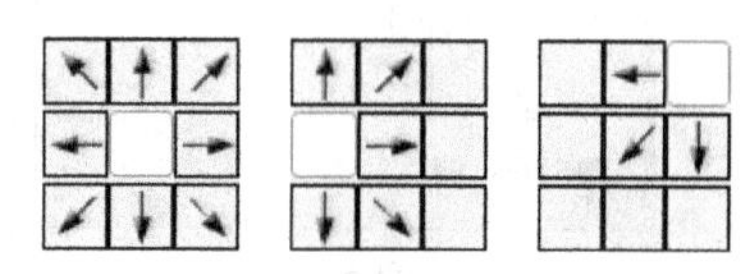

图 2-76

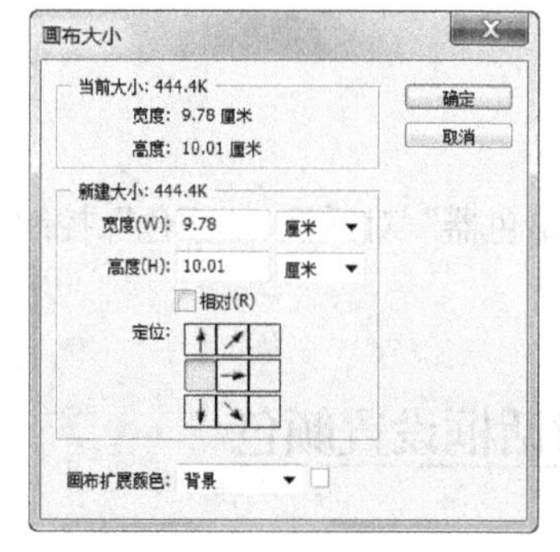

图 2-77

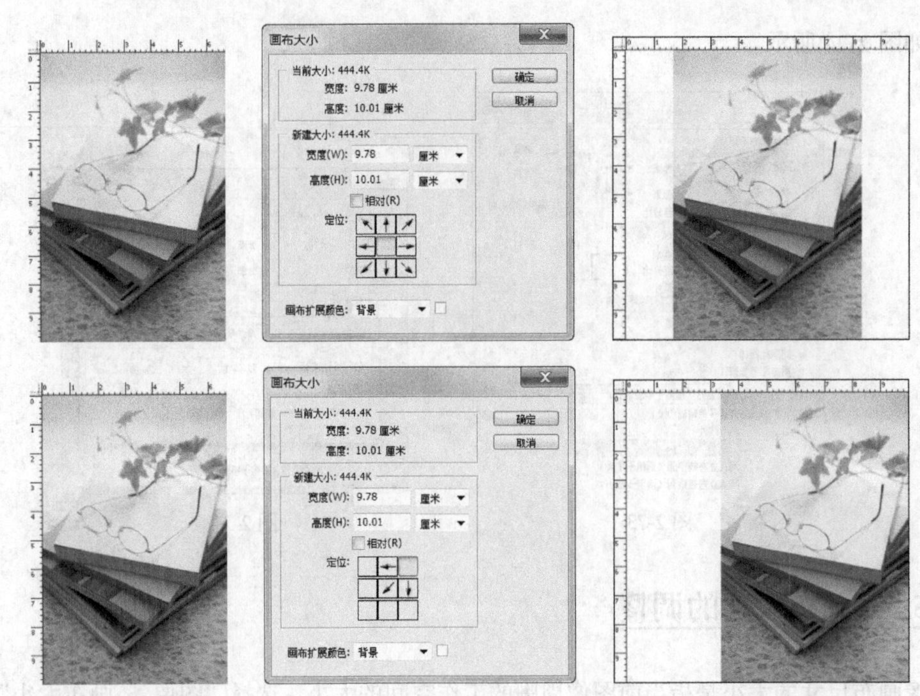

图 2-77（续）

画布扩展颜色：此选项的下拉列表中可以选择填充图像周围扩展部分的颜色，在列表中可以选择前景色、背景色或 Photoshop CS5 中的默认颜色，也可以自己调整所需颜色。在对话框中进行设置，如图 2-78 所示，单击“确定”按钮，效果如图 2-79 所示。

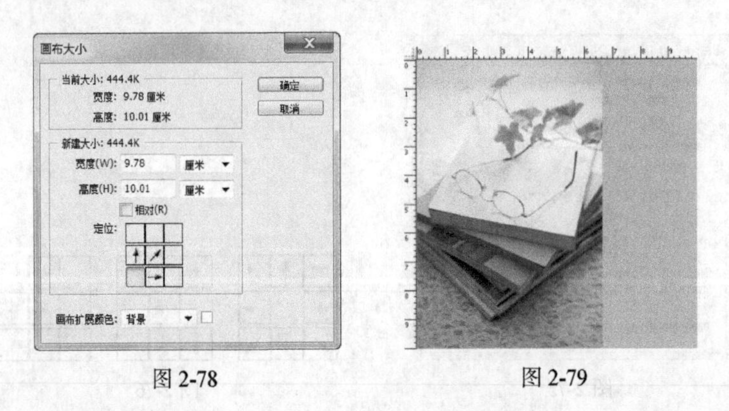

图 2-78　　图 2-79

2.6 设置绘图颜色

在 Photoshop CS5 中可以使用“拾色器”对话框、“颜色”控制面板、“色板”控制面板对图像进行色彩的选择。

2.6.1 使用“拾色器”对话框设置颜色

可以在“拾色器”对话框中设置颜色。

使用颜色滑块和颜色选择区：用鼠标在颜色色带上单击或拖曳两侧的三角形滑块，如图 2-80 所示，可以使颜色的色相产生变化。

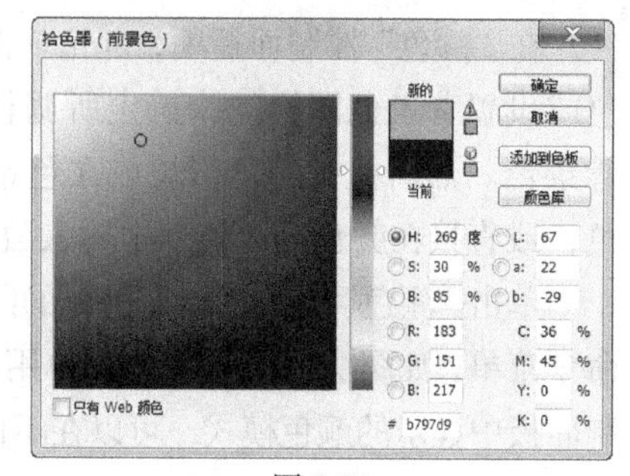

图 2-80

在“拾色器”对话框左侧的颜色选择区中，可以选择颜色的明度和饱和度，垂直方向表示的是明度的变化，水平方向表示的是饱和度的变化。

选择好颜色后，在对话框的右侧上方的颜色框中会显示所选择的颜色，右侧下方是所选择颜色的 HSB、RGB、CMYK、Lab 值，选择好颜色后，单击“确定”按钮，所选择的颜色将变为工具箱中的前景色或背景色。

使用颜色库按钮选择颜色：在“拾色器”对话框中单击“颜色库”按钮 颜色库 ，弹出“颜色库”对话框，如图 2-81 所示。在对话框中，“色库”下拉菜单中是一些常用的印刷颜色体系，如图 2-82 所示，其中“TRUMATCH”是为印刷设计提供服务的印刷颜色体系。

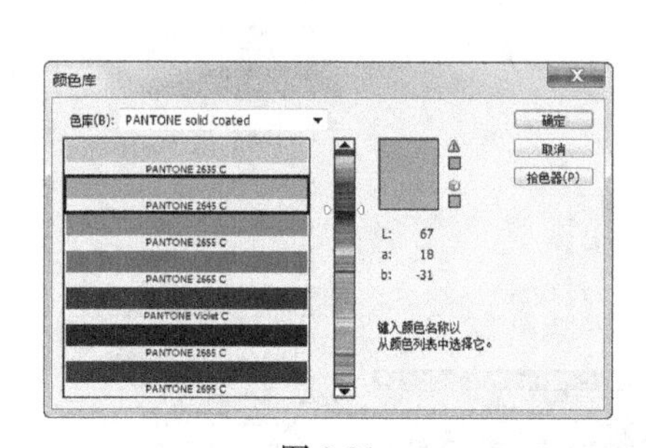

图 2-81

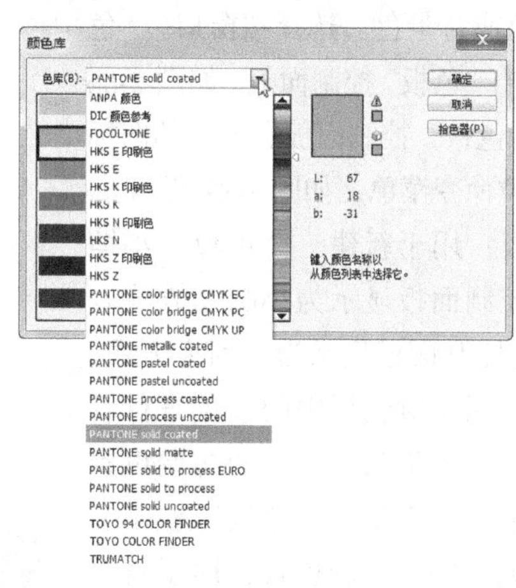

图 2-82

在颜色色相区域内单击或拖曳两侧的三角形滑块，可以使颜色的色相产生变化，在颜色选择区中选择带有编码的颜色，在对话框的右侧上方颜色框中会显示出所选择的颜色，右侧下方是所选择颜色的 CMYK 值。

通过输入数值选择颜色：在“拾色器”对话框中，右侧下方的 HSB、RGB、CMYK、Lab 色彩模式后面，都带有可以输入数值的数值框，在其中输入所需颜色的数值也可以得到希望的颜色。

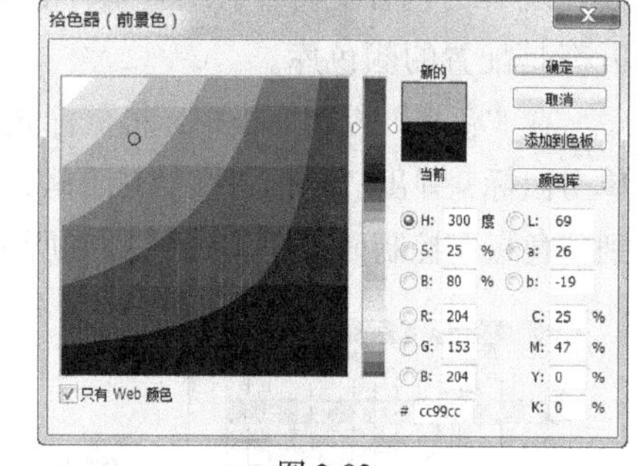

图 2-83

选中对话框左下方的“只有 Web 颜色”复选框，颜色选择区中出现供网页使用的颜色，如图 2-83 所示，在右侧的数值框 # 9999cc 中，显示的是网页颜色的数值。

2.6.2 使用“颜色”控制面板设置颜色

“颜色”控制面板可以用来改变前景色和背景色。选择“窗口 > 颜色”命令，弹出“颜色”控制面板，如图 2-84 所示。

在“颜色”控制面板中，可先单击左侧的设置前景色或设置背景色图标来确定所调整的是前景色还是背景色。然后拖曳三角滑块或在色带中选择所需的颜色，或直接在颜色的数值框中输入数值调整颜色。

单击“颜色”控制面板右上方的图标，弹出下拉命令菜单，如图 2-85 所示，此菜单用于设定“颜色”控制面板中显示的颜色模式，可以在不同的颜色模式中调整颜色。

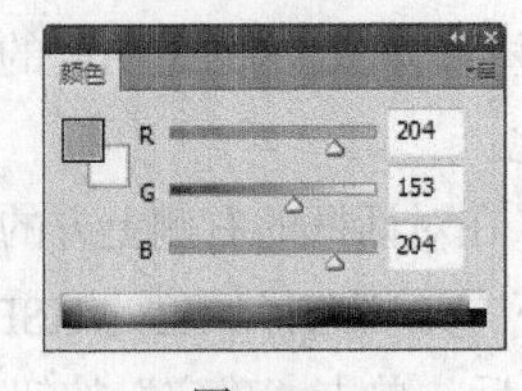

图 2-84

图 2-85

2.6.3 使用“色板”控制面板设置颜色

“色板”控制面板可以用来选取一种颜色来改变前景色或背景色。选择“窗口 > 色板”命令，弹出“色板”控制面板，如图 2-86 所示。单击“色板”控制面板右上方的图标，弹出下拉命令菜单，如图 2-87 所示。

新建色板：用于新建一个色板。小缩览图：可使控制面板显示为小图标方式。小列表：可使控制面板显示为小列表方式。预设管理器：用于对色板中的颜色进行管理。复位色板：用于恢复系统的初始设置状态。载入色板：用于向“色板”控制面板中增加色板文件。存储色板：用于将当前“色板”控制面板中的色板文件存入硬盘。替换色板：用于替换“色板”控制面板中现有的色板文件。ANPA 颜色选项以下都是配置的颜色库。

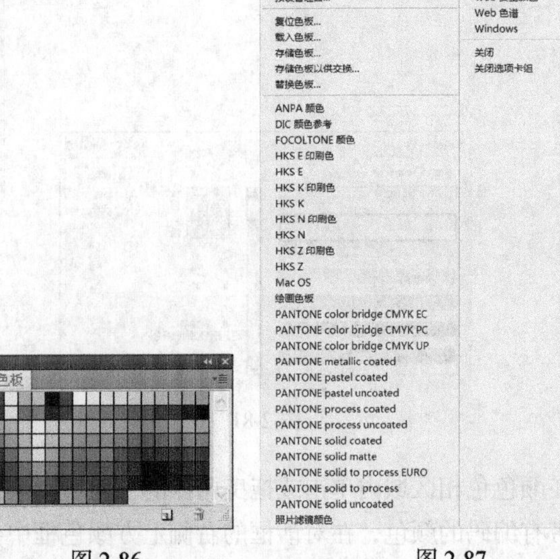

图 2-86　图 2-87

在“色板”控制面板中，将鼠标光标移到空白处，鼠标光标变为油漆桶，如图 2-88 所示，此时单击鼠标，弹出“色板名称”对话框，如图 2-89 所示，单击“确定”按钮，即可将当前的前景色添加到“色板”控制面板中，如图 2-90 所示。

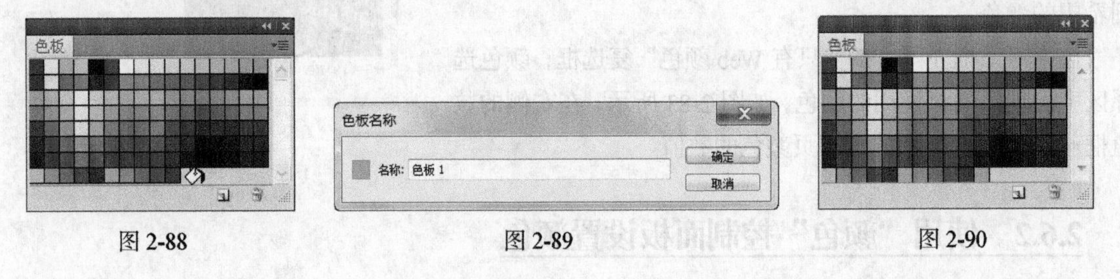

图 2-88　图 2-89　图 2-90

在“色板”控制面板中，将鼠标光标移到色标上，鼠标光标变为吸管，如图 2-91 所示，此时单击鼠标将设置吸取的颜色为前景色，如图 2-92 所示。

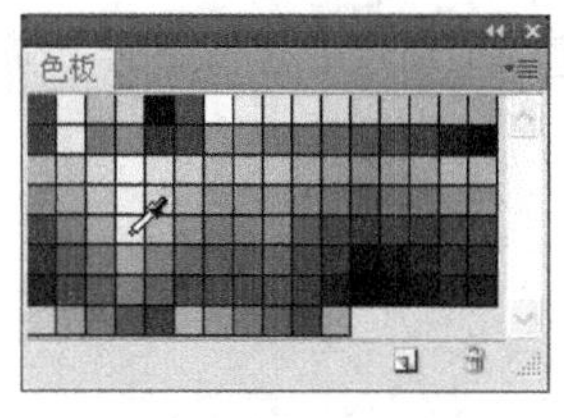

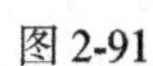

图 2-91

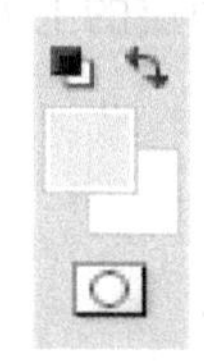

图 2-92

技巧　在“色板”控制面板中，按住 Alt 键的同时将鼠标光标移到颜色色标上，鼠标光标变为剪刀✂，此时单击鼠标将删除当前的颜色色标。

2.7 了解图层的含义

图层是在不影响图像中其他图像元素的情况下处理某一图像元素。可以将图层想象成是一张张叠起来的硫酸纸。可以透过图层的透明区域看到下面的图层。通过更改图层的顺序和属性，可以改变图像的合成。图像效果如图 2-93 所示，图层原理图如图 2-94 所示。

图 2-93

图 2-94

2.7.1 “图层”控制面板

“图层”控制面板列出了图像中的所有图层、组和图层效果。可以使用“图层”控制面板来显示和隐藏图层、创建新图层以及处理图层组。还可以在“图层”控制面板的弹出式菜单中设置其他命令和选项，如图 2-95 所示。

图 2-95

图层混合模式 正常 ▾：用于设定图层的混合模式，它包含 20 多种图层混合模式。不透明度：用于设定图层的不透明度。填充：用于设定图层的填充百分比。眼睛图标：用于打开或隐藏图层中的内容。锁链图标：表示图层与图层之间的链接关系。图标T：表示此图层为可编辑的文字层。图标fx：为图层添加样式。

在“图层”控制面板的上方有 4 个工具图标，如图 2-96 所示。

锁定：

图 2-96

锁定透明像素：用于锁定当前图层中的透明区域，使透明区域不能被编辑。锁定图像像素：使当前图层和透明区域不能被编辑。锁定位置：使当前图层不能被移动。锁定全部：使当前图层或序列完全被锁定。

在“图层”控制面板的下方有 7 个工具按钮图标，如图 2-97 所示。

图 2-97

链接图层：使所选图层和当前图层成为一组，当对一个链接图层进行操作时，将影响一组链接图层。添加图层样式fx：为当前图层添加图层样式效果。添加图层蒙版：将在当前层上创建一个蒙版。在图层蒙版中，黑色代表隐藏图像，白色代表显示图像。可以使用画笔等绘图工具对蒙版进行绘制，还可以将蒙版转换成选择区域。创建新的填充或调整图层：可对图层进行颜色填充和效果调整。创建新组：用于新建一个文件夹，可在其中放入图层。

创建新图层：用于在当前图层的上方创建一个新层。删除图层：即垃圾桶，可以将不需要的图层拖到此处进行删除。

2.7.2 “图层”菜单

单击“图层”控制面板右上方的图标，弹出其命令菜单，如图 2-98 所示。

2.7.3 新建图层

使用控制面板弹出式菜单：单击“图层”控制面板右上方的图标，弹出其命令菜单，选择“新建图层”命令，弹出“新建图层”对话框，如图 2-99 所示。

名称：用于设定新图层的名称，可以选择与前一图层创建剪贴蒙版。颜色：用于设定新图层的颜色。模式：用于设定当前图层的合成模式。不透明度：用于设定当前图层的不透明度值。

使用控制面板按钮或快捷键：单击“图层”控制面板下方的“创建新图层”按钮，可以创建一个新图层。按住 Alt 键的同时单击“创建新图层”按钮，将弹出“新建图层”对话框。

使用“图层”菜单命令或快捷键：选择“图层 > 新建 > 图层”命令，弹出“新建图层”对话框。按 Shift+Ctrl+N 组合键，也可以弹出“新建图层”对话框。

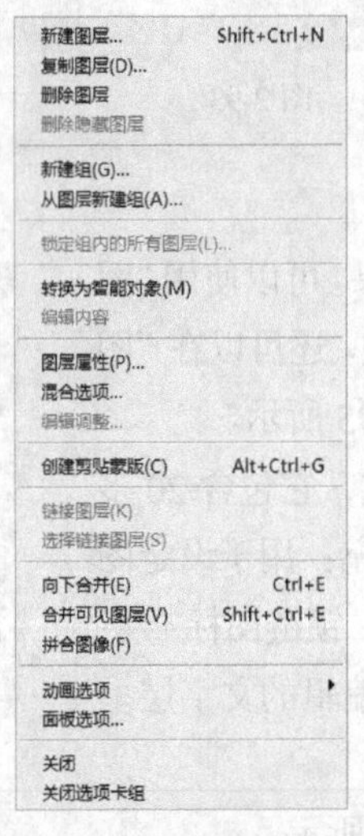

图 2-98

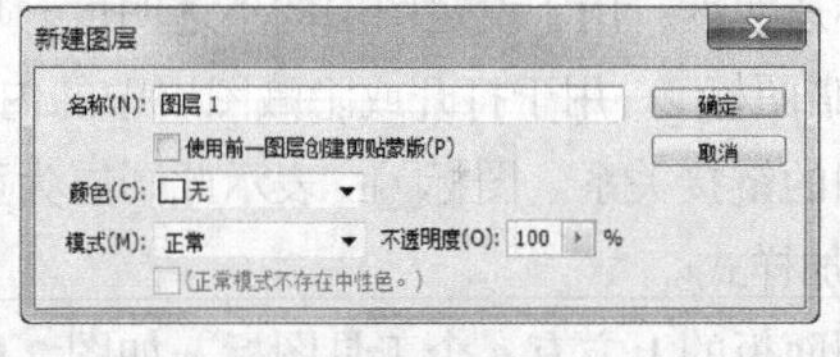

图 2-99

2.7.4 复制图层

使用控制面板弹出式菜单：单击“图层”控制面板右上方的图标，弹出其命令菜单，选择“复制图层”命令，弹出“复制图层”对话框，如图 2-100 所示。

为：用于设定复制层的名称。文档：用于设定复制层的文件来源。

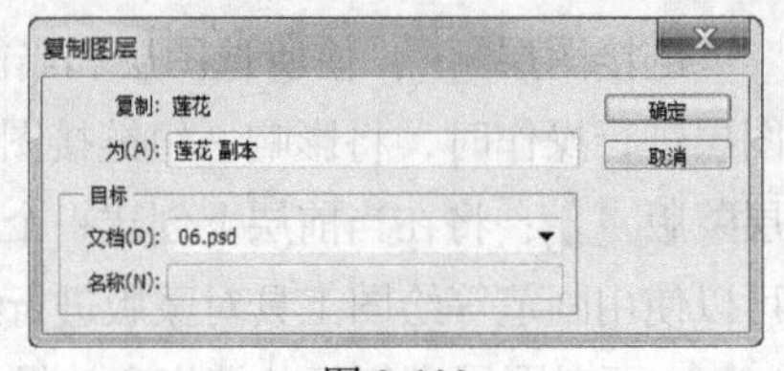

图 2-100

使用控制面板按钮：将需要复制的图层拖曳到控制面板下方的“创建新图层”按钮 上，可以将所选的图层复制为一个新图层。

使用菜单命令：选择“图层 > 复制图层”命令，弹出“复制图层”对话框。

使用鼠标拖曳的方法复制不同图像之间的图层：打开目标图像和需要复制的图像。将需要复制的图像中的图层直接拖曳到目标图像的图层中，图层复制完成。

2.7.5　删除图层

使用控制面板弹出式菜单：单击图层控制面板右上方的图标 ，弹出其命令菜单，选择“删除图层”命令，弹出提示对话框，如图 2-101 所示。

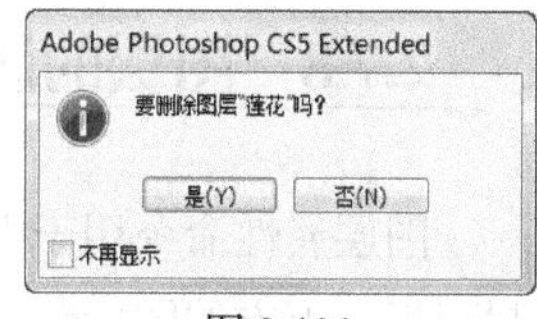

图 2-101

使用控制面板按钮：选中要删除的图层，单击“图层”控制面板下方的“删除图层”按钮 ，即可删除图层。或将需要删除的图层直接拖曳到“删除图层”按钮 上进行删除。

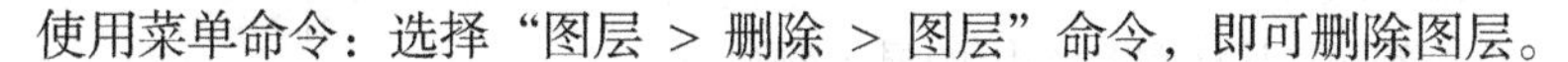
使用菜单命令：选择“图层 > 删除 > 图层”命令，即可删除图层。

2.7.6　图层的显示和隐藏

单击“图层”控制面板中任意图层左侧的眼睛图标 ，可以隐藏或显示这个图层。

按住 Alt 键的同时，单击“图层”控制面板中的任意图层左侧的眼睛图标 ，此时，图层控制面板中将只显示这个图层，其他图层被隐藏。

2.7.7　图层的选择、链接和排列

选择图层：用鼠标单击“图层”控制面板中的任意一个图层，可以选择这个图层。

选择“移动”工具 ，用鼠标右键单击窗口中的图像，弹出一组供选择的图层选项菜单，选择所需要的图层即可。将鼠标靠近需要的图像进行以上操作，即可选择这个图像所在的图层。

链接图层：当要同时对多个图层中的图像进行操作时，可以将多个图层进行链接，方便操作。选中要链接的图层，如图 2-102 所示，单击“图层”控制面板下方的“链接图层”按钮 ，选中的图层被链接，如图 2-103 所示。再次单击“链接图层”按钮 ，可取消链接。

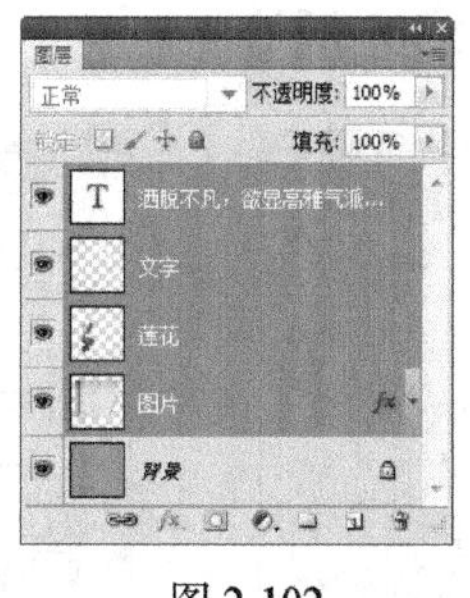

图 2-102

图 2-103

排列图层：单击“图层”控制面板中的任意图层并按住鼠标不放，拖曳鼠标可将其调整到其他图

层的上方或下方。

选择“图层 > 排列”命令，弹出“排列”命令的子菜单，选择其中的排列方式即可。

提示 按 Ctrl+[组合键，可以将当前图层向下移动一层；按 Ctrl+]组合键，可以将当前图层向上移动一层；按 Shift+Ctrl+[组合键，可以将当前图层移动到除了背景图层以外的所有图层的下方；按 Shift+Ctrl+]组合键，可以将当前图层移动到所有图层的上方。背景图层不能随意移动，可转换为普通图层后再移动。

2.7.8 图层的属性

图层属性命令用于设置图层的名称以及颜色。单击“图层”控制面板右上方的图标，弹出其命令菜单，选择“图层属性”命令，弹出“图层属性”对话框，如图 2-104 所示。

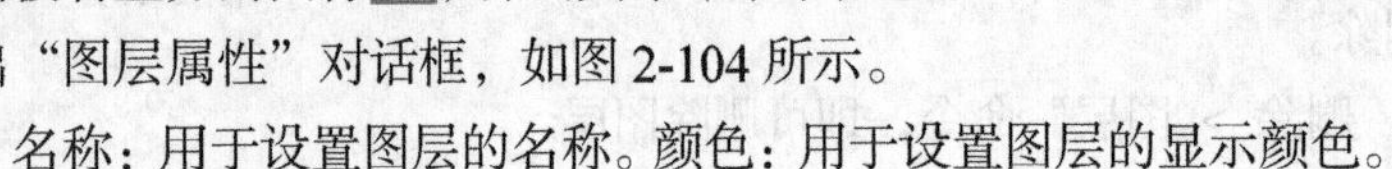

图 2-104

名称：用于设置图层的名称。颜色：用于设置图层的显示颜色。

2.7.9 合并图层

“合并图层”命令用于向下合并图层。单击“图层”控制面板右上方的图标，在弹出式菜单中选择“合并图层”命令，或按 Ctrl+E 组合键即可。

“合并可见图层”命令用于合并所有可见层。单击“图层”控制面板右上方的图标，在弹出式菜单中选择“合并可见图层”命令，或按 Shift+Ctrl+E 组合键即可。

“拼合图像”命令用于合并所有的图层。单击“图层”控制面板右上方的图标，在弹出式菜单中选择“拼合图像”命令。

2.7.10 图层组

当编辑多层图像时，为了方便操作，可以将多个图层建立在一个图层组中。单击“图层”控制面板右上方的图标，在弹出的菜单中选择“新建组”命令，弹出“新建组”对话框，单击“确定”按钮，新建一个图层组，如图 2-105 所示，选中要放置到组中的多个图层，如图 2-106 所示，将其向图层组中拖曳，选中的图层被放置在图层组中，如图 2-107 所示。

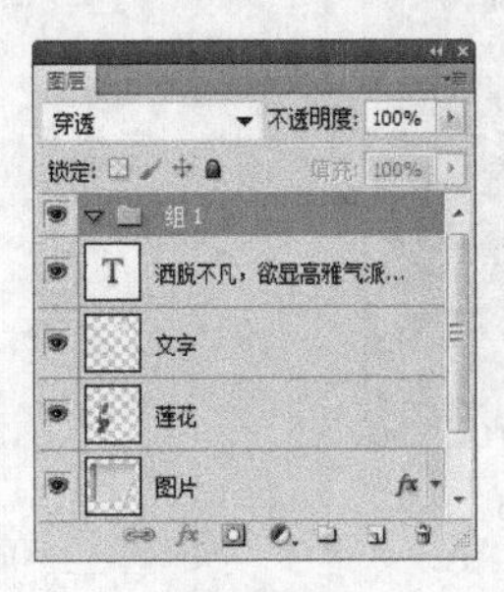

图 2-105

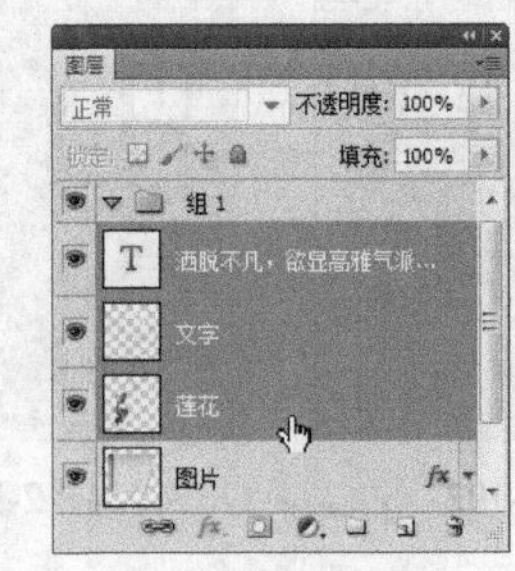

图 2-106

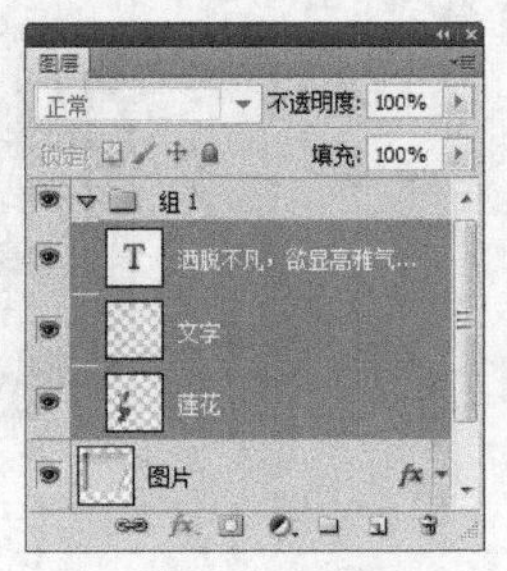

图 2-107

提示

单击“图层”控制面板下方的“创建新组”按钮，可以新建图层组。选择“图层 > 新建 > 组”命令，也可新建图层组。还可选中要放置在图层组中的所有图层，按 Ctrl+G 组合键，自动生成新的图层组。

2.8 恢复操作的应用

在绘制和编辑图像的过程中，经常会错误地执行一个步骤或对制作的一系列效果不满意。当希望恢复到前一步或原来的图像效果时，可以使用恢复操作命令。

2.8.1 恢复到上一步的操作

在编辑图像的过程中可以随时将操作返回到上一步，也可以还原图像到恢复前的效果。选择“编辑 > 还原”命令，或按 Ctrl+Z 组合键，可以恢复到图像的上一步操作。如果想还原图像到恢复前的效果，再按 Ctrl+Z 组合键即可。

2.8.2 中断操作

当 Photoshop CS5 正在进行图像处理时，想中断这次的操作，按 Esc 键即可中断正在进行的操作。

2.8.3 恢复到操作过程的任意步骤

“历史记录”控制面板将进行过多次处理操作的图像恢复到任意一步操作时的状态，即所谓的“多次恢复功能”。选择“窗口 > 历史记录”命令，弹出“历史记录”控制面板，如图 2-108 所示。

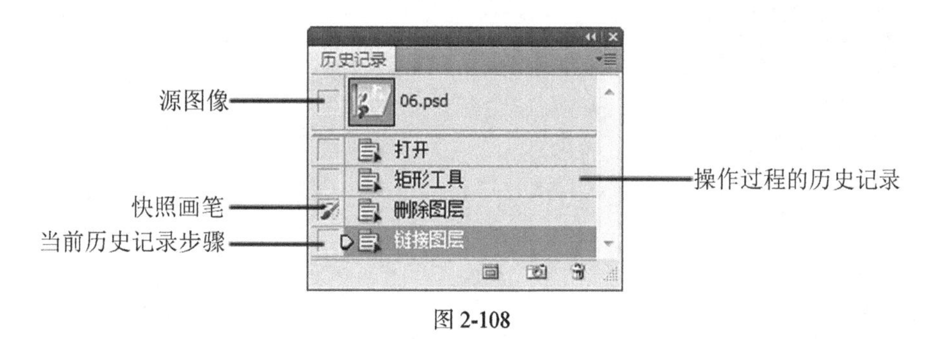

图 2-108

控制面板下方的按钮从左至右依次为“从当前状态创建新文档”按钮、“创建新快照”按钮、“删除当前状态”按钮。

单击控制面板右上方的图标，弹出“历史记录”控制面板的下拉命令菜单，如图 2-109 所示。

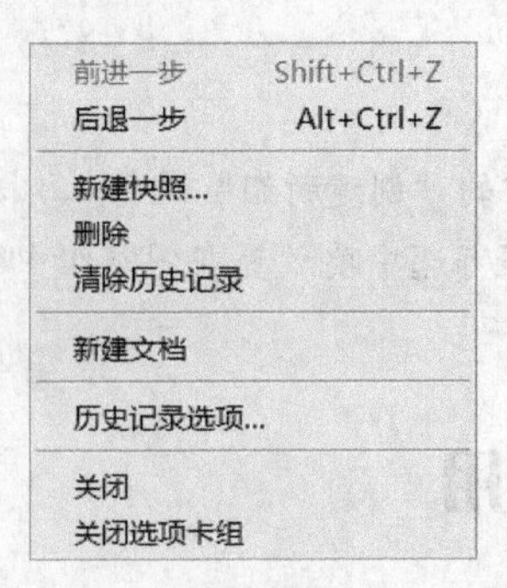

图 2-109

前进一步：用于将滑块向下移动一位。后退一步：用于将滑块向上移动一位。新建快照：用于根据当前滑块所指的操作记录建立新的快照。删除：用于删除控制面板中滑块所指的操作记录。清除历史记录：用于清除控制面板中除最后一条记录外的所有记录。新建文档：用于由当前状态或者快照建立新的文件。历史记录选项：用于设置“历史记录”控制面板。关闭和关闭选项卡组：用于关闭“历史记录”控制面板和控制面板所在的选项卡组。

第3章 绘制和编辑选区

本章介绍

本章将主要介绍 Photoshop CS5 选区的概念、绘制选区的方法以及编辑选区的技巧。通过对本章的学习，读者可以快速地绘制规则与不规则的选区，并对选区进行移动、反选、羽化等调整操作。

学习目标

- 掌握选框工具、套索工具和魔棒工具的使用方法。
- 掌握移动选区和羽化选区的使用方法。
- 掌握创建、取消、全选和反选选区的使用方法。

技能目标

- 掌握“圣诞贺卡”的制作方法。
- 掌握“温馨时刻照片模板”的制作方法。

3.1 选择工具的使用

对图像进行编辑，首先要进行选择图像的操作。能够快捷精确地选择图像，是提高处理图像效率的关键。

命令介绍

椭圆选框工具：可以在图像或图层中绘制椭圆选区。

套索工具：可以在图像或图层中绘制不规则形状的选区，选取不规则形状的图像。

魔棒工具：可以用来选取图像中的某一点，并将与这一点颜色相同或相近的点自动融入选区中。

3.1.1 课堂案例——制作圣诞贺卡

【案例学习目标】学习使用不同的选取工具来选择不同外形的图像，并应用移动工具将其合成一幅装饰图像。

【案例知识要点】使用磁性套索工具抠出圣诞老人图像，使用魔棒工具抠出房子和雪人图像，使用椭圆选框工具绘制选区，最终效果如图 3-1 所示。

【效果所在位置】Ch03/效果/制作圣诞贺卡.psd。

图 3-1

（1）按 Ctrl + O 组合键，打开本书学习资源中的“Ch03 > 素材 > 制作圣诞贺卡 > 01、02”文件，如图 3-2 所示。选择“磁性套索”工具，从 02 图像窗口中沿着圣诞老人边缘拖曳鼠标绘制选区，“磁性套索”工具的磁性轨迹会紧贴图像的轮廓，使图像周围生成选区，效果如图 3-3 所示。

图 3-2

图 3-3

（2）选择“移动”工具，将选区中的图像拖曳到 01 文件的适当位置，如图 3-4 所示，在“图层”控制面板中生成新的图层并将其命名为“圣诞老人”，如图 3-5 所示。

图 3-4

图 3-5

（3）按 Ctrl + O 组合键，打开本书学习资源中的“Ch03 > 素材 > 制作圣诞贺卡 > 03”文件，选择“椭圆选框”工具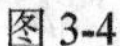，按住 Shift 键的同时，在图像窗口中拖曳鼠标绘制圆形选区，如图 3-6 所示。选择“移动”工具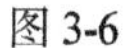，将选区中的图像拖曳到 01 文件的适当位置，如图 3-7 所示。在“图层”控制面板中生成新的图层并将其命名为“月亮”，如图 3-8 所示。

图 3-6

图 3-7

图 3-8

（4）在“图层”控制面板上方，将“月亮”图层的混合模式设置为“明度”，如图 3-9 所示，图像效果如图 3-10 所示。

图 3-9

图 3-10

（5）按 Ctrl + O 组合键，打开本书学习资源中的“Ch03 > 素材 > 制作圣诞贺卡 > 04”文件，选择“魔棒”工具，在属性栏中将“容差”选项设置为 60，在图像窗口中草绿色背景区域单击鼠标，图像周围生成选区，如图 3-11 所示。按 Ctrl+Shift+I 组合键将选区反转，如图 3-12 所示。

图 3-11

图 3-12

（6）选择“移动”工具，将选区中的图像拖曳到 01 文件的适当位置，在“图层”控制面板中生成新的图层并将其命名为“房子雪人”，如图 3-13 所示。圣诞贺卡制作完成，效果如图 3-14 所示。

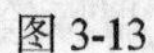

图 3-13

图 3-14

3.1.2 选框工具

选择“矩形选框”工具，或反复按 Shift+M 组合键，其属性栏如图 3-15 所示。

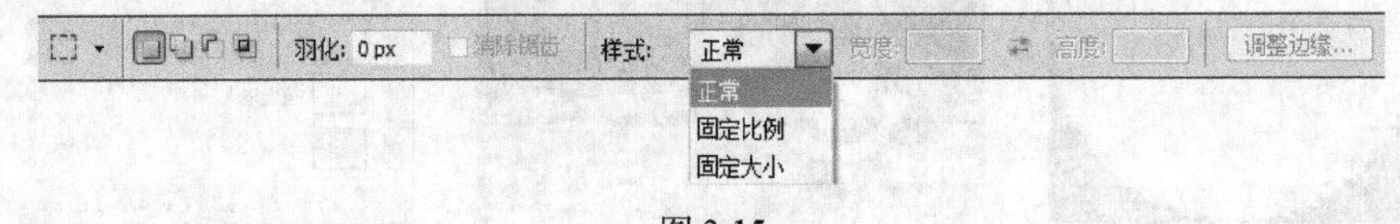

图 3-15

新选区：去除旧选区，绘制新选区。添加到选区：在原有选区的上面增加新的选区。从选区减去：在原有选区上减去新选区的部分。与选区交叉：选择新旧选区重叠的部分。羽化：用于设定选区边界的羽化程度。消除锯齿：用于清除选区边缘的锯齿。样式：用于选择类型。

选择“矩形选框”工具，在图像中适当的位置单击并按住鼠标不放，向右下方拖曳鼠标绘制选区；松开鼠标，矩形选区绘制完成，如图 3-16 所示。按住 Shift 键，在图像中可以绘制出正方形选区，如图 3-17 所示。

图 3-16

图 3-17

在“矩形选框”工具的属性栏中，选择“样式”选项下拉列表中的“固定比例”，将“宽度”选项设置为 1，“高度”选项设置为 3，如图 3-18 所示。在图像中绘制固定比例的选区，效果如图 3-19 所示。单击“高度和宽度互换”按钮，可以快速地将宽度和高度的数值互相置换，互换后绘制的选区效果如图 3-20 所示。

图 3-18

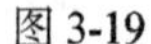

图 3-19　　　　图 3-20

在“矩形选框”工具的属性栏中，选择“样式”选项下拉列表中的“固定大小”，在“宽度”和“高度”选项中输入数值，单位只能是像素，如图 3-21 所示。绘制固定大小的选区，效果如图 3-22 所示。单击“高度和宽度互换”按钮，可以快速地将宽度和高度的数值互相置换，互换后绘制的选区效果如图 3-23 所示。

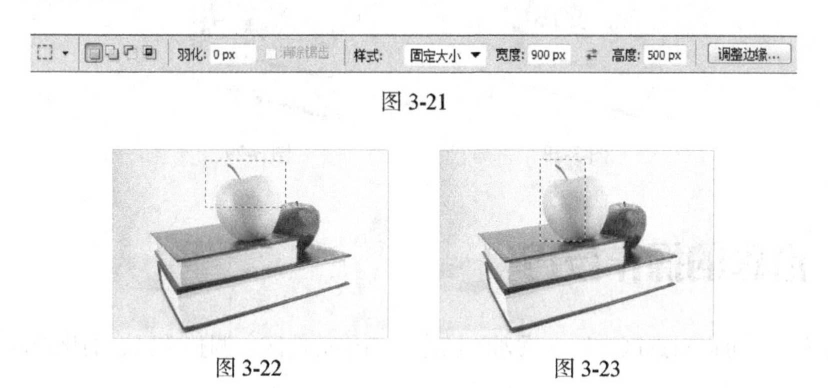

图 3-21

图 3-22　　　　图 3-23

3.1.3　套索工具

选择“套索”工具，或反复按 Shift+L 组合键，其属性栏如图 3-24 所示。

：可以选择选取方式。羽化：用于设定选区边缘的羽化程度。消除锯齿：用于清除选区边缘的锯齿。

选择“套索”工具，在图像中适当的位置单击并按住鼠标不放，拖曳鼠标绘制出需要的选区，如图 3-25 所示。松开鼠标左键，选择区域会自动封闭，效果如图 3-26 所示。

图 3-24　　　　图 3-25　　　　图 3-26

3.1.4　魔棒工具

选择“魔棒”工具，或按 W 键，其属性栏如图 3-27 所示。

图 3-27

：可以选择选取方式。容差：用于控制色彩的范围，数值越大，可容许的颜色范围越大。消除锯齿：用于清除选区边缘的锯齿。连续：用于选择单独的色彩范围。对所有图层取样：用于将所有可见层中颜色容许范围内的色彩加入选区。

选择“魔棒”工具，在图像中单击需要选择的颜色区域，即可得到需要的选区，如图 3-28 所示。调整属性栏中的容差值，再次单击需要选择的区域，不同容差值的选区效果如图 3-29 所示。

图 3-28

图 3-29

3.2 选区的操作技巧

在建立选区后，可以对选区进行一系列的操作，如移动选区、调整选区、羽化选区等。

命令介绍

羽化选区：可以使图像产生柔和的效果。

反选选区：可以对当前的选区进行反向选取。

3.2.1 课堂案例——制作温馨时刻照片模板

【案例学习目标】学习使用选择工具和选区操作技巧制作温馨时刻照片模板。

【案例知识要点】使用移动工具添加需要的素材图片，使用椭圆选框工具绘制装饰圆形，使用反选命令和羽化命令编辑照片图像，最终效果如图 3-30 所示。

【效果所在位置】Ch03/效果/制作温馨时刻照片模板.psd。

图 3-30

（1）按 Ctrl + O 组合键，打开本书学习资源中的“Ch03 > 素材 > 制作温馨时刻照片模板 > 01、

02”文件。选择“移动”工具，将 02 图片拖曳到 01 图像窗口中适当的位置并调整其大小，效果如图 3-31 所示，在“图层”控制面板中生成新的图层并将其命名为“花”。选择“椭圆选框”工具，按住 Shift 键的同时在适当的位置绘制圆形选区，如图 3-32 所示。

图 3-31

图 3-32

（2）选择“选择 > 修改 > 羽化”命令，弹出“羽化选区”对话框，设置如图 3-33 所示，单击“确定”按钮，如图 3-34 所示。

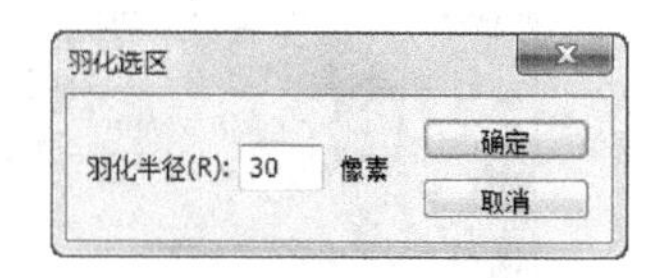

图 3-33

（3）按 Shift+Ctrl+I 组合键将选区反选，如图 3-35 所示。按两次 Delete 键删除选区中的图像。按 Ctrl+D 组合键取消选区，效果如图 3-36 所示。

图 3-34

图 3-35

图 3-36

（4）将前景色设置为白色。新建图层并将其命名为“圆形”。选择“椭圆选框”工具，在属性栏中将“羽化”选项设置为 10 像素。按住 Shift 键的同时在适当的位置绘制圆形选区，如图 3-37 所示。按 Alt + Delete 组合键用前景色填充选区，效果如图 3-38 所示。按 Ctrl+D 组合键取消选区。

图 3-37

图 3-38

（5）按 Ctrl + O 组合键，打开本书学习资源中的“Ch03 > 素材 > 制作温馨时刻照片模板 > 03”文件。选择“移动”工具，将人物图片拖曳到图像窗口中适当的位置，并调整其大小，效果如图 3-39 所示，在“图层”控制面板中生成新的图层并将其命名为“人物”。选择“椭圆选框”工具，在属性栏中将“羽化”选项设置为 5 像素。按住 Shift 键的同时在适当的位置绘制圆形选区，如图 3-40 所示。

图 3-39

图 3-40

（6）按 Shift+Ctrl+I 组合键将选区反选，如图 3-41 所示。按 Delete 键删除选区中的图像。按 Ctrl+D 组合键取消选区，效果如图 3-42 所示。用相同的方法制作其他图像，如图 3-43 所示。温馨时刻照片模板制作完成。

图 3-41

图 3-42

图 3-43

3.2.2 移动选区

将鼠标放在选区中，鼠标光标变为图标，如图 3-44 所示。按住鼠标并进行拖曳，鼠标光标变为图标，将选区拖曳到其他位置，如图 3-45 所示。松开鼠标，即可完成选区的移动，效果如图 3-46 所示。

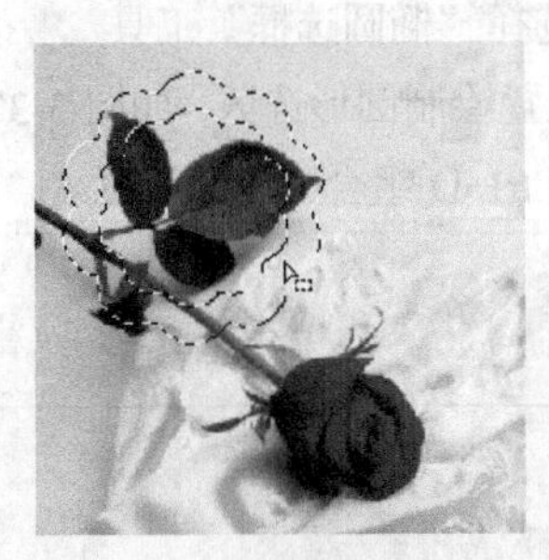
图 3-44

图 3-45

图 3-46

当使用矩形和椭圆选框工具绘制选区时，不要松开鼠标，按住 Spacebar（空格）键的同时拖曳鼠标，即可移动选区。绘制出选区后，使用键盘中的方向键，可以将选区沿各方向移动 1 个像素；绘制出选区后，使用 Shift+方向组合键，可以将选区沿各方向移动 10 个像素。

3.2.3 羽化选区

在图像中绘制不规则选区，如图 3-47 所示，选择“选择 > 修改 > 羽化”命令，弹出“羽化选区”

对话框，设置羽化半径的数值，如图 3-48 所示，单击“确定”按钮，选区被羽化。将选区反选，效果如图 3-49 所示，在选区中填充颜色后，效果如图 3-50 所示。

还可以在绘制选区前，在所使用工具的属性栏中直接输入羽化的数值，如图 3-51 所示，此时，绘制的选区自动成为带有羽化边缘的选区。

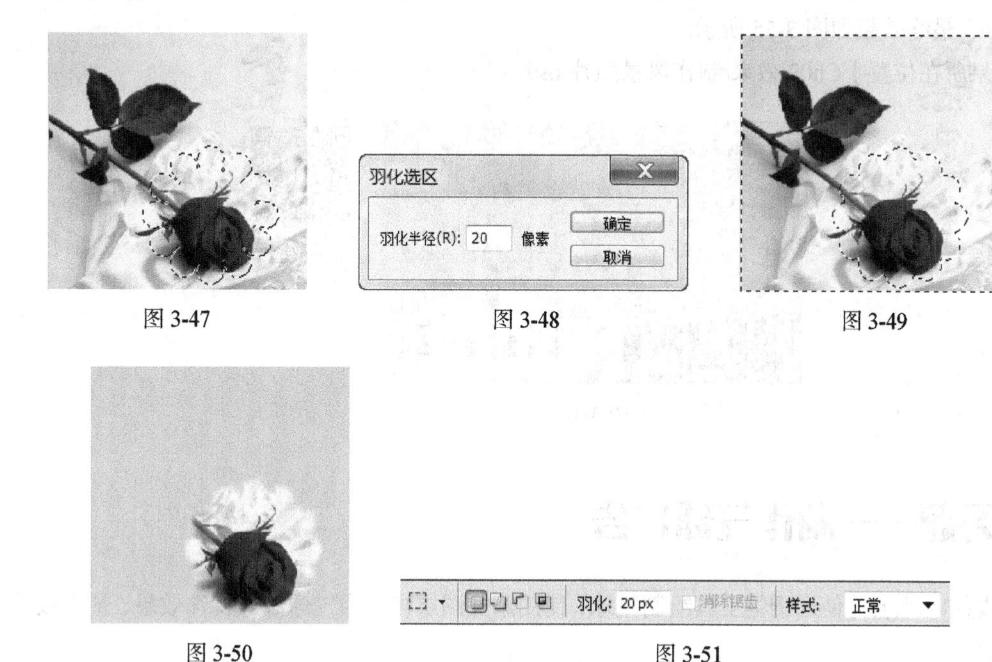

图 3-47　图 3-48　图 3-49

图 3-50　图 3-51

3.2.4　创建和取消选区

选择“选择 > 取消选择”命令，或按 Ctrl+D 组合键，可以取消选区。

3.2.5　全选和反选选区

选择所有像素，即指将图像中的所有图像全部选取。选择“选择 > 全部”命令，或按 Ctrl+A 组合键，即可选取全部图像，效果如图 3-52 所示。

选择“选择 > 反向”命令，或按 Shift+Ctrl+I 组合键，可以对当前的选区进行反向选取，效果如图 3-53 和图 3-54 所示。

图 3-52

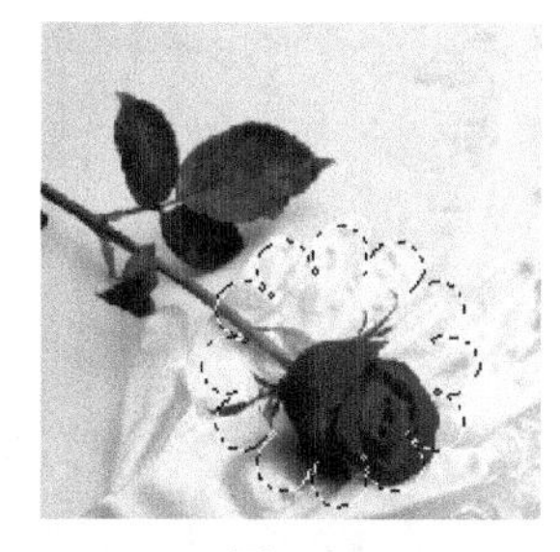

图 3-53

图 3-54

课堂练习——制作风景照片

【练习知识要点】使用魔棒工具更换图像背景，使用色阶命令调整图片的亮度，使用横排文字工具添加文字，最终效果如图 3-55 所示。

【效果所在位置】Ch03/效果/制作风景照片.psd。

图 3-55

课后习题——制作气球广告

【习题知识要点】使用钢笔工具绘制气球，使用添加图层样式为气球添加特殊效果，最终效果如图 3-56 所示。

【效果所在位置】Ch03/效果/制作气球广告.psd。

扫码观看
本案例视频

图 3-56

第4章 绘制图像

本章介绍

本章将主要介绍 Photoshop CS5 绘图工具的使用方法以及填充工具的使用技巧。通过对本章的学习，读者可以应用绘图工具绘制出丰富多彩的图像效果，应用填充工具制作出多样的填充效果。

学习目标

- 掌握画笔工具、铅笔工具的使用方法。
- 掌握历史记录画笔工具、历史记录艺术画笔工具的使用方法。
- 掌握油漆桶、吸管工具、渐变工具的使用技巧。
- 掌握填充命令、自定义图案、描边命令的使用技巧。

技能目标

- 掌握“卡通插画”的绘制方法。
- 掌握“浮雕插画”的制作方法。
- 掌握“童话插画”的制作方法。
- 掌握“新婚卡片”的制作方法。

4.1 绘图工具

绘图工具是绘画和编辑图像的基础。画笔工具可以绘制出各种绘画效果。铅笔工具可以绘制出各种硬边效果的图像。

命令介绍

画笔工具：可以模拟画笔效果在图像或选区中进行绘制。

4.1.1 课堂案例——绘制卡通插画

【案例学习目标】学会使用绘图工具绘制不同的装饰图形。

【案例知识要点】使用画笔工具绘制草地和太阳图形，使用多边形套索工具绘制不规则选区，最终效果如图 4-1 所示。

【效果所在位置】Ch04/效果/绘制卡通插画.psd。

图 4-1

（1）按 Ctrl＋O 组合键，打开本书学习资源中的“Ch04＞ 素材 ＞ 绘制卡通插画 ＞01”文件，如图 4-2 所示。新建图层并将其命名为“羽化框”。将前景色设置为白色。选择“矩形选框”工具，在图像窗口中绘制矩形选区，如图 4-3 所示。按 Alt+Delete 组合键用前景色填充选区，按 Ctrl+D 组合键取消选区，效果如图 4-4 所示。选择“矩形选框”工具，在图形上方再绘制一个矩形选区，如图 4-5 所示。

图 4-2

图 4-3

图 4-4

图 4-5

（2）按 Shift+F6 组合键，在弹出的“羽化选区”对话框中进行设置，如图 4-6 所示，单击“确定”按钮，羽化选区。按两次 Delete 键删除选区中的图像，取消选区后的效果如图 4-7 所示。

（3）按 Ctrl＋O 组合键，打开本书学习资源中的“Ch04＞ 素材 ＞ 绘制卡通插画 ＞02”文件。选择“移动”工具，将图片拖曳到图像窗口中适当的位置，效果如图 4-8 所示，在“图层”控制面板中生成新图层并将其命名为“树”。

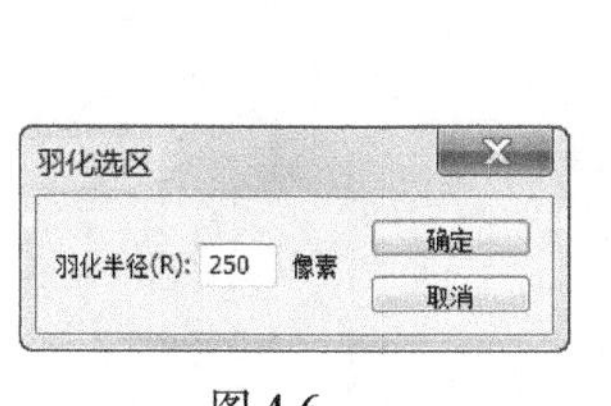

图 4-6

图 4-7

图 4-8

（4）新建图层并将其命名为“草地”。将前景色设置为深绿色（其 R、G、B 的值分别为 48、125、8），背景色设置为浅绿色（其 R、G、B 的值分别为 165、232、21）。选择“画笔”工具，在属性栏中单击“画笔”选项右侧的按钮，在弹出的面板中选择需要的画笔形状，如图 4-9 所示。单击属性栏中的“切换画笔面板”按钮，在弹出的“画笔”控制面板中进行设置，如图 4-10 所示。

图 4-9

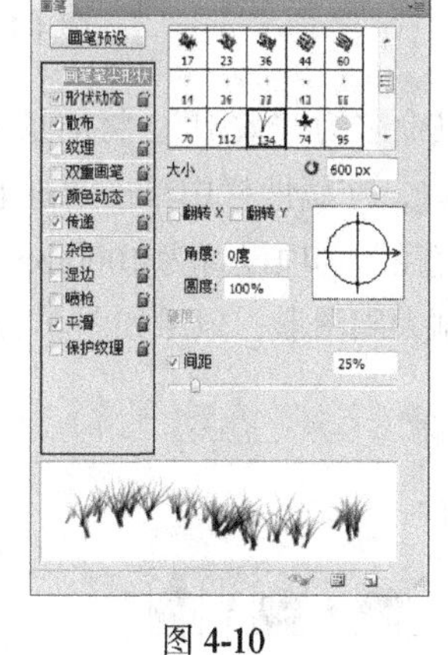

图 4-10

（5）选择“颜色动态”选项，切换到相应的面板中进行设置，如图 4-11 所示。在图像窗口中拖曳鼠标绘制草地图形，效果如图 4-12 所示。

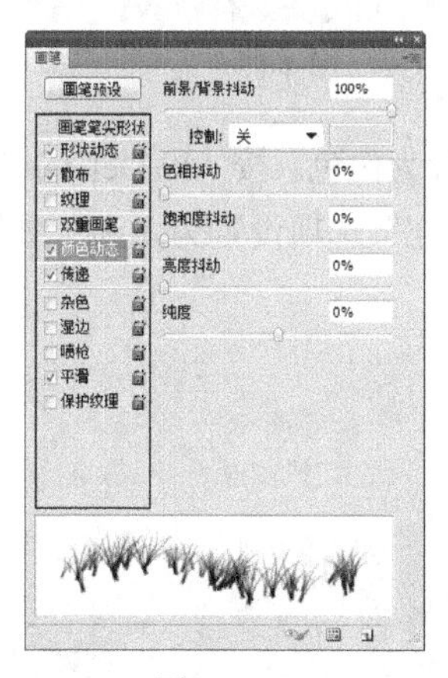

图 4-11

图 4-12

（6）将前景色设置为土地色（其 R、G、B 的值分别为 222、136、0）。选择“画笔”工具，在属性栏中单击“画笔”选项右侧的按钮，在弹出的面板中选择需要的画笔形状，如图 4-13 所示。单击属性栏中的“切换画笔面板”按钮，在弹出的“画笔”控制面板中进行设置，如图 4-14 所示。在图像窗口中拖曳鼠标绘制草地图形，效果如图 4-15 所示。

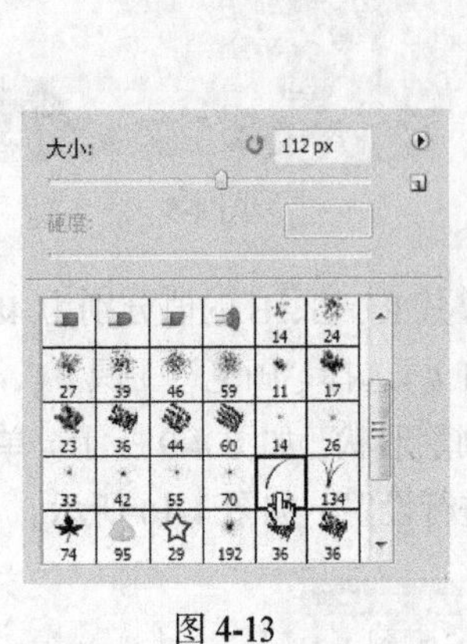

图 4-13

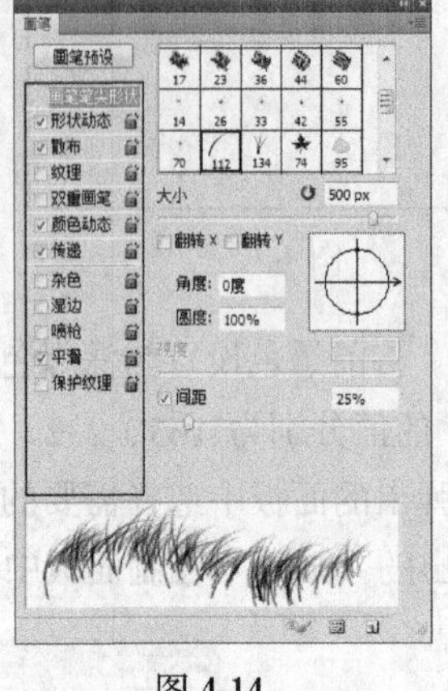

图 4-14

图 4-15

（7）新建图层并将其命名为“太阳”。将前景色设置为黄色（其 R、G、B 的值分别为 255、228、0）。选择“画笔”工具，在属性栏中单击“画笔”选项右侧的按钮，在弹出的画笔面板中选择需要的画笔形状，将“主直径”选项设置为 1000px，“硬度”选项设置为 40%，如图 4-16 所示。在图像窗口左上角单击鼠标绘制太阳图形，效果如图 4-17 所示。

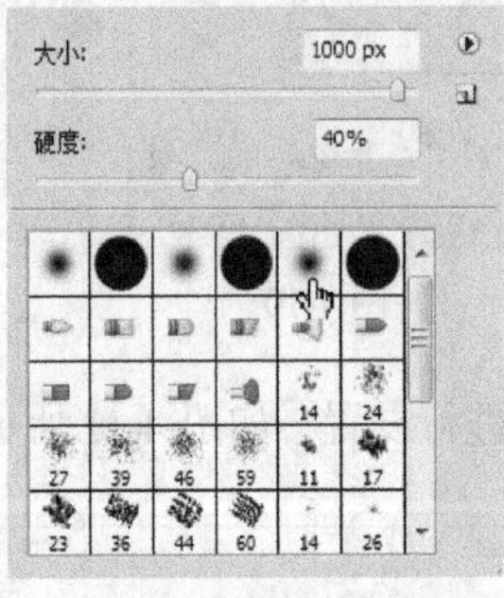

图 4-16

图 4-17

（8）新建图层并将其命名为“阳光”。将前景色设置为白色。按 Alt+Delete 组合键用前景色填充图层。在“图层”控制面板上方，将“阳光”图层的“填充”选项设置为 40%，如图 4-18 所示，图像效果如图 4-19 所示。

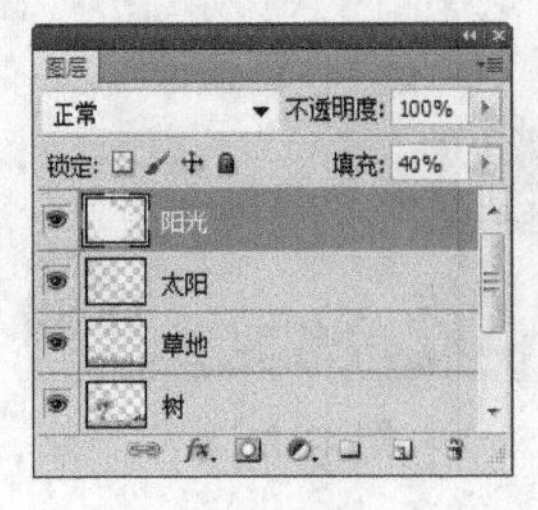

图 4-18

图 4-19

（9）选择“多边形套索”工具，在图像窗口中拖曳鼠标绘制选区，如图 4-20 所示。按 Shift+Ctrl+I 组合键将选区反选。按 Delete 键删除选区中的图像，取消选区后的效果如图 4-21 所示。

图 4-20

图 4-21

（10）在“图层”控制面板中，将“阳光”图层拖曳到“树”图层的下方，如图 4-22 所示，图像效果如图 4-23 所示。

（11）选中“树”图层。按 Ctrl + O 组合键，打开本书学习资源中的“Ch04 > 素材 > 绘制卡通插画 > 03、04”文件。选择“移动”工具，分别将 03、04 图片拖曳到图像窗口适当的位置，效果如图 4-24 所示。在“图层”控制面板中生成新的图层并将其命名为“装饰图片”和“文字”。卡通插画制作完成。

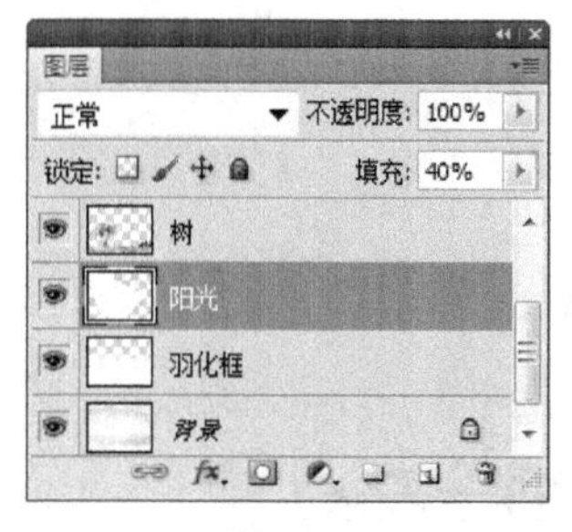

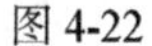

图 4-22

图 4-23

图 4-24

4.1.2　画笔工具

选择“画笔”工具，或反复按 Shift+B 组合键，其属性栏如图 4-25 所示。

图 4-25

画笔预设：用于选择预设的画笔。模式：用于选择混合模式，选择不同的模式，用喷枪工具操作时，将产生丰富的效果。不透明度：可以设定画笔的不透明度。流量：用于设定喷笔压力，压力越大，喷色越浓。喷枪：可以选择喷枪效果。

使用画笔工具：选择“画笔”工具，在画笔工具属性栏中设置画笔，如图 4-26 所示，在图像中单击鼠标并按住不放，拖曳鼠标可以绘制出如图 4-27 所示的效果。

画笔预设：在画笔工具属性栏中单击“画笔”选项右侧的按钮，弹出如图 4-28 所示的画笔选择面板，在画笔选择面板中可以选择画笔形状。

拖曳“主直径”选项下方的滑块或直接输入数值，可以设置画笔的大小。如果选择的画笔是基于样本的，将显示“恢复到原始大小”按钮，单击此按钮，可以使画笔的大小恢复到初始的大小。

单击“画笔”面板右侧的三角形按钮，在弹出的下拉菜单中选择“描边缩览图”命令，如图 4-29 所示，“画笔”选择面板的显示效果如图 4-30 所示。

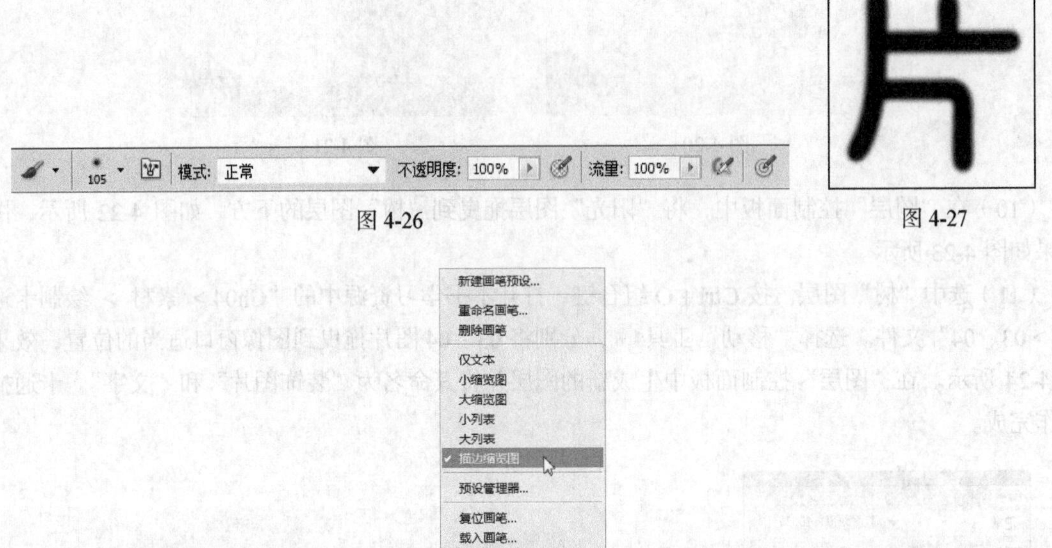

图 4-26　　图 4-27

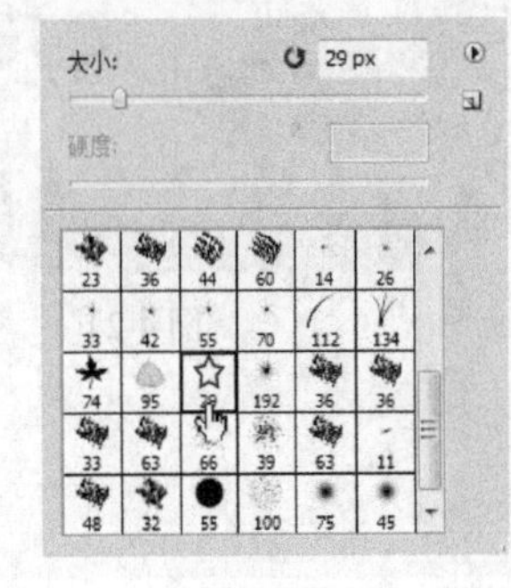

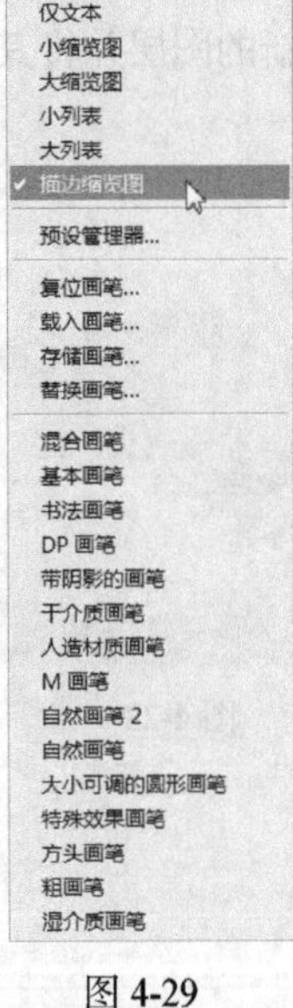

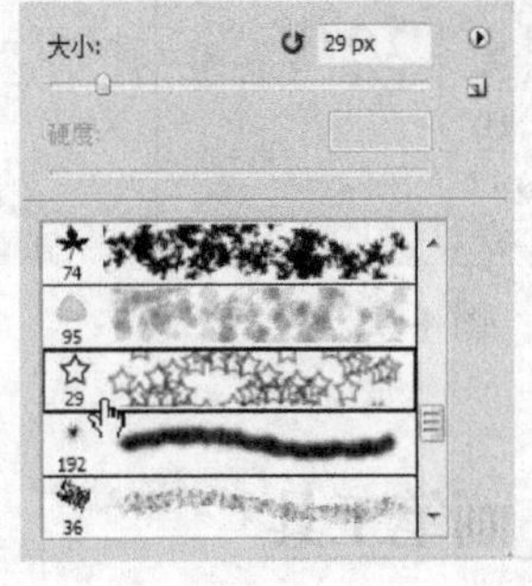

图 4-28　　图 4-29　　图 4-30

新建画笔预设：用于建立新画笔。重命名画笔：用于重新命名画笔。删除画笔：用于删除当前选中的画笔。仅文本：以文字描述方式显示画笔选择面板。小缩览图：以小图标方式显示画笔选择面板。大缩览图：以大图标方式显示画笔选择面板。小列表：以小文字和图标列表方式显示画笔选择面板。大列表：以大文字和图标列表方式显示画笔选择面板。描边缩览图：以笔画的方式显示画笔选择面板。预设管理器：用于在弹出的预置管理器对话框中编辑画笔。复位画笔：用于恢复默认状态的画笔。载入画笔：用于将存储的画笔载入面板。存储画笔：用于将当前的画笔进行存储。替换画笔：用于载入新画笔并替换当前画笔。

在画笔选择面板中单击“从此画笔创建新的预设”按钮，弹出如图 4-31 所示的“画笔名称”对话框。单击画笔工具属性栏中的“切换画笔面板”按钮，弹出如图 4-32 所示的“画笔”控制面板。

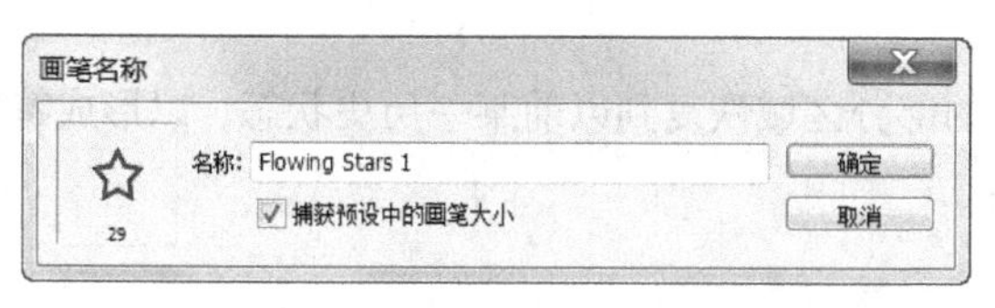

图 4-31

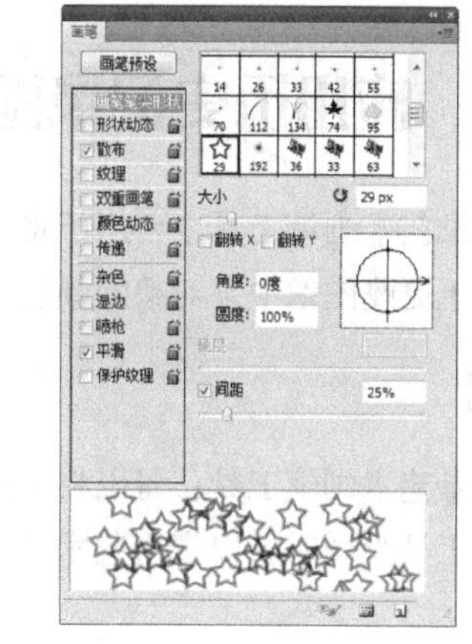

图 4-32

4.1.3 铅笔工具

铅笔工具可以模拟铅笔的效果进行绘画。选择“铅笔”工具，或反复按 Shift+B 组合键，其属性栏的效果如图 4-33 所示。

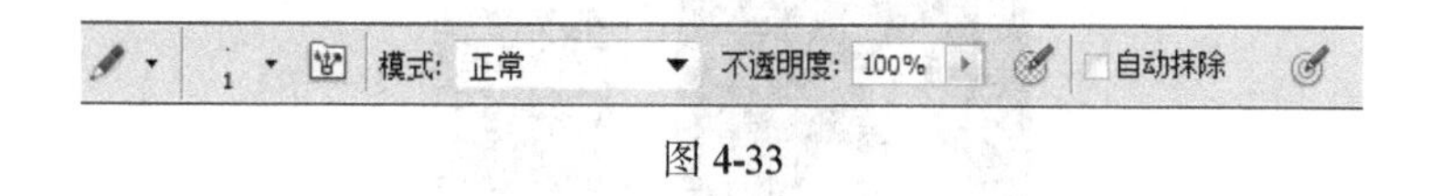

图 4-33

画笔：用于选择画笔。模式：用于选择混合模式。不透明度：用于设定不透明度。自动抹除：用于自动判断绘画时的起始点颜色，如果起始点颜色为背景色，则铅笔工具将以前景色绘制，反之如果起始点颜色为前景色，铅笔工具则会以背景色绘制。

使用铅笔工具：选择“铅笔”工具，在其属性栏中选择笔触大小并选择“自动抹除”选项，如图 4-34 所示，此时绘制效果与鼠标所单击的起始点颜色有关，当鼠标单击的起始点像素与前景色相同时，“铅笔”工具将行使“橡皮擦”工具的功能，以背景色绘图；如果鼠标单击的起始点颜色不是前景色，绘图时仍然会保持以前景色绘制。

将前景色和背景色分别设定为紫色和白色，在属性栏中勾选“自动抹除”选项，在图像中单击鼠标，画出一个紫色图形，在紫色图形上单击绘制下一个图形，颜色就会变成白色，重复以上操作，效果如图 4-35 所示。

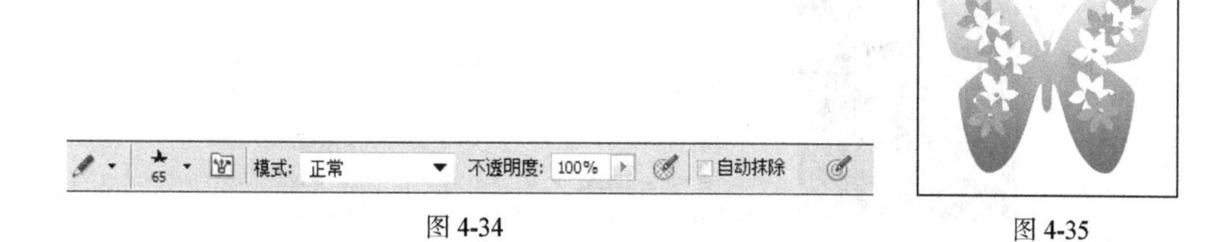

图 4-34　　图 4-35

4.2 应用历史记录画笔工具

历史记录艺术画笔工具主要用于将图像恢复到以前某一历史状态，以形成特殊的图像效果。颜色替换工具用于更改图像中某对象的颜色。

命令介绍

历史记录艺术画笔工具：可以将图像的部分区域恢复到以前某一历史状态，以形成特殊的图像效果，使用此工具绘图时可以产生艺术效果。

4.2.1 课堂案例——制作浮雕插画

【案例学习目标】学会应用历史记录面板制作油画效果，使用调色命令和滤镜命令制作图像效果。

【案例知识要点】使用历史记录艺术画笔工具制作涂抹效果，使用色相/饱和度命令调整图片颜色，使用去色命令将图片去色，使用浮雕效果滤镜为图片添加浮雕效果，最终效果如图 4-36 所示。

【效果所在位置】Ch04/效果/制作浮雕插画.psd。

图 4-36

（1）按 Ctrl + O 组合键，打开本书学习资源中的“Ch04 > 素材 > 制作浮雕插画 > 01”文件，如图 4-37 所示。选择“窗口 > 历史记录”命令，弹出“历史记录”控制面板，单击面板右上方的▤图标，在弹出的菜单中选择“新建快照”命令，弹出对话框，设置如图 4-38 所示，单击“确定”按钮。

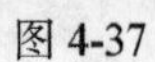

图 4-37

图 4-38

（2）新建图层并将其命名为“黑色填充”。将前景色设置为黑色。按 Alt+Delete 组合键用前景色填充图层。在“图层”控制面板上方，将“不透明度”设置为 80%，如图 4-39 所示，图像效果如图 4-40 所示。

图 4-39

图 4-40

（3）新建图层并将其命名为“画笔绘制”。选择“历史记录艺术画笔”工具，单击属性栏中的“画笔”选项，弹出画笔面板，单击面板右上方的按钮，在弹出的菜单中选择“干介质画笔”选项，弹出提示对话框，单击“追加”按钮，如图 4-41 所示，在面板中选择需要的画笔形状，将“主直径”选项设置为 45px，如图 4-42 所示。在画笔属性栏中的设置如图 4-43 所示，在图像窗口中用鼠标绘制鸟图形，如图 4-44 所示。

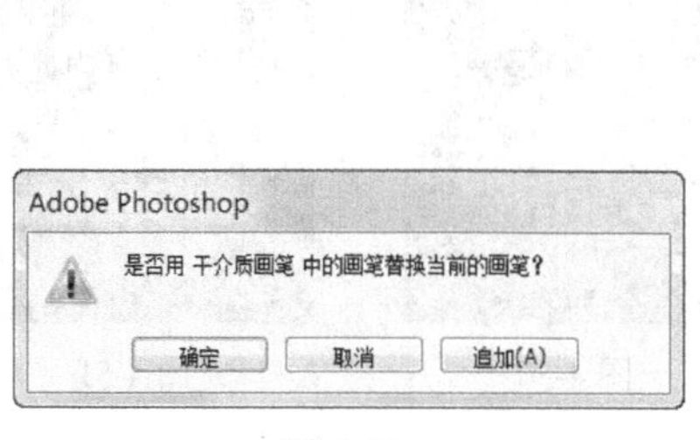

图 4-41

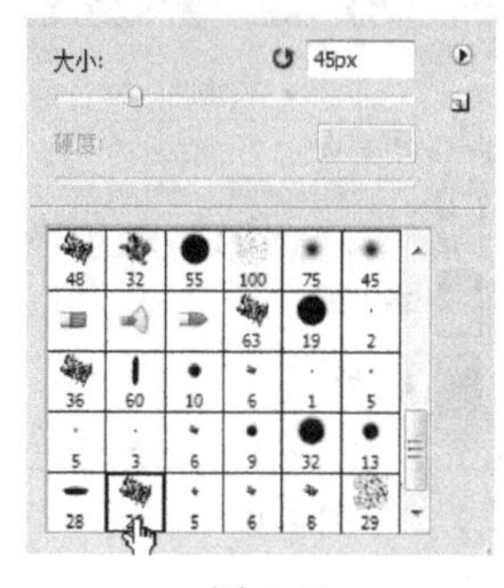

图 4-42

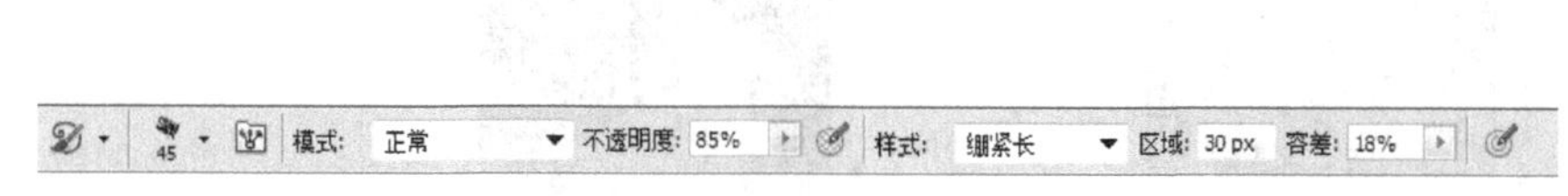

图 4-43

图 4-44

（4）单击“黑色填充”和“背景”图层左侧的眼睛图标，将图层隐藏，观看绘制情况，如图 4-45 所示。然后继续用鼠标涂抹，直到笔刷铺满图像窗口，单击“黑色填充”和“背景”图层左侧的空白图标，显示出隐藏的图层，效果如图 4-46 所示。

（5）选择“图像 > 调整 > 色相/饱和度”命令，在弹出的对话框中进行设置，如图 4-47 所示，单击“确定”按钮，图像效果如图 4-48 所示。

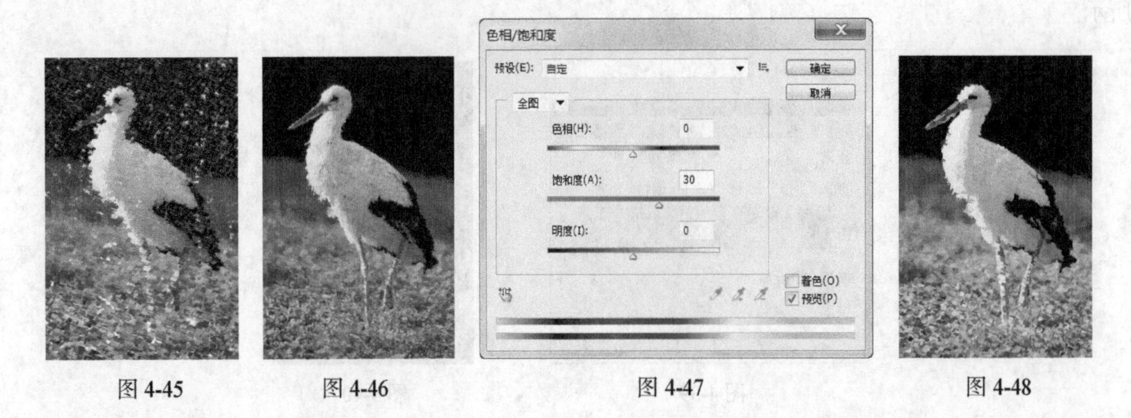

图 4-45　图 4-46　图 4-47　图 4-48

（6）将“画笔绘制”图层拖曳到控制面板下方的“创建新图层”按钮上进行复制，生成副本图层，如图 4-49 所示。选择“图像 > 调整 > 去色”命令，将图像去色，效果如图 4-50 所示。

（7）在“图层”控制面板上方，将副本图层的混合模式设置为“叠加”，将“不透明度”设置为 70%，图像效果如图 4-51 所示。

图 4-49　图 4-50　图 4-51

（8）选择“滤镜 > 风格化 > 浮雕效果”命令，在弹出的对话框中进行设置，如图 4-52 所示，单击“确定”按钮，效果如图 4-53 所示。浮雕插画制作完成。

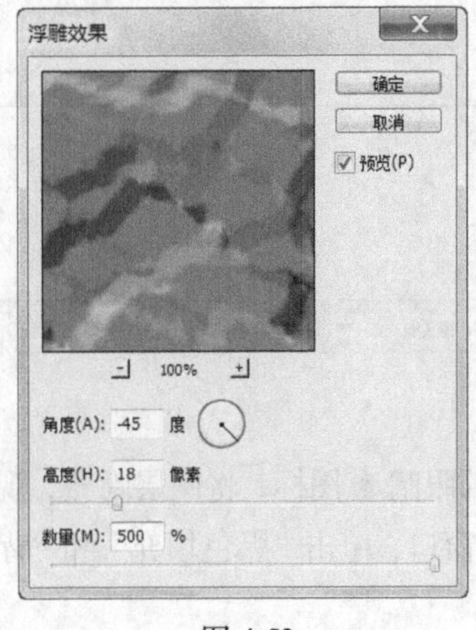

图 4-52

图 4-53

4.2.2 历史记录画笔工具

历史记录画笔工具是与“历史记录”控制面板结合起来使用的。主要用于将图像的部分区域恢复到以前某一历史状态，以形成特殊的图像效果。

打开一张图片，如图 4-54 所示，为图片添加滤镜效果，如图 4-55 所示，“历史记录”控制面板如图 4-56 所示。

图 4-54

图 4-55

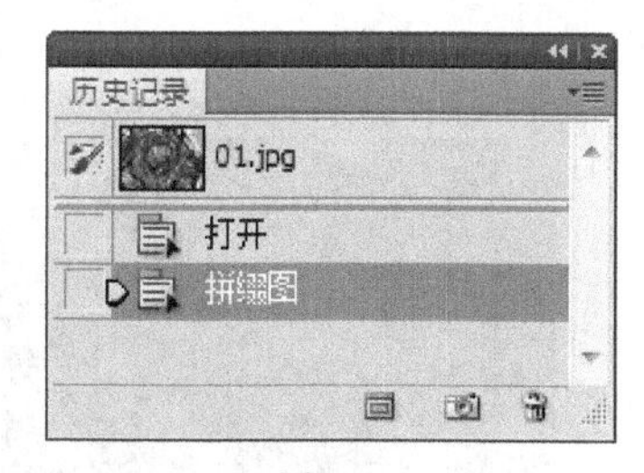

图 4-56

选择“椭圆选框”工具，将属性栏中的“羽化”选项设置为 50px，在图像上绘制一个椭圆形选区，如图 4-57 所示。选择“历史记录画笔”工具，在“历史记录”控制面板中单击“打开”步骤左侧的方框，设置历史记录画笔的源，显示出图标，如图 4-58 所示。

图 4-57

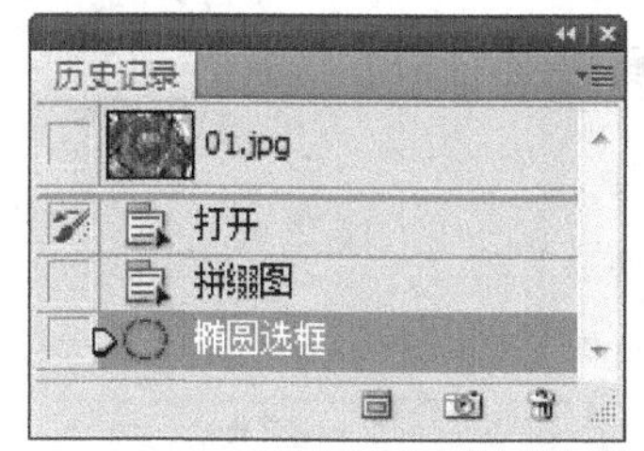

图 4-58

在选区中进行涂抹，如图 4-59 所示，取消选区后效果如图 4-60 所示。“历史记录”控制面板如图 4-61 所示。

图 4-59

图 4-60

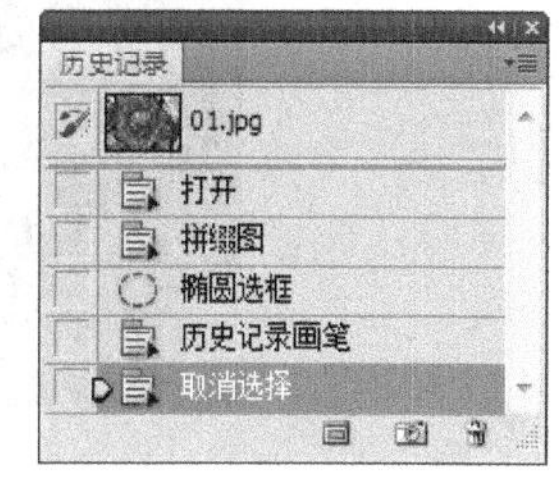

图 4-61

4.2.3 历史记录艺术画笔工具

历史记录艺术画笔工具和历史记录画笔工具的用法基本相同。区别在于使用历史记录艺术画笔绘图时可以产生艺术效果。选择“历史记录艺术画笔”工具，其属性栏如图 4-62 所示。

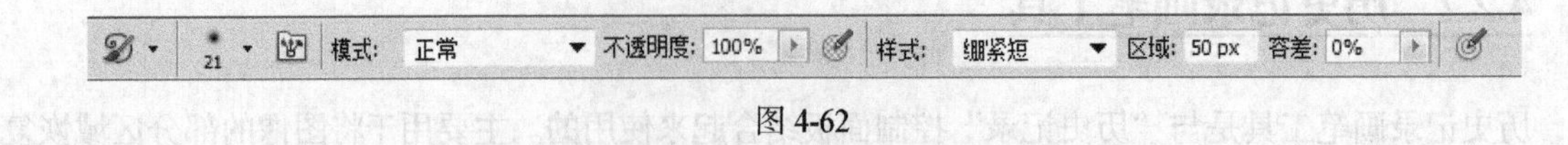

图 4-62

样式：用于选择一种艺术笔触。区域：用于设置画笔绘制时所覆盖的像素范围。容差：用于设置画笔绘制时的间隔时间。

原图效果如图 4-63 所示，用颜色填充图像，效果如图 4-64 所示，“历史记录”控制面板如图 4-65 所示。

图 4-63　　图 4-64　　图 4-65

单击控制面板中“打开”步骤左侧的方框，设置历史记录画笔的源，显示出图标，如图 4-66 所示。选择“历史记录艺术画笔”工具，在属性栏中进行设置，如图 4-67 所示。

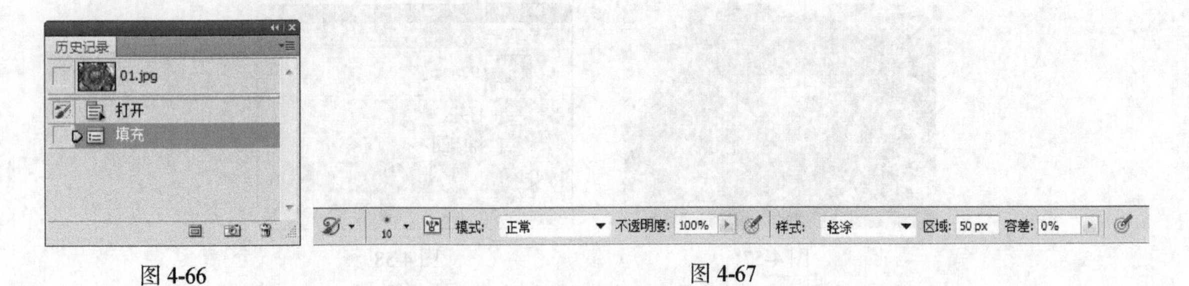

图 4-66　　图 4-67

在图像上进行涂抹，如图 4-68 所示，“历史记录”控制面板如图 4-69 所示。

图 4-68　　图 4-69

4.3 填充工具

填充工具包括渐变工具、油漆桶工具和吸管工具。渐变工具可以创建多种颜色间的渐变效果，油漆桶工具可以改变图像的色彩，吸管工具可以吸取需要的色彩。

命令介绍

渐变工具：用于在图像或图层中形成一种色彩渐变的图像效果。

4.3.1　课堂案例——制作童话插画

【案例学习目标】学习使用填充工具和橡皮擦工具制作彩虹图形。

【案例知识要点】使用渐变工具绘制彩虹，使用动感模糊命令、色相/饱和度命令和橡皮擦工具调整彩虹图形，最终效果如图 4-70 所示。

【效果所在位置】Ch04/效果/制作童话插画.psd。

图 4-70

（1）按 Ctrl + O 组合键，打开本书学习资源中的“Ch04 > 素材 > 制作童话插画 > 01、02、03”文件，选择“移动”工具，分别将 02、03 图片拖曳到 01 图像窗口中适当的位置，效果如图 4-71 所示，在“图层”控制面板中分别生成新图层并将其命名为“卡通房子”和“花边”。

（2）新建图层并将其命名为“彩虹”。选择“渐变”工具，单击属性栏中的“点按可编辑渐变”按钮，弹出“渐变编辑器”对话框，在“预设”选项组中选择“透明彩虹渐变”选项，在色带上将“色标”的位置调整为 70、72、76、81、86、90，将“不透明度色标”的位置设置为 58、66、84、86、91、96，如图 4-72 所示，单击“确定”按钮。选中属性栏中的“径向渐变”按钮，按住 Shift 键的同时在图像窗口中从下至上拖曳渐变色，编辑状态如图 4-73 所示，松开鼠标后效果如图 4-74 所示。

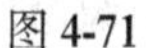
图 4-71

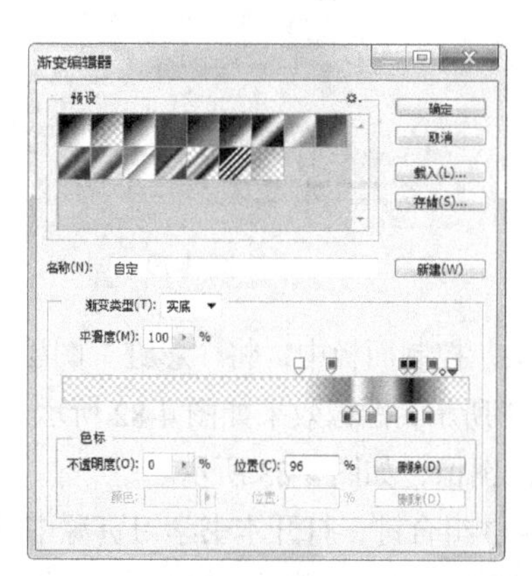

图 4-72

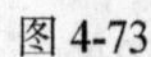

图 4-73

图 4-74

（3）选择“滤镜 > 模糊 > 动感模糊”命令，在弹出的对话框中进行设置，如图 4-75 所示，单击“确定”按钮，效果如图 4-76 所示。

（4）选择“橡皮擦”工具，在属性栏中单击“画笔”选项右侧的按钮，弹出画笔选择面板，在面板中选择需要的画笔形状，将“大小”选项设置为 1 000 像素，如图 4-77 所示，在属性栏中将画笔的“不透明度”设置为 80%，在彩虹上涂抹，擦除部分图像，效果如图 4-78 所示。

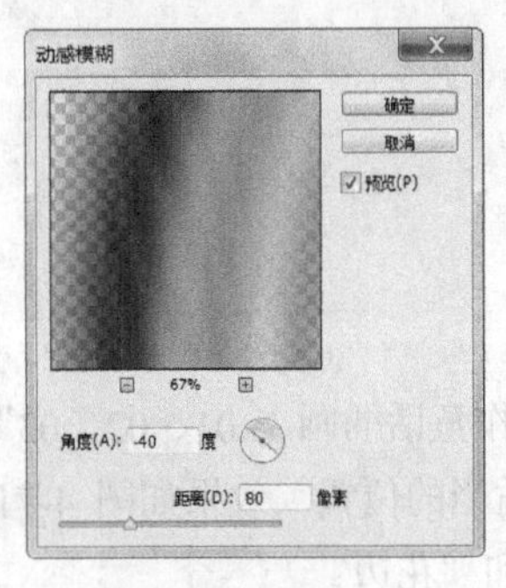

图 4-75

图 4-76

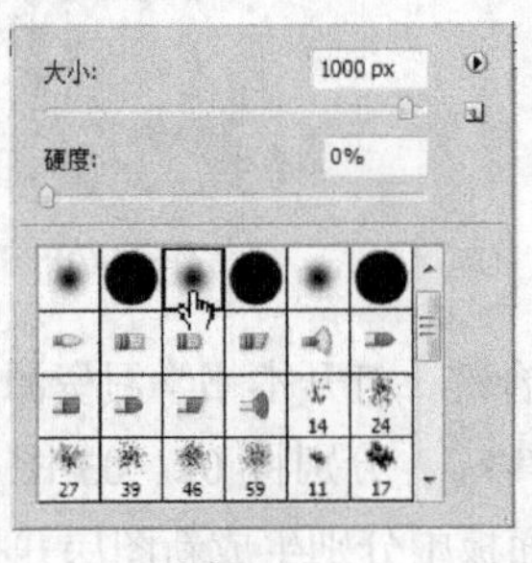

图 4-77

图 4-78

（5）选择“图像 > 调整 > 色相/饱和度”命令，在弹出的对话框中进行设置，如图 4-79 所示，单击“确定”按钮，效果如图 4-80 所示。

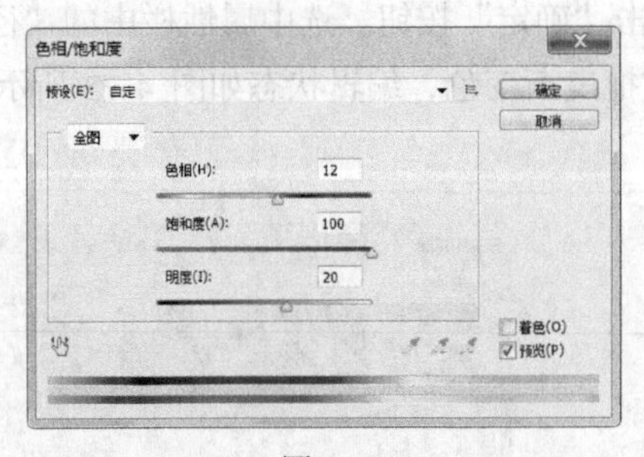

图 4-79

图 4-80

（6）在“图层”控制面板中，将“彩虹”图层拖曳到“卡通房子”图层的下方，如图 4-81 所示，图像效果如图 4-82 所示。选择“橡皮擦”工具，再次擦除不需要的图像，如图 4-83 所示。

（7）按 Ctrl + O 组合键，打开本书学习资源中的“Ch04 > 素材 > 制作童话插画 > 04”文件，选择“移动”工具，将 04 图形拖曳到图像窗口的适当位置，效果如图 4-84 所示，在“图层”控制面板中生成新图层并将其命名为“文字”。彩虹效果制作完成，如图 4-85 所示。

图 4-81

图 4-82　　图 4-83　　图 4-84　　图 4-85

4.3.2　油漆桶工具

油漆桶工具可以在图像或选区中对指定色差范围内的色彩区域进行色彩或图案填充。

选择“油漆桶”工具，或反复按 Shift+G 组合键，其属性栏如图 4-86 所示。

图 4-86

图案 ▼：在其下拉列表中选择填充的是前景色还是图案。：用于选择定义好的图案。模式：用于选择着色的模式。不透明度：用于设定不透明度。容差：用于设定色差的范围，数值越小，容差越小，填充的区域也越小。消除锯齿：用于消除边缘锯齿。连续的：用于设定填充方式。所有图层：用于选择是否对所有可见层进行填充。

选择“油漆桶”工具，在其属性栏中对“容差”选项进行不同的设定，如图 4-87 和图 4-88 所示，原图像效果如图 4-89 所示。在图像中填充，不同的填充效果如图 4-90 和图 4-91 所示。

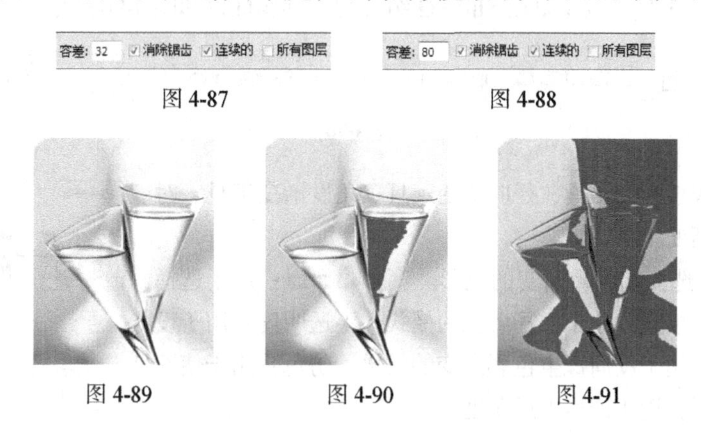

图 4-87　　图 4-88

图 4-89　　图 4-90　　图 4-91

在工具属性栏中设置图案，如图 4-92 所示，在图像中填充图案，效果如图 4-93 所示。

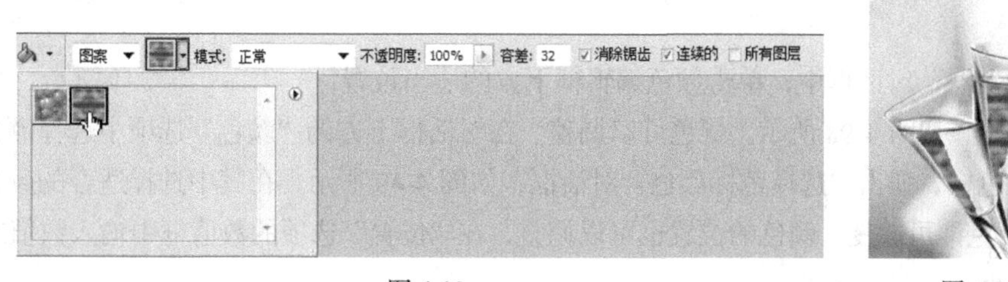

图 4-92　　图 4-93

4.3.3 吸管工具

吸管工具可以在图像或“颜色”控制面板中吸取颜色，并可在“信息”控制面板中观察像素点的色彩信息。选择“吸管”工具，或反复按 Shift+I 组合键，其属性栏如图 4-94 所示。

选择“吸管”工具，用鼠标在图像中需要的位置单击，当前的前景色将变为吸管吸取的颜色，在“信息”控制面板中观察吸取颜色的色彩信息，效果如图 4-95 所示。

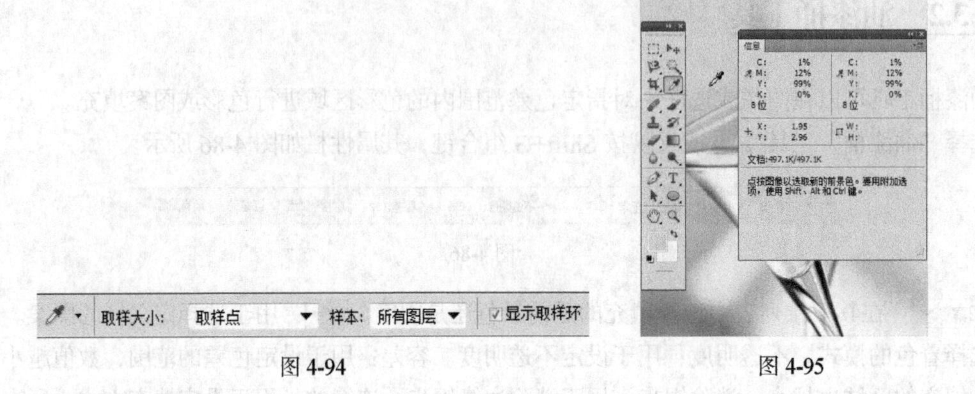

图 4-94　　图 4-95

4.3.4 渐变工具

选择“渐变”工具，或反复按 Shift+G 组合键，其属性栏如图 4-96 所示。

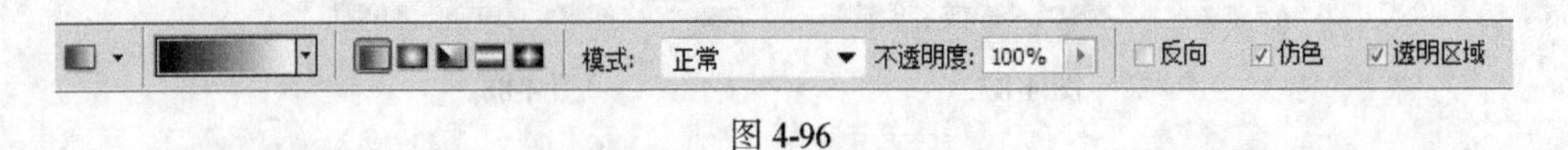

图 4-96

渐变工具包括线性渐变工具、径向渐变工具、角度渐变工具、对称渐变工具、菱形渐变工具。

：用于选择和编辑渐变的色彩。：用于选择各类型的渐变工具。模式：用于选择着色的模式。不透明度：用于设定不透明度。反向：用于反向产生色彩渐变的效果。仿色：用于使渐变更平滑。透明区域：用于产生不透明度。

如果自定义渐变形式和色彩，可单击“点按可编辑渐变”按钮，在弹出的“渐变编辑器”对话框中进行设置，如图 4-97 所示。

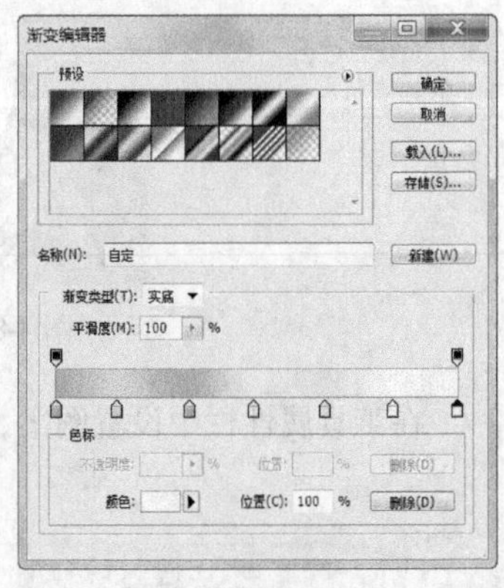

图 4-97

在“渐变编辑器”对话框中，单击颜色编辑框下方的适当位置，可以增加颜色色标，如图 4-98 所示。颜色可以调整，在对话框下方的“颜色”选项中选择颜色，或双击刚建立的颜色色标，弹出“选择色标颜色”对话框，如图 4-49 所示，在其中选择适合的颜色，单击“确定”按钮，颜色即可改变。颜色的位置也可以调整，在“位置”选项的数值框中输入数值或用鼠标直接拖曳颜色色标。

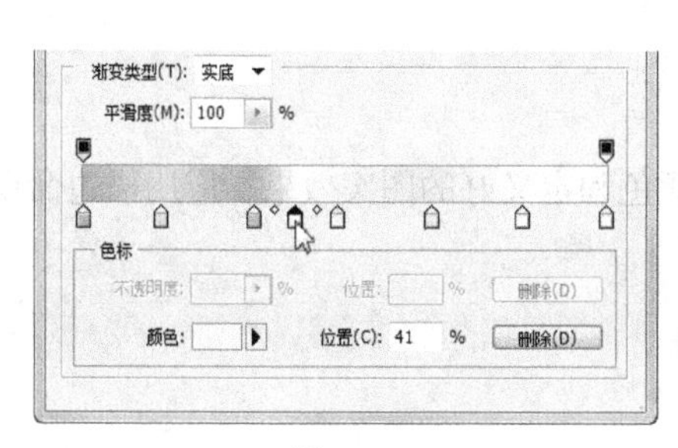

图 4-98

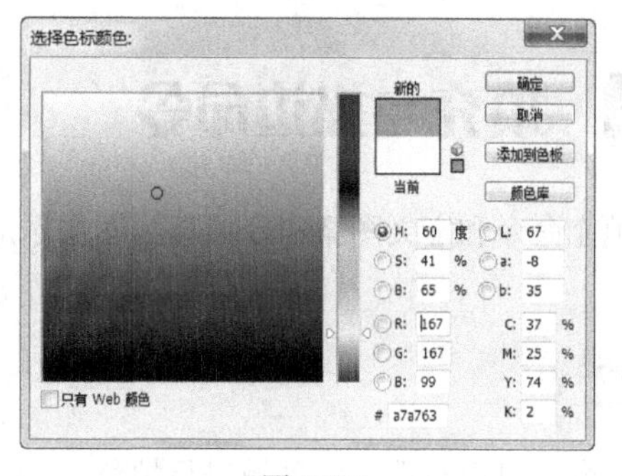

图 4-99

任意选择一个颜色色标，如图 4-100 所示，单击对话框下方的“删除”按钮 删除(D) ，或按 Delete 键，可以将颜色色标删除，如图 4-101 所示。

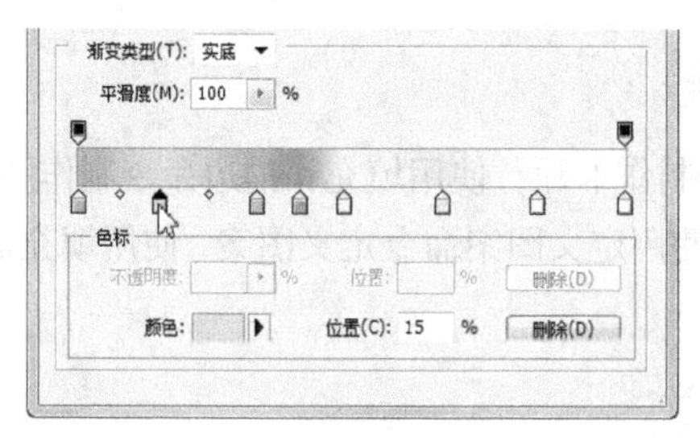

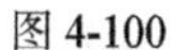

图 4-100

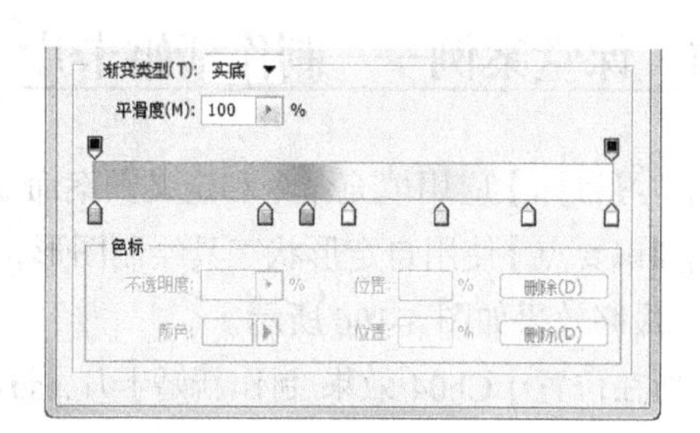

图 4-101

在对话框中单击颜色编辑框左上方的黑色色标，如图 4-102 所示，调整“不透明度”选项的数值，可以使开始的颜色到结束的颜色显示为半透明的效果，如图 4-103 所示。

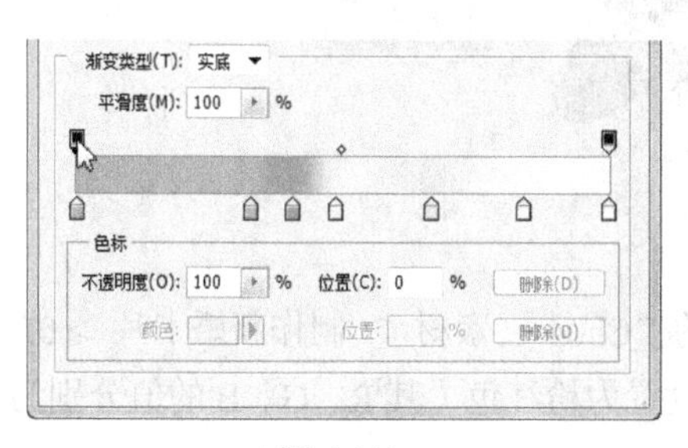

图 4-102

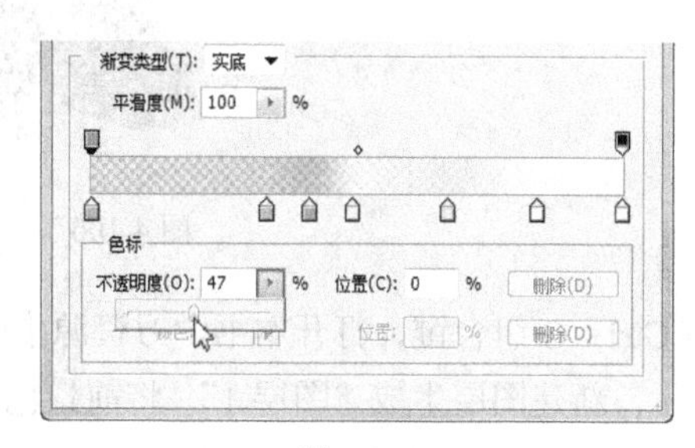

图 4-103

在对话框中单击颜色编辑框的上方，出现新的色标，如图 4-104 所示，调整“不透明度”选项的数值，可以使新色标所在位置的渐变色呈现半透明效果，如图 4-105 所示。单击对话框下方的“删除”按钮 删除(D) ，或按 Delete 键，即可将新色标删除。

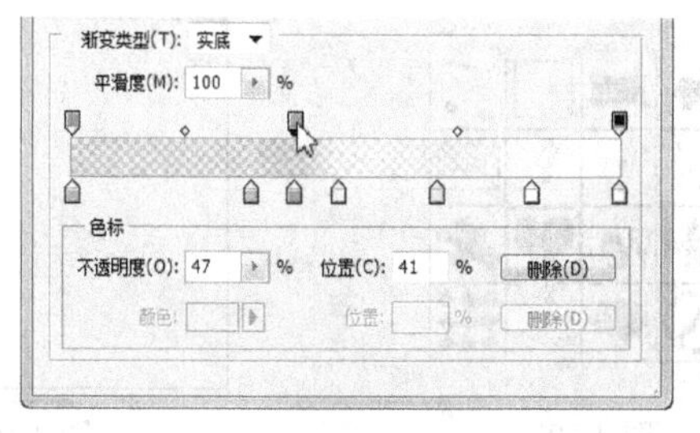

图 4-104

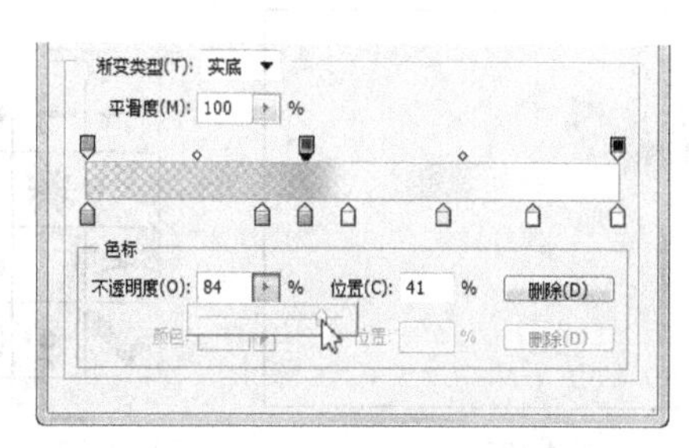

图 4-105

4.4 填充与描边命令

应用填充命令和定义图案命令可以为图像添加颜色和定义好的图案效果，应用描边命令可以为图像描边。

命令介绍

填充命令：可以对选定的区域进行填色。

定义图案命令：可以将选中的图像定义为图案，并用此图案进行填充。

描边命令：可以将选定区域的边缘用前景色描绘出来。

4.4.1 课堂案例——制作新婚卡片

【案例学习目标】应用填充命令和定义图案命令制作卡片，使用填充和描边命令制作图形。

【案例知识要点】使用自定形状工具绘制图形，使用定义图案命令定义图案，使用填充命令为选区填充颜色，最终效果如图 4-106 所示。

【效果所在位置】Ch04/效果/制作新婚卡片.psd。

图 4-106

（1）按 Ctrl + O 组合键，打开本书学习资源中的“Ch04 > 素材 > 制作新婚卡片 > 01”文件，如图 4-107 所示。新建图层生成“图层 1”。将前景色设置为粉红色（其 R、G、B 的值分别为 255、228、242）。

（2）选择“自定形状”工具，单击属性栏中的“形状”选项，弹出“形状”面板，在面板中选中需要的图形，如图 4-108 所示。选中属性栏中的“填充像素”按钮，按住 Shift 键的同时，在图像窗口中拖曳鼠标绘制图形，效果如图 4-109 所示。

图 4-107

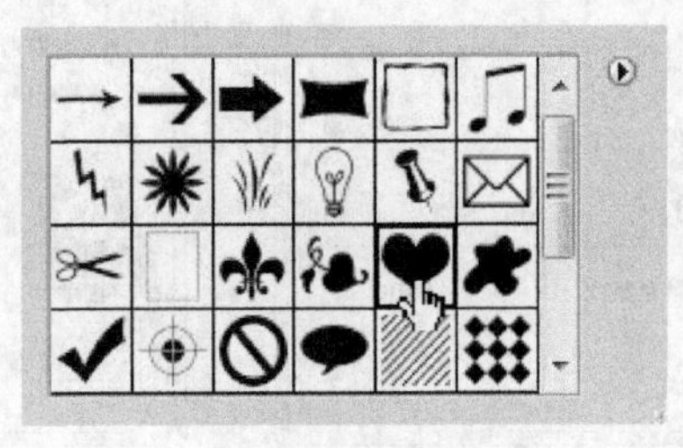

图 4-108

图 4-109

（3）按住 Alt 键的同时拖曳图像到适当的位置复制图像。按 Ctrl+T 组合键在图形周围出现变换框，将鼠标光标放在变换框的控制手柄外边，光标变为旋转图标↰，拖曳鼠标将图形旋转到适当的角度并调整其大小及位置，按 Enter 键确认操作，效果如图 4-110 所示。用相同的方法制作另一个心形，效果如图 4-111 所示。

（4）在“图层”控制面板中，选择“图层 1”图层，按住 Shift 键的同时单击“图层 1 副本 2”图层，将两个图层之间的图层同时选取。按 Ctrl+E 组合键合并图层并将其命名为“图案”，如图 4-112 所示。单击“背景”图层左侧的眼睛图标，将“背景”图层隐藏，如图 4-113 所示。

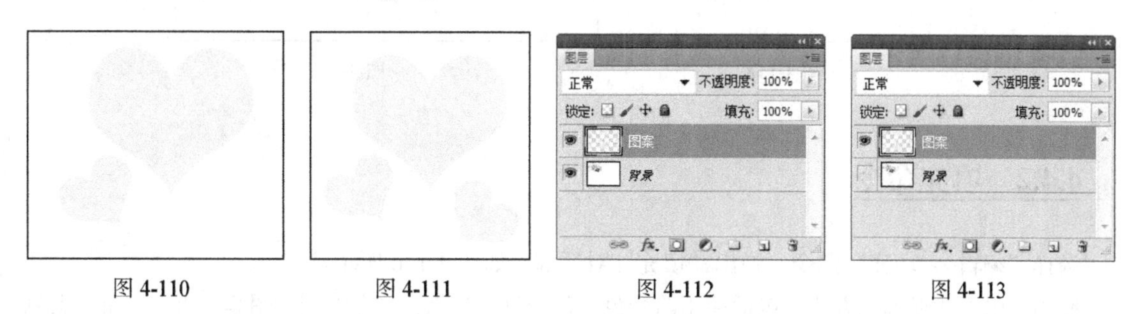

图 4-110　　图 4-111　　图 4-112　　图 4-113

（5）选择“矩形选框”工具，在图像窗口中绘制矩形选区，如图 4-114 所示。选择“编辑 > 定义图案”命令，弹出“图案名称”对话框，设置如图 4-115 所示，单击“确定”按钮。按 Delete 键删除选区中的图像，按 Ctrl+D 组合键取消选区。单击“背景”图层左侧的空白图标，显示出隐藏的图层。

图 4-114　　图 4-115

（6）选择“编辑 > 填充”命令，弹出“填充”对话框，在“自定图案”选择框中选择新定义的图案，如图 4-116 所示，单击“确定”按钮，图案填充的效果如图 4-117 所示。

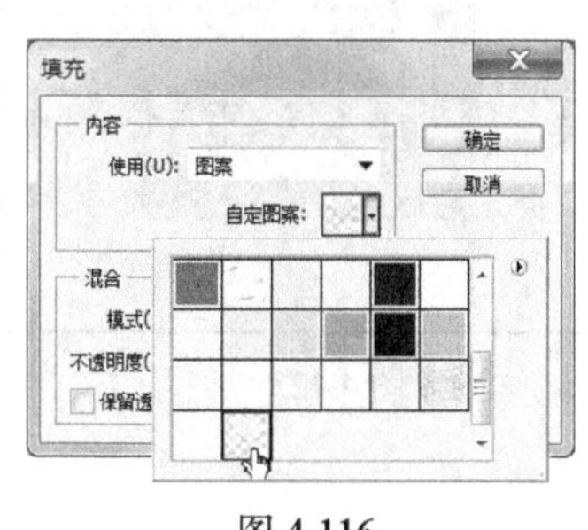

图 4-116

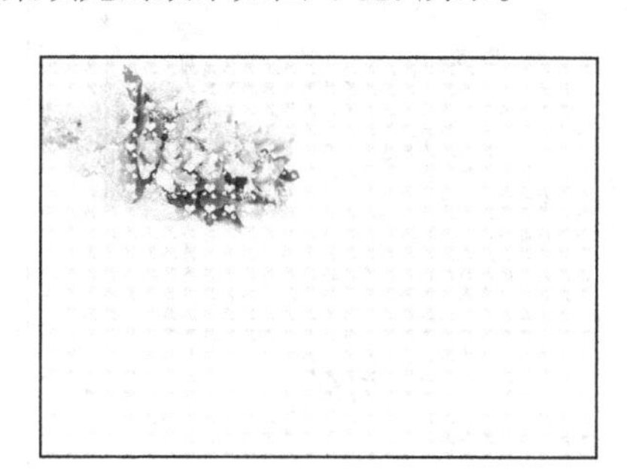

图 4-117

（7）选择“套索”工具，绘制选区。按 Delete 键删除选区中的图像，取消选区后效果如图 4-118 所示。按 Ctrl + O 组合键，打开本书学习资源中的“Ch04 > 素材 > 制作新婚卡片 > 02、03”文件。选择“移动”工具，分别将 02、03 文字拖曳到图像窗口的适当位置，效果如图 4-119 所示，在“图层”

控制面板中分别生成新图层并将其命名为“装饰”和“文字”。新婚卡片制作完成。

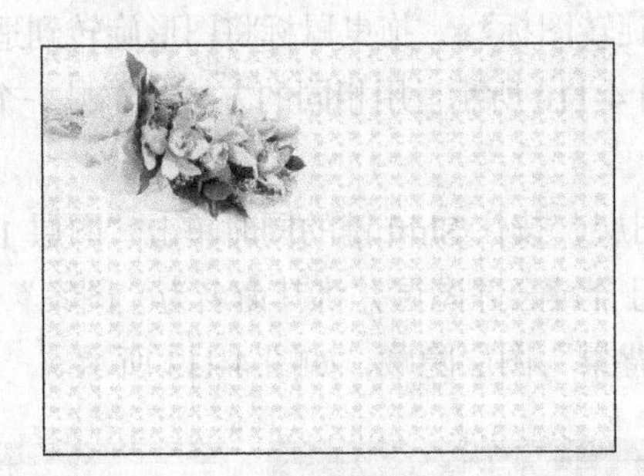

图 4-118

图 4-119

4.4.2 填充命令

选择“编辑 > 填充”命令，弹出“填充”对话框，如图 4-120 所示。

使用：用于选择填充方式，包括使用前景色、背景色、颜色、内容识别、图案、历史记录、黑色、50%灰色、白色进行填充。模式：用于设置填充模式。不透明度：用于调整不透明度。

在图像中绘制选区，如图 4-121 所示。选择“编辑 > 填充”命令，弹出“填充”对话框，设置如图 4-122 所示，单击“确定”按钮，填充的效果如图 4-123 所示。

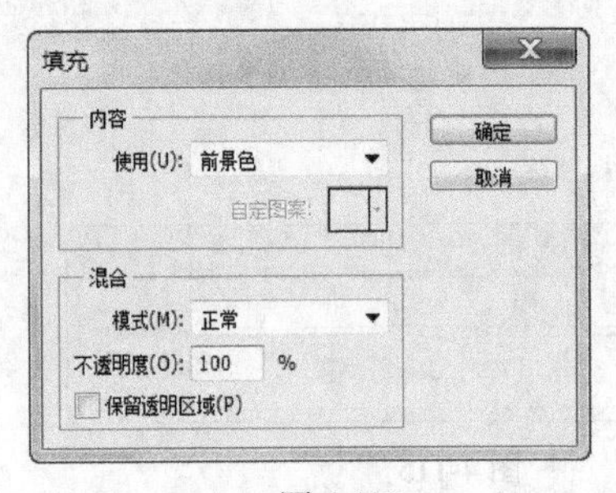

图 4-120

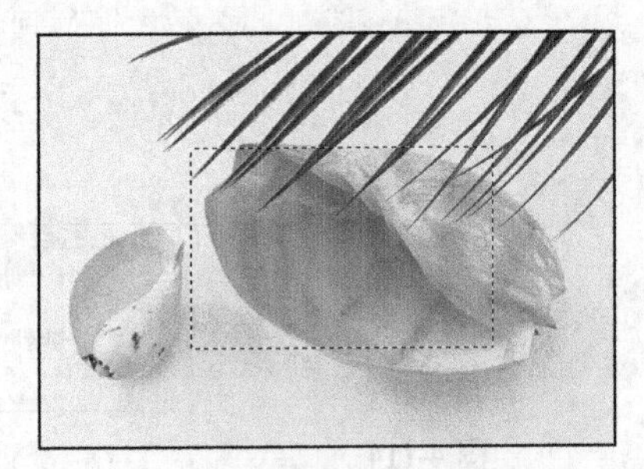

图 4-121

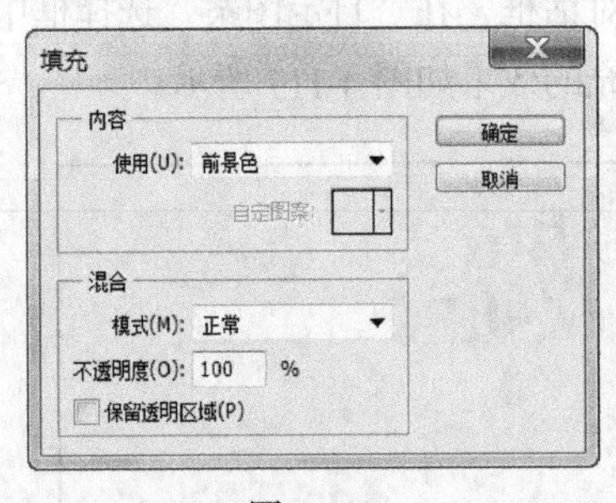

图 4-122

图 4-123

技巧 按 Alt+Backspace 组合键，用前景色填充选区或图层；按 Ctrl+Backspace 组合键，用背景色填充选区或图层；按 Delete 键，将删除选区中的图像，露出背景色或下面的图像。

4.4.3　自定义图案

在图像上绘制出要定义为图案的选区，如图 4-124 所示，选择“编辑 > 定义图案”命令，弹出“图案名称”对话框，如图 4-125 所示，单击“确定”按钮，图案定义完成。按 Ctrl+D 组合键取消选区。

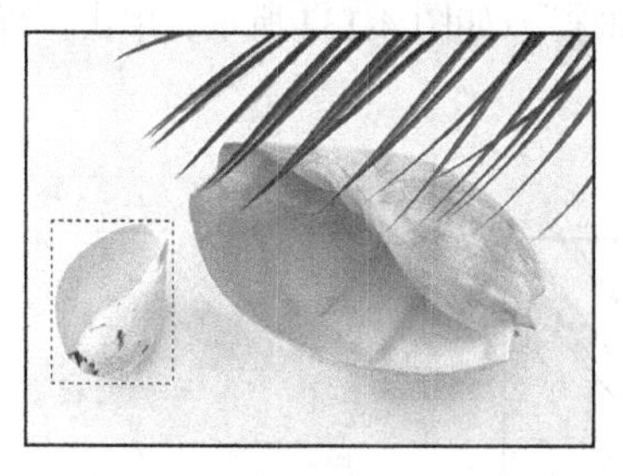

图 4-124

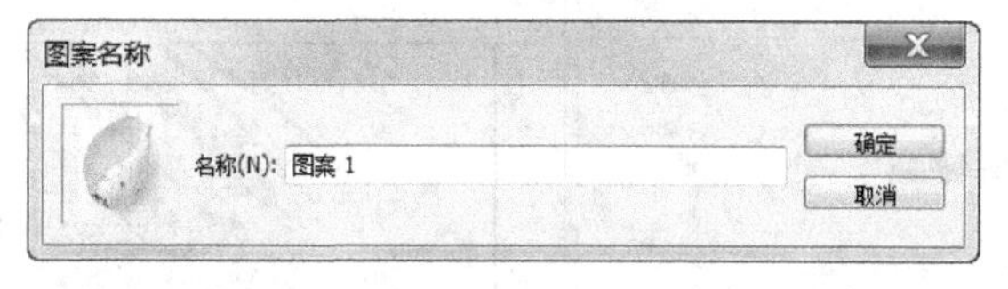

图 4-125

选择“编辑 > 填充”命令，弹出“填充”对话框，将“使用”选项设置为“图案”，在“自定图案”选择框中选择新定义的图案，如图 4-126 所示，单击“确定”按钮，图案填充的效果如图 4-127 所示。

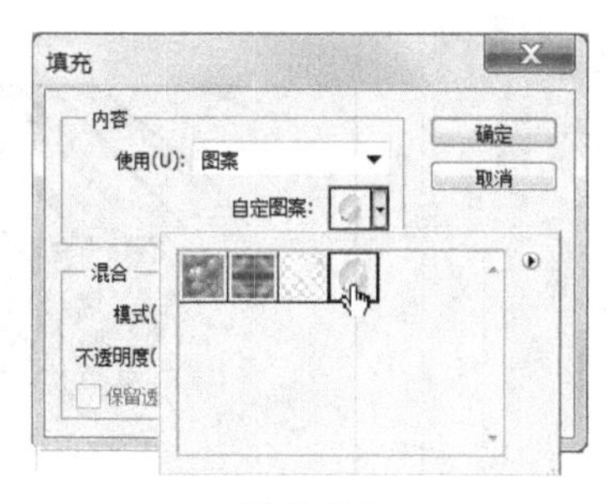

图 4-126

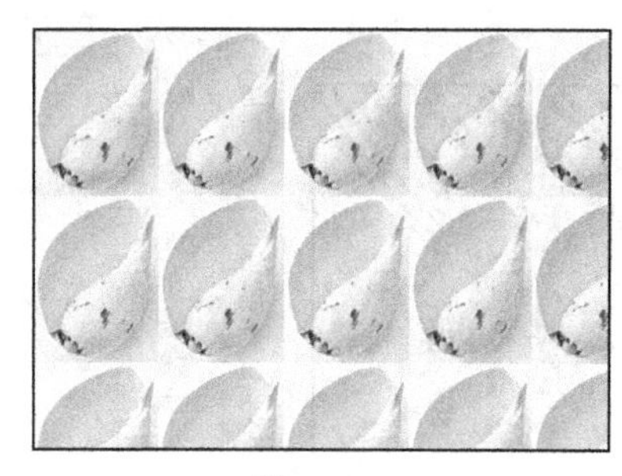

图 4-127

在“填充”对话框的“模式”选项中选择不同的填充模式，如图 4-128 所示，单击“确定”按钮，填充的效果如图 4-129 所示。

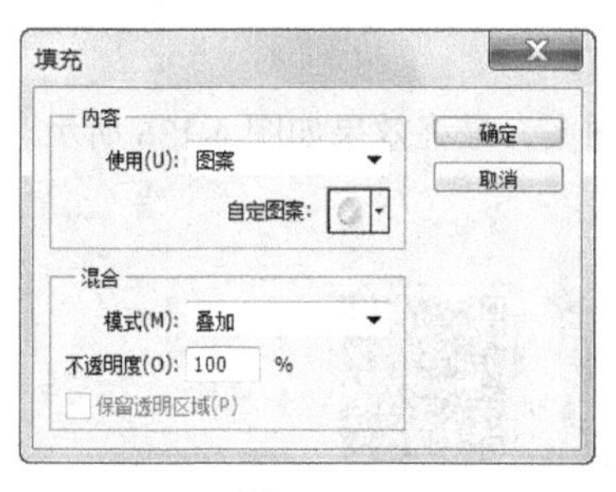

图 4-128

图 4-129

4.4.4　描边命令

选择“编辑 > 描边”命令，弹出“描边”对话框，如图 4-130 所示。

描边：用于设定边线的宽度和边线的颜色。位置：用于设定所描边线相对于区域边缘的位置，包括内部、居中和居外 3 个选项。混合：用于设置描边模式和不透明度。

使用“磁性套索”工具绘制出需要的选区，如图 4-131 所示。选择“编辑 > 描边”命令，弹出“描边”对话框，按图 4-132 所示进行设定，单击“确定”按钮，按 Ctrl+D 组合键取消选区，效果如图 4-133 所示。

如果在“描边”对话框中将“模式”选项设置为“颜色加深”，如图 4-134 所示，单击“确定”按钮。按 Ctrl+D 组合键，取消选区，效果如图 4-135 所示。

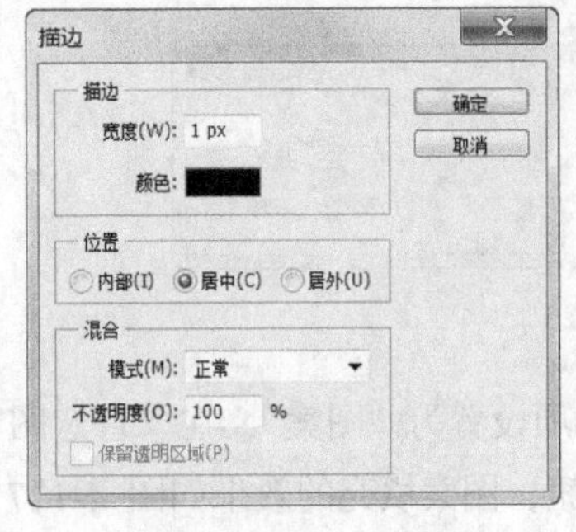

图 4-130

图 4-131

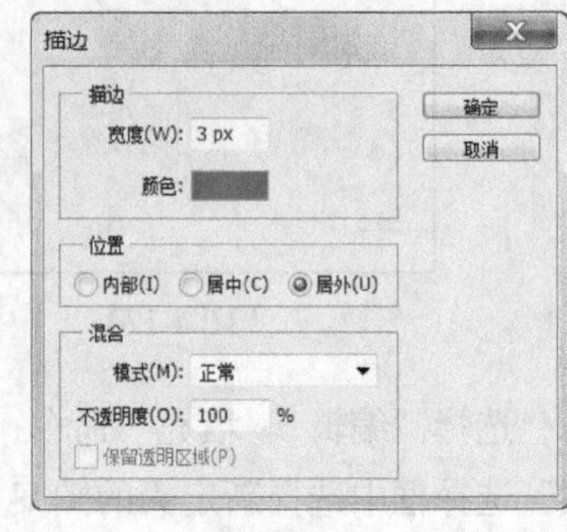

图 4-132

图 4-133

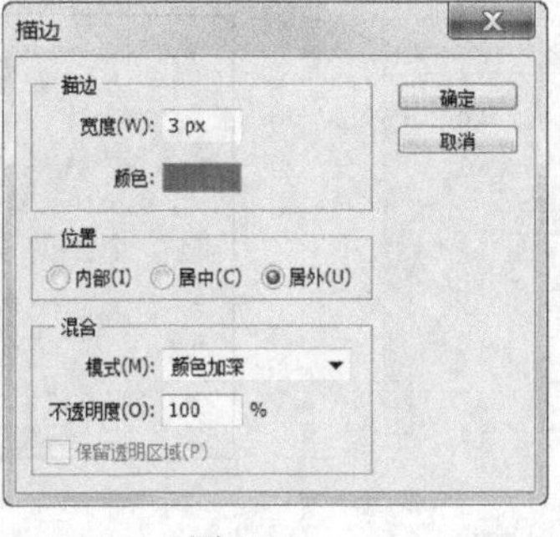

图 4-134

图 4-135

课堂练习——绘制汽车插画

【练习知识要点】使用图案填充命令制作花纹背景图案，最终效果如图 4-136 所示。

【效果所在位置】Ch04/效果/绘制汽车插画.psd。

图 4-136

课后习题——绘制时尚插画

【习题知识要点】使用画笔工具绘制枫叶和草图形，使用图层蒙版和画笔工具制作文字擦除效果，最终效果如图 4-137 所示。

【效果所在位置】Ch04/效果/绘制时尚插画.psd。

图 4-137

第5章 修饰图像

本章介绍

本章将主要介绍 Photoshop CS5 修饰图像的方法与技巧。通过对本章的学习，读者将了解和掌握修饰图像的基本方法与操作技巧，应用相关工具快速地仿制图像、修复污点、消除红眼、把有缺陷的图像修复完整。

学习目标

- 掌握修复与修补工具的使用方法。
- 掌握图案图章工具、红眼工具和污点修复画笔工具的使用技巧。
- 掌握模糊工具、锐化工具、加深工具和减淡工具的使用技巧。
- 掌握海绵工具、涂抹工具和橡皮擦工具的使用技巧。

技能目标

- 掌握“风景插画”的修复方法。
- 掌握“人物照片”的修复方法。
- 掌握“装饰画”的制作方法。
- 掌握“沙漠图标”的制作方法。

5.1 修复与修补工具

修复与修补工具用于对部分图像进行修复与修补，是在处理图像时不可缺少的工具。

命令介绍

修补工具：可以用图像中的其他区域来修补当前选中的需要修补的区域，也可以使用图案来修补区域。

5.1.1 课堂案例——修复风景插画

【案例学习目标】学习使用修图工具修复图像。

【案例知识要点】使用修补工具修复图像，最终效果如图 5-1 所示。

【效果所在位置】Ch05/效果/修复风景插画.psd。

图 5-1

（1）按 Ctrl + O 组合键，打开本书学习资源中的“Ch05 > 素材 > 修复风景插画 > 01”文件，如图 5-2 所示。选择“修补”工具，并在属性栏中设置如图 5-3 所示的参数。

图 5-2

图 5-3

（2）在图像窗口中拖曳鼠标圈选绿色区域，生成选区，如图 5-4 所示。在选区中单击并按住鼠标不放，将选区拖曳到左上方适当的位置，如图 5-5 所示，松开鼠标，选区中的绿色图像被新放置的图像修补。按 Ctrl+D 组合键取消选区，效果如图 5-6 所示。

图 5-4

图 5-5

图 5-6

（3）在图像窗口中拖曳鼠标圈选绿色区域，如图 5-7 所示。在选区中单击并按住鼠标左键不放，将选区拖曳到窗口中适当的位置，如图 5-8 所示，释放鼠标，选区中的绿色区域被新放置的选取图像所修补。按 Ctrl+D 组合键取消选区，效果如图 5-9 所示。

（4）用相同的方法，使用“修补”工具去除图像窗口中的绿色区域，效果如图 5-10 所示。风景插画修复完成。

图 5-7

图 5-8

图 5-9

图 5-10

5.1.2 修补工具

选择“修补”工具，或反复按 Shift+J 组合键，其属性栏如图 5-11 所示。

图 5-11

新选区：去除旧选区，绘制新选区。添加到选区：在原有选区的上面再增加新的选区。从选区减去：在原有选区上减去新选区的部分。与选区交叉：选择新旧选区重叠的部分。

打开一幅图像，用“修补”工具圈选图像中的碗，如图 5-12 所示。选择工具属性栏中的“源”

选项，在圈选的碗中单击并按住鼠标左键，拖曳鼠标将选区放置到需要的位置，效果如图 5-13 所示。松开鼠标左键，选中的碗被新放置的选取图像所修补，效果如图 5-14 所示。按 Ctrl+D 组合键取消选区，修补的效果如图 5-15 所示。

图 5-12　　图 5-13　　图 5-14　　图 5-15

选择工具属性栏中的“目标”选项，用“修补”工具圈选图像中的区域，如图 5-16 所示。再将选区拖曳到要修补的图像区域，效果如图 5-17 所示。选中的图像区域修补了图像中的碗，如图 5-18 所示。按 Ctrl+D 组合键取消选区，修补效果如图 5-19 所示。

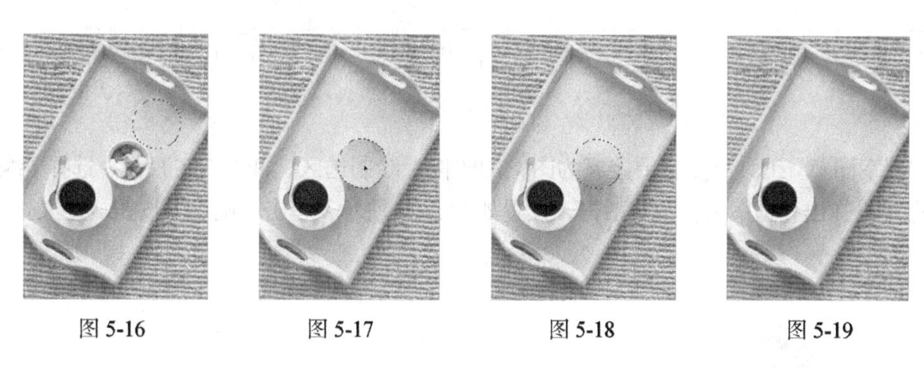

图 5-16　　图 5-17　　图 5-18　　图 5-19

5.1.3 修复画笔工具

选择“修复画笔”工具，或反复按 Shift+J 组合键，其属性栏如图 5-20 所示。

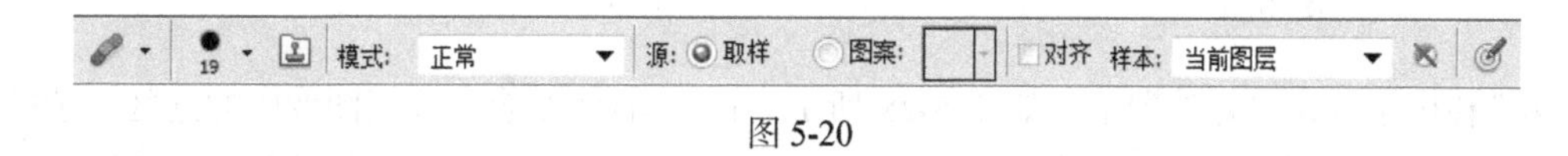

图 5-20

模式：在其弹出菜单中可以选择复制像素或填充图案与底图的混合模式。源：选择“取样”选项后，按住 Alt 键，鼠标光标变为圆形十字图标，单击定下样本的取样点，释放鼠标，在图像中要修复的位置单击并按住鼠标不放，拖曳鼠标复制出取样点的图像；选择“图案”选项后，在“图案”面板中选择图案或自定义图案来填充图像。对齐：勾选此复选框，下一次的复制位置会和上次的完全重合。图像不会因为重新复制而出现错位。

单击“画笔”选项右侧的按钮，在弹出的“画笔”面板中，可以设置修复画笔的直径、硬度、间距、角度、圆度和压力大小，如图 5-21 所示。

“修复画笔”工具可以将取样点的像素信息非常自然地复制到图像的破损位置，并保持图像的亮度、饱和度、纹理等属性。使用"修复画笔"工具修复照片的过程如图 5-22、图 5-23 和图 5-24 所示。

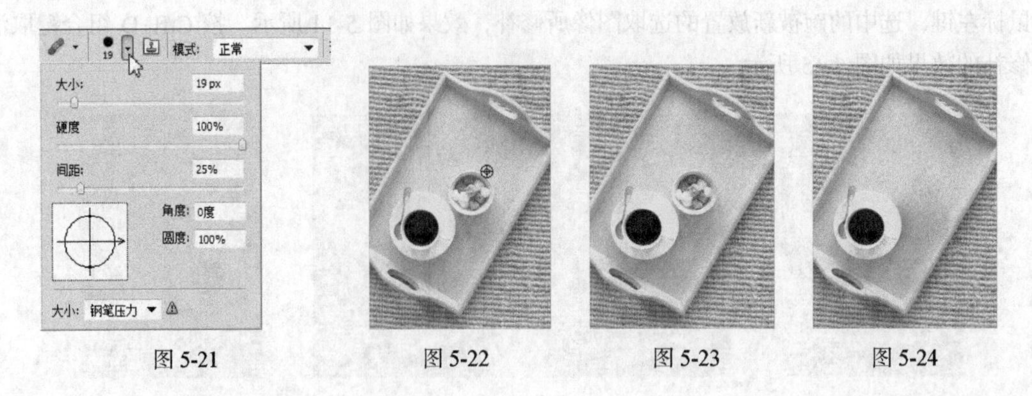

图 5-21　　图 5-22　　图 5-23　　图 5-24

5.1.4 图案图章工具

选择"图案图章"工具，或反复按 Shift+S 组合键，其属性栏如图 5-25 所示。

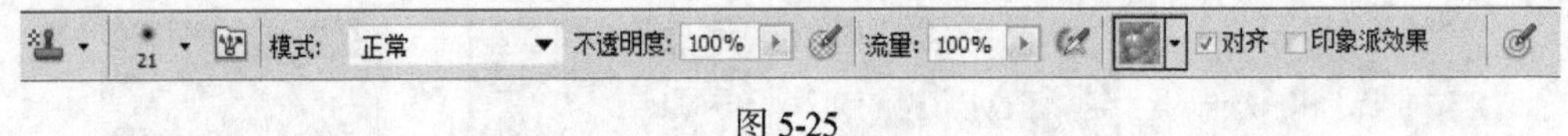

图 5-25

选择"图案图章"工具，在要定义为图案的图像上绘制选区，如图 5-26 所示。选择"编辑 > 定义图案"命令，弹出"图案名称"对话框，设置如图 5-27 所示，单击"确定"按钮，定义选区中的图像为图案。

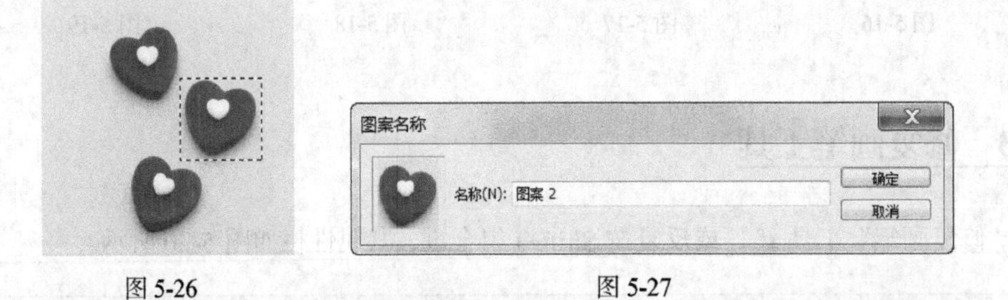

图 5-26　　图 5-27

在属性栏中选择定义好的图案，如图 5-28 所示，按 Ctrl+D 组合键取消图像中的选区。选择"图案图章"工具，在适当的位置单击并按住鼠标不放，拖曳鼠标复制出定义好的图案，效果如图 5-29 所示。

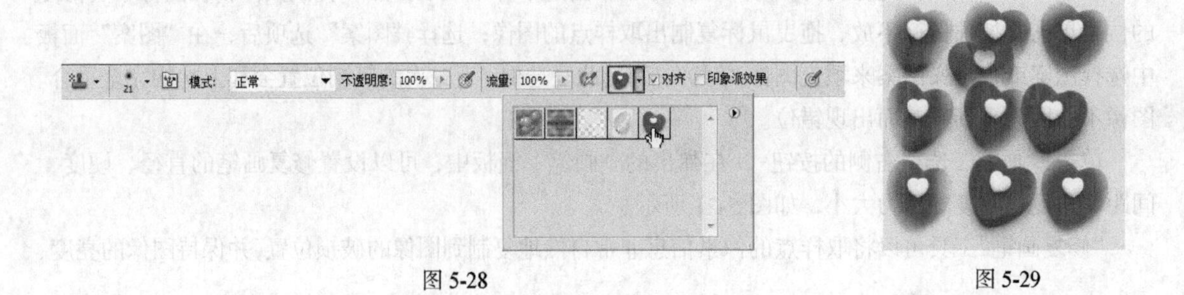

图 5-28　　图 5-29

5.1.5　颜色替换工具

颜色替换工具能够简化图像中特定颜色的替换，使用校正颜色在目标颜色上绘画。颜色替换工具不适用于“位图”“索引”或“多通道”颜色模式的图像。

选择“颜色替换”工具，其属性栏如图 5-30 所示。

图 5-30

原始图像如图 5-31 所示，调出“颜色”控制面板和“色板”控制面板，在“颜色”控制面板中设置前景色，如图 5-32 所示，在“色板”控制面板中单击“创建前景色的新色板”按钮，将设置的前景色存放在控制面板中，如图 5-33 所示。

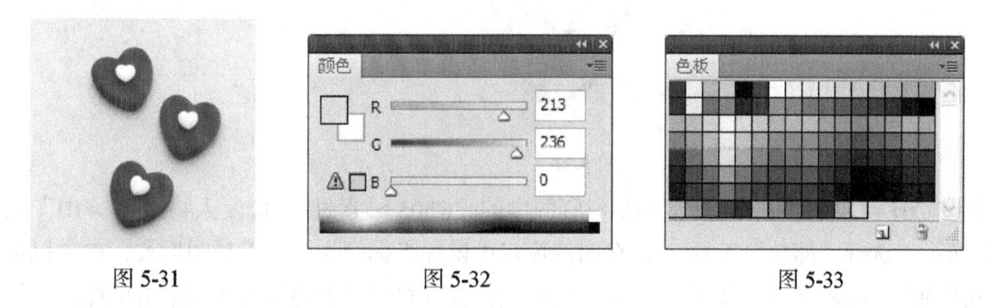

图 5-31　　图 5-32　　图 5-33

选择“颜色替换”工具，在属性栏中进行设置，如图 5-34 所示，在图像上需要上色的区域直接涂抹，进行上色，效果如图 5-35 所示。

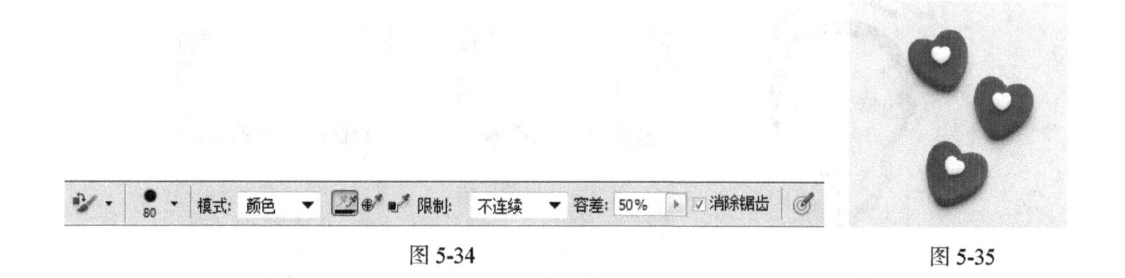

图 5-34　　图 5-35

命令介绍

仿制图章工具：可以以指定的像素点为复制基准点，将其周围的图像复制到其他地方。

红眼工具：可以去除用闪光灯拍摄的人物照片的红眼，也可以去除用闪光灯拍摄的照片中的白色或绿色反光。

模糊工具：可以使图像的色彩变模糊。

污点修复画笔工具：其工作方式与修复画笔工具相似，使用图像中的样本像素进行绘画，并将样本像素的纹理、光照、透明度和阴影与所修复的像素相匹配。

5.1.6 课堂案例——修复人物照片

【案例学习目标】学习使用多种修复与修补工具修复人物照片。

【案例知识要点】使用缩放命令调整图像大小，使用红眼工具去除人物红眼，使用仿制图章工具修复人物图像上的斑纹，使用模糊工具模糊图像，使用污点修复画笔工具修复人物脖子上的斑纹，最终效果如图 5-36 所示。

【效果所在位置】Ch05/效果/修复人物照片.psd。

图 5-36

（1）按 Ctrl + O 组合键，打开本书学习资源中的“Ch05 > 素材 > 修复人物照片 > 01”文件，如图 5-37 所示。选择“缩放”工具，在图像窗口中鼠标光标变为放大工具图标，单击鼠标将图像放大，效果如图 5-38 所示。选择“红眼”工具，在人物眼睛上的红色区域单击鼠标去除红眼，效果如图 5-39 所示。

图 5-37

图 5-38

图 5-39

（2）选择“仿制图章”工具，在属性栏中单击“画笔”选项右侧的按钮，弹出画笔选择面板，在面板中选择需要的画笔形状，将“大小”选项设置为 35px，如图 5-40 所示。将仿制图章工具放在脸部需要取样的位置，按住 Alt 键，鼠标光标变为圆形十字图标，如图 5-41 所示，单击鼠标确定取样点。将鼠标光标放置在需要修复的斑纹上，如图 5-42 所示，单击鼠标去掉斑纹，效果如图 5-43 所示。用相同的方法去除人物脸部的所有斑纹，效果如图 5-44 所示。

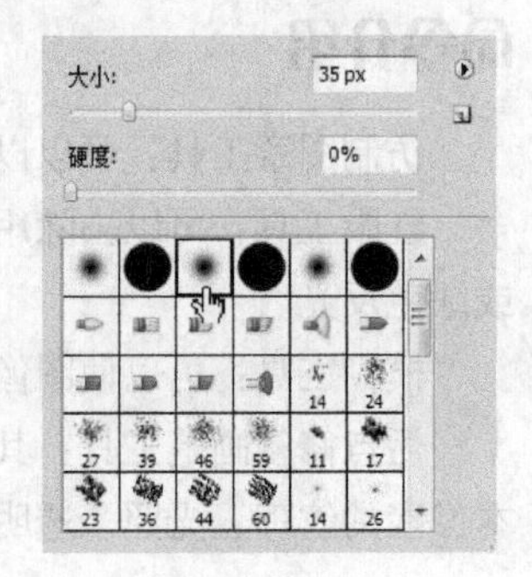

图 5-40

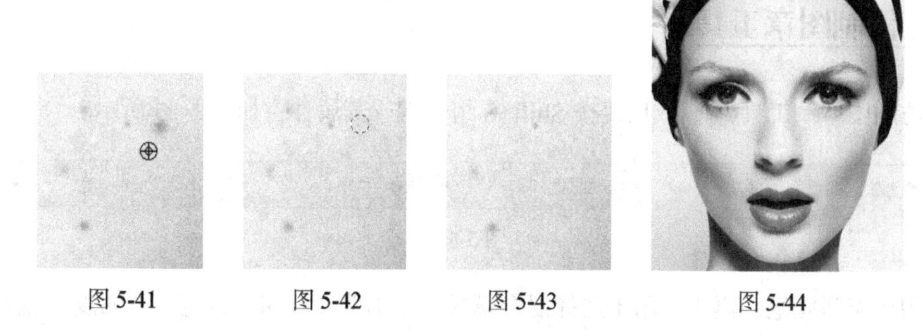

图 5-41　　图 5-42　　图 5-43　　图 5-44

（3）选择“模糊”工具，在属性栏中将“强度”选项设置为 100%，如图 5-45 所示。单击“画笔”选项右侧的按钮，弹出画笔选择面板，在面板中选择需要的画笔形状，将“大小”选项设置为 200px，如图 5-46 所示。在人物脸部涂抹，让脸部图像变得自然柔和，效果如图 5-47 所示。

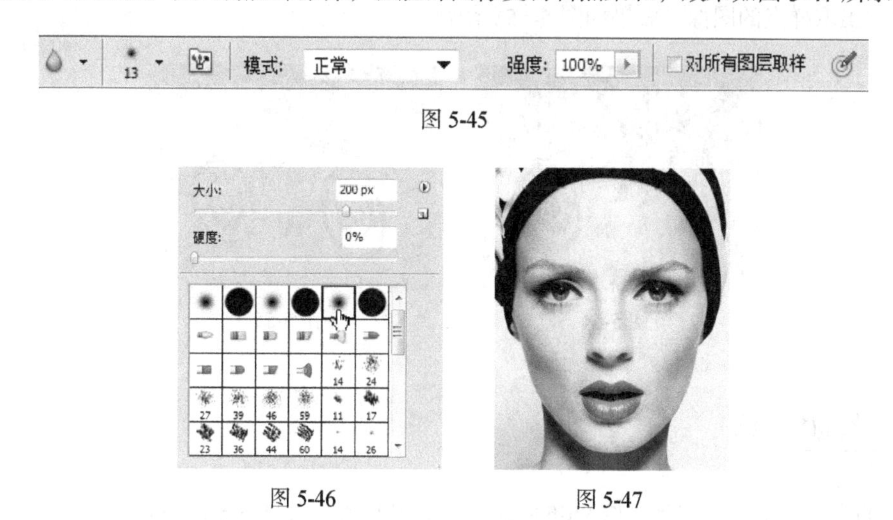

图 5-45

图 5-46　　图 5-47

（4）选择“缩放”工具，在图像窗口中单击鼠标将图像放大，如图 5-48 所示。选择“污点修复画笔”工具，单击“画笔”选项右侧的按钮，弹出画笔选择面板，设置如图 5-49 所示。用鼠标在斑纹上单击，如图 5-50 所示，斑纹被清除，效果如图 5-51 所示。用相同的方法清除脖子上的其他斑纹。人物照片效果修复完成，如图 5-52 所示。

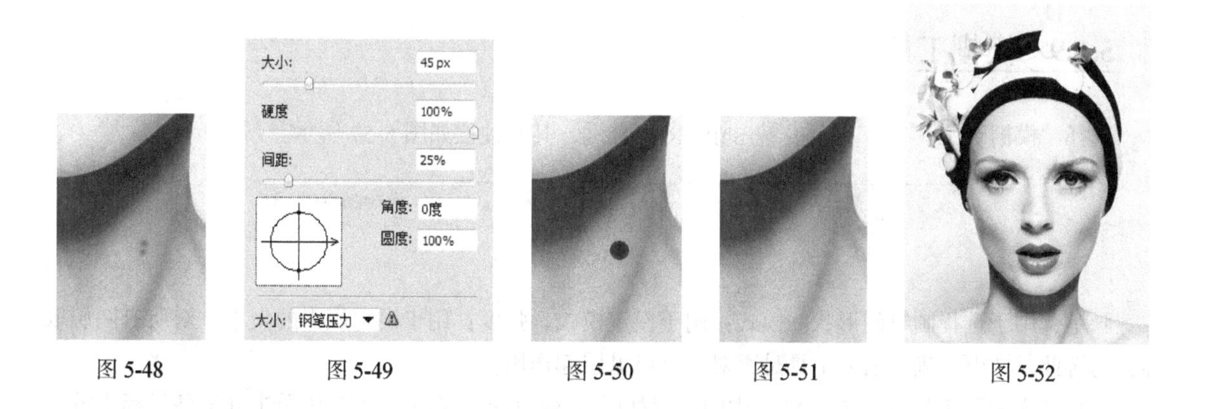

图 5-48　　图 5-49　　图 5-50　　图 5-51　　图 5-52

5.1.7 仿制图章工具

选择“仿制图章”工具，或反复按 Shift+S 组合键，其属性栏如图 5-53 所示。

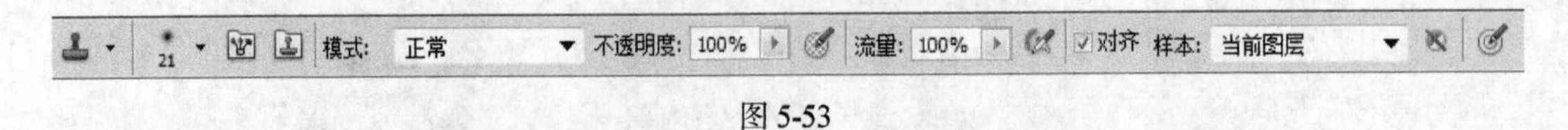

图 5-53

画笔：用于选择画笔。模式：用于选择混合模式。不透明度：用于设定不透明度。流量：用于设定扩散的速度。对齐：用于控制是否在复制时使用对齐功能。

选择“仿制图章”工具，将鼠标光标放在图像中需要复制的位置，按住 Alt 键，鼠标光标变为圆形十字图标⊕，如图 5-54 所示，单击定下取样点，释放鼠标。在合适的位置单击并按住鼠标不放，拖曳鼠标复制出取样点的图像，效果如图 5-55 所示。

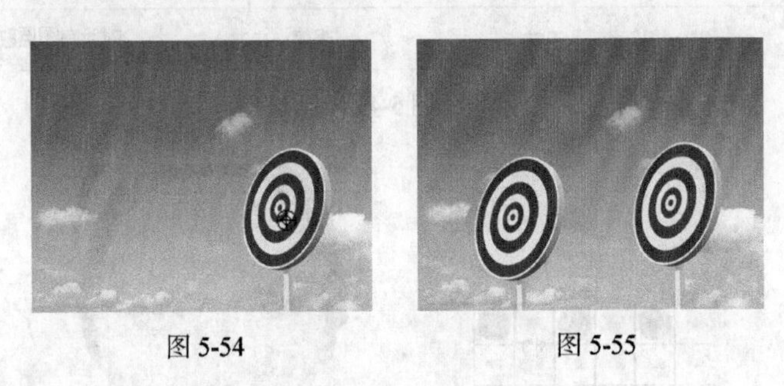

图 5-54　　图 5-55

5.1.8 红眼工具

选择“红眼”工具，或反复按 Shift+J 组合键，其属性栏如图 5-56 所示。

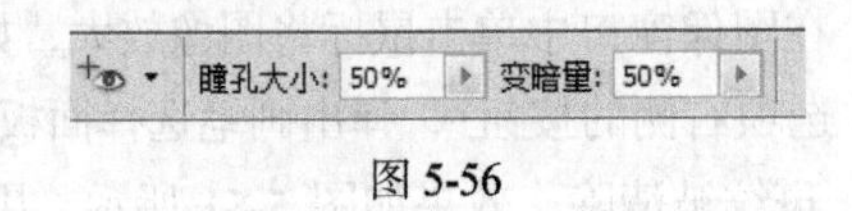

图 5-56

瞳孔大小：用于设置瞳孔的大小。变暗量：用于设置瞳孔的暗度。

5.1.9 模糊工具

选择“模糊”工具，或反复按 Shift+R 组合键，其属性栏如图 5-57 所示。

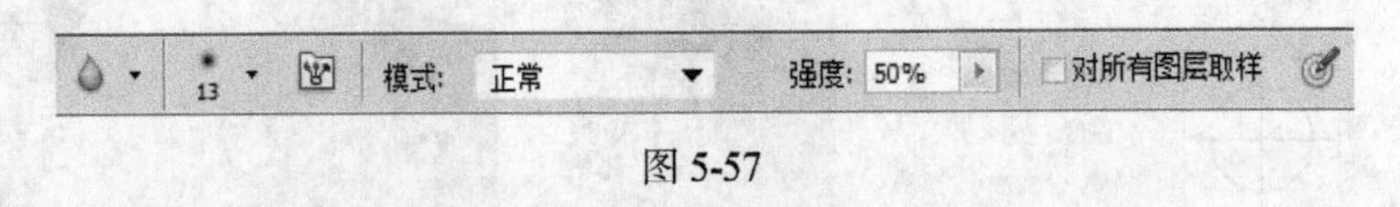

图 5-57

画笔：用于选择画笔的形状。模式：用于设定模式。强度：用于设定压力的大小。对所有图层取样：勾选此复选框，确定模糊工具是否对所有可见层起作用。

选择“模糊”工具，在属性栏中的设置如图 5-58 所示，在图像窗口中单击并按住鼠标不放，拖曳鼠标使图像产生模糊的效果。原图像和模糊后的图像效果如图 5-59 和图 5-60 所示。

图 5-58

图 5-59　　图 5-60

5.1.10　污点修复画笔工具

污点修复画笔工具不需要制定样本点，将自动从所修复区域的周围取样。

选择“污点修复画笔”工具，或反复按 Shift+J 组合键，其属性栏如图 5-61 所示。

图 5-61

原始图像如图 5-62 所示。选择“污点修复画笔”工具，在属性栏中的设置如图 5-63 所示，在要修复的污点图像上拖曳鼠标，如图 5-64 所示，释放鼠标，污点被去除，效果如图 5-65 所示。

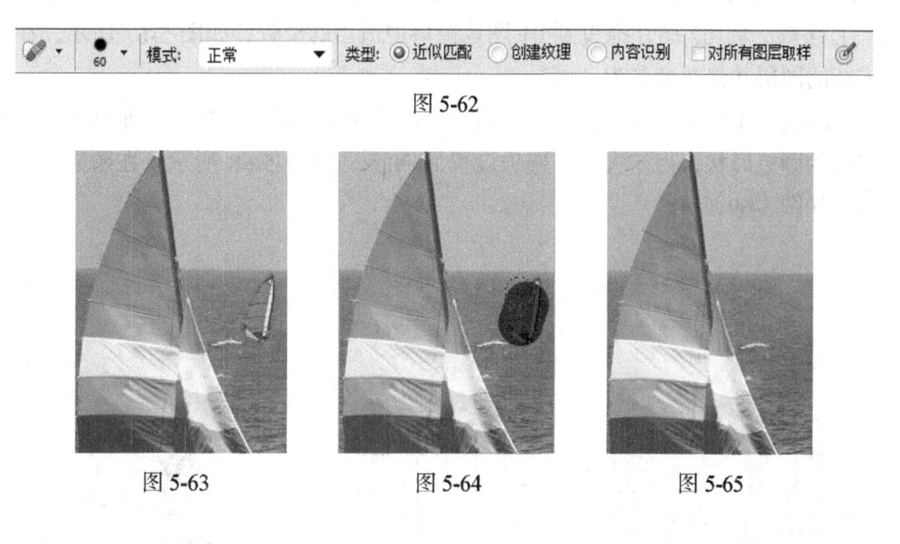

图 5-62

图 5-63　　图 5-64　　图 5-65

5.2　修饰工具

修饰工具用于对图像进行修饰，使图像产生不同的变化效果。

命令介绍

锐化工具：可以使图像的色彩变强烈。

加深工具：可以使图像的区域变暗。

减淡工具：可以使图像的亮度提高。

5.2.1 课堂案例——制作装饰画

【案例学习目标】使用多种修饰工具调整图像。

【案例知识要点】使用加深工具、减淡工具、锐化工具和模糊工具制作图像，最终效果如图 5-66 所示。

【效果所在位置】Ch05/效果/制作装饰画.psd。

图 5-66

（1）按 Ctrl + O 组合键，打开本书学习资源中的“Ch05 > 素材 > 制作装饰画 > 01、02”文件。选择“移动”工具，将 02 图片拖曳到 01 图像窗口中适当的位置，如图 5-67 所示，在“图层”控制面板中生成新的图层并将其命名为“画”。

（2）选择“减淡”工具，在属性栏中单击“画笔”选项右侧的按钮，弹出画笔选择面板，在面板中选择需要的画笔形状，将“大小”选项设置为 90px，如图 5-68 所示。在图像的边缘拖曳鼠标减淡图像，效果如图 5-69 所示。

图 5-67

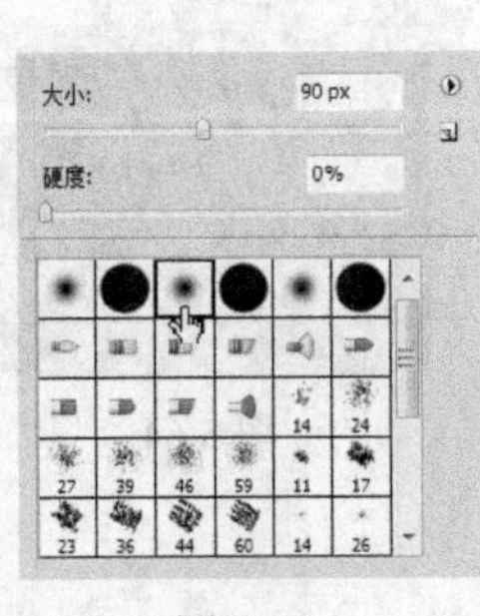

图 5-68

图 5-69

（3）选择“加深”工具，在属性栏中单击“画笔”选项右侧的按钮，弹出画笔选择面板，在面板中选择需要的画笔形状，将“大小”选项设置为 30px，如图 5-70 所示。在图像中部拖曳鼠标加深图像的颜色，效果如图 5-71 所示。

（4）选择“锐化”工具，在属性栏中单击“画笔”选项右侧的按钮，弹出画笔选择面板，在面板中选择需要的画笔形状，将“大小”选项设置为 90px，如图 5-72 所示。在花蕊上拖曳鼠标，将图像的花蕊部分锐化，效果如图 5-73 所示。

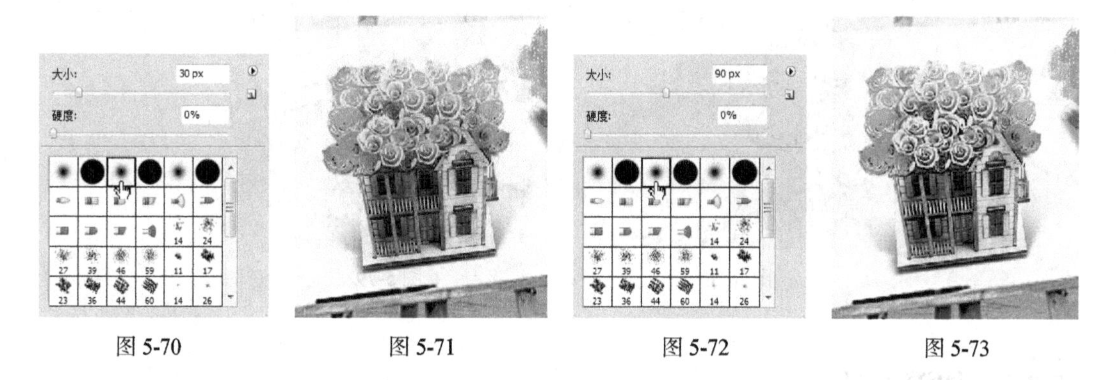

图 5-70　　图 5-71　　图 5-72　　图 5-73

（5）选择“模糊”工具，画笔选项的设置同上，在图像上拖曳鼠标进行模糊处理，效果如图 5-74 所示。按 Ctrl + O 组合键，打开本书学习资源中的“Ch05 > 素材 > 制作装饰画 > 03”文件，选择“移动”工具，将文字拖曳到图像窗口的右上方，如图 5-75 所示，在“图层”控制面板中生成新的图层并将其命名为“文字”。装饰画效果制作完成。

图 5-74　　图 5-75

5.2.2　锐化工具

选择“锐化”工具，或反复按 Shift+R 组合键，其属性栏如图 5-76 所示。其属性栏中的内容与模糊工具属性栏的选项内容类似。

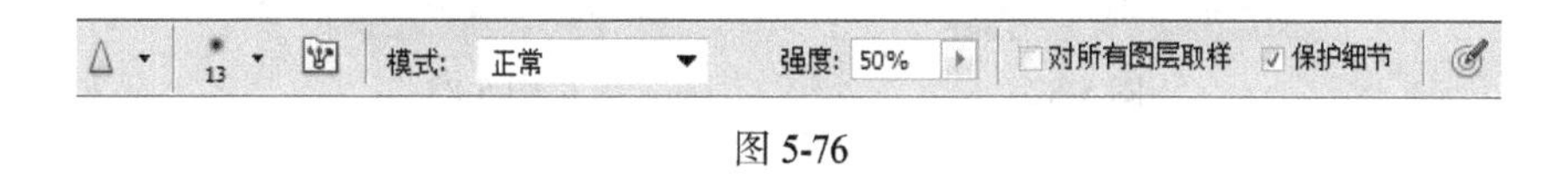

图 5-76

选择“锐化”工具，在属性栏中的设置如图 5-77 所示，在图像中的盒上单击并按住鼠标不放，拖曳鼠标使其产生锐化的效果。原图像和锐化后的图像效果如图 5-78 和图 5-79 所示。

图 5-77

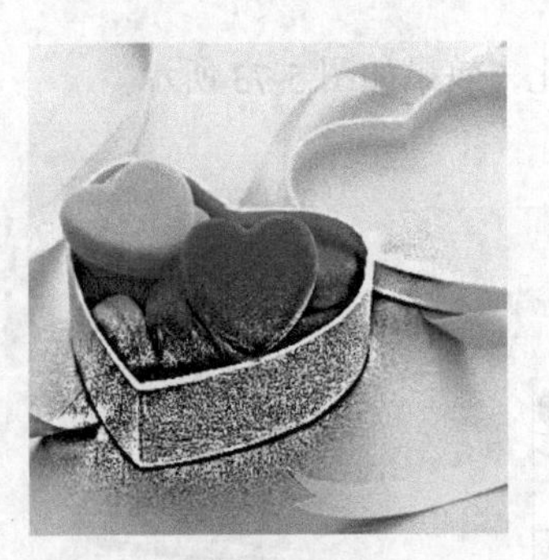

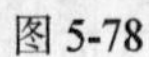

图 5-78　　　　图 5-79

5.2.3　加深工具

选择“加深”工具，或反复按 Shift+O 组合键，其属性栏如图 5-80 所示。其属性栏中的内容与减淡工具属性栏选项内容的作用正好相反。

图 5-80

选择“加深”工具，在属性栏中的设置如图 5-81 所示，在图像中的盒上单击并按住鼠标不放，拖曳鼠标使图像产生加深的效果。原图像和加深后的图像效果如图 5-82 和图 5-83 所示。

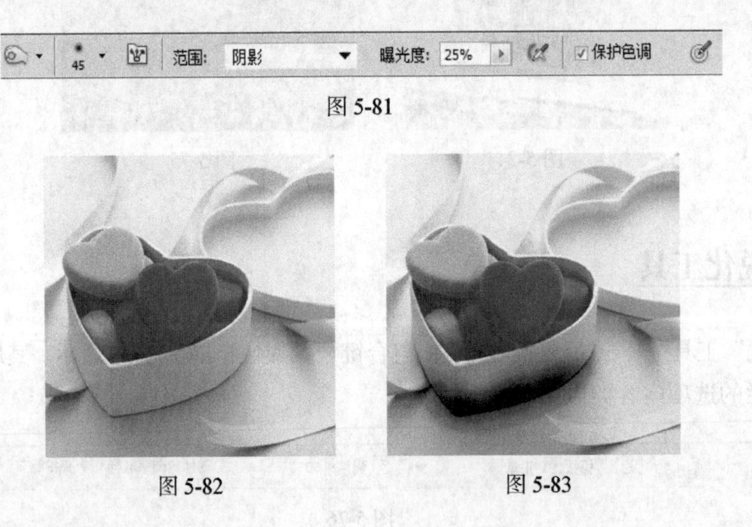

图 5-81

图 5-82　　　　图 5-83

5.2.4　减淡工具

选择“减淡”工具，或反复按 Shift+O 组合键，其属性栏如图 5-84 所示。

图 5-84

画笔：用于选择画笔的形状。范围：用于设定图像中所要提高亮度的区域。曝光度：用于设定曝光的强度。

选择“减淡”工具，在属性栏中的设置如图 5-85 所示，在图像中的盒上单击并按住鼠标不放，拖曳鼠标使图像产生减淡的效果。原图像和减淡后的图像效果如图 5-86 和图 5-87 所示。

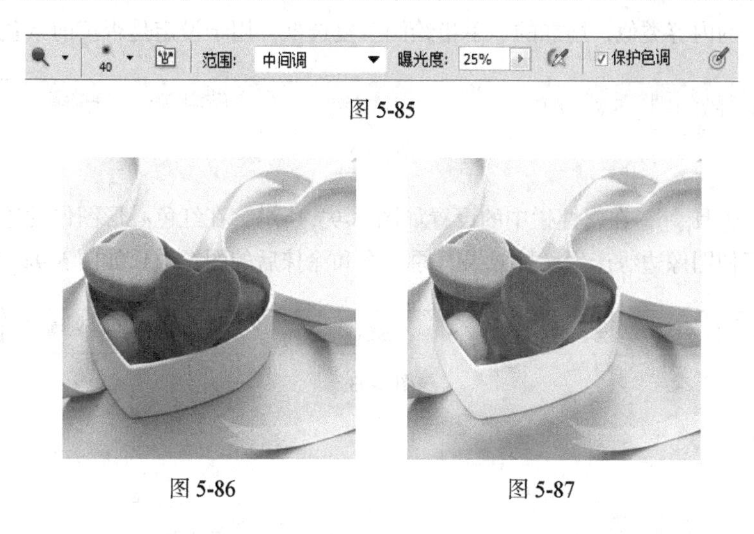

图 5-85

图 5-86　　图 5-87

5.2.5 海绵工具

选择“海绵”工具，或反复按 Shift+O 组合键，其属性栏如图 5-88 所示。

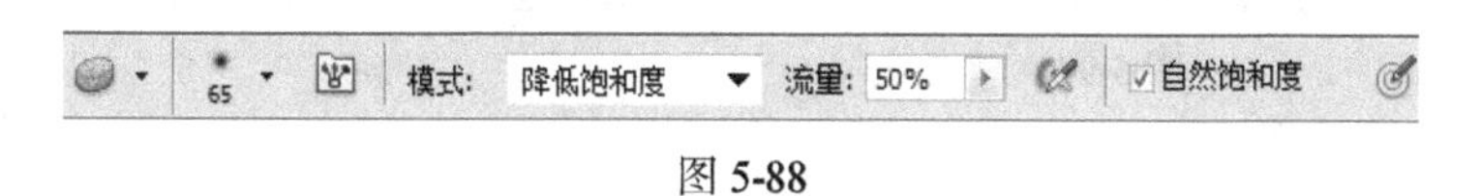

图 5-88

画笔：用于选择画笔的形状。模式：用于设定饱和度处理方式。流量：用于设定扩散的速度。

选择“海绵”工具，在属性栏中的设置如图 5-89 所示。在图像中的盒上单击并按住鼠标不放，拖曳鼠标增加色彩饱和度。原图像和使用海绵工具后的图像效果如图 5-90 和图 5-91 所示。

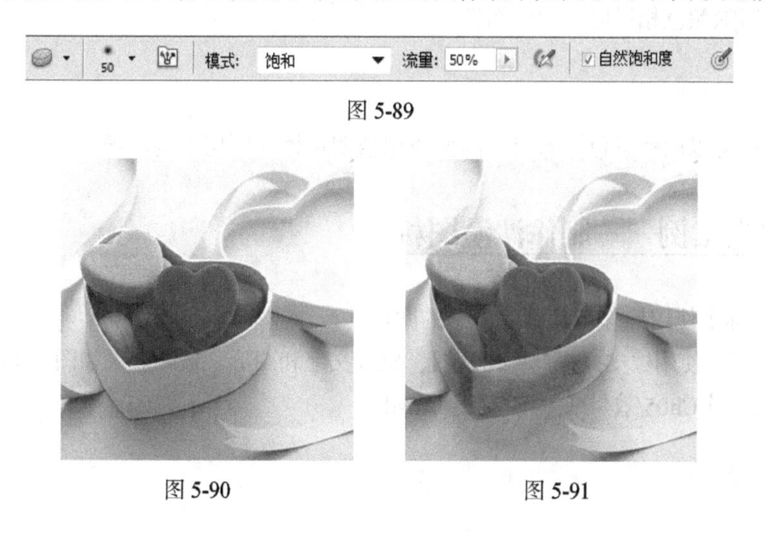

图 5-89

图 5-90　　图 5-91

5.2.6 涂抹工具

选择“涂抹”工具，或反复按 Shift+R 组合键，其属性栏如图 5-92 所示。其属性栏中的内容与模糊工具属性栏中的内容类似，增加的“手指绘画”复选框，用于设定是否按前景色进行涂抹。

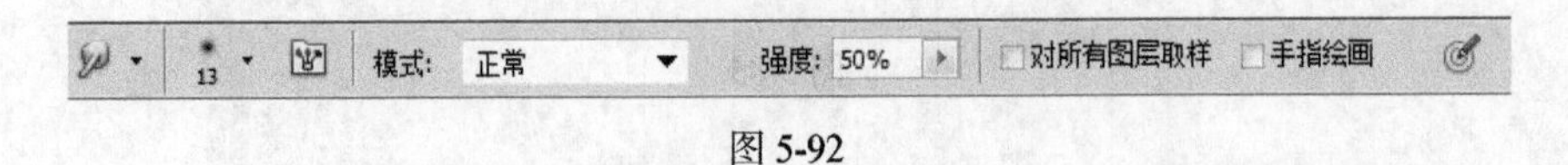

图 5-92

选择“涂抹”工具，在属性栏中的设置如图 5-93 所示，在红色心形图像的边缘单击并按住鼠标不放，拖曳鼠标使图像边缘产生涂抹效果。原图像和涂抹后的图像效果如图 5-94 和图 5-95 所示。

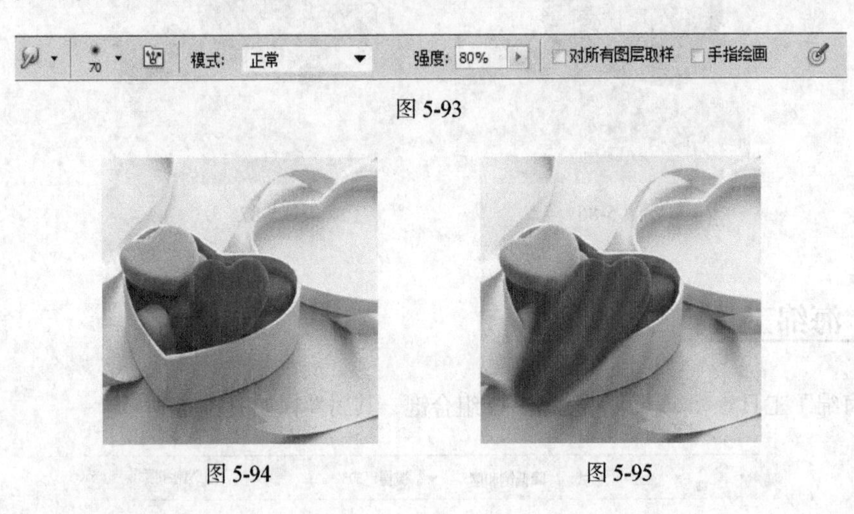

图 5-93

图 5-94　　图 5-95

5.3 擦除工具

擦除工具包括橡皮擦工具、背景橡皮擦工具和魔术橡皮擦工具，应用擦除工具可以擦除指定图像的颜色，还可以擦除颜色相近区域中的图像。

命令介绍

橡皮擦工具：可以用背景色擦除背景图像或用透明色擦除图层中的图像。

5.3.1 课堂案例——制作沙漠图标

【案例学习目标】使用擦除工具擦除多余的图像。

【案例知识要点】使用橡皮擦工具擦出底图、斑驳文字和图形，最终效果如图 5-96 所示。

【效果所在位置】Ch05/效果/制作沙漠图标.psd。

图 5-96

（1）按 Ctrl+N 组合键，新建一个文件，设置宽度为 10 厘米，高度为 10 厘米，分辨率为 150 像素/英寸，颜色模式为 RGB，背景内容为白色，单击“确定”按钮。将前景色设置为深棕色（其 R、G、B 的值分别为 37、3、5），按 Alt+Delete 组合键，用前景色填充“背景”图层，如图 5-97 所示。

（2）按 Ctrl + O 组合键，打开本书学习资源中的“Ch05 > 素材 > 制作沙漠图标 > 01、02”文件。选择“移动”工具，分别将 01、02 图片拖曳到背景图像窗口中，如图 5-98 所示。在“图层”控制面板中生成新的图层并将其命名为“底图”和“图形”。

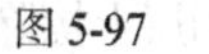
图 5-97

图 5-98

（3）选择“底图”图层。选择“橡皮擦”工具，在属性栏中单击“画笔”选项右侧的按钮，在弹出的“画笔”选择面板中选择需要的画笔形状，其他选项的设置如图 5-99 所示。在图像窗口中拖曳光标擦出图形，效果如图 5-100 所示。

图 5-99

图 5-100

（4）按 Ctrl + O 组合键，打开本书学习资源中的“Ch05 > 素材 > 制作沙漠图标 > 03”文件。选择“移动”工具，将 03 图片拖曳到背景图像窗口中适当的位置，如图 5-101 所示，在“图层”控制面板中生成新的图层并将其命名为“文字”。

（5）选择“橡皮擦”工具，在属性栏中单击“画笔”选项右侧的按钮，在弹出的“画笔”选择面板中选择需要的画笔形状，其他选项的设置如图 5-102 所示。分别选中“图形”和“文字”图层，在图像窗口中拖曳光标擦出图形，效果如图 5-103 所示。沙漠图标制作完成。

图 5-101　　图 5-102　　图 5-103

5.3.2　橡皮擦工具

选择“橡皮擦”工具，或反复按 Shift+E 组合键，其属性栏如图 5-104 所示。

图 5-104

画笔：用于选择橡皮擦的形状和大小。模式：用于选择擦除的笔触方式。不透明度：用于设定不透明度。流量：用于设定扩散的速度。抹到历史记录：用于确定以“历史”控制面板中确定的图像状态来擦除图像。

选择“橡皮擦”工具，在图像中单击并按住鼠标拖曳，可以擦除图像。在“背景”图层或锁定透明区域的图层上擦除图像后的效果如图 5-105 所示。在其他图层上擦除图像后的效果如图 5-106 所示。

图 5-105　　图 5-106

5.3.3　背景色橡皮擦工具

背景色橡皮擦工具可以用来擦除指定的颜色，指定的颜色显示为背景色。

选择“背景色橡皮擦”工具，或反复按 Shift+E 组合键，其属性栏如图 5-107 所示。

图 5-107

画笔：用于选择橡皮擦的形状和大小。限制：用于选择擦除界限。容差：用于设定容差值。保护前景色：用于保护前景色不被擦除。

选择“背景色橡皮擦”工具，在属性栏中的设置如图 5-108 所示，在图像中使用背景色橡皮擦工具擦除图像，擦除前后的对比效果如图 5-109 和图 5-110 所示。

图 5-108

图 5-109　　图 5-110

5.3.4　魔术橡皮擦工具

魔术橡皮擦工具可以自动擦除颜色相近区域中的图像。

选择“魔术橡皮擦”工具，或反复按 Shift+E 组合键，其属性栏如图 5-111 所示。

容差：用于设定容差值，容差值的大小决定“魔术橡皮擦”工具擦除图像的面积。消除锯齿：用于消除锯齿。连续：作用于当前层。对所有图层取样：作用于所有层。不透明度：用于设定不透明度。

选择“魔术橡皮擦”工具，属性栏中的选项为默认值，用“魔术橡皮擦”工具擦除图像，效果如图 5-112 所示。

图 5-111　　图 5-112

课堂练习——梦中仙子

【练习知识要点】使用红眼工具去除女子的红眼，使用加深工具和减淡工具修改草地、人物衣服、背景、草地高光和背景高光图形的颜色，最终效果如图 5-113 所示。

【效果所在位置】Ch05/效果/梦中仙子.psd。

图 5-113

课后习题——花中梦精灵

【习题知识要点】使用红眼工具去除孩子的红眼，使用加深工具和减淡工具改变花图形的颜色，最终效果如图 5-114 所示。

【效果所在位置】Ch05/效果/花中梦精灵.psd。

图 5-114

第6章 编辑图像

本章介绍

本章将主要介绍 Photoshop CS5 编辑图像的基础方法，包括应用图像编辑工具、调整图像的尺寸、移动或复制图像、裁剪图像、变换图像等。通过对本章的学习，读者可以了解并掌握图像的编辑方法和应用技巧，快速地应用命令对图像进行适当的编辑与调整。

学习目标

- 掌握注释类工具的使用方法。
- 掌握标尺工具的使用方法。
- 掌握选区中图像的移动、复制和删除的使用方法。
- 掌握图像的裁切和变换的使用方法。

技能目标

- 掌握“快乐生活照片”的制作方法。
- 掌握“音乐调节器”的绘制方法。
- 掌握“产品手提袋”的制作方法。

6.1 图像编辑工具

使用图像编辑工具对图像进行编辑和整理，可以提高用户编辑和处理图像的效率。

命令介绍

标尺工具：可以在图像中测量任意两点之间的距离，也可以用来测量角度。

注释工具：可以为图像增加文字注释，从而起到提示作用。

6.1.1 课堂案例——制作快乐生活照片

【案例学习目标】学习使用图像编辑工具对图像进行校正和注释。

【案例知识要点】使用标尺工具、任意角度命令和裁剪工具制作人物照片，使用注释工具为图像添加注释，并添加图层样式为照片添加特殊效果，最终效果如图 6-1 所示。

【效果所在位置】Ch06/效果/制作快乐生活照片.psd。

图 6-1

（1）按 Ctrl + O 组合键，打开本书学习资源中的“Ch06 > 素材 > 制作快乐生活照片 > 01”文件，如图 6-2 所示。选择“标尺”工具，在图像窗口的左侧单击鼠标确定测量的起点，向右拖曳光标出现测量的线段，再次单击鼠标确定测量的终点，如图 6-3 所示。在“信息”控制面板中出现相关信息，如图 6-4 所示。

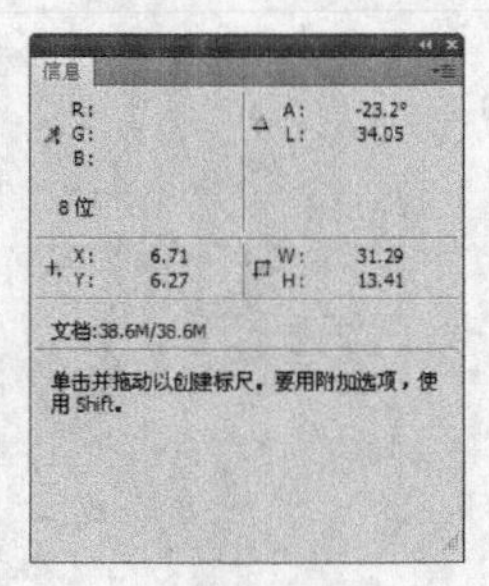

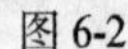

图 6-2　　图 6-3　　图 6-4

（2）选择“图像 > 图像旋转 > 任意角度”命令，在弹出的“旋转画布”对话框中进行设置，如图 6-5 所示。单击“确定”按钮，效果如图 6-6 所示。

（3）选择“裁剪”工具，在图像窗口中拖曳光标绘制矩形裁切框，如图 6-7 所示。按 Enter 键确认操作，效果如图 6-8 所示。

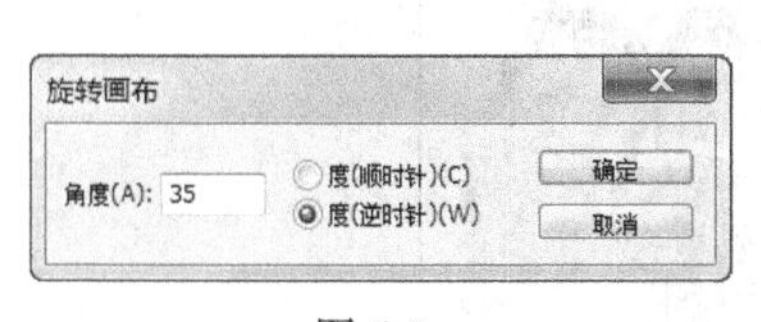

图 6-5

图 6-6

图 6-7

图 6-8

（4）在“图层”控制面板中，用鼠标双击“背景”图层，弹出“新建图层”对话框，设置如图 6-9 所示。单击“确定”按钮，控制面板中的效果如图 6-10 所示。单击下方的“创建新图层”按钮，生成新图层“图层 1”。选择“图层 > 新建 > 图层背景”命令，生成“背景”图层，如图 6-11 所示。

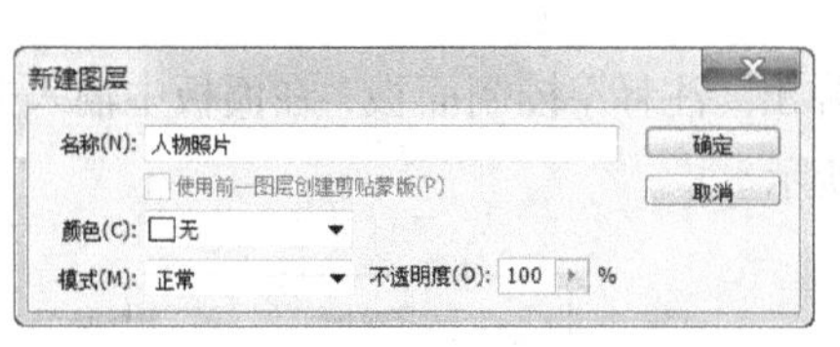

图 6-9

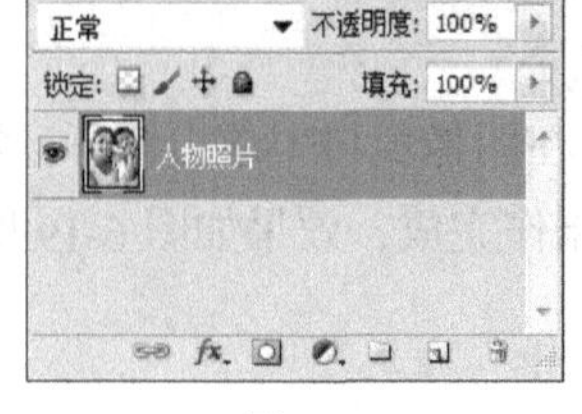

图 6-10

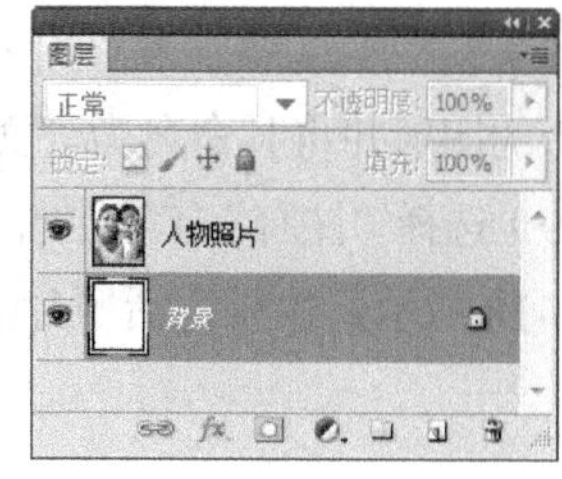

图 6-11

（5）选择“人物照片”图层。按 Ctrl+T 组合键，图像周围出现变换框，按住 Shift+Alt 组合键的同时，向内拖曳变换框的控制手柄，以图像中心为基准将图像缩小，如图 6-12 所示，按 Enter 键确认操作。

（6）单击“图层”控制面板下方的“添加图层样式”按钮，在弹出的菜单中选择“投影”命令，在弹出的对话框中进行设置，如图 6-13 所示。单击“确定”按钮，效果如图 6-14 所示。

图 6-12

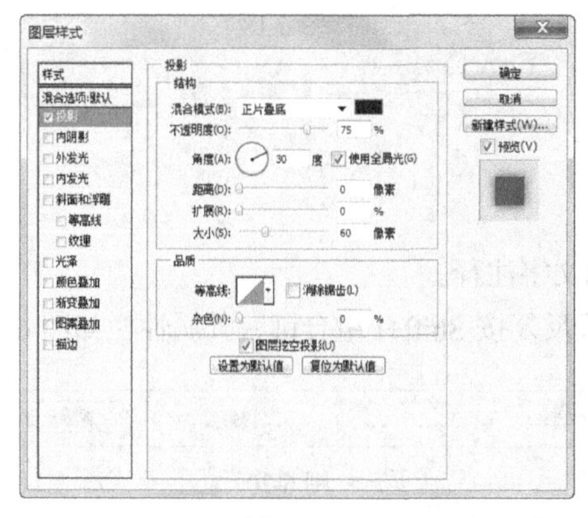

图 6-13

图 6-14

（7）单击“图层”控制面板下方的“添加图层样式”按钮，在弹出的菜单中选择“描边”命令，在弹出的对话框中将描边颜色设为白色，其他选项的设置如图 6-15 所示。单击“确定”按钮，效果如图 6-16 所示。

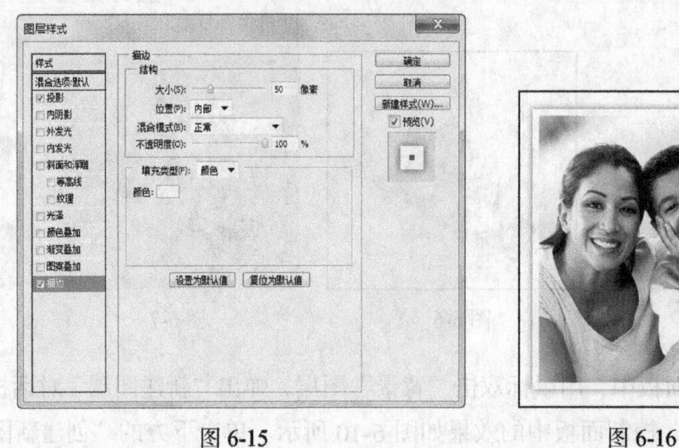

图 6-15

图 6-16

（8）按 Ctrl + O 组合键，打开本书学习资源中的“Ch06 > 素材 > 制作快乐生活照片 > 02”文件，选择“移动”工具，将图片拖曳到图像窗口的适当位置，如图 6-17 所示，在“图层”控制面板中生成新的图层并将其命名为“文字”。

（9）选择“注释”工具，在图像窗口中单击鼠标，弹出“注释”控制面板，在面板中输入文字，如图 6-18 所示。快乐生活照片制作完成，效果如图 6-19 所示。

图 6-17

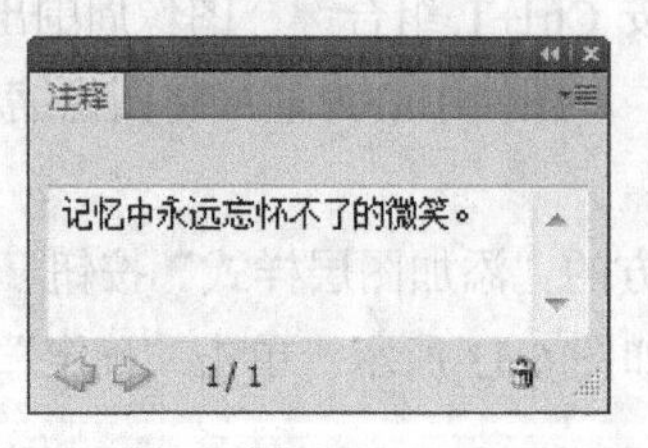

图 6-18

图 6-19

6.1.2 注释工具

注释工具可以为图像添加文字注释。

选择“注释”工具，或反复按 Shift+I 组合键，其属性栏如图 6-20 所示。

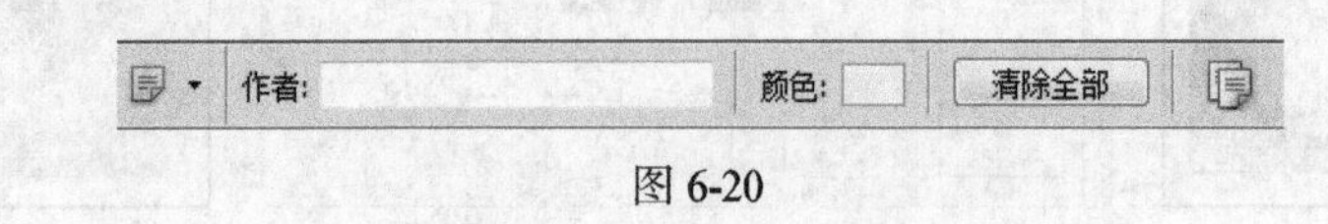

图 6-20

作者：用于输入作者姓名。颜色：用于设置注释窗口的颜色。清除全部：用于清除所有注释。显示或隐藏注释面板按钮：用于打开注释面板，编辑注释文字。

6.1.3　标尺工具

标尺工具可以在图像中测量任意两点之间的距离，也可以用来测量角度。

选择“标尺”工具，或反复按 Shift+I 组合键，其属性栏如图 6-21 所示。

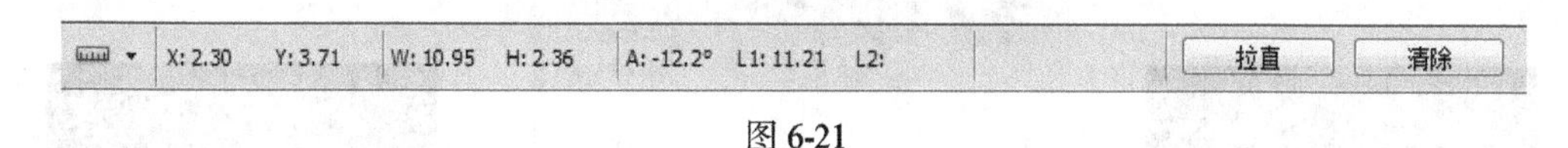

图 6-21

技巧　如果正在使用其他的工具进行工作，按住 Spacebar 键，可以快速切换到“抓手”工具。

6.2　图像的移动、复制和删除

在 Photoshop CS5 中，可以非常便捷地移动、复制和删除图像。

命令介绍

图像的移动：可以应用移动工具将图层中的整幅图像或选定区域中的图像移动到指定位置。

图像的复制：可以应用菜单命令或快捷键将需要的图像复制出一个或多个。

图像的删除：可以应用菜单命令或快捷键将不需要的图像进行删除。

6.2.1　课堂案例——绘制音乐调节器

【案例学习目标】学习使用移动工具移动、复制图像。

【案例知识要点】使用矩形选框工具和渐变工具制作调节器主体，使用移动工具和复制命令制作装饰图形，最终效果如图 6-22 所示。

【效果所在位置】Ch06/效果/绘制音乐调节器.psd。

扫码观看本案例视频

图 6-22

（1）按 Ctrl + O 组合键，打开本书学习资源中的“Ch06 > 素材 > 制作音乐调节器 > 01”文件，如图 6-23 所示。新建图层并将其命名为“圆”。选择“椭圆选框”工具，按住 Shift 键的同时，在图像窗口中绘制一个圆形选区。

（2）选择“渐变”工具，单击属性栏中的“点按可编辑渐变”按钮，弹出“渐变编辑器”

对话框，将渐变色设置为从白色到灰色（其 R、G、B 的值分别为 196、196、196），如图 6-24 所示，单击“确定”按钮。单击属性栏中的“径向渐变”按钮，按住 Shift 键的同时，在选区中从左上角到右下角拖曳渐变色，效果如图 6-25 所示。按 Ctrl+D 组合键取消选区。

图 6-23

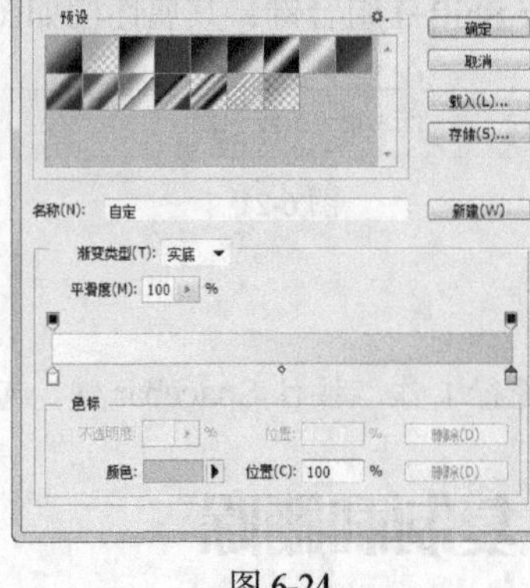

图 6-24

图 6-25

（3）单击“图层”控制面板下方的“添加图层样式”按钮，在弹出的菜单中选择“投影”命令，弹出对话框，选项的设置如图 6-26 所示。单击“确定”按钮，效果如图 6-27 所示。

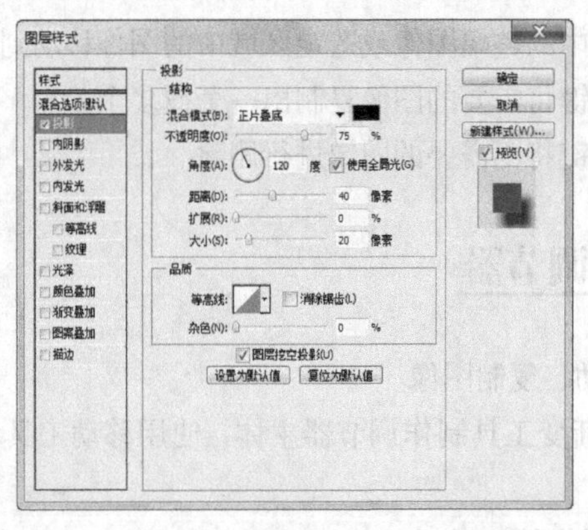

图 6-26

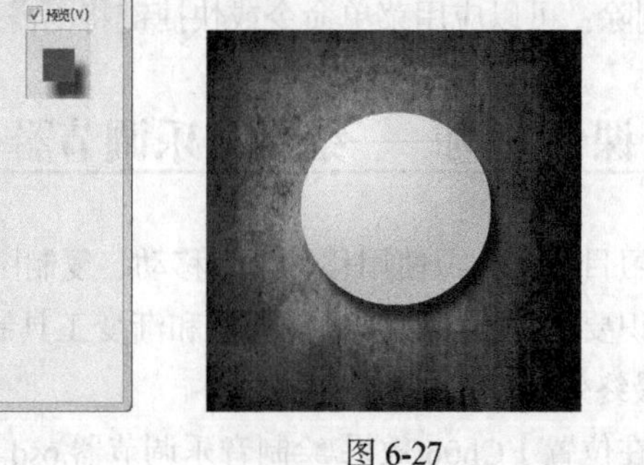

图 6-27

（4）新建图层并将其命名为“圆 2”。将前景色设置为灰白色（其 R、G、B 的值分别为 240、240、240）。选择“椭圆选框”工具，按住 Shift 键的同时，在图像窗口中绘制一个圆形选区，如图 6-28 所示。按 Alt+Delete 组合键用前景色填充选区。按 Ctrl+D 组合键取消选区，效果如图 6-29 所示。

图 6-28

图 6-29

（5）新建图层并将其命名为“圆 3”。将前景色设置为黑色。按住 Shift 键的同时，在图像窗口中绘制一个圆形选区。按 Alt+Delete 组合键用前景色填充选区。按 Ctrl+D 组合键取消选区，效果如图 6-30 所示。

（6）新建图层并将其命名为“图层 3”。将前景色设为白色。按住 Shift 键的同时，在图像窗口中绘制一个圆形选区。按 Alt+Delete 组合键用前景色填充选区。按 Ctrl+D 组合键取消选区，效果如图 6-31 所示。

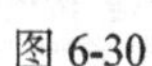

图 6-30

图 6-31

（7）在“图层”控制面板中，将“图层 3”拖曳到“创建新图层”按钮上进行复制，生成新的副本图层。选择“移动”工具，将复制出的副本图形拖曳到适当位置，效果如图 6-32 所示。用相同的方法复制多个图形，并分别拖曳到适当位置，效果如图 6-33 所示。

图 6-32

图 6-33

（8）选中“图层 3”，按住 Shift 键并单击“图层 3 副本 23”，将两个图层间的所有图层同时选取，如图 6-34 所示。按 Ctrl+E 组合键合并图层并将其命名为“点”，如图 6-35 所示。

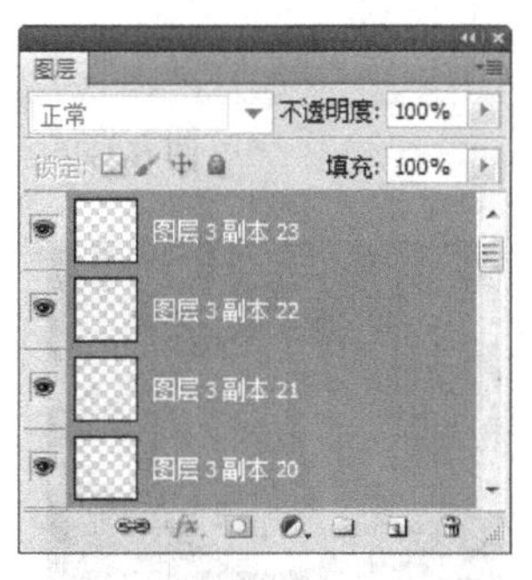

图 6-34

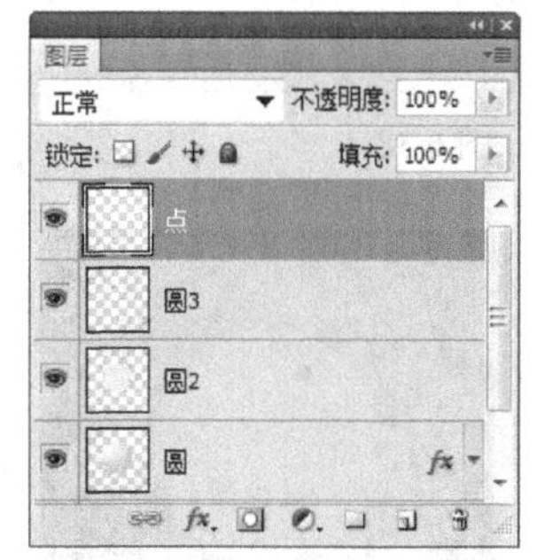

图 6-35

（9）单击“图层”控制面板下方的“添加图层样式”按钮，在弹出的菜单中选择“渐变叠加”

命令，弹出对话框，单击“渐变”选项右侧的“点按可编辑渐变”按钮，弹出“渐变编辑器”对话框，将渐变颜色设置为从红色（其 R、G、B 的值分别为 230、0、18）到黄色（其 R、G、B 的值分别为 255、241、0），如图 6-36 所示。单击“确定”按钮，返回到“渐变叠加”对话框，设置如图 6-37 所示。

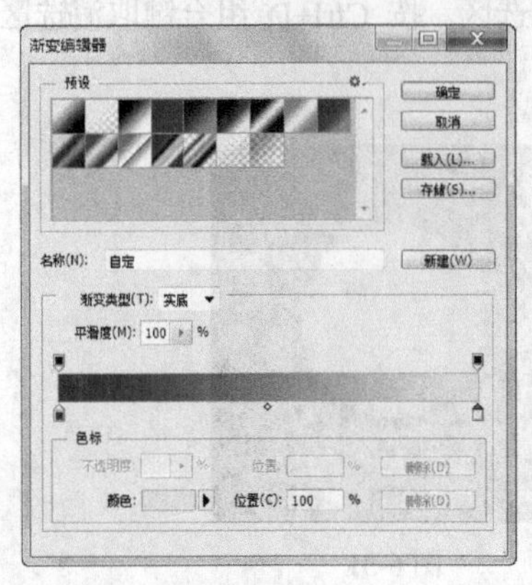

图 6-36

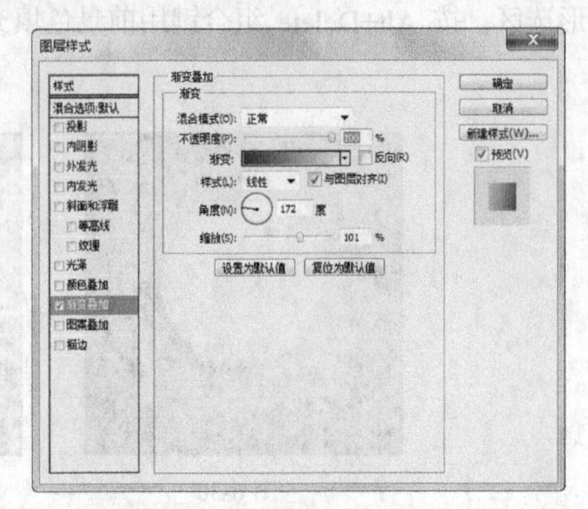

图 6-37

（10）选择“外发光”选项，切换到相应的对话框，设置如图 6-38 所示。选择“投影”选项，切换到相应的对话框，设置如图 6-39 所示。单击“确定”按钮，效果如图 6-40 所示。

（11）将前景色设为白色。选择“横排文字”工具，分别输入需要的文字，在属性栏中选择合适的字体并设置文字大小，在“图层”控制面板中生成新的文字图层，效果如图 6-41 所示。音乐调节器制作完成。

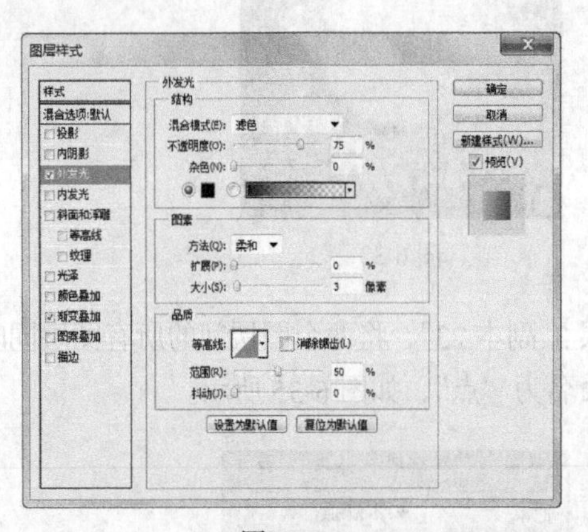

图 6-38

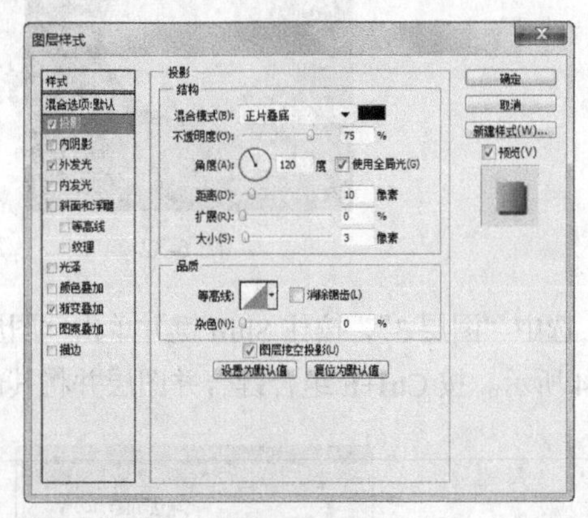

图 6-39

图 6-40

图 6-41

6.2.2 图像的移动

要想在操作过程中随时按需要移动图像，就必须掌握移动图像的方法。

1. 移动工具

移动工具可以将图层中的整幅图像或选定区域中的图像移动到指定位置。

选择“移动”工具，或按 V 键，其属性栏如图 6-42 所示。

自动选择: 图层 显示变换控件

图 6-42

自动选择：用于自动选择光标所在的图像层。显示变换控件：用于对选取的图层进行各种变换。属性栏中还提供了几种图层排列和分布方式的按钮。

2. 使用移动工具移动图像

打开一幅图像，使用“矩形选框”工具绘制出要移动的图像区域，如图 6-43 所示。选择“移动”工具，将鼠标光标放在选区中，光标变为图标，如图 6-44 所示，单击并按住鼠标左键，拖曳到适当的位置，选区内的图像被移动，原来的选区位置被背景色填充，效果如图 6-45 所示。按 Ctrl+D 组合键取消选区，移动完成。

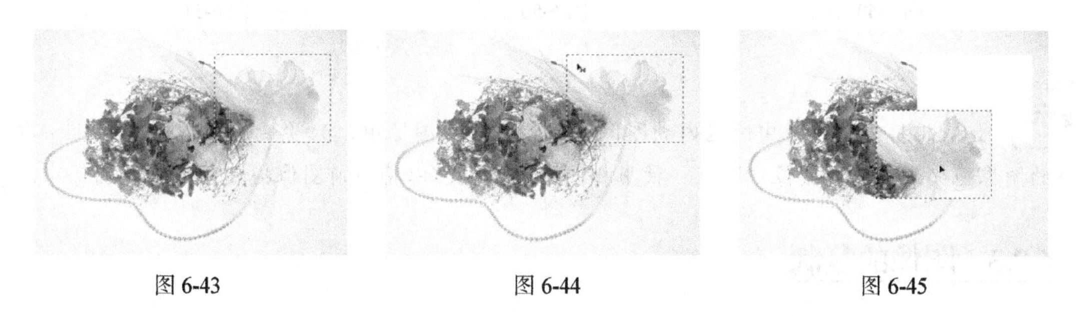

图 6-43　　图 6-44　　图 6-45

3. 使用菜单命令移动图像

打开一幅图像，使用“椭圆选框”工具绘制出要移动的图像区域，如图 6-46 所示，选择“编辑 > 剪切”命令或按 Ctrl+X 组合键，选区被背景色填充，效果如图 6-47 所示。选择“编辑 > 粘贴”命令或按 Ctrl+V 组合键，将选区内的图像粘贴在图像的新图层中，选择“移动”工具可以移动新图层中的图像，效果如图 6-48 所示。

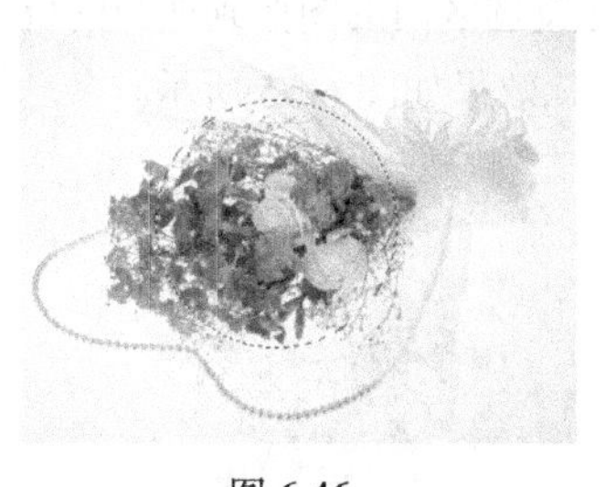

图 6-46

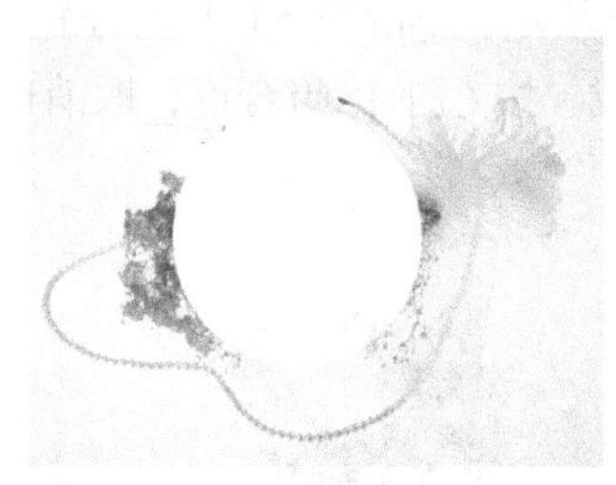

图 6-47

图 6-48

4．使用快捷键移动图像

打开一幅图像，选择“椭圆选框”工具绘制出要移动的图像区域，如图 6-49 所示。选择“移动”工具，按 Ctrl+方向组合键，可以将选区内的图像沿移动方向移动 1 像素，如图 6-50 所示。按 Shift+方向组合键，可以将选区内的图像沿移动方向移动 10 像素，效果如图 6-51 所示。

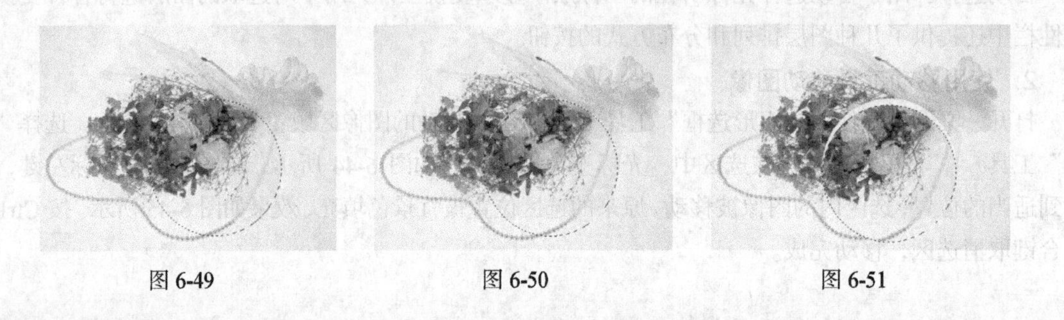
图 6-49　　图 6-50　　图 6-51

提示　如果想将当前图像中选区内的图像移动到另一幅图像中，只要使用“移动”工具将选区内的图像拖曳到另一幅图像中即可。使用相同的方法也可以将当前图像拖曳到另一幅图像中。

6.2.3　图像的复制

要想在操作过程中随时按需要复制图像，就必须掌握复制图像的方法。在复制图像前，要选择需要复制的图像区域，如果不选择图像区域，将不能复制图像。

1．使用移动工具复制图像

打开一幅图像，选择“椭圆选框”工具绘制出要复制的图像区域，如图 6-52 所示。选择“移动”工具，将光标放在选区中，鼠标光标变为图标，如图 6-53 所示。按住 Alt 键的同时，光标变为图标，如图 6-54 所示，单击并按住鼠标左键，拖曳选区内的图像到适当的位置，松开鼠标左键和 Alt 键，图像复制完成。按 Ctrl+D 组合键，取消选区，效果如图 6-55 所示。

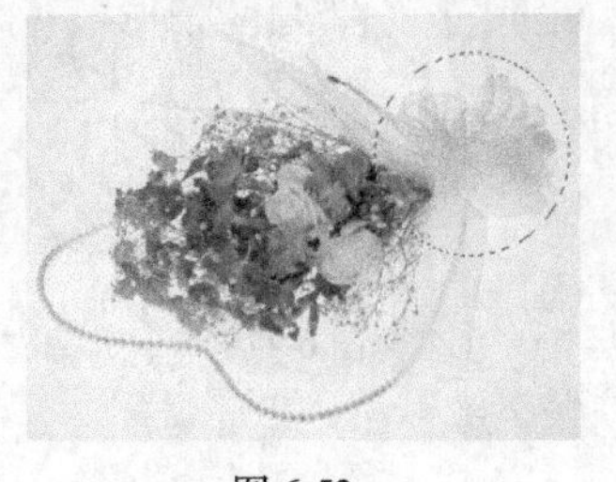
图 6-52

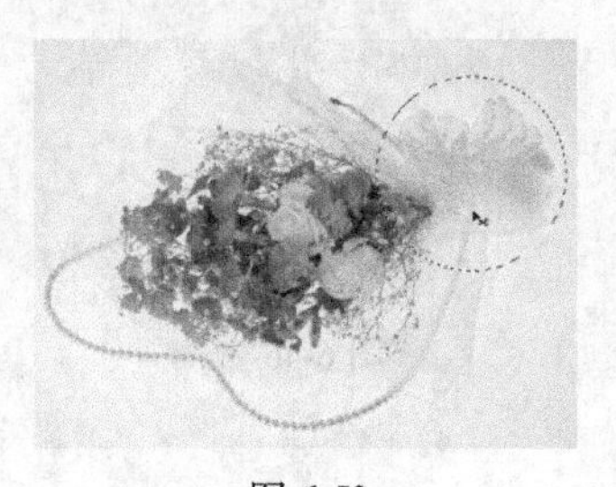
图 6-53

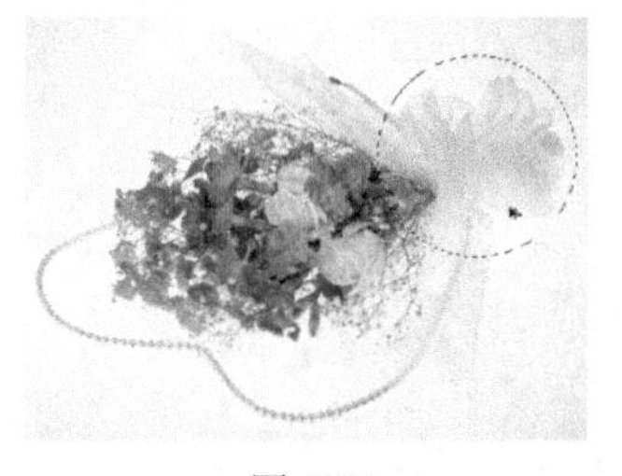

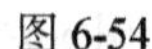

图 6-54　　　　图 6-55

2．使用菜单命令复制图像

打开一幅图像，选择“椭圆选框”工具绘制出要复制的图像区域，如图 6-56 所示，选择“编辑 > 拷贝”命令或按 Ctrl+C 组合键，将选区内的图像复制。选择“编辑 > 粘贴”命令或按 Ctrl+V 组合键，将选区内的图像粘贴在生成的新图层中，复制的图像放置在新图层。选择“移动”工具移动复制的图像，如图 6-57 所示。

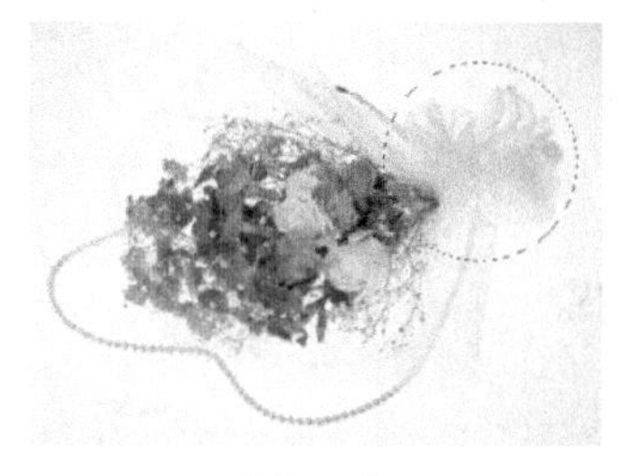

图 6-56

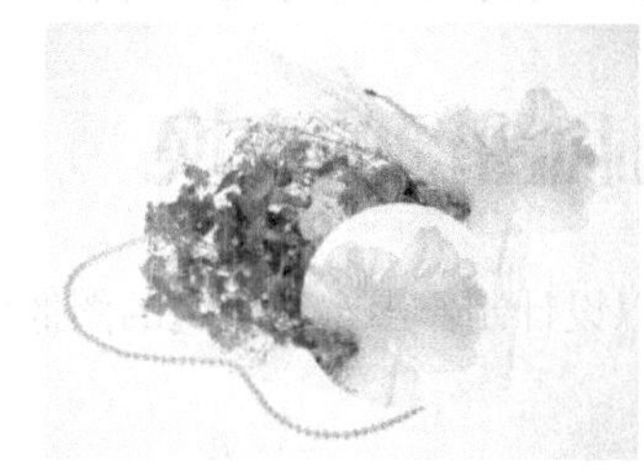

图 6-57

3．使用快捷键复制图像

打开一幅图像，选择“椭圆选框”工具绘制出要复制的图像区域，如图 6-58 所示。按住 Ctrl+Alt 组合键，鼠标光标变为图标，如图 6-59 所示，单击并按住鼠标左键，拖曳选区内的图像到适当的位置，松开鼠标左键、Ctrl 键和 Alt 键，图像复制完成。按 Ctrl+D 组合键取消选区，效果如图 6-60 所示。

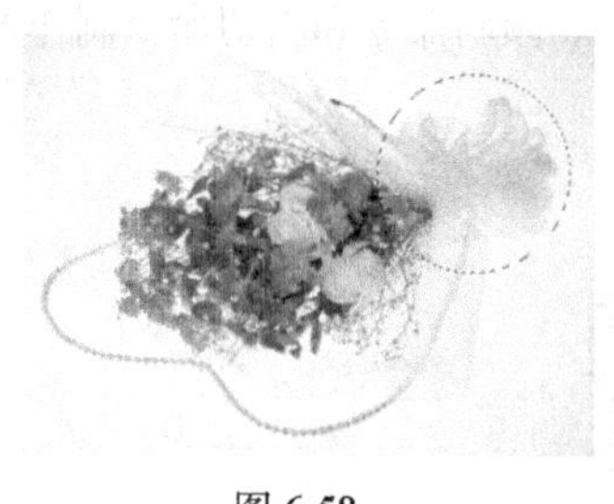

图 6-58

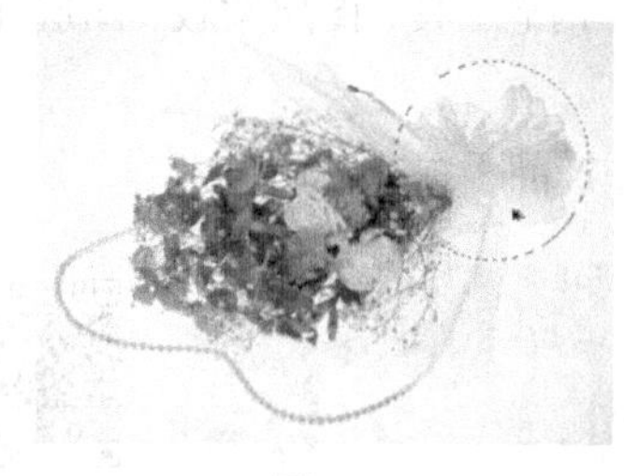

图 6-59

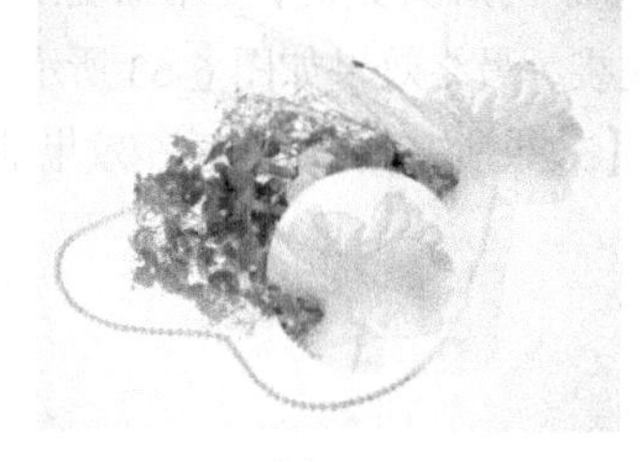

图 6-60

6.2.4　图像的删除

在删除图像前，需要选择要删除的图像区域，如果不选择图像区域，将不能删除图像。

在需要删除的图像上绘制选区，如图 6-61 所示，选择“编辑 > 清除”命令，将选区中的图像删除，按 Ctrl+D 组合键取消选区，效果如图 6-62 所示。

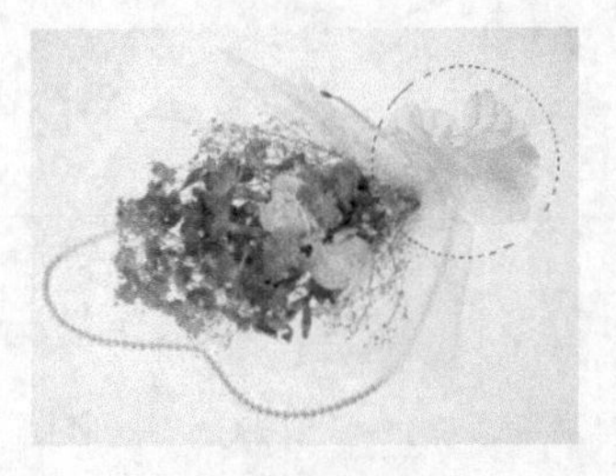

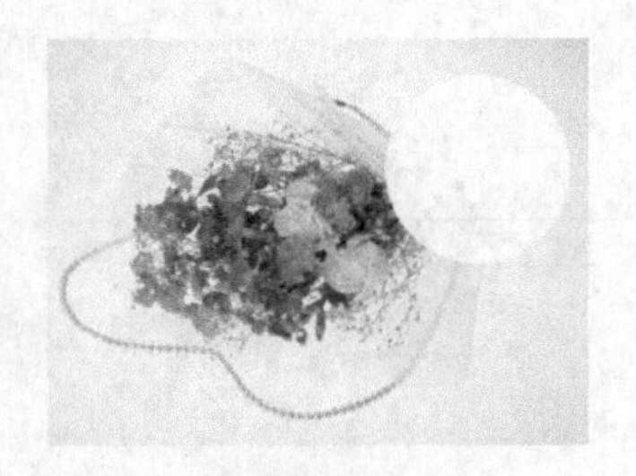

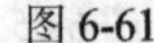

图 6-61　　图 6-62

提示　删除后的图像区域由背景色填充。如果在某一图层中，删除后的图像区域将显示下面一层的图像。

按 Delete 键或 Backspace 键，也可以将选区中的图像删除。按 Alt+Delete 组合键或 Alt+Backspace 组合键，也可将选区中的图像删除，删除后的图像区域由前景色填充。

6.3 图像的裁切和图像的变换

通过图像的裁切和变换，可以设计制作出丰富多变的图像效果。

命令介绍

图像的变换：应用变换命令中的多种变换方式，可以对图像进行多样的变换。

6.3.1 课堂案例——制作产品手提袋

【案例学习目标】学习使用绘制路径类工具、渐变填充类工具以及选取工具制作出需要的效果。

【案例知识要点】使用渐变工具、钢笔工具、图层蒙版、图层样式、倾斜命令和斜切命令制作产品手提袋，最终效果如图 6-63 所示。

【效果所在位置】Ch06/效果/制作产品手提袋.psd。

图 6-63

（1）按 Ctrl + N 组合键，新建一个文件，宽度为 27.7 厘米，高度为 24.8 厘米，分辨率为 300 像素/英寸，颜色模式为 RGB，背景内容为白色，单击“确定”按钮。

（2）选择“渐变”工具，单击属性栏中的“点按可编辑渐变”按钮，弹出“渐变编辑器”对话框，将渐变色设置为从浅灰色（其 R、G、B 的值分别为 159、159、160）到暗灰色（其 R、

G、B 的值分别为 76、76、78），并将两个滑块的位置均设为 50，如图 6-64 所示，单击“确定”按钮。选中属性栏中的“线性渐变”按钮，在图像窗口中由中间向下拖曳渐变色，效果如图 6-65 所示。

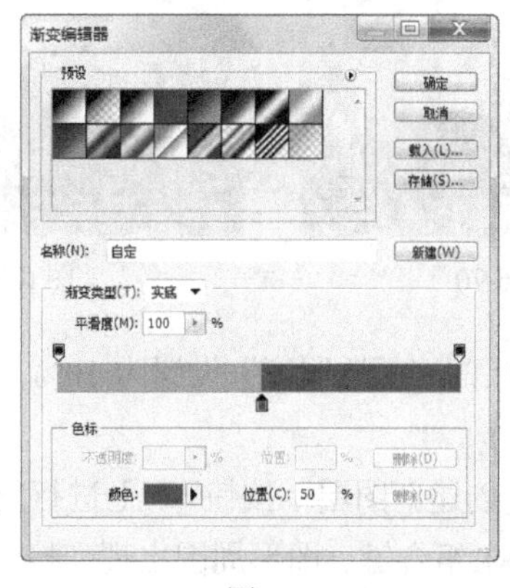

图 6-64

图 6-65

（3）按 Ctrl + O 组合键，打开本书学习资源中的“Ch06 > 素材 > 制作产品手提袋 > 01”文件，选择“移动”工具，将图片拖曳到图像窗口的适当位置，如图 6-66 所示，在“图层”控制面板中生成新的图层并将其命名为“正面”。

（4）按 Ctrl+T 组合键，在图像周围出现变换框，按住 Alt+Shift 组合键的同时等比例缩小图形，按住 Ctrl 键的同时向外调整变换框右侧的两个控制节点到适当的位置，按 Enter 键确认操作，效果如图 6-67 所示。

（5）按 Ctrl + O 组合键，打开本书学习资源中的“Ch06 > 素材 > 制作产品手提袋 > 02”文件，选择“移动”工具，将素材图片拖曳到图像窗口的适当位置，如图 6-68 所示，在“图层”控制面板中生成新的图层并将其命名为“侧面”。

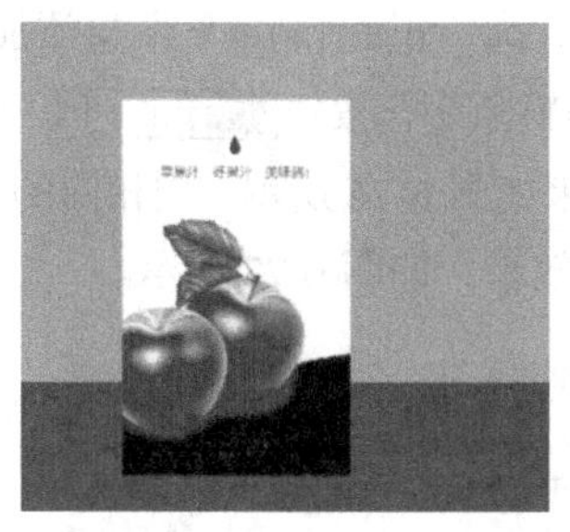

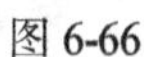
图 6-66

图 6-67

图 6-68

（6）按 Ctrl+T 组合键，图形周围出现变换框，在变换框中单击鼠标右键，在弹出的菜单中选择“扭曲”命令，调整控制点到适当的位置，按 Enter 键确认操作，效果如图 6-69 所示。

（7）新建图层并将其命名为“暗部”。将前景色设为黑色。选择“矩形选框”工具，在适当的位置绘制一个矩形选区，如图 6-70 所示。按 Alt+Delete 组合键用前景色填充选区，取消选区后，效果如图 6-71 所示。

图 6-69

图 6-70

图 6-71

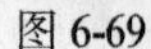

（8）在“图层”控制面板上方，将“暗部”图层的“不透明度”设置为 10%，如图 6-72 所示，图像效果如图 6-73 所示。

（9）将“正面”图层拖曳到控制面板下方的“创建新图层”按钮上进行复制，生成新的副本图层，并将其拖曳到“正面”图层的下方。按 Ctrl+T 组合键，图形周围出现变换框，在变换框中单击鼠标右键，在弹出的菜单中选择“垂直翻转”命令，翻转复制的图像，并将其拖曳到适当的位置，按住 Ctrl 键的同时调整左上角的控制节点到适当的位置，按 Enter 键确认操作，效果如图 6-74 所示。

图 6-72

图 6-73

图 6-74

（10）单击“图层”控制面板下方的“添加图层蒙版”按钮，为“正面 副本”图层添加蒙版，如图 6-75 所示。选择“渐变”工具，单击属性栏中的“点按可编辑渐变”按钮，将渐变色设置为从白色到黑色，在复制的图像上由上至下拖曳渐变色，效果如图 6-76 所示。用相同的方法复制“侧面”图形，调整其形状和位置，并为其添加蒙版，制作投影效果，如图 6-77 所示。

图 6-75

图 6-76

图 6-77

（11）新建图层并将其命名为“带子”。选择“椭圆选框”工具，在图像窗口中绘制一个椭圆选区，如图 6-78 所示。选择“编辑 > 描边”命令，在弹出的对话框中进行设置，如图 6-79 所示，单击“确定”按钮，取消选区后，效果如图 6-80 所示。

图 6-78

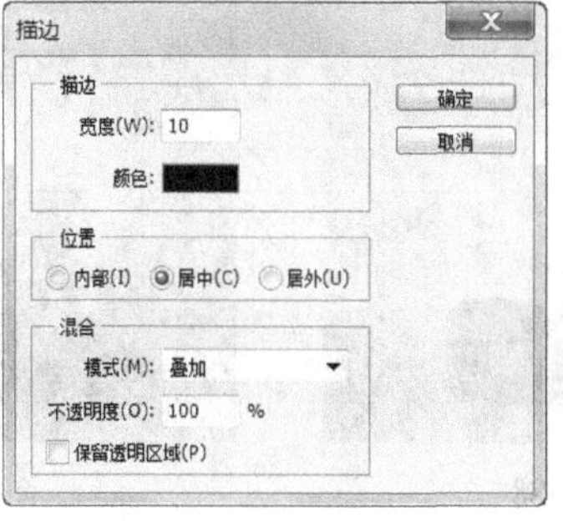

图 6-79

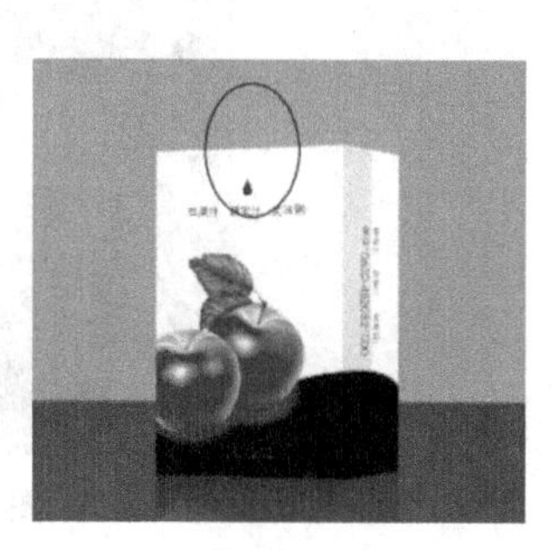

图 6-80

（12）选择“矩形选框”工具，在适当的位置绘制一个矩形选区，如图 6-81 所示。按 Delete 键删除选区中的图像，取消选区后，效果如图 6-82 所示。

（13）新建图层并将其命名为“带孔”。选择“椭圆选框”工具，按住 Shift 键的同时在适当的位置绘制圆形选区，用前景色填充选区，取消选区后，效果如图 6-83 所示。用相同的方法绘制另一个带孔，如图 6-84 所示。

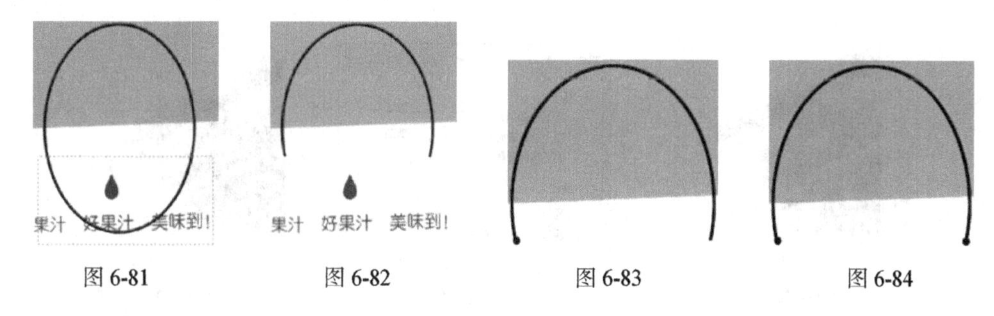

图 6-81　　图 6-82　　图 6-83　　图 6-84

（14）单击“图层”控制面板下方的“添加图层样式”按钮，在弹出的菜单中选择“投影”命令，在弹出的对话框中进行设置，如图 6-85 所示。选择“描边”选项，切换到相应的对话框，将“描边”颜色设为白色，其他选项的设置如图 6-86 所示，单击“确定”按钮，效果如图 6-87 所示。

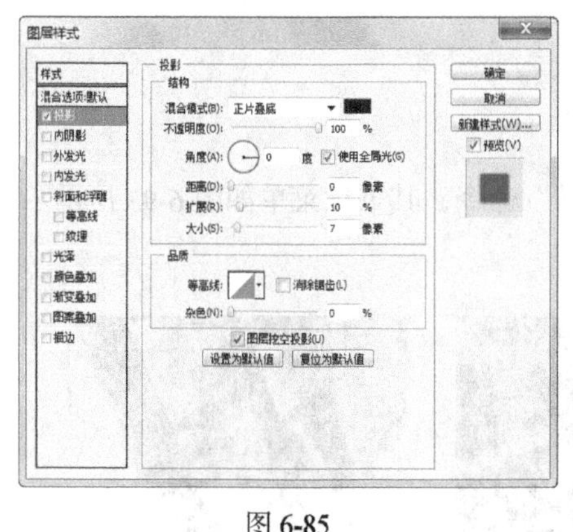

图 6-85

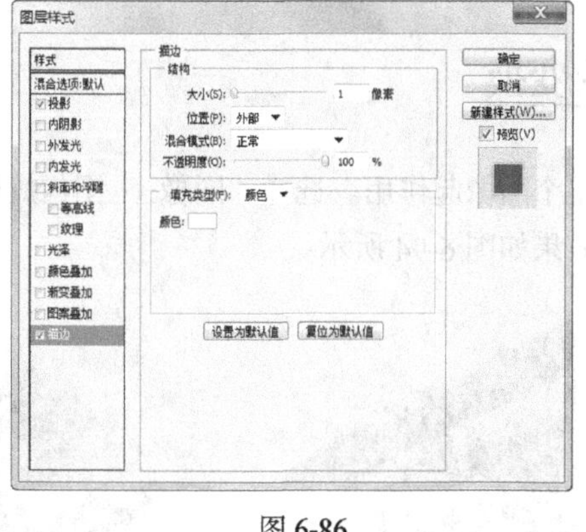

图 6-86

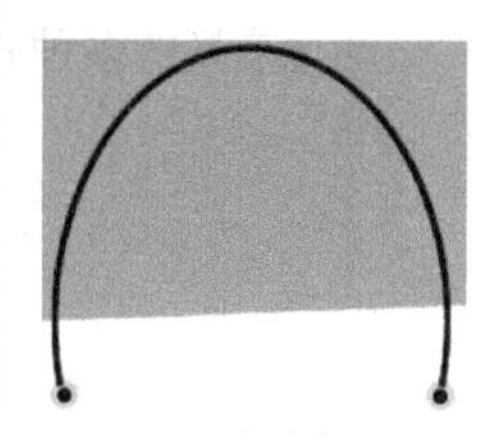

图 6-87

（15）将“带子”和“带孔”图层同时选取。选择“移动”工具，按住 Alt 键的同时在图像窗口中将其拖曳到适当的位置，复制图形，如图 6-88 所示。在“图层”控制面板中生成两个副本图层，并将其拖曳到“正面 副本”图层的下方，效果如图 6-89 所示。产品手提袋效果制作完成。

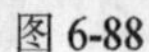

图 6-88　　图 6-89

6.3.2　图像的裁切

如果图像中含有大面积的纯色区域或透明区域，可以应用裁切命令进行操作。

原始图像如图 6-90 所示。选择“图像 > 裁切”命令，弹出“裁切”对话框，设置如图 6-91 所示，单击“确定”按钮，效果如图 6-92 所示。

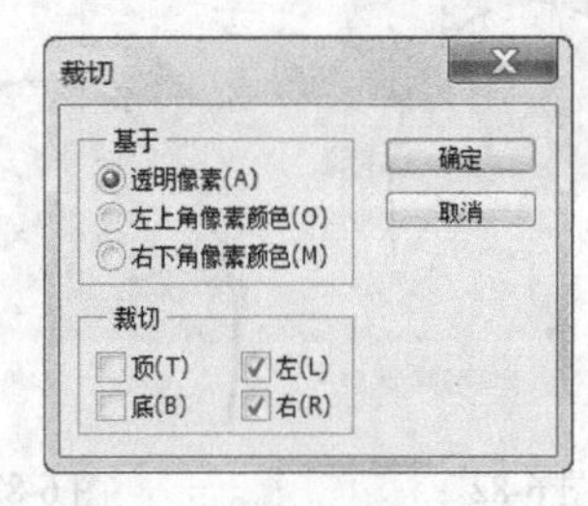

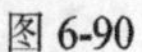

图 6-90　　图 6-91　　图 6-92

透明像素：如果当前图像的多余区域是透明的，则选择此选项。左上角像素颜色：根据图像左上角的像素颜色来确定裁切的颜色范围。右下角像素颜色：根据图像右下角的像素颜色来确定裁切的颜色范围。裁切：用于设置裁切的区域范围。

6.3.3　图像的变换

图像的变换将对整个图像起作用。选择“图像 > 图像旋转”命令，其下拉菜单如图 6-93 所示。图像变换的多种效果如图 6-94 所示。

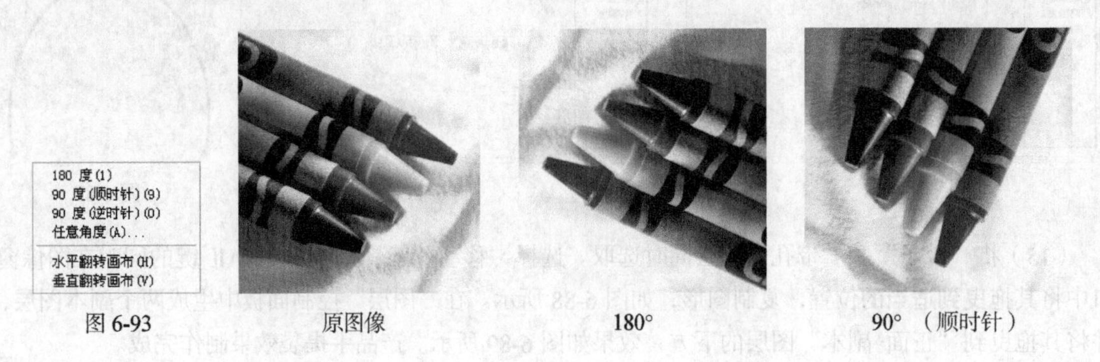

图 6-93　　原图像　　180°　　90°（顺时针）

图 6-94

90°（逆时针）

水平翻转画布

垂直翻转画布

图 6-94（续）

选择“任意角度”命令，弹出“旋转画布”对话框，设置如图 6-95 所示，单击“确定”按钮，图像被旋转，效果如图 6-96 所示。

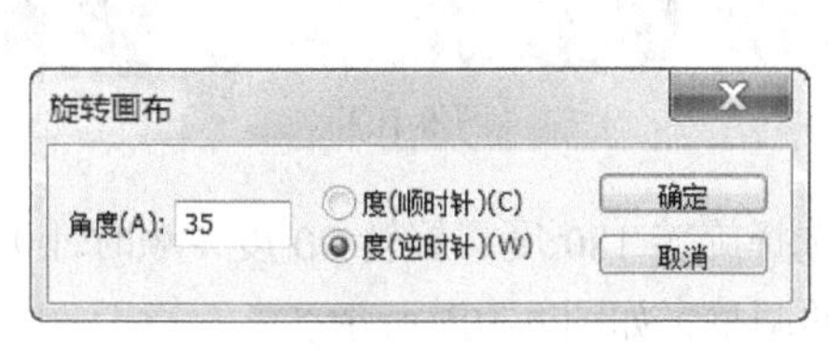

图 6-95

图 6-96

6.3.4 图像选区的变换

在图像中绘制好选区，选择“编辑 > 自由变换”或“变换”命令，可以对图像的选区进行各种变换。“变换”命令的下拉菜单如图 6-97 所示。

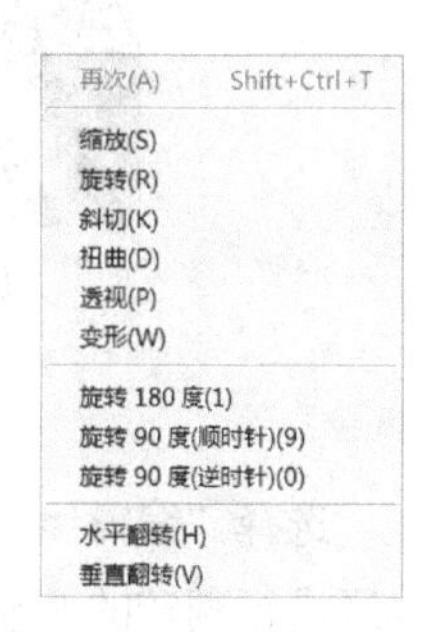

图 6-97

1. 使用菜单命令变换图像的选区

打开一幅图像，使用“椭圆选框”工具绘制出选区，如图 6-98 所示。选择“编辑 > 变换 > 缩放”命令，图像周围出现变换框，拖曳控制手柄可以对图像选区进行自由缩放，如图 6-99 所示。

选择“编辑 > 变换 > 旋转”命令，图像周围出现变换框，拖曳控制手柄可以对图像选区进行自由旋转，如图 6-100 所示。

图 6-98

图 6-99

图 6-100

选择“编辑 > 变换 > 斜切”命令，图像周围出现变换框，拖曳控制手柄可以对图像选区进行斜切调整，如图 6-101 所示。

选择“编辑 > 变换 > 扭曲”命令，图像周围出现变换框，拖曳控制手柄可以对图像选区进行扭曲调整，如图 6-102 所示。

选择“编辑 > 变换 > 透视”命令，图像周围出现变换框，拖曳控制手柄可以对图像选区进行透视调整，如图 6-103 所示。

选择“编辑 > 变换 > 变形”命令，图像周围出现变换框，拖曳控制手柄可以对图像选区进行变形调整，如图 6-104 所示。

图 6-101

图 6-102

图 6-103

图 6-104

选择“编辑 > 变换 > 缩放”命令，再选择旋转 180 度、旋转 90 度（顺时针）、旋转 90 度（逆时针）命令，可以直接对图像选区进行角度的调整，如图 6-105 所示。

旋转 180 度

旋转 90 度（顺时针）

旋转 90 度（逆时针）

图 6-105

选择“编辑 > 变换 > 缩放”命令，再选择“水平翻转”和“垂直翻转”命令，可以直接对图像选区进行翻转的调整，如图 6-106 和图 6-107 所示。

图 6-106

图 6-107

2. 使用快捷键变换图像的选区

打开一幅图像，选择“椭圆选框”工具绘制出选区。按 Ctrl+T 组合键，图像周围出现变换框，拖曳控制手柄可以对图像选区进行自由缩放。按住 Shift 键的同时拖曳变换框的控制手柄，可以等比例缩放图像。

提示 如果在变换后仍要保留原图像的内容，按 Ctrl+Alt+T 组合键的同时拖曳变换框的控制手柄，原图像的内容会保留下来，效果如图 6-108 所示。

打开一幅图像，选择“椭圆选框”工具绘制出选区。按 Ctrl+T 组合键，图像周围出现变换框，将鼠标光标放在变换框的控制手柄外边，光标变为旋转图标，拖曳鼠标可以旋转图像，效果如图 6-109 所示。

用鼠标拖曳旋转中心可以将其放到其他位置，旋转中心的调整会改变旋转图像的效果，如图 6-110 所示。

图 6-108

图 6-109

图 6-110

按住 Ctrl 键的同时，分别拖曳变换框的 4 个控制手柄，可以使图像任意变形，效果如图 6-111 所示。

按住 Alt 键的同时，分别拖曳变换框的 4 个控制手柄，可以使图像对称变形，效果如图 6-112 所示。

图 6-111

图 6-112

按住 Ctrl+Shift 组合键的同时，拖曳变换框的中间控制手柄，可以使图像斜切变形，效果如图 6-113 所示。

按住 Ctrl+Shift+Alt 组合键的同时，拖曳变换框的 4 个控制手柄，可以使图像透视变形，效果如图 6-114 所示。

图 6-113

图 6-114

课堂练习——制作平板广告

【练习知识要点】使用圆角矩形工具、移动工具和复制命令制作装饰图形，使用渐变工具填充渐变色，使用图层控制面板调整不透明度，最终效果如图 6-115 所示。

【效果所在位置】Ch06/效果/制作平板广告.psd。

图 6-115

课后习题——制作美食书籍

【习题知识要点】使用多边形套索工具、填充工具和变换命令制作书籍立体效果，使用复制命令、变换命令、渐变工具和图层蒙版制作书籍投影。最终效果如图 6-116 所示。

【效果所在位置】Ch06/效果/制作美食书籍.psd。

图 6-116

第7章 绘制图形及路径

本章介绍

本章将主要介绍路径的绘制、编辑方法以及图形的绘制与应用技巧。通过对本章的学习，读者可以快速地绘制所需路径并对路径进行修改和编辑，还可应用绘图工具绘制出系统自带的图形，提高图像制作的效率。

学习目标

- 熟练掌握矩形工具、圆角矩形工具和椭圆工具的使用方法。
- 熟练掌握多边形工具、直线工具和自定形状工具的使用方法。
- 熟练掌握钢笔工具、自由钢笔工具、添加和删除锚点工具、转换点工具的使用方法。
- 熟练掌握选区和路径的转换、路径控制面板和新建路径的使用方法。
- 熟练掌握复制、删除和重命名路径的使用方法。
- 熟练掌握路径选择工具、直接选择工具、填充路径和描边路径的使用方法。

技能目标

- 掌握“大头贴照片”的绘制方法。
- 掌握“橱窗插画”的绘制方法。
- 掌握“文字特效”的制作方法。

7.1 绘制图形

绘图工具极大地加强了 Photoshop CS5 绘制图像的功能，它可以用来绘制丰富多彩的图形。

命令介绍

自定形状工具：用于绘制自定义的图形。

7.1.1 课堂案例——绘制大头贴照片

【案例学习目标】学习使用自定形状工具应用系统自带的图形绘制出需要的效果。

【案例知识要点】使用自定形状工具和移动工具制作大头贴效果，最终效果如图 7-1 所示。

【效果所在位置】Ch07/效果/绘制大头贴照片.psd。

图 7-1

（1）按 Ctrl + O 组合键，打开本书学习资源中的“Ch07 > 素材 > 绘制大头贴照片 > 01”文件，如图 7-2 所示。新建图层并将其命名为“脚丫”。将前景色设置为棕色（其 R、G、B 值分别为 131、80、8）。

（2）选择“自定形状”工具，单击属性栏中的“形状”选项，弹出“形状”面板，单击面板右上方的按钮，在弹出的菜单中选择“拼贴”选项，弹出提示对话框，单击“追加”按钮。在“形状”面板中选中图形“爪印”，如图 7-3 所示。在属性栏中单击“填充像素”按钮，在图像窗口中绘制图形，如图 7-4 所示。

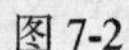

图 7-2

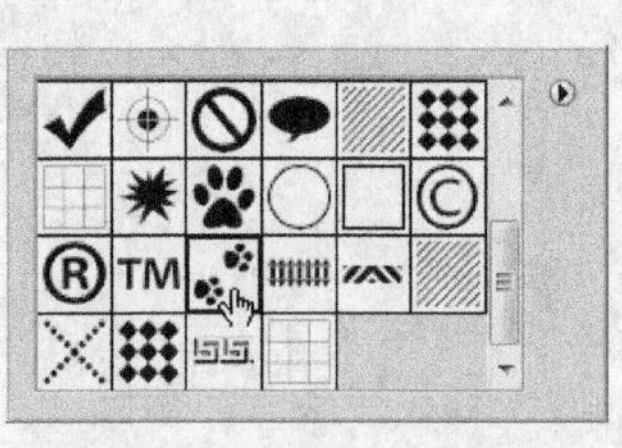

图 7-3

图 7-4

（3）按 Ctrl+T 组合键，图形周围出现变换框，拖曳控制手柄调整其位置并旋转适当的角度，按 Enter 键确认操作，效果如图 7-5 所示。在“图层”控制面板上方，将“脚丫”图层的混合模式设置为“明度”，如图 7-6 所示，图像效果如图 7-7 所示。

图 7-5

图 7-6

图 7-7

（4）连续 3 次将“脚丫”图层拖曳到“图层”控制面板下方的“创建新图层”按钮上进行复制，生成新的副本图层，如图 7-8 所示。选择“移动”工具，在图像窗口中分别调整图形的位置及角度，效果如图 7-9 所示。

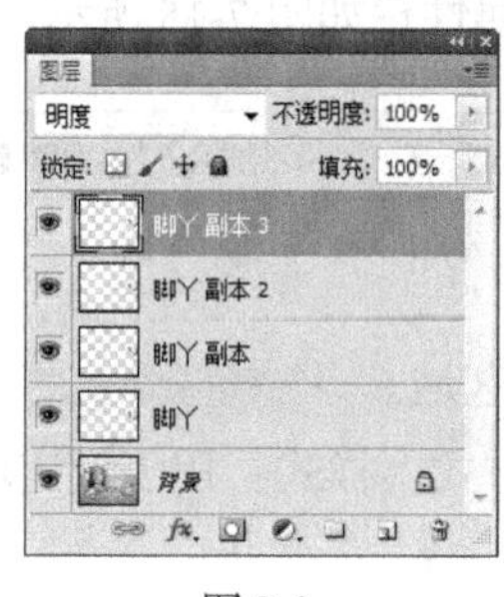

图 7-8

图 7-9

（5）新建图层并将其命名为“栅栏”。将前景色设置为淡黄色（其 R、G、B 值分别为 237、231、212）。选择“自定形状”工具，单击属性栏中的“形状”选项，弹出“形状”面板，选中图形“轨道”，如图 7-10 所示。在图像窗口中绘制图形，如图 7-11 所示。选择“移动”工具，将其拖曳到图像窗口的左下角，如图 7-12 所示。

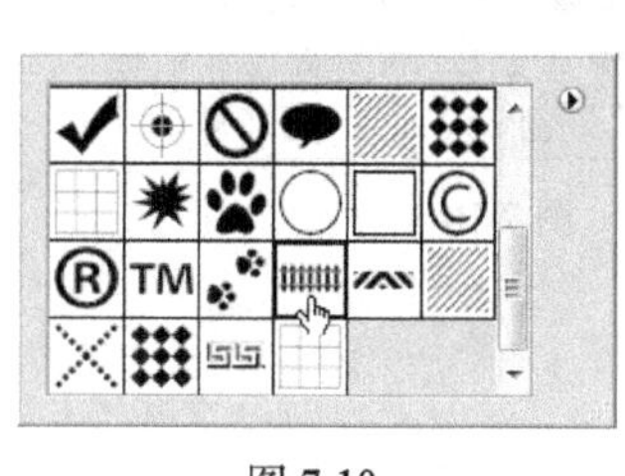

图 7-10

图 7-11

图 7-12

（6）将“栅栏”图层拖曳到“图层”控制面板下方的“创建新图层”按钮上进行复制，生成新的图层“栅栏 副本”，如图 7-13 所示。选择“移动”工具，将复制的图形拖曳到图像窗口的右下角，如图 7-14 所示。大头贴照片效果制作完成。

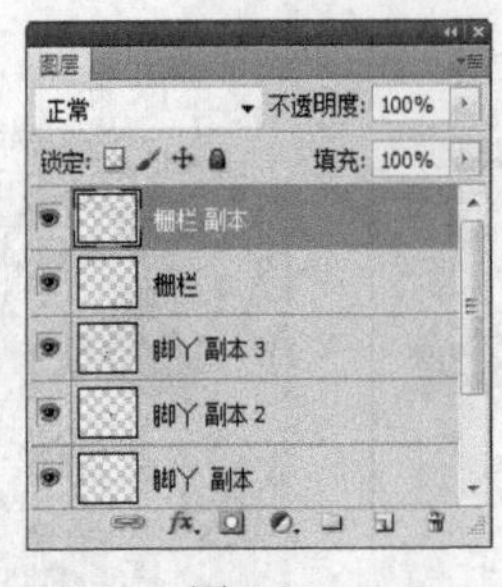

图 7-13

图 7-14

7.1.2 矩形工具

矩形工具可以用来绘制矩形或正方形。

选择“矩形”工具，或反复按 Shift+U 组合键，其属性栏如图 7-15 所示。

图 7-15

：用于选择创建外形层、创建工作路径或填充区域。：用于选择形状路径工具的种类。：用于选择路径的组合方式。样式：用于设定填充图形的样式。颜色：用于设定图形的颜色。

打开一幅图像，如图 7-16 所示。在图像窗口中绘制矩形，如图 7-17 所示。“图层”控制面板如图 7-18 所示。

图 7-16

图 7-17

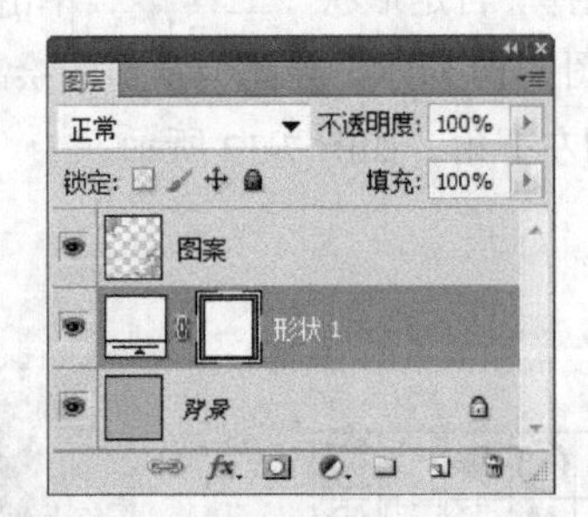

图 7-18

7.1.3 圆角矩形工具

圆角矩形工具可以用来绘制具有平滑边缘的矩形。

选择“圆角矩形”工具，或反复按 Shift+U 组合键，其属性栏如图 7-19 所示。

图 7-19

其属性栏中的内容与“矩形”工具属性栏中的选项内容类似，只增加了“半径”选项，用于设定圆角矩形的平滑程度，数值越大越平滑。

打开一幅图像，如图 7-20 所示。将属性栏中的“半径”选项设置为 40px，在图像窗口中绘制圆角矩形，效果如图 7-21 所示，“图层”控制面板如图 7-22 所示。

图 7-20

图 7-21

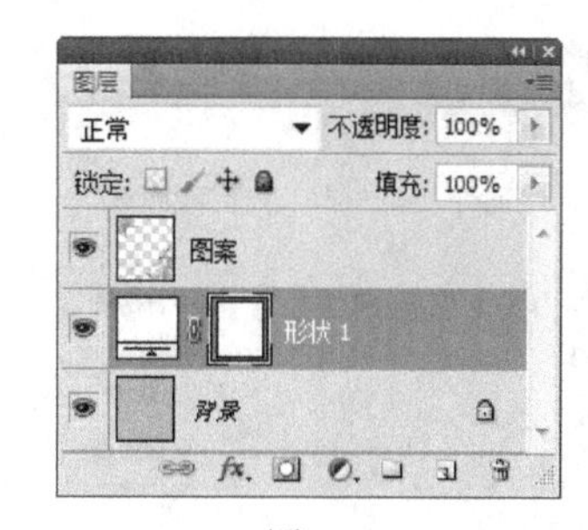

图 7-22

7.1.4　椭圆工具

椭圆工具可以用来绘制椭圆或圆形。

选择“椭圆”工具，或反复按 Shift+U 组合键，其属性栏如图 7-23 所示。

图 7-23

打开一幅图像，如图 7-24 所示。在图像窗口中绘制椭圆形，如图 7-25 所示，“图层”控制面板如图 7-26 所示。

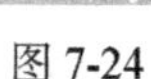

图 7-24

图 7-25

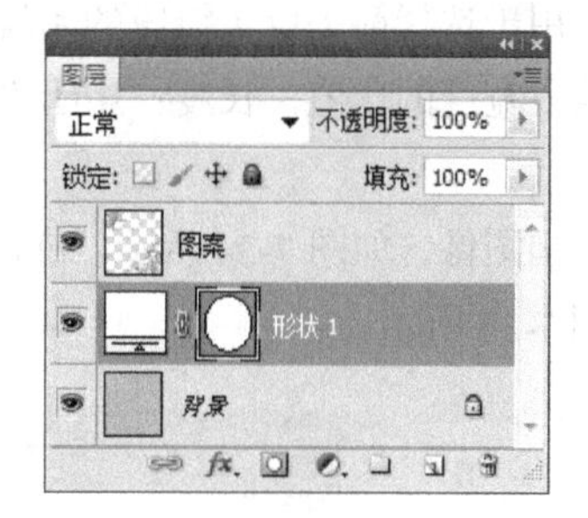

图 7-26

7.1.5　多边形工具

多边形工具可以用来绘制正多边形。

选择“多边形”工具，或反复按 Shift+U 组合键，其属性栏如图 7-27 所示。

图 7-27

其属性栏中的内容与矩形工具属性栏中的选项内容类似，只增加了“边”选项，用于设定多边形的边数。

打开一幅图像，如图 7-28 所示。单击属性栏中的按钮，在弹出的面板中进行设置，如图 7-29 所示。在图像窗口中绘制多边形，效果如图 7-30 所示，“图层”控制面板如图 7-31 所示。

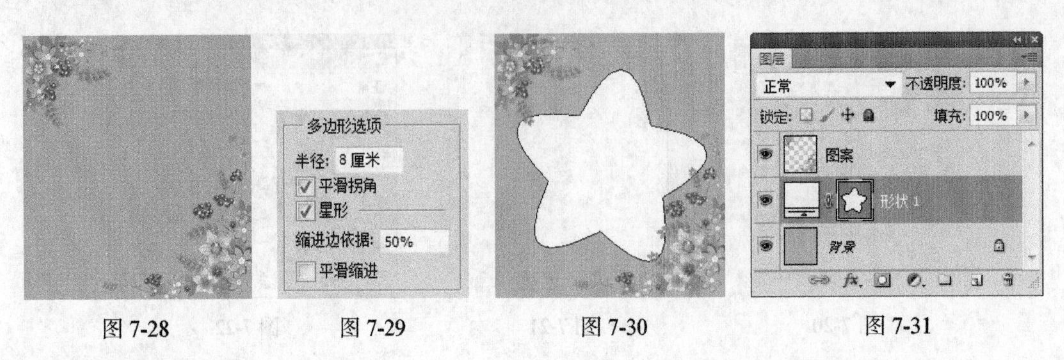

图 7-28　图 7-29　图 7-30　图 7-31

7.1.6　直线工具

直线工具可以用来绘制直线或带有箭头的线段。

选择“直线”工具，或反复按 Shift+U 组合键，其属性栏如图 7-32 所示。

图 7-32

其属性栏中的内容与矩形工具属性栏中的选项内容类似，只增加了“粗细”选项，用于设定直线的宽度。单击选项右侧的按钮，弹出“箭头”面板，如图 7-33 所示。

起点：用于选择箭头位于线段的始端。终点：用于选择箭头位于线段的末端。宽度：用于设定箭头宽度和线段宽度的比值。长度：用于设定箭头长度和线段长度的比值。凹度：用于设定箭头凹凸的形状。

打开一幅图像，如图 7-34 所示。在图像窗口中绘制不同效果的直线，如图 7-35 所示，“图层”控制面板如图 7-36 所示。

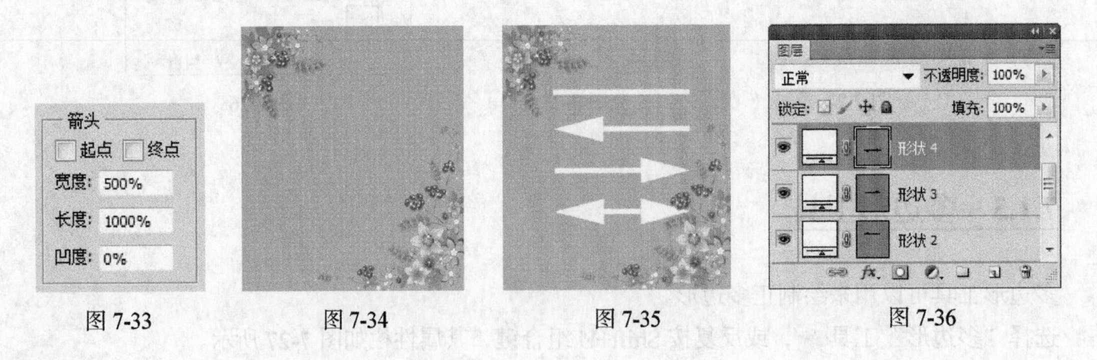

图 7-33　图 7-34　图 7-35　图 7-36

技巧　按住 Shift 键的同时，应用直线工具绘制图形时，可以绘制水平或垂直的直线。

7.1.7　自定形状工具

自定形状工具可以用来绘制一些自定义的图形。

选择“自定形状”工具，或反复按 Shift+U 组合键，其属性栏如图 7-37 所示。

图 7-37

其属性栏中的内容与矩形工具属性栏中的选项内容类似，只增加了“形状”选项，用于选择所需的形状。单击“形状”选项右侧的按钮，弹出如图 7-38 所示的形状面板，面板中存储了可供选择的各种不规则形状。

原始图像如图 7-39 所示。在图像窗口中绘制形状图形，效果如图 7-40 所示，“图层”控制面板如图 7-41 所示。

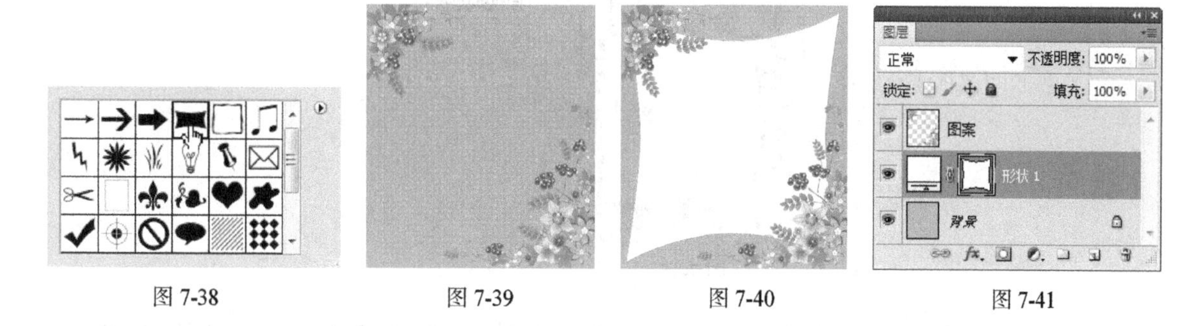

图 7-38　图 7-39　图 7-40　图 7-41

可以应用“定义自定形状”命令来制作并定义形状。使用“钢笔”工具在图像窗口中绘制并填充路径，如图 7-42 所示。选择“编辑 > 定义自定形状”命令，弹出“形状名称”对话框，在“名称”选项的文本框中输入自定形状的名称，如图 7-43 所示。单击“确定”按钮，在“形状”选项的面板中将会显示刚才定义的形状，如图 7-44 所示。

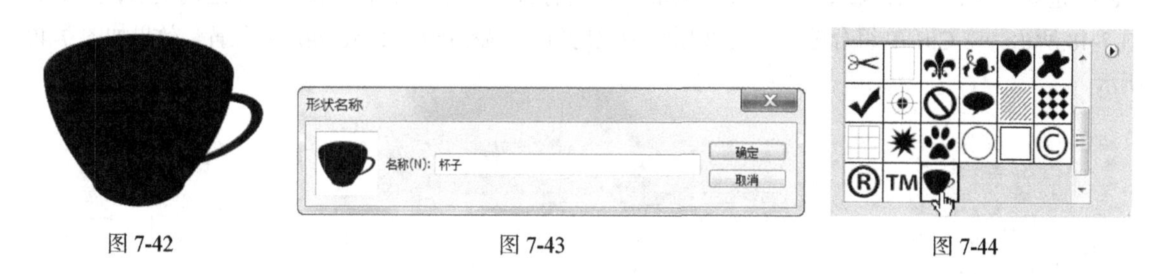

图 7-42　图 7-43　图 7-44

7.2　绘制和选取路径

路径对于 Photoshop CS5 高手来说是一个非常得力的助手。使用路径可以进行复杂图像的选取，还可以编辑和保存路径以备再次使用，更可以绘制线条平滑的优美图形。

命令介绍

钢笔工具：用于绘制路径。

7.2.1 课堂案例——绘制橱窗插画

【案例学习目标】学习使用不同的绘制工具绘制并添加特殊效果。

【案例知识要点】使用矩形工具和剪贴蒙版制作玻璃窗，使用矩形选框工具、从选区减去按钮和渐变工具制作高光图形，使用添加图层样式为图形添加特殊效果，使用钢笔工具和渐变工具绘制装饰伞，使用横排文字工具输入文字，最终效果如图 7-45 所示。

【效果所在位置】Ch07/效果/绘制橱窗插画.psd。

图 7-45

（1）按 Ctrl + O 键，打开本书学习资源中的“Ch07 > 素材 > 制作橱窗插画 > 01”文件，如图 7-46 所示。新建图层并将其命名为“玻璃”。将前景色设置为白色。选择“矩形选框”工具，在图像窗口中绘制一个矩形选区。按 Alt+Delete 组合键用前景色填充选区，取消选区后的效果如图 7-47 所示。

（2）新建图层并将其命名为“反光”。将前景色设置为浅蓝色（其 R、G、B 的值分别为 209、223、228）。选择“矩形”工具，选中属性栏中的“填充像素”按钮，在图像窗口中绘制矩形，效果如图 7-48 所示。按 Ctrl+T 组合键，在图像周围出现变换框，调整图形大小、角度及位置，效果如图 7-49 所示。

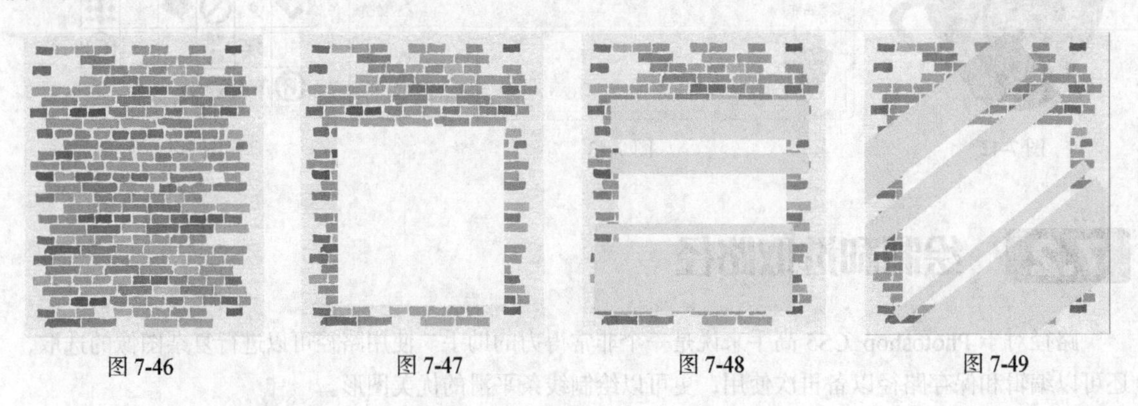

图 7-46 图 7-47 图 7-48 图 7-49

（3）在“图层”控制面板中，将“反光”图层的“不透明度”设置为 60%。按 Alt+Ctrl+G 组合键创建剪贴蒙版，如图 7-50 所示，效果如图 7-51 所示。

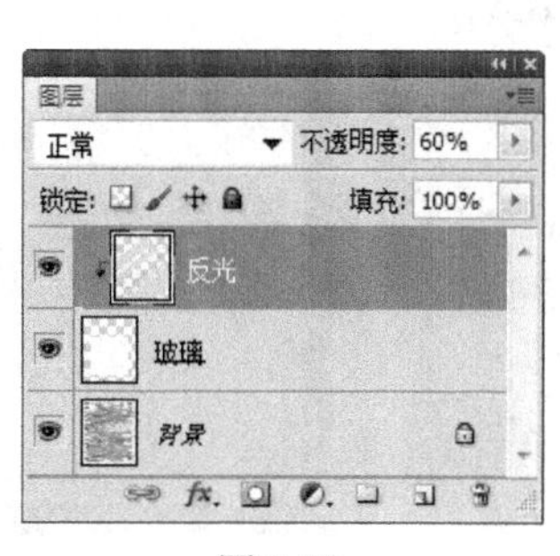

图 7-50

图 7-51

（4）新建图层并将其命名为“装饰边框”。将前景色设置为白色。选择“矩形选框”工具，在图像窗口中拖曳光标绘制矩形选区，如图 7-52 所示。单击属性栏中的“从选区减去”按钮，在图像窗口中绘制选区相减，如图 7-53 所示。按 Alt+Delete 组合键用前景色填充选区。按 Ctrl+D 组合键取消选区，效果如图 7-54 所示。

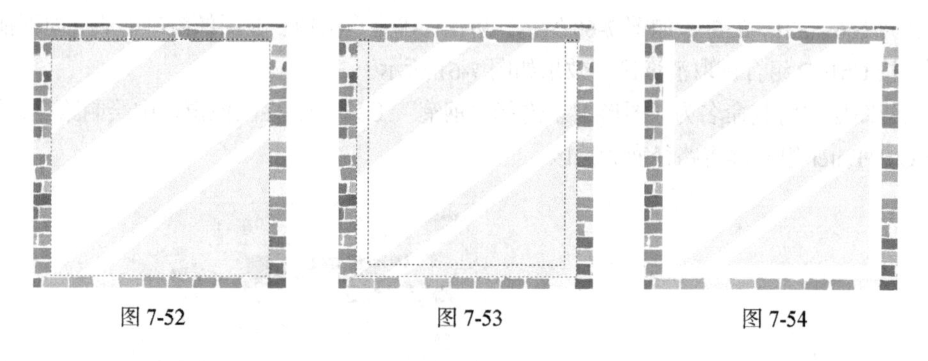
图 7-52　　图 7-53　　图 7-54

（5）单击“图层”控制面板下方的“添加图层样式”按钮，在弹出的菜单中选择“投影”命令，弹出对话框，选项的设置如图 7-55 所示；选择“渐变叠加”选项，切换到相应的对话框，单击“渐变”选项右侧的“点按可编辑渐变”按钮，弹出“渐变编辑器”对话框，分别设置两个位置点颜色的 RGB 值为 0（0、67、93）、100（0、185、241），如图 7-56 所示，单击“确定”按钮，返回到“渐变叠加”对话框，选项的设置如图 7-57 所示。单击“确定”按钮，效果如图 7-58 所示。

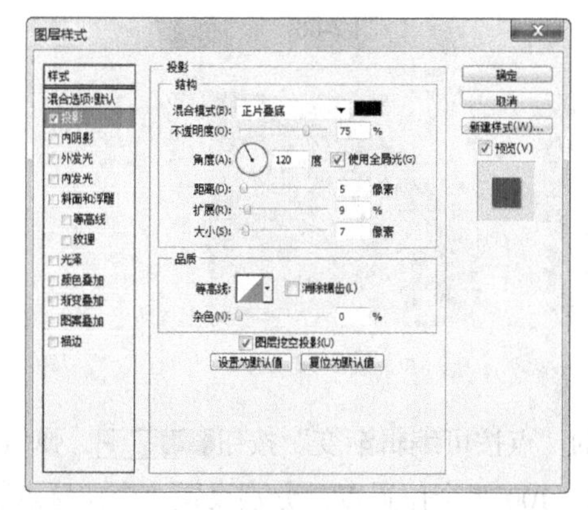

图 7-55

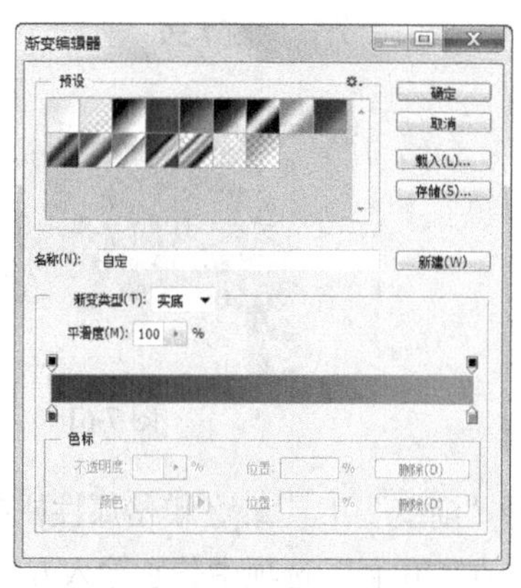

图 7-56

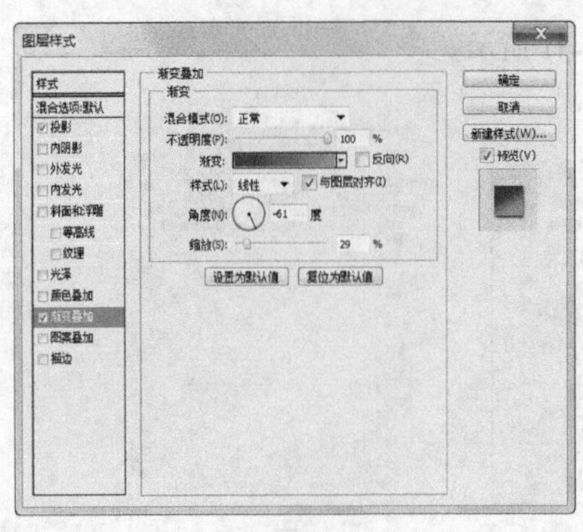

图 7-57

图 7-58

（6）新建图层组并将其命名为“装饰伞”。新建图层并将其命名为“蓝色渐变”。选择“钢笔”工具，在图像窗口中绘制路径，如图 7-59 所示。按 Ctrl+Enter 组合键将路径变为选区。

（7）选择“渐变”工具，单击属性栏中的“点按可编辑渐变”按钮，弹出“渐变编辑器”对话框，将渐变色设置为从深蓝色（其 R、G、B 的值分别为 5、114、170）到淡蓝色（其 R、G、B 的值分别为 166、221、255），如图 7-60 所示，单击“确定”按钮。在图像窗口中从上向下拖曳光标，填充渐变。按 Ctrl+D 组合键取消选区，效果如图 7-61 所示。

（8）新建图层并将其命名为“图形 1”。选择“钢笔”工具，在图像窗口中绘制路径，如图 7-62 所示。按 Ctrl+Enter 组合键将路径变为选区。

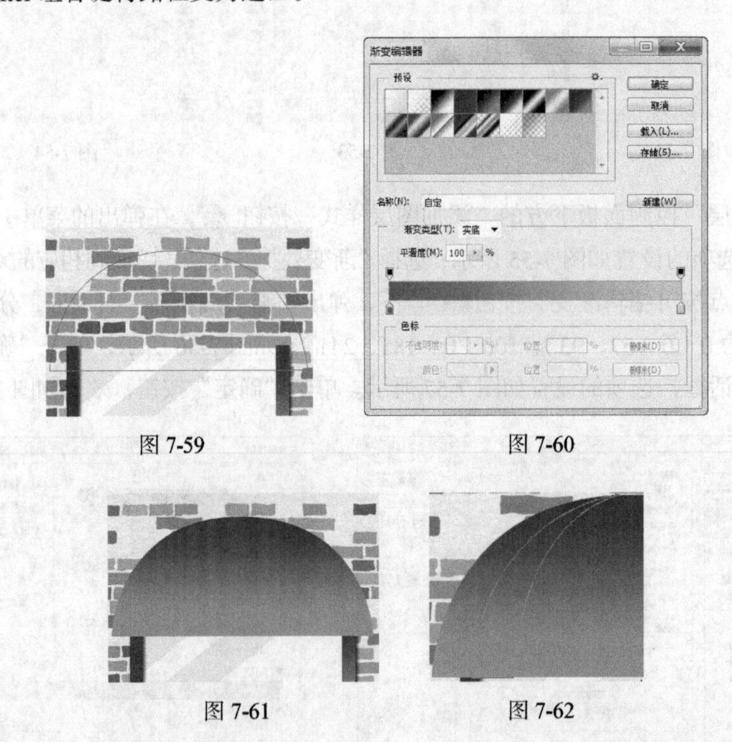

图 7-59　图 7-60

图 7-61　图 7-62

（9）选择“渐变”工具，单击属性栏中的“点按可编辑渐变”按钮，弹出“渐变编辑器”对话框，在“位置”选项中分别输入 0、24、100 3 个位置点，分别设置 3 个位置点颜色的 RGB 值为 0（255、255、255）、24（255、255、255）、100（167、169、172），如图 7-63 所示，单击“确定”按钮。在图像窗口中从下向上拖曳光标填充渐变。按 Ctrl+D 组合键取消选区，效果如图 7-64 所示。用相同的方法制作图 7-65 所示的效果。

图 7-63

图 7-64

图 7-65

（10）按住 Shift 键的同时，单击“图形 1”图层，将“图形 5”和“图形 1”之间的所有图层同时选中，并单击鼠标右键，在弹出的菜单中执行“创建剪贴蒙版”命令，如图 7-66 所示，图像效果如图 7-67 所示。

（11）单击“装饰伞”图层组左侧的三角形图标，将“装饰伞”图层组中的图层隐藏。选择“装饰边框”图层，新建图层组并将其命名为“渐变圆形”。新建图层并将其命名为“圆形”。选择“椭圆选框”工具，按住 Shift 键的同时，在图像窗口中拖曳鼠标绘制圆形选区，如图 7-68 所示。

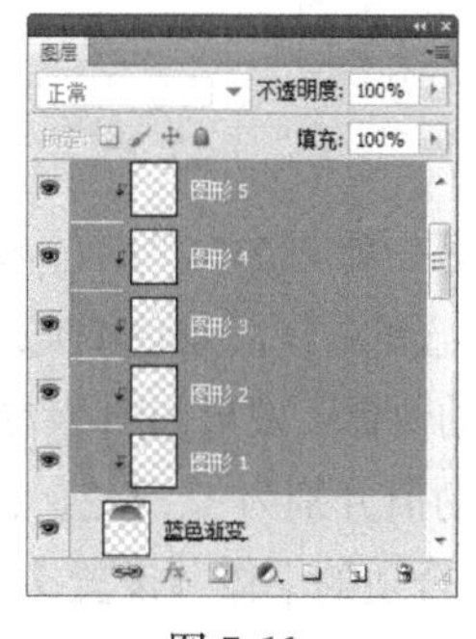

图 7-66

图 7-67

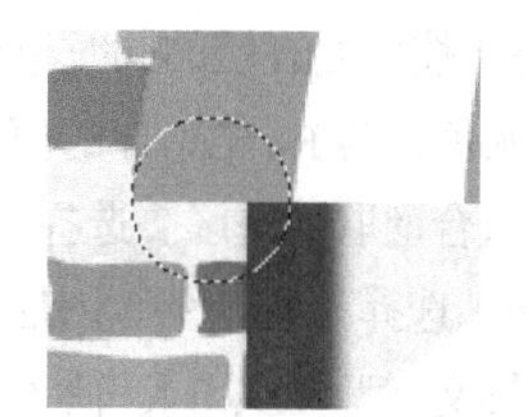

图 7-68

（12）选择“渐变”工具，单击属性栏中的“点按可编辑渐变”按钮，弹出“渐变编辑器”对话框，将渐变颜色设置为从深蓝色（其 R、G、B 的值分别为 0、67、93）到淡蓝色（其 R、G、B 的值分别为 0、185、241），如图 7-69 所示，单击“确定”按钮。在图像窗口中从下向上拖曳光标，填充渐变。按 Ctrl+D 组合键，取消选区，效果如图 7-70 所示。

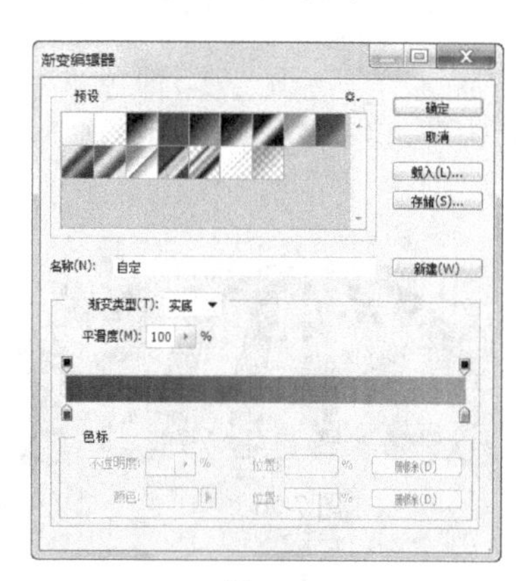

图 7-69

（13）连续 4 次拖曳“圆形”图层到“图层”控制面板下方的“创建新图层”按钮上进行复制，生成新的副本图层，如图 7-71 所示。选择“移动”工具，在图像窗口中分别调整图形的位置，效果如图 7-72 所示。用相同的方法制作图 7-73 所示的效果。

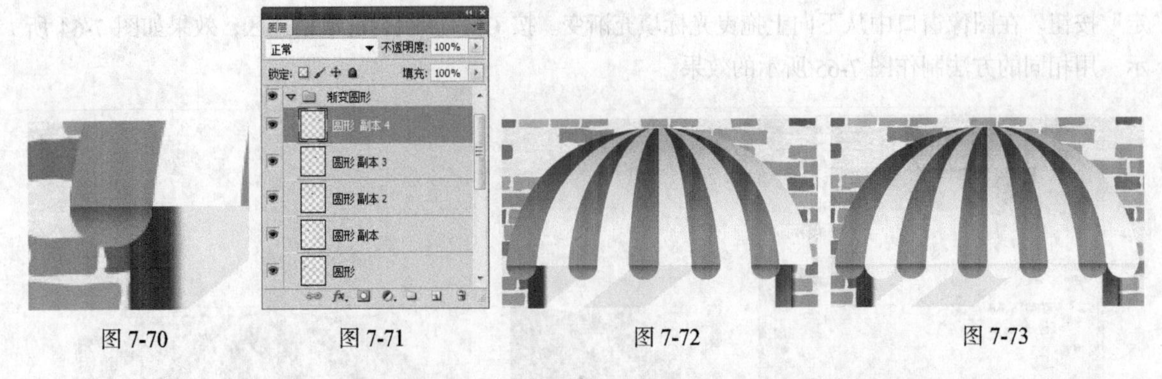

图 7-70　　图 7-71　　图 7-72　　图 7-73

（14）选中“装饰伞”图层组，按住 Shift 键的同时单击“渐变圆形 副本”图层组，将其同时选中，拖曳到“图层”控制面板下方的“创建新图层”按钮上进行复制，生成新的副本图层组，如图 7-74 所示。按 Ctrl+E 组合键合并选中图层，将其命名为“投影”，并将其拖曳到“装饰边框”图层上方，如图 7-75 所示。

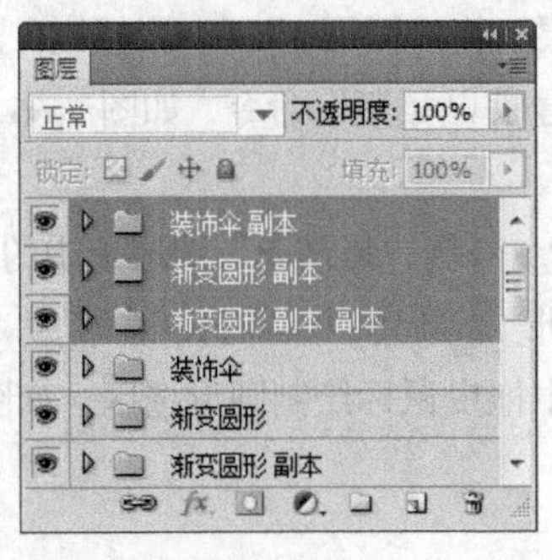

图 7-74

图 7-75

（15）按住 Ctrl 键的同时单击“投影”图层缩略图，图像周围生成选区，如图 7-76 所示。将前景色设置为灰色（其 R、G、B 的值分别为 156、156、156）。按 Alt+Delete 组合键，用前景色填充选区。按 Ctrl+D 组合键取消选区。选择“移动”工具，在图像窗口中调整图形的位置，效果如图 7-77 所示。

（16）选择“装饰伞”图层组。将前景色设置为蓝色（其 R、G、B 的值分别为 1、112、163）。选择“横排文字”工具，输入需要的文字并选取文字，在属性栏中选择合适的字体并设置文字大小，效果如图 7-78 所示，在“图层”控制面板中生成新的文字图层。橱窗插画制作完成，如图 7-79 所示。

图 7-76　　图 7-77　　图 7-78　　图 7-79

7.2.2 钢笔工具

选择"钢笔"工具，或反复按 Shift+P 组合键，其属性栏如图 7-80 所示。

图 7-80

按住 Shift 键创建锚点时，会强迫系统以 45 度角或 45 度角的倍数绘制路径；按住 Alt 键，当鼠标指针移到锚点上时，指针暂时由"钢笔"工具图标转换成"转换点"工具图标；按住 Ctrl 键，鼠标指针暂时由"钢笔"工具图标转换成"直接选择"工具图标。

建立一个新的图像文件，选择"钢笔"工具，在属性栏中单击"路径"按钮，这样使用"钢笔"工具绘制的将是路径。如果单击"形状图层"按钮，将绘制出形状图层。勾选"自动添加/删除"复选框，可直接利用钢笔工具在路径上单击添加锚点，或单击路径上已有的锚点来删除锚点。

1. 绘制线条

在图像中任意位置单击鼠标左键，将创建出第 1 个锚点，将鼠标指针移动到其他位置再单击鼠标左键，则创建第 2 个锚点，两个锚点之间自动以直线连接，如图 7-81 所示。再将鼠标指针移动到其他位置单击鼠标左键，出现了第 3 个锚点，系统将在第 2、3 锚点之间生成一条新的直线路径，如图 7-82 所示。

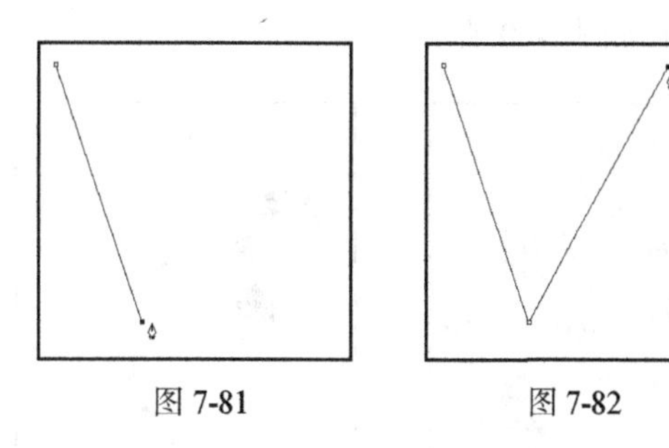

图 7-81　　图 7-82

将鼠标指针移至第 2 个锚点上，会发现指针现在由"钢笔"工具图标转换成了"删除锚点"工具图标，如图 7-83 所示。在锚点上单击，即可将第 2 个锚点删除，效果如图 7-84 所示。

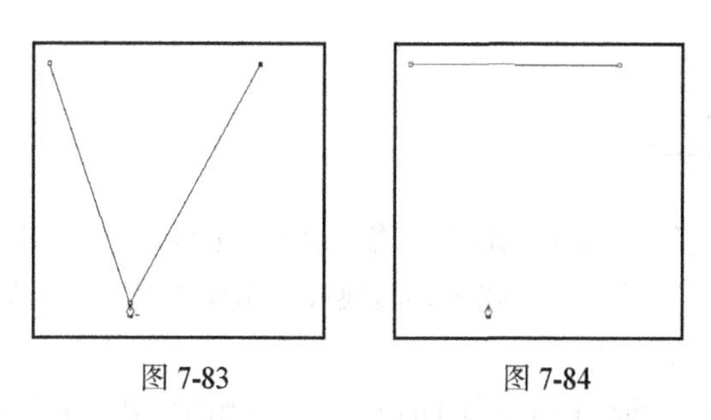

图 7-83　　图 7-84

2. 绘制曲线

选择"钢笔"工具单击建立新的锚点并按住鼠标左键，拖曳鼠标，建立曲线段和曲线锚点，如图 7-85 所示。松开鼠标左键，按住 Alt 键的同时用"钢笔"工具单击刚建立的曲线锚点，如图

7-86 所示，将其转换为直线锚点。在其他位置再次单击建立下一个新的锚点，可在曲线段后绘制出直线段，如图 7-87 所示。

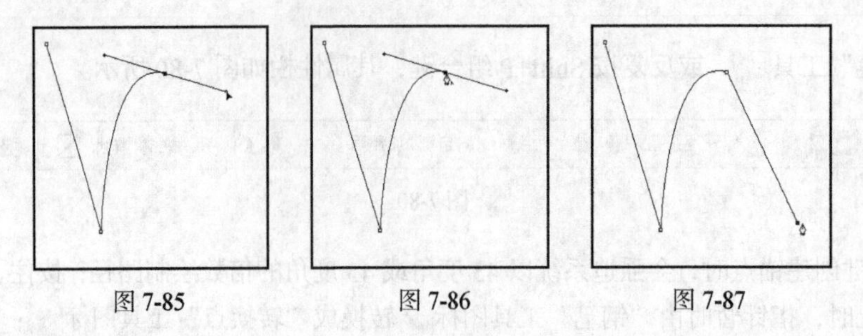

图 7-85　　图 7-86　　图 7-87

7.2.3　自由钢笔工具

选择“自由钢笔”工具，其属性栏如图 7-88 所示。

图 7-88

在图像的左上方单击鼠标确定最初的锚点，然后沿图像小心地拖曳鼠标并单击，确定其他的锚点，如图 7-89 所示。可以看到在选择中误差比较大，但只需要使用其他几个路径工具对路径进行修改和调整，就可以补救过来，最后的效果如图 7-90 所示。

图 7-89

图 7-90

7.2.4　添加锚点工具

添加锚点工具用于在路径上添加新的锚点。将“钢笔”工具移动到建立好的路径上，若当前该处没有锚点，则鼠标指针由“钢笔”工具图标转换成“添加锚点”工具图标，在路径上单击可以添加一个锚点，效果如图 7-91 所示。

将“钢笔”工具的指针移动到建立好的路径上，若当前该处没有锚点，则鼠标指针由“钢笔”工具图标转换成“添加锚点”工具图标，单击并按住鼠标左键，向上拖曳鼠标，建立曲线段和曲线锚点，效果如图 7-92 所示。

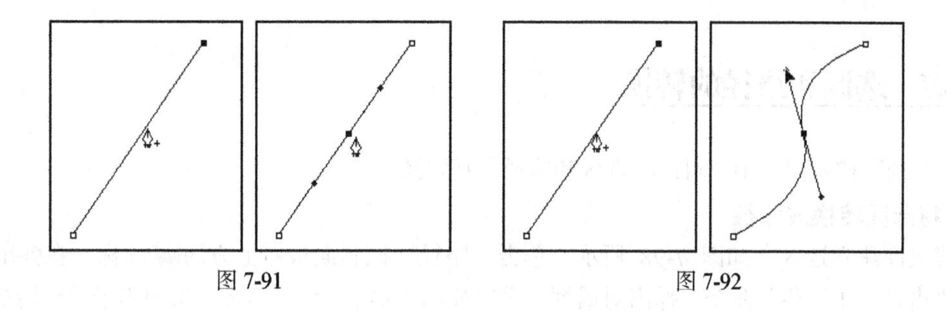

图 7-91 图 7-92

7.2.5 删除锚点工具

删除锚点工具用于删除路径上已经存在的锚点。

将“钢笔”工具的指针放到路径的锚点上，则鼠标指针由钢笔工具图标转换成“删除锚点”工具图标，单击锚点将其删除，效果如图 7-93 所示。

将“钢笔”工具的指针放到曲线路径的锚点上，则“钢笔”工具图标转换成“删除锚点”工具图标，单击锚点将其删除，效果如图 7-94 所示。

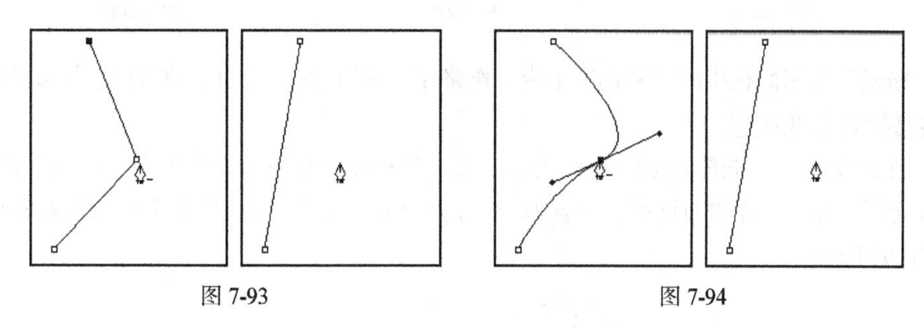

图 7-93 图 7-94

7.2.6 转换点工具

使用“转换点”工具，通过鼠标单击或拖曳锚点可将其转换成直线锚点或曲线锚点，拖曳锚点上的调节手柄可以改变线段的弧度。

建立一个新文件，选择“钢笔”工具，用鼠标在页面中单击绘制出需要图案的路径，当要闭合路径时鼠标指针变为图标，单击即可闭合路径，绘制完成一个三角形的图案。选择“转换点”工具，将鼠标光标放置在三角形右上角的锚点上，如图 7-95 所示。单击锚点并将其向右下方拖曳形成曲线锚点，如图 7-96 所示。使用同样的方法将左边的锚点变为曲线锚点，路径的效果如图 7-97 所示。

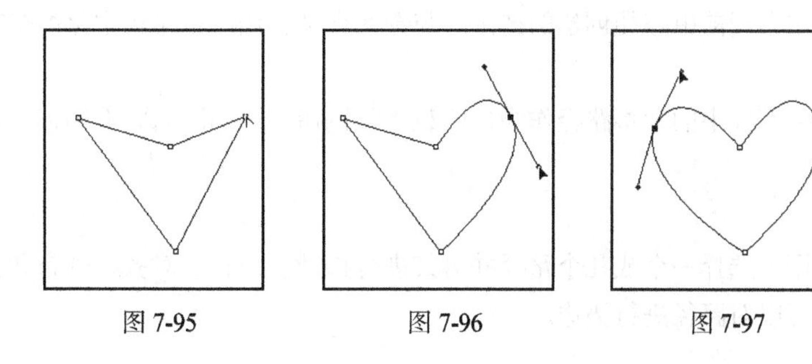

图 7-95 图 7-96 图 7-97

7.2.7 选区和路径的转换

在“路径”控制面板中，可以将选区和路径相互转换。

1. 将选区转换成路径

新建文件建立选区，如图 7-98 所示。单击“路径”控制面板右上方的图标，在弹出式菜单中选择“建立工作路径”命令，弹出对话框，设置如图 7-99 所示，“容差”选项用于设定转换时的误差允许范围，数值越小越精确，路径上的关键点也越多。单击“确定”按钮，将选区转换成路径，效果如图 7-100 所示。

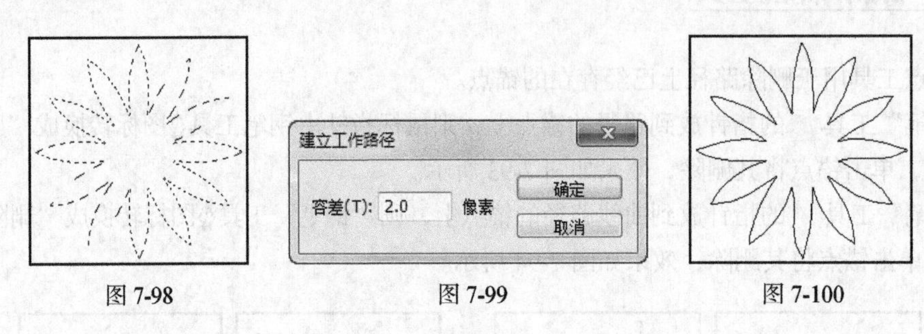

图 7-98　　图 7-99　　图 7-100

单击“路径”控制面板中的“从选区生成工作路径”按钮，也可以将选区转换成路径。

2. 将路径转换成选区

新建文件建立路径，如图 7-101 所示。单击“路径”控制面板右上方的图标，在弹出式菜单中选择“建立选区”命令，弹出对话框，设置如图 7-102 所示。单击“确定”按钮，将路径转换成选区，效果如图 7-103 所示。

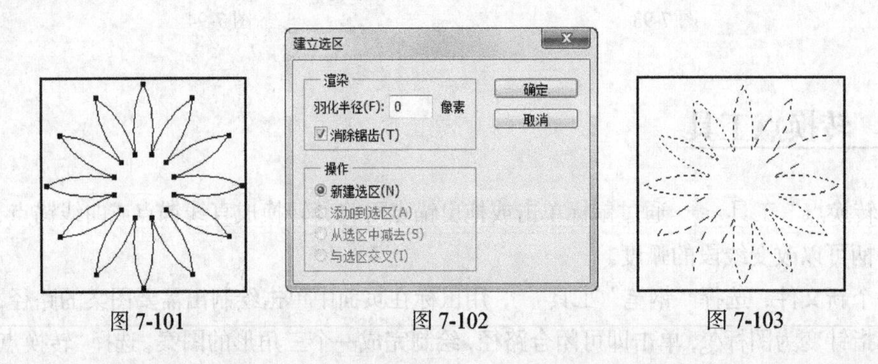

图 7-101　　图 7-102　　图 7-103

羽化半径：用于设定羽化边缘的数值。消除锯齿：用于消除边缘的锯齿。新建选区：可以由路径创建一个新的选区。添加到选区：用于将由路径创建的选区添加到当前选区中。从选区中减去：用于从一个已有的选区中减去当前由路径创建的选区。与选区交叉：用于在路径中保留路径与选区的重复部分。

单击“路径”控制面板中的“将路径作为选区载入”按钮，也可以将路径转换成选区。

命令介绍

路径选择工具：用于选择一个或几个路径并对其进行移动、组合、对齐、分布和变形。

描边路径命令：可以对路径进行描边。

7.2.8 课堂案例——制作文字特效

【案例学习目标】学习使用路径描边命令制作文字特效。

【案例知识要点】使用横排文字工具、将选区转换为路径和路径描边命令制作文字的特效，最终效果如图 7-104 所示。

【效果所在位置】Ch07/效果/制作文字特效.psd。

图 7-104

（1）按 Ctrl + O 组合键，打开本书学习资源中的“Ch07 > 素材 > 制作文字特效 > 01”文件，如图 7-105 所示。将前景色设置为黑色。选择“横排文字”工具T，在图像窗口中适当的位置输入需要的文字并选取文字，在属性栏中选择合适的字体并设置文字大小，效果如图 7-106 所示，在“图层”控制面板中生成新的文字图层。

（2）按住 Ctrl 键的同时，在“图层”控制面板中单击“go”图层的缩览图，在图像窗口生成选区，单击该图层左侧的眼睛图标，隐藏该图层，效果如图 7-107 所示。选择“窗口 > 路径”命令，弹出“路径”控制面板，单击下方的“从选区生成工作路径”按钮，将选区转换为路径，效果如图 7-108 所示。

图 7-105

图 7-106

图 7-107

图 7-108

（3）新建图层并将其命名为“描边”。将前景色设置为红色（其 R、G、B 值分别为 231、31、25）。选择“画笔”工具，在属性栏中单击画笔选项右侧的按钮，在弹出的面板中选择需要的画笔形状，如图 7-109 所示。

（4）单击属性栏中的“切换画笔面板”按钮，弹出“画笔”控制面板，选项的设置如图 7-110 所示。选择“形状动态”选项，切换到相应的面板，选项的设置如图 7-111 所示。选择“散布”选项，切换到相应的面板，选项的设置如图 7-112 所示。

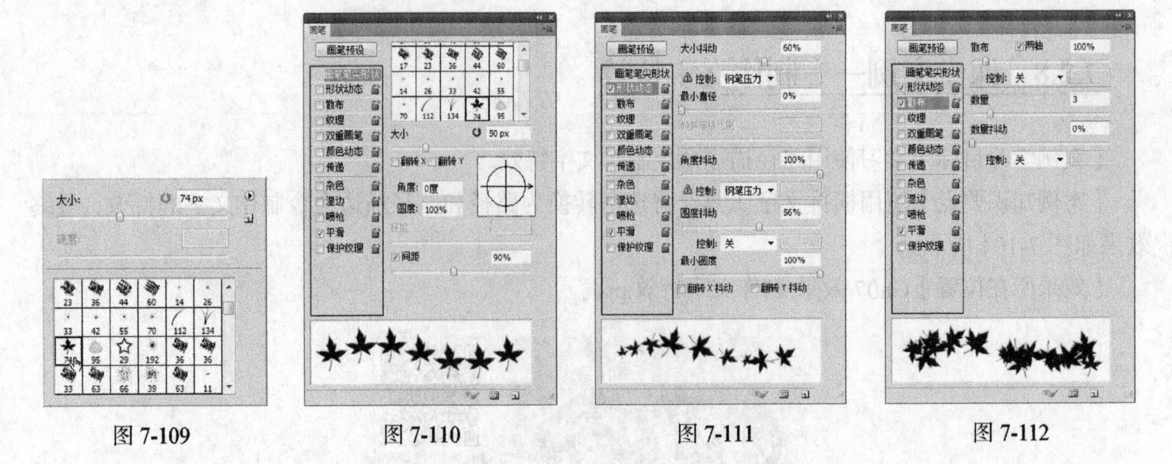

图 7-109　　图 7-110　　图 7-111　　图 7-112

（5）单击“路径”控制面板下方的“用画笔描边路径”按钮，描边路径。在面板空白处单击，隐藏路径，效果如图 7-113 所示。单击“图层”控制面板下方的“添加图层样式”按钮 *fx*，在弹出的菜单中选择“投影”命令，弹出对话框，设置如图 7-114 所示；选择“描边”选项，弹出相应的对话框，设置如图 7-115 所示，单击“确定”按钮，效果如图 7-116 所示。

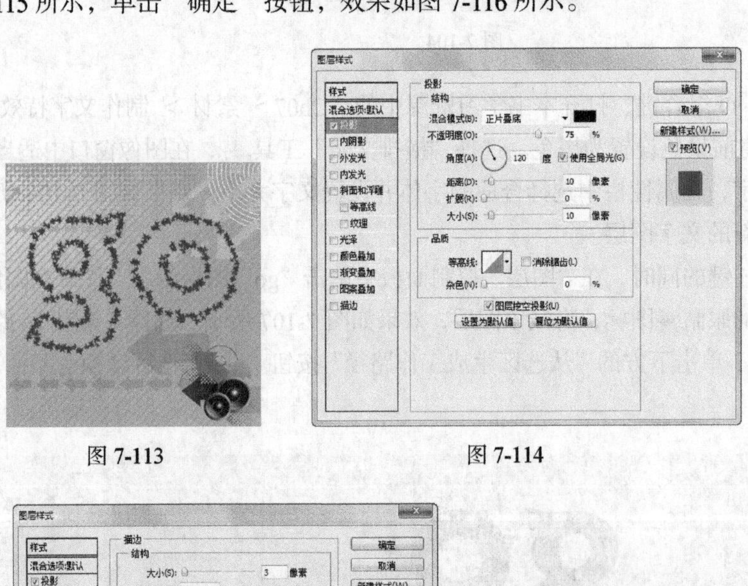

图 7-113　　图 7-114

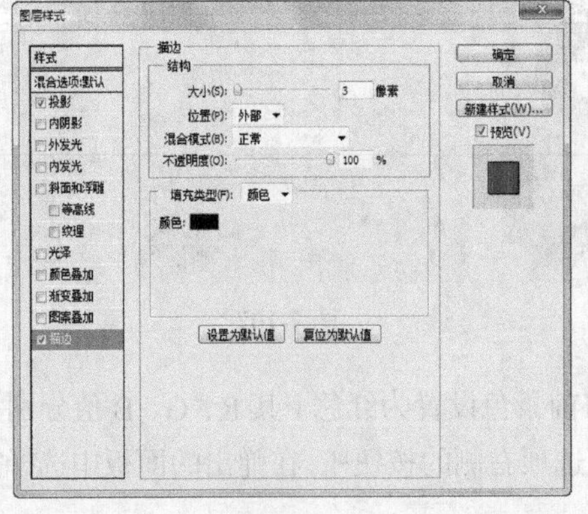

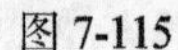

图 7-115　　图 7-116

（6）在“图层”控制面板中单击“go”图层左侧的空白图标，显示该图层，如图 7-117 所示。新建图层并将其命名为“画笔”。将前景色设置为橘红色（其 R、G、B 值分别为 231、31、15）。选择

“画笔”工具，沿着字母的笔画拖曳鼠标绘制图形。单击“go”图层左侧的眼睛图标，隐藏图层，图像效果如图 7-118 所示。

图 7-117

图 7-118

（7）单击“图层”控制面板下方的“添加图层样式”按钮，在弹出的菜单中选择“投影”命令，在弹出的对话框中进行设置，如图 7-119 所示。单击“确定”按钮，效果如图 7-120 所示。文字特效制作完成。

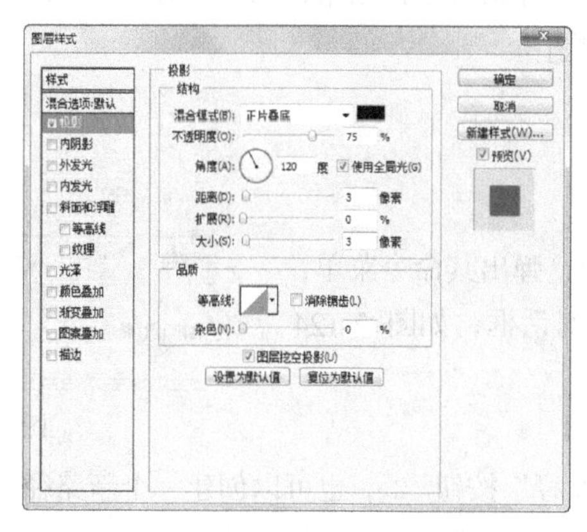

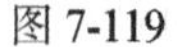

图 7-119

图 7-120

7.2.9　路径控制面板

绘制路径，选择“窗口 > 路径”命令，弹出“路径”控制面板，如图 7-121 所示，在底部有 6 个工具按钮，如图 7-122 所示。

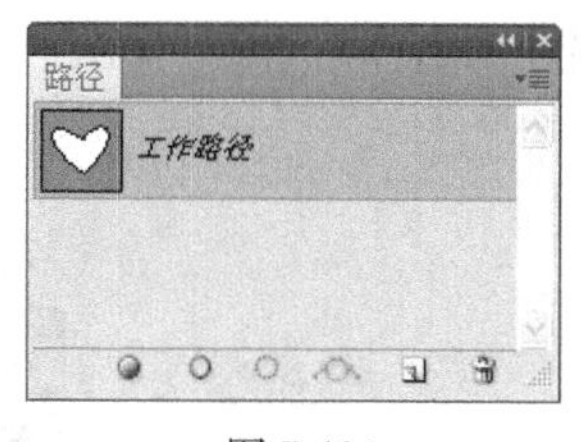

图 7-121

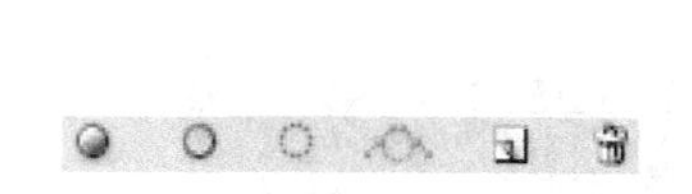

图 7-122

用前景色填充路径按钮：单击此按钮，将对当前选中路径进行填充，填充的对象包括当前路径的所有子路径以及不连续的路径线段。如果选定了路径中的一部分，“路径”控制面板的弹出菜单中的“填充路径”命令将变为“填充子路径”命令。如果被填充的路径为开放路径，Photoshop CS5 将自动把路径的两个端点以直线段连接然后进行填充。如果只有一条开放的路径，则不能进行填充。按住 Alt 键的同时单击此按钮，将弹出“填充路径”对话框。

用画笔描边路径按钮：单击此按钮，系统将使用当前的颜色和当前在“描边路径”对话框中设定的工具对路径进行描边。按住 Alt 键的同时单击此按钮，将弹出“描边路径”对话框。

将路径作为选区载入按钮：单击此按钮，将把当前路径所圈选的范围转换为选择区域。按住 Alt 键的同时单击此按钮，将弹出“建立选区”对话框。

从选区生成工作路径按钮：单击此按钮，将把当前的选择区域转换成路径。按住 Alt 键的同时单击此按钮，将弹出“建立工作路径”对话框。

创建新路径按钮：用于创建一个新的路径。单击此按钮，可以创建一个新的路径。按住 Alt 键的同时单击此按钮，将弹出“新路径”对话框。

删除当前路径按钮：用于删除当前路径。可以直接拖曳“路径”控制面板中的一个路径到此按钮上，可将整个路径全部删除。

单击“路径”控制面板右上方的图标，弹出其下拉菜单，如图 7-123 所示，也可完成路径的新建、填充、存储和删除等操作。

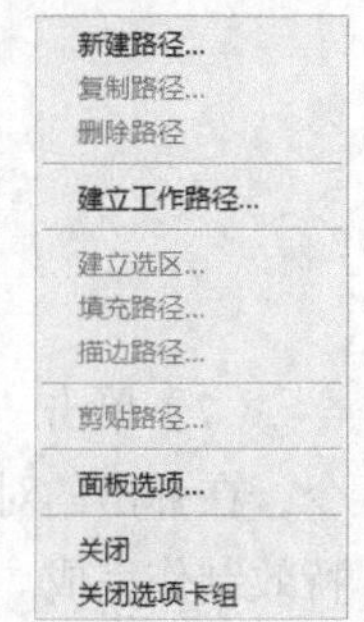

图 7-123

7.2.10 新建路径

单击“路径”控制面板右上方的图标，弹出其命令菜单，选择“新建路径”命令，弹出“新建路径”对话框，如图 7-124 所示。

图 7-124

名称：用于设定新图层的名称。

单击“路径”控制面板下方的“创建新路径”按钮，也可以创建一个新路径。按住 Alt 键的同时单击“创建新路径”按钮，将弹出“新建路径”对话框新建路径。

7.2.11 保存路径

保存路径命令用于保存已经建立并编辑好的路径。

选择“钢笔”工具在新建的图像上绘制出路径后，在“路径”控制面板中生成一个临时的工作路径，如图 7-125 所示。单击面板右上方的图标，在弹出的下拉菜单中选择“存储路径”命令，弹出“存储路径”对话框，“名称”选项用于设定保存路径的名称，单击“确定”按钮，“路径”控制面板如图 7-126 所示。

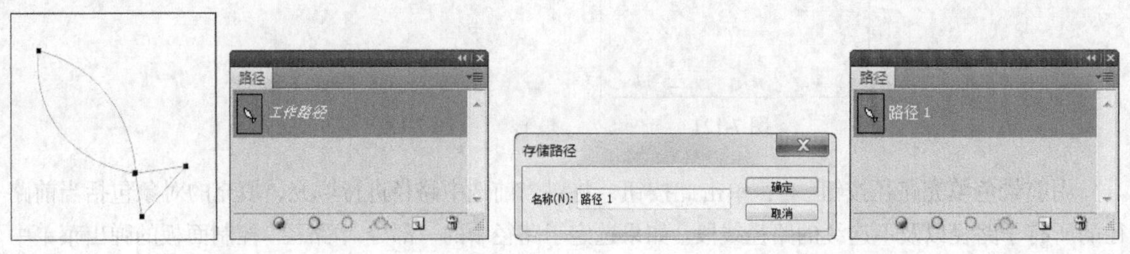

图 7-125　图 7-126

7.2.12　复制、删除、重命名路径

1. 复制路径

单击“路径”控制面板右上方的图标，在弹出的下拉菜单中选择“复制路径”命令，弹出“复制路径”对话框，如图 7-127 所示，在“名称”选项中设置复制路径的名称，单击“确定”按钮，“路径”控制面板如图 7-128 所示。

图 7-127

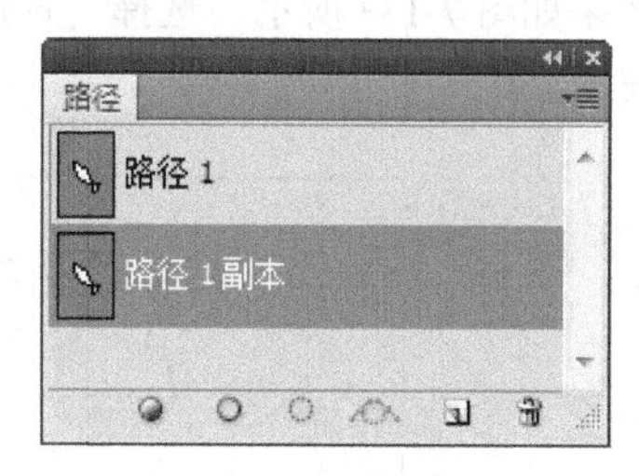

图 7-128

在“路径”控制面板中，将需要复制的路径拖曳到下方的“创建新路径”按钮上，也可以复制路径。

2. 删除路径

单击“路径”控制面板右上方的图标，在弹出的下拉菜单中选择“删除路径”命令，将路径删除。单击面板下方的“删除当前路径”按钮，也可将选取的路径删除。

3. 重命名路径

双击“路径”控制面板中的路径名，出现重命名路径文本框，如图 7-129 所示，更改名称后按 Enter 键确认即可，如图 7-130 所示。

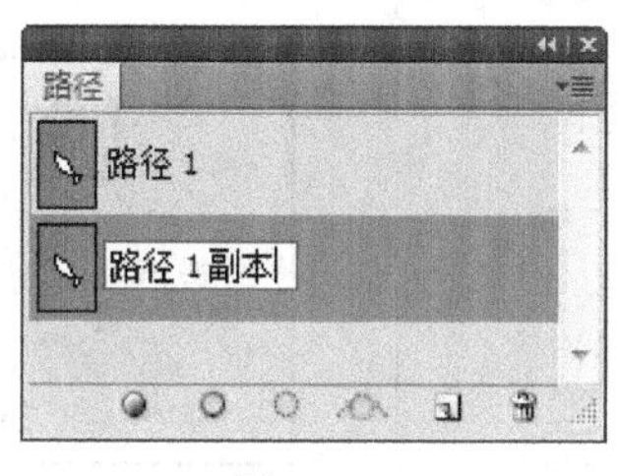

图 7-129

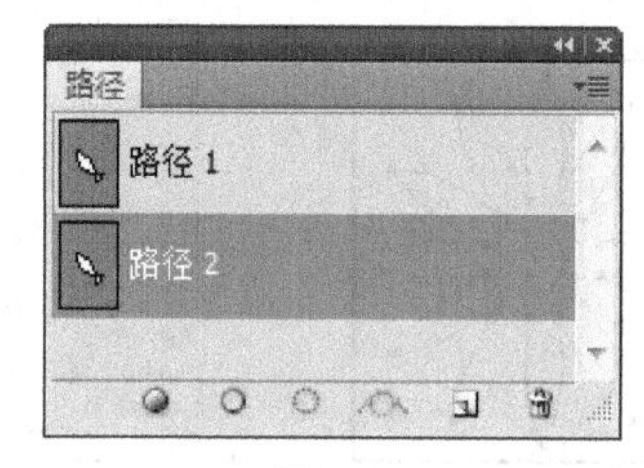

图 7-130

7.2.13　路径选择工具

选择“路径选择”工具，或反复按 Shift+A 组合键，其属性栏如图 7-131 所示。

图 7-131

勾选“显示定界框”复选框，就能够对一个或多个路径进行变形，路径变形的相关信息将显示在属性栏中，如图 7-132 所示。

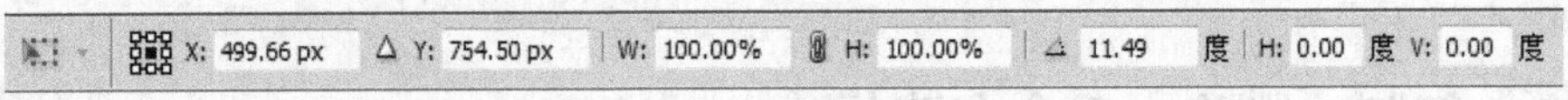

X: 499.66 px
Y: 754.50 px
W: 100.00%
H: 100.00%
11.49
度
H: 0.00
度
V: 0.00
度

图 7-132

7.2.14 直接选择工具

直接选择工具用于移动路径中的锚点或线段，还可以调整手柄和控制点。

路径的原效果如图 7-133 所示，选择“直接选择”工具，拖曳路径中的锚点来改变路径的弧度，如图 7-134 所示。

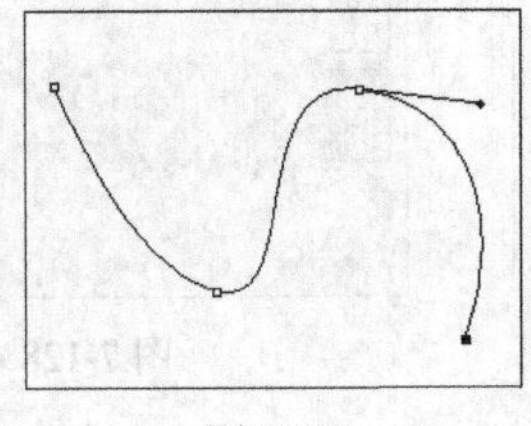

图 7-133

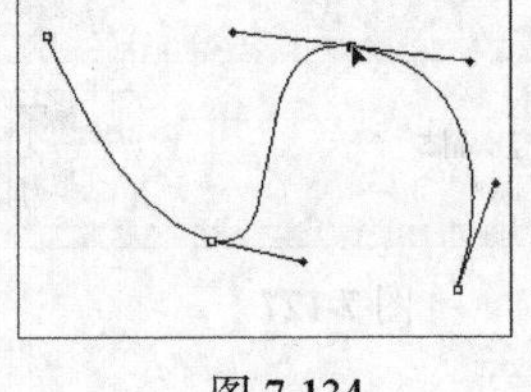

图 7-134

7.2.15 填充路径

在图像中创建路径，如图 7-135 所示，单击“路径”控制面板右上方的图标，在弹出式菜单中选择“填充路径”命令，弹出“填充路径”对话框，如图 7-136 所示。设置完成后，单击“确定”按钮，用前景色填充路径，效果如图 7-137 所示。

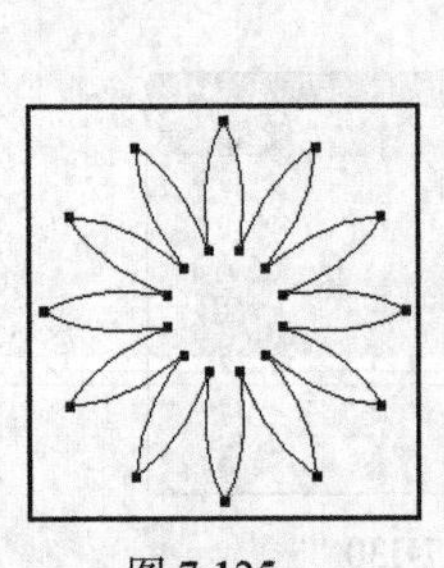

图 7-135

填充路径
内容
使用(U): 前景色
自定图案
确定
取消
混合
模式(M): 正常
不透明度(O): 50 %
保留透明区域(P)
渲染
羽化半径(F): 10 像素
消除锯齿(A)

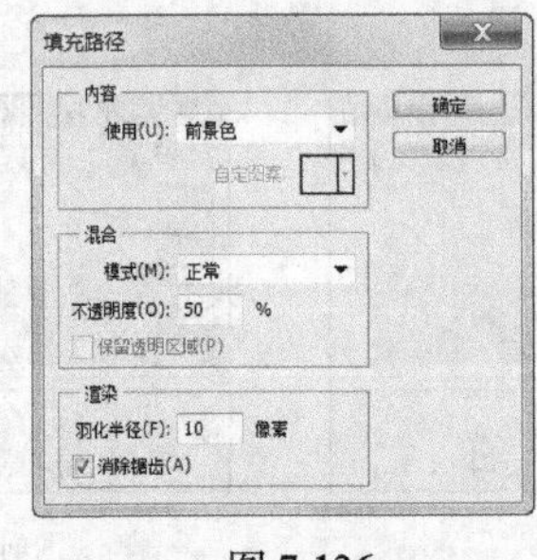

图 7-136

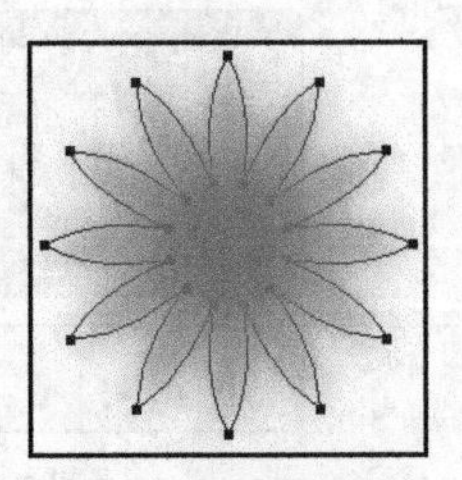

图 7-137

单击“路径”控制面板下方的“用前景色填充路径”按钮，也可以填充路径。按住 Alt 键的同时单击“用前景色填充路径”按钮，将弹出“填充路径”对话框填充路径。

7.2.16 描边路径

在图像中创建路径，如图 7-138 所示。单击“路径”控制面板右上方的图标，在弹出式菜单中选择“描边路径”命令，弹出“描边路径”对话框，在“工具”选项下拉列表中共有 19 种工具可供选择，如果当前在工具箱中已经选择了“画笔”工具，该工具将自动地设置在此处。设置如图 7-139 所示，单击“确定”按钮，描边路径，效果如图 7-140 所示。

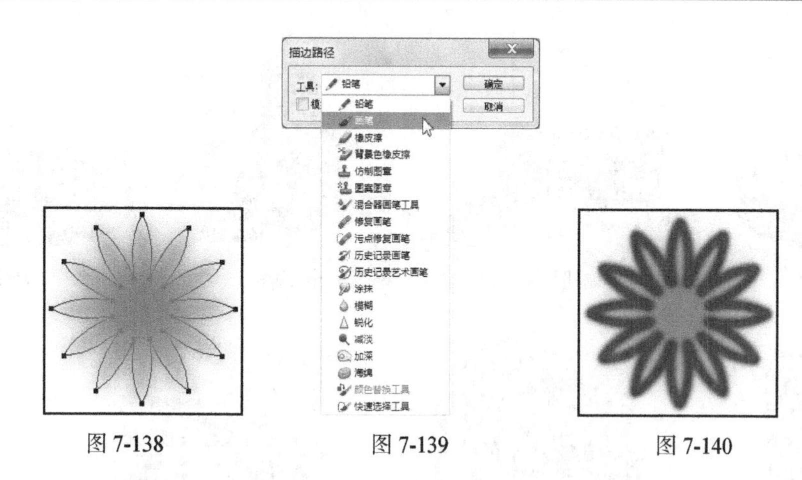

图 7-138　　图 7-139　　图 7-140

单击“路径”控制面板下方的“用画笔描边路径”按钮，也可以描边路径。按住 Alt 键的同时单击“用画笔描边路径”按钮，将弹出“描边路径”对话框，进行设置后单击“确定”按钮，描边路径。

7.3 创建 3D 图形

在 Photoshop CS5 中可以将平面图层围绕各种形状预设，如立方体、球面、圆柱、锥形或金字塔等创建 3D 模型。只有将图层变为 3D 图层，才能使用 3D 工具和命令。

打开一个文件，如图 7-141 所示。选择“3D > 从图层新建形状”命令，弹出如图 7-142 所示的子菜单，选择需要的命令可创建不同的 3D 模型。

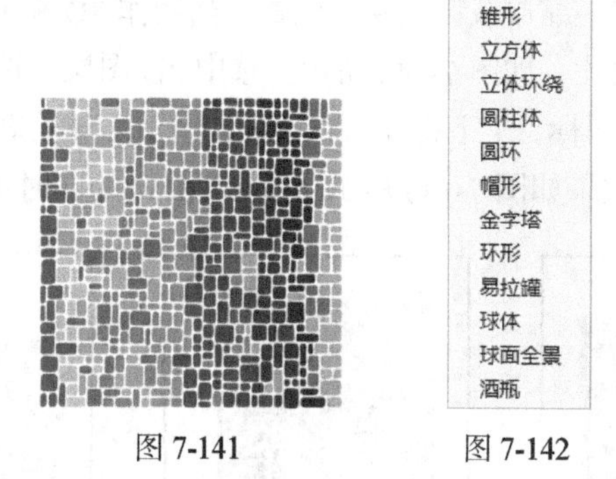

图 7-141　　图 7-142

选择各命令创建出的 3D 模型如图 7-143 所示。

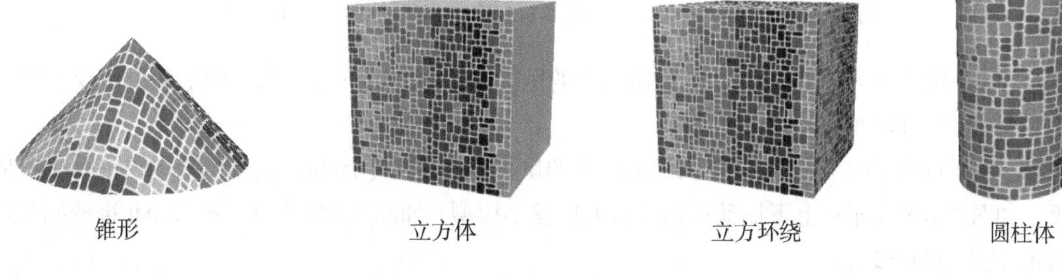

图 7-143

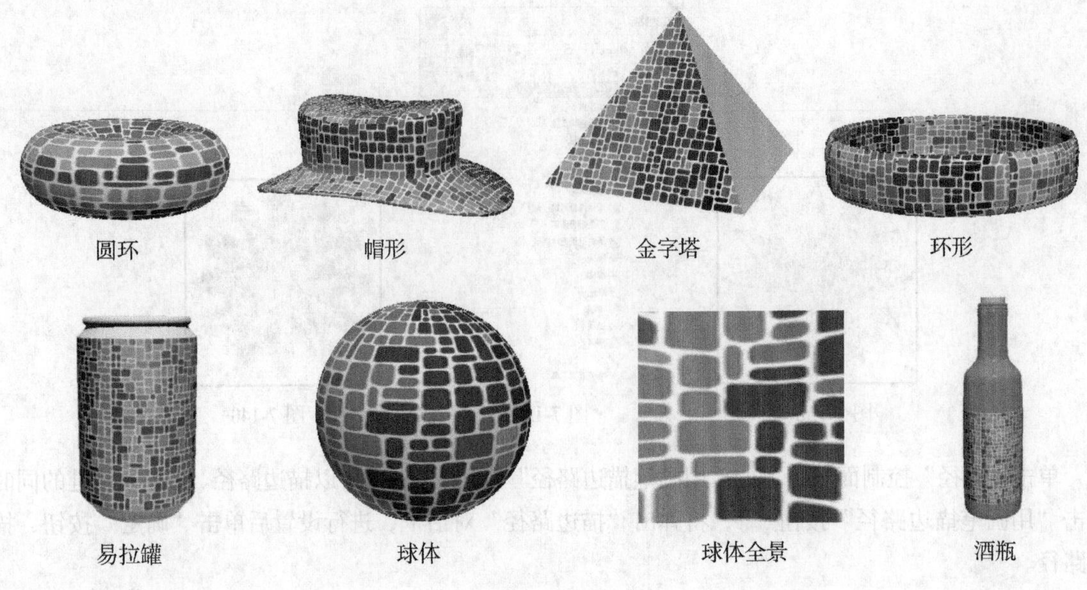

图 7-143（续）

7.4 使用 3D 工具

在 Photoshop CS5 中使用 3D 对象工具可更改 3D 模型的位置或大小，使用 3D 相机工具可更改场景视图。下面具体介绍这两种工具的使用方法。

1. 使用 3D 对象工具

使用 3D 对象工具可以旋转、缩放或调整模型位置。当操作 3D 模型时，相机视图保持固定。

打开一张包含 3D 模型的图片，如图 7-144 所示。选中 3D 图层，选择"3D 对象旋转"工具，图像窗口中的鼠标光标变为图标，上下拖动可将模型围绕其 *x* 轴旋转，如图 7-145 所示；向两侧拖动可将模型围绕其 *y* 轴旋转，效果如图 7-146 所示。按住 Alt 键的同时进行拖移可滚动模型。

图 7-144

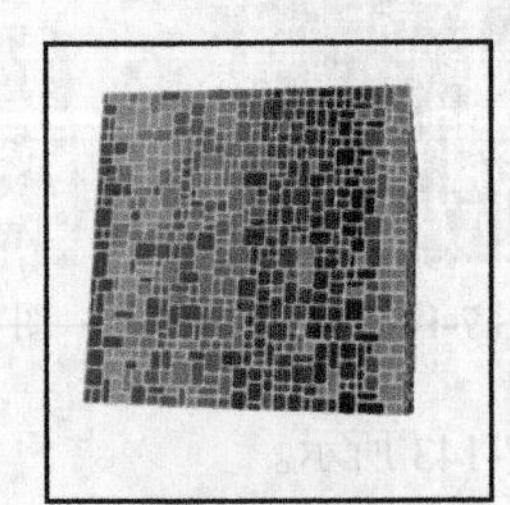
图 7-145

图 7-146

选择"3D 对象滚动"工具，图像窗口中的鼠标光标变为图标，向两侧拖动可使模型绕 *z* 轴旋转，效果如图 7-147 所示。

选择"3D 对象平移"工具，图像窗口中的鼠标光标变为✢图标，向两侧拖动可沿水平方向移动模型，如图 7-148 所示；上下拖动可沿垂直方向移动模型，如图 7-149 所示。按住 Alt 键的同时进行拖移可沿 *x/z* 轴方向移动。

图 7-147

图 7-148

图 7-149

选择“3D 对象滑动”工具，图像窗口中的鼠标光标变为图标，向两侧拖动可沿水平方向移动模型，如图 7-150 所示；上下拖动可将模型移近或移远，如图 7-151 所示。按住 Alt 键的同时进行拖移可沿 *x*/*y* 轴方向移动。

选择“3D 对象比例”工具，图像窗口中的鼠标光标变为图标，上下拖动可将模型放大或缩小，如图 7-152 所示。按住 Alt 键的同时进行拖移可沿 *z* 轴方向缩放。

图 7-150

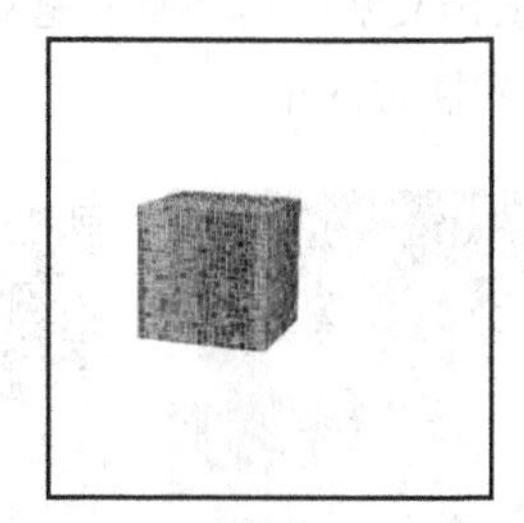

图 7-151

图 7-152

单击属性栏中的“返回到初始对象位置”按钮，可返回到模型的初始视图。在右侧的“位置”选项中输入需要的数值，也可以调整模型的位置、旋转及缩放。

2．使用 3D 相机工具

使用 3D 相机工具可移动相机视图，同时保持 3D 对象的位置固定不变。

选择“3D 环绕相机”工具，拖动可以将相机沿 *x* 轴或 *y* 轴方向环绕移动。

选择“3D 滚动相机”工具，拖动可以滚动相机。

选择“3D 平移相机”工具，拖动可以将相机沿 *x* 轴或 *y* 轴方向平移。

选择“3D 移动相机”工具，拖动可以步进相机（*z* 轴转换和 *y* 轴旋转）。

选择“3D 缩放相机”工具，拖动可以更改 3D 相机的视角。最大视角为 180。

单击属性栏中的“返回到初始相机位置”按钮，可将相机返回到初始位置。在右侧的“位置”选项中输入需要的数值，也可以调整相机视图。

课堂练习——制作网页 banner

【练习知识要点】使用钢笔工具抠出人物，使用扩展和羽化命令制作人物投影和白边效果，最终效果如图 7-153 所示。

【效果所在位置】Ch07/效果/制作网页 banner.psd。

图 7-153

课后习题——制作艺术插画

【习题知识要点】使用钢笔工具绘制装饰线条，使用外发光命令为线条图形添加发光效果，使用矩形工具和剪贴蒙版制作图片蒙版，使用横排文字工具添加主题文字，最终效果如图 7-154 所示。

【效果所在位置】Ch07/效果/制作艺术插画.psd。

图 7-154

第8章 调整图像的色彩和色调

本章介绍

本章将主要介绍调整图像的色彩与色调的多种相关命令。通过对本章的学习，读者可以根据不同的需要应用多种调整命令对图像的色彩或色调进行细微的调整，还可以对图像进行特殊颜色的处理。

学习目标

- 掌握亮度/对比度、自动对比度、色彩平衡和反相命令的使用方法。
- 掌握图像变化、自动变化和色调均匀命令的处理技巧。
- 掌握图像色阶、自动的色阶、渐变映射、阴影/高光、色相/饱和度命令的处理技巧。
- 掌握图像可选颜色、曝光度、照片滤镜和特殊颜色命令的处理技巧。
- 掌握图像去色、阈值、色调分离和替换颜色命令的处理技巧。
- 掌握通道混合器和匹配颜色命令的处理技巧。

技能目标

- 掌握“绿茶宣传照片”的制作方法。
- 掌握“运动宣传照片”的制作方法。
- 掌握“梦幻照片”的制作方法。
- 掌握“鲜艳风景照片”的制作方法。
- 掌握“个性人物照片”的制作方法。
- 掌握“特殊风景照片”的制作方法。

8.1 调整图像色彩与色调

调整图像的色彩与色调是 Photoshop CS5 的强项，也是必须要掌握的一项功能。在实际的设计制作中经常会使用到这项功能。

命令介绍

亮度/对比度命令：可以调节图像的亮度和对比度。

色彩平衡命令：用于调节图像的色彩平衡度。

8.1.1 课堂案例——制作绿茶宣传照片

【案例学习目标】学习使用色彩调整命令调节照片颜色。

【案例知识要点】使用亮度/对比度命令和色彩平衡命令调整图片颜色，使用横排文字工具添加主题文字，使用添加图层样式为文字添加图层样式，最终效果如图 8-1 所示。

【效果所在位置】Ch08/效果/制作绿茶宣传照片.psd。

图 8-1

（1）按 Ctrl+O 组合键，打开本书学习资源中的“Ch08 > 素材 > 制作绿茶宣传照片 > 01”文件，如图 8-2 所示。将“背景”图层拖曳到控制面板下方的“创建新图层”按钮 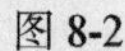 上进行复制，生成新的图层“背景 副本”，如图 8-3 所示。

图 8-2

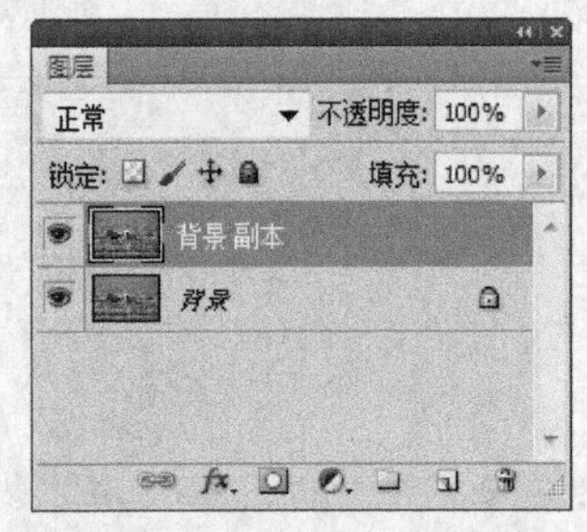

图 8-3

（2）选择“图像 > 调整 > 亮度/对比度”命令，在弹出的对话框中进行设置，如图 8-4 所示。单击“确定”按钮，效果如图 8-5 所示。

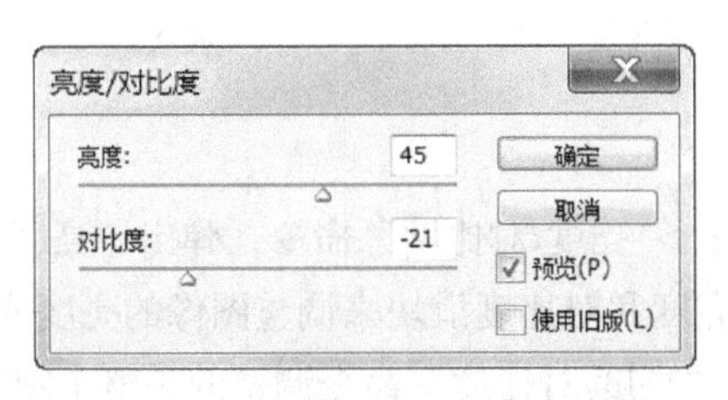

图 8-4

图 8-5

（3）选择“图像 > 调整 > 色彩平衡”命令，在弹出的对话框中进行设置，如图 8-6 所示。选中“阴影”单选项，切换到相应的对话框，设置如图 8-7 所示。选中“高光”单选项，切换到相应的对话框，设置如图 8-8 所示。单击“确定”按钮，效果如图 8-9 所示。

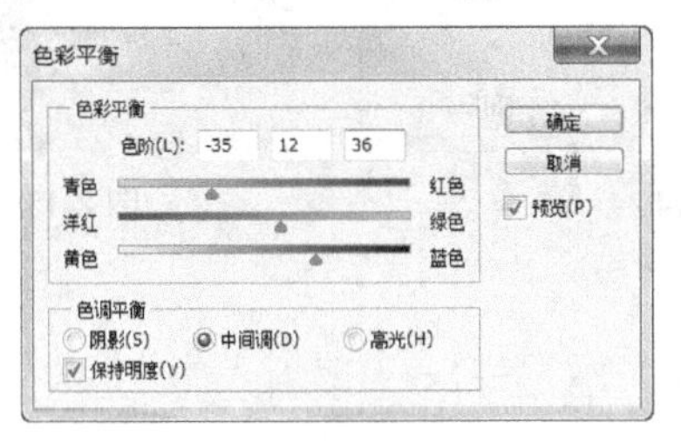

图 8-6

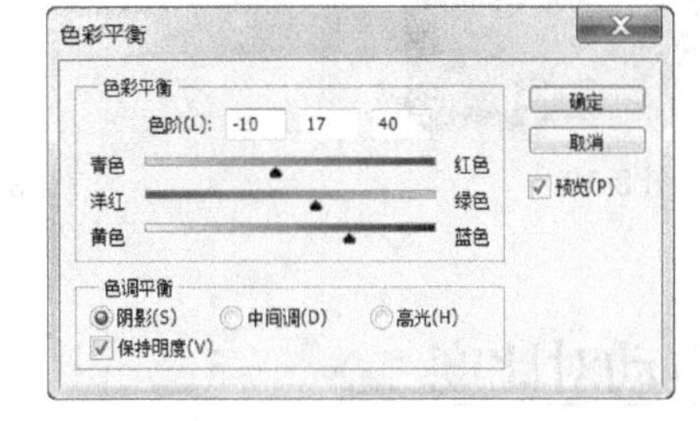

图 8-7

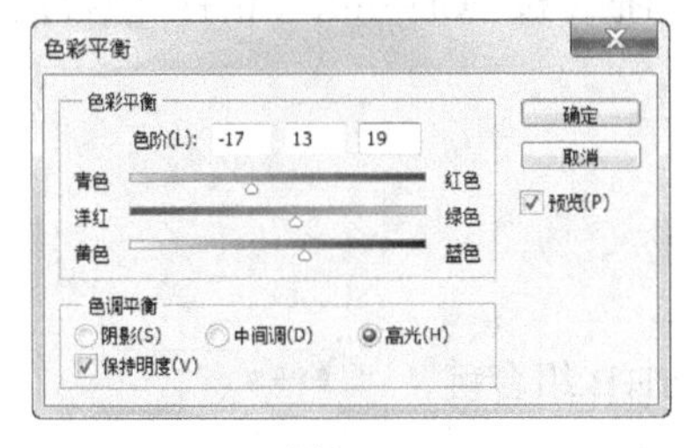

图 8-8

图 8-9

（4）新建图层并将其命名为“白边”。将前景色设置为白色。选择“矩形选框”工具，在图像窗口中拖曳鼠标光标绘制矩形选区，如图 8-10 所示。按 Ctrl+Shift+I 组合键将选区反选。按 Alt+Delete 组合键填充选区为白色。按 Ctrl+D 组合键取消选区，效果如图 8-11 所示。

（5）按 Ctrl+O 组合键，打开本书学习资源中的“Ch08 > 素材 > 制作绿茶宣传照片 > 02”文件。选择“移动”工具，将图片拖曳到图像窗口中适当的位置并调整其大小，效果如图 8-12 所示，在“图层”控制面板中生成新的图形并将其命名为“文字”。绿茶宣传照片制作完成。

图 8-10

图 8-11

图 8-12

8.1.2 亮度/对比度

原始图像如图 8-13 所示，选择“图像 > 调整 > 亮度/对比度”命令，弹出“亮度/对比度”对话框，如图 8-14 所示。在对话框中，可以通过拖曳亮度和对比度滑块来调整图像的亮度或对比度，单击“确定”按钮，调整后的图像效果如图 8-15 所示。“亮度/对比度”命令调整的是整个图像的色彩。

图 8-13

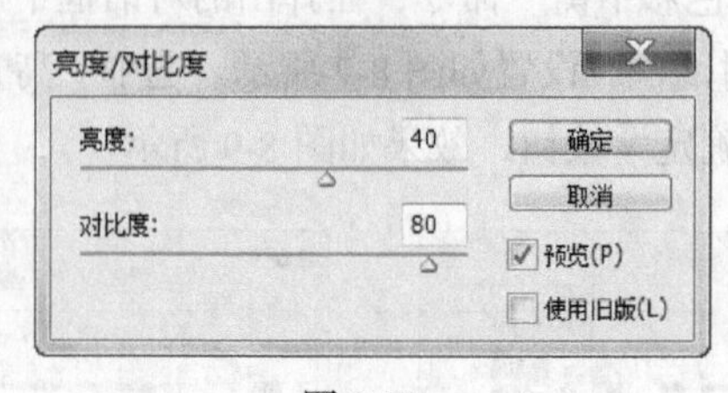

图 8-14

图 8-15

8.1.3 自动对比度

自动对比度命令可以对图像的对比度进行自动调整。按 Alt+Shift+Ctrl+L 组合键，可以对图像的对比度进行自动调整。

8.1.4 色彩平衡

选择“图像 > 调整 > 色彩平衡”命令，或按 Ctrl+B 组合键，弹出“色彩平衡”对话框，如图 8-16 所示。

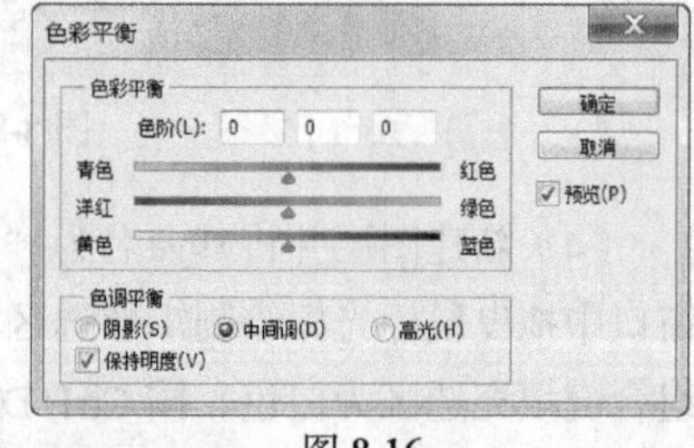

图 8-16

色彩平衡：用于添加过渡色来平衡色彩效果，拖曳滑块可以调整整个图像的色彩，也可以在“色阶”选项的数值框中直接输入数值调整图像的色彩。色调平衡：用于选取图像的阴影、中间调和高光。保持明度：用于保持原图像的明度。

设置不同的色彩平衡后，图像效果如图 8-17 所示。

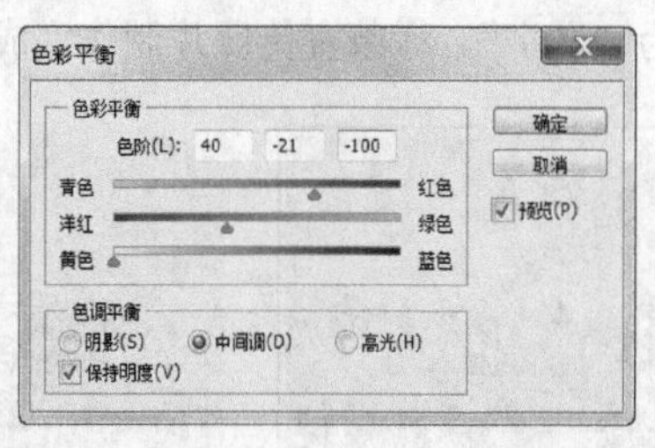

图 8-17

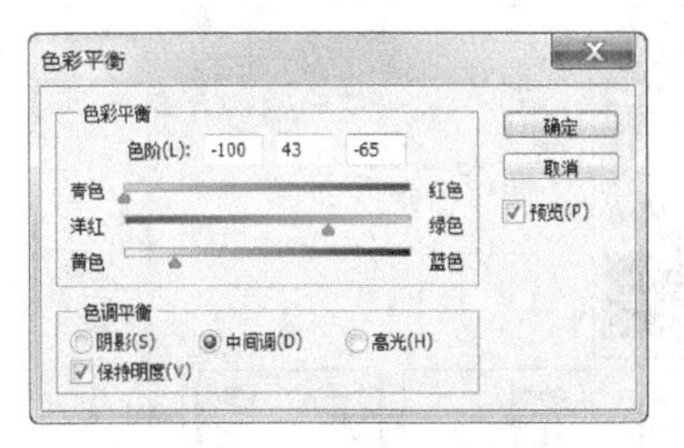

图 8-17（续）

8.1.5　反相

选择“图像 > 调整 > 反相”命令，或按 Ctrl+I 组合键，可以将图像或选区的像素反转为其补色，使其出现底片效果。不同色彩模式的图像反相后的效果如图 8-18 所示。

原始图像

RGB 色彩模式反相后的效果

CMYK 色彩模式反相后的效果

图 8-18

提示　反相效果是对图像的每一个色彩通道进行反相后的合成效果，不同色彩模式的图像反相后的效果是不同的。

命令介绍

变化命令：用于调整图像的色彩。

8.1.6　课堂案例——制作运动宣传照片

【案例学习目标】学习使用调整颜色命令调节图像的色彩。

【案例知识要点】使用“变化”命令调整图像颜色，最终效果如图 8-19 所示。

图 8-19

【效果所在位置】Ch08/效果/制作运动宣传照片.psd。

（1）按 Ctrl + O 组合键，打开本书学习资源中的“Ch08 > 素材 > 制作运动宣传照片 > 01”文件，如图 8-20 所示。选择“图像 > 调整 > 变化”命令，弹出“变化”对话框，单击“加深蓝色”缩略图，其他选项的设置如图 8-21 所示。单击“确定”按钮，效果如图 8-22 所示。

图 8-20　　图 8-21　　图 8-22

（2）按 Ctrl+O 组合键，打开本书学习资源中的“Ch08 > 素材 > 制作运动宣传照片 > 02”文件。选择“移动”工具，将图片拖曳到图像窗口中适当的位置，效果如图 8-23 所示，在“图层”控制面板中生成新的图形并将其命名为“文字”。运动宣传照片制作完成，效果如图 8-24 所示。

图 8-23　　图 8-24

8.1.7　变化

选择“图像 > 调整 > 变化”命令，弹出“变化”对话框，如图 8-25 所示。

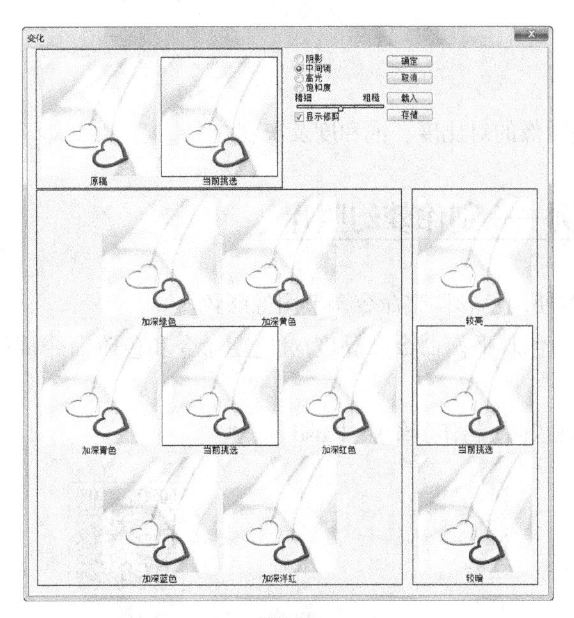

图 8-25

在对话框中，上方中间的 4 个选项，可以控制图像色彩的改变范围。下方的滑块用于设置调整的等级。左上方的两幅图像显示的是图像的原始效果和调整后的效果。左下方区域是 7 幅小图像，可以选择增加不同的颜色效果，调整图像的亮度、饱和度等色彩值。右侧区域是 3 幅小图像，用于调整图像的亮度。勾选“显示修剪”复选框，在图像色彩调整超出色彩空间时显示超色域。

8.1.8　自动颜色

自动颜色命令可以对图像的色彩进行自动调整。按 Shift+Ctrl+B 组合键，可以对图像的色彩进行自动调整。

8.1.9　色调均化

色调均化命令用于调整图像或选区像素的过黑部分，使图像变得明亮，并将图像中其他的像素平均分配在亮度色谱中。选择“图像 > 调整 > 色调均化”命令，在不同的色彩模式下图像将产生不同的效果，如图 8-26 所示。

原始图像效果

RGB 色调均化的效果

CMYK 色调均化的效果

LAB 色调均化的效果

图 8-26

命令介绍

色阶命令：用于调整图像的对比度、饱和度及灰度。

8.1.10　课堂案例——制作梦幻照片

【案例学习目标】学习使用色彩调整命令调节图像颜色。

【案例知识要点】使用色彩平衡命令、亮度/对比度命令和色阶命令调整图片颜色，最终效果如图 8-27 所示。

【效果所在位置】Ch08/效果/制作梦幻照片.psd。

图 8-27

（1）按 Ctrl+O 组合键，打开本书学习资源中的“Ch08 > 素材 > 制作梦幻照片 > 01”文件，如图 8-28 所示。将“背景”图层拖曳到“图层”控制面板下方的“创建新图层”按钮上进行复制，生成新的图层“背景 副本”，如图 8-29 所示。

图 8-28

图 8-29

（2）选择“图像 > 调整 > 色彩平衡”命令，在弹出的对话框中进行设置，如图 8-30 所示。单击“确定”按钮，效果如图 8-31 所示。

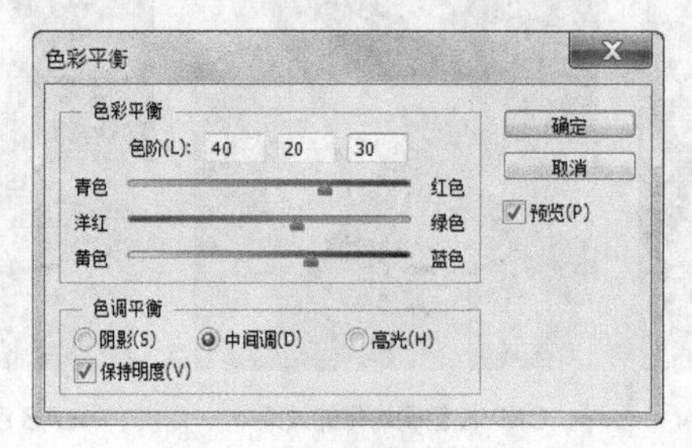

图 8-30

图 8-31

（3）选择“图像 > 调整 > 亮度/对比度”命令，在弹出的对话框中进行设置，如图 8-32 所示。单击“确定”按钮，效果如图 8-33 所示。

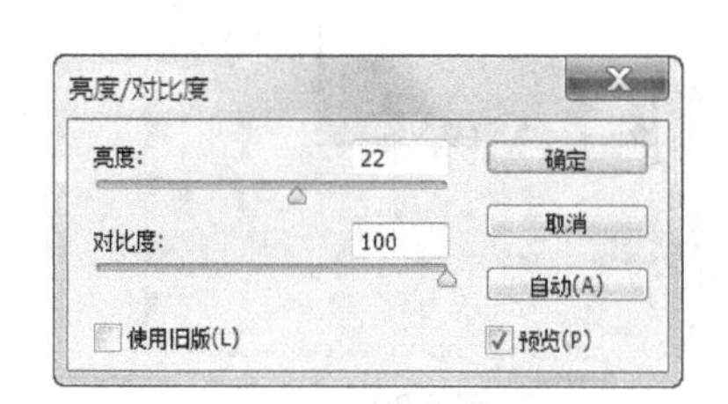

图 8-32

图 8-33

（4）选择“图像 > 调整 > 色阶”命令，在弹出的对话框中进行设置，如图 8-34 所示。单击“确定”按钮，效果如图 8-35 所示。

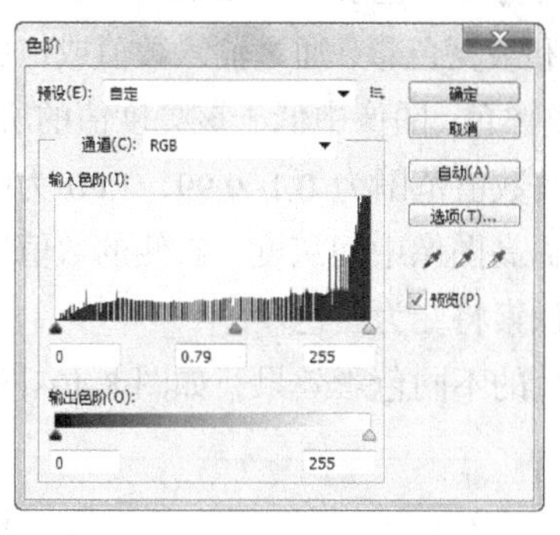

图 8-34

图 8-35

（5）按 Ctrl+O 组合键，打开本书学习资源中的“Ch08 > 素材 > 制作梦幻照片 > 02、03”文件。选择“移动”工具，分别将图片拖曳到图像窗口中的适当位置，效果如图 8-36 所示。在“图层”控制面板中生成新的图层并将其命名为“气泡”和“文字”。

（6）在“图层”控制面板中，将“气泡”图层拖曳到“创建新图层”按钮上进行复制，生成新的副本图层。选择“移动”工具，将复制出的图形拖曳到适当位置，效果如图 8-37 所示。梦幻照片制作完成。

图 8-36

图 8-37

8.1.11　色阶

打开一幅图像，如图 8-38 所示。选择“色阶”命令，或按 Ctrl+L 组合键，弹出“色阶”对话框，如图 8-39 所示。

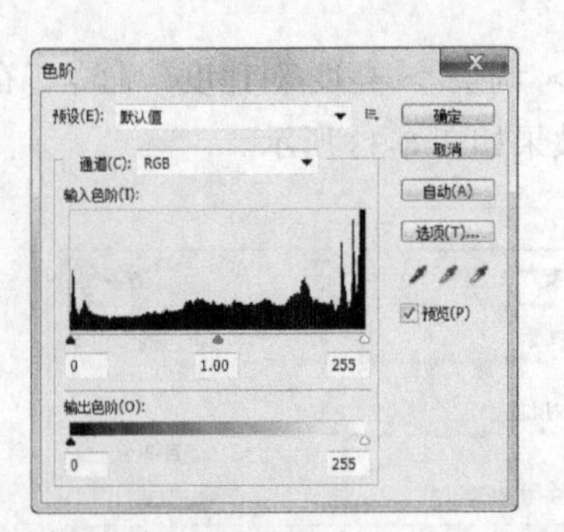

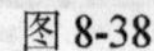

图 8-38　　　　图 8-39

对话框的中央是一个直方图，其横坐标为 0~255，表示亮度值，纵坐标为图像像素数。

“通道”选项：可以从其下拉菜单中选择不同的通道来调整图像，如果想选择两个以上的色彩通道，要先在“通道”控制面板中选择所需要的通道，再打开“色阶”对话框。

“输入色阶”选项：控制图像选定区域的最暗和最亮色彩，通过输入数值或拖曳三角滑块来调整图像。左侧的数值框和左侧的黑色三角滑块用于调整黑色，图像中低于该亮度值的所有像素将变为黑色；中间的数值框和中间的灰色滑块用于调整灰度，其数值范围为 0.1~9.99，1.00 为中性灰度，数值大于 1.00 时，将降低图像中间灰度，小于 1.00 时，将提高图像中间灰度；右侧的数值框和右侧的白色三角滑块用于调整白色，图像中高于该亮度值的所有像素将变为白色。

下面为调整输入色阶的 3 个滑块后，图像产生的不同色彩效果，如图 8-40~图 8-43 所示。

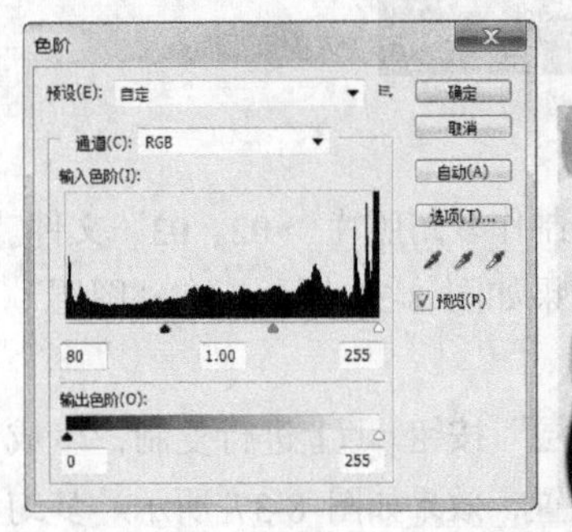

图 8-40　　　　图 8-41

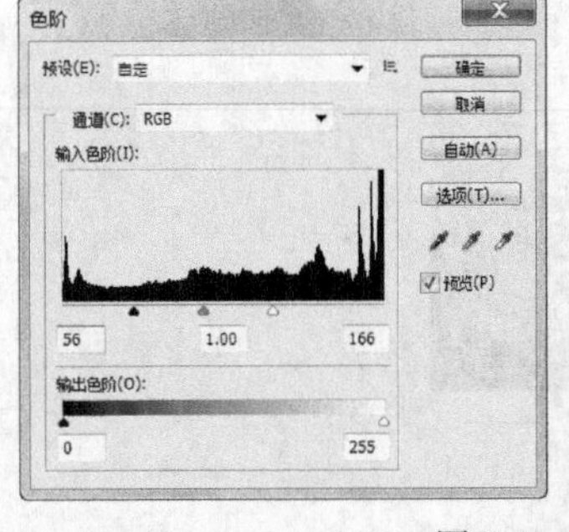

图 8-42　　　　图 8-43

输出色阶：可以通过输入数值或拖曳三角滑块来控制图像的亮度范围。左侧数值框和黑色滑块用于调整图像的最暗像素的亮度。右侧数值框和白色滑块用于调整图像的最亮像素的亮度。输出色阶的调整将增加图像的灰度，降低图像的对比度。

调整“输出色阶”选项的两个滑块后，图像产生的不同色彩效果，如图 8-44 和图 8-45 所示。

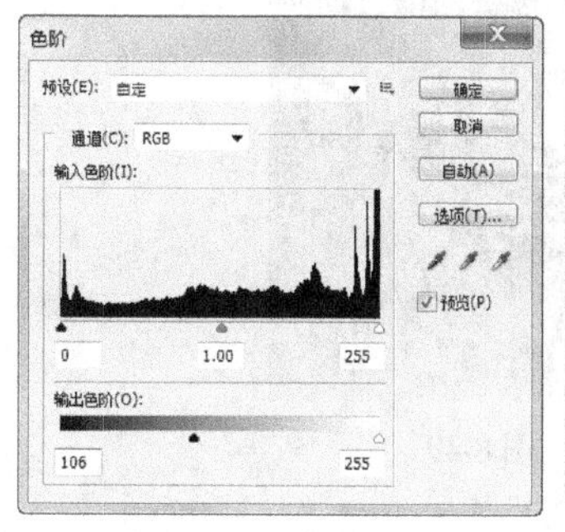

图 8-44

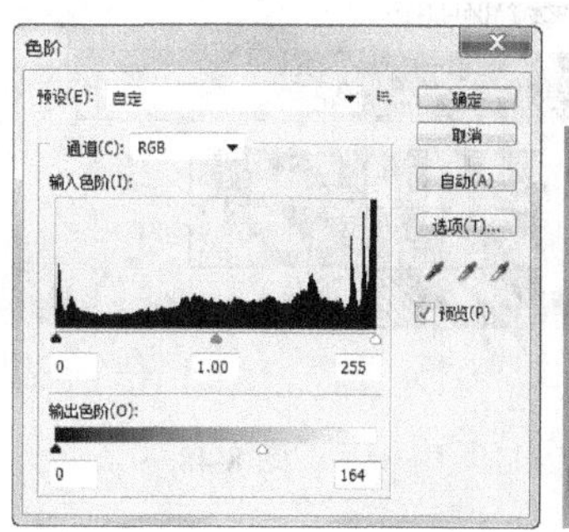

图 8-45

自动：可自动调整图像并设置层次。选项：单击此按钮，弹出“自动颜色校正选项”对话框，系统将以 0.10%色阶来对图像进行加亮和变暗。

取消：按住 Alt 键，“取消”按钮转换为“复位”按钮，单击此按钮可以将刚调整过的色阶复位还原，可以重新进行设置。吸管图标：分别为黑色吸管工具、灰色吸管工具和白色吸管工具。选中黑色吸管工具，用鼠标在图像中单击，图像中暗于单击点的所有像素都会变为黑色。用灰色吸管工具在图像中单击，单击点的像素都会变为灰色，图像中的其他颜色也会相应地调整。用白色吸管工具在图像中单击，图像中亮于单击点的所有像素都会变为白色。双击任意吸管工具，在弹出的颜色选择对话框中设置吸管颜色。预览：勾选此复选框，可以即时显示图像的调整结果。

8.1.12 自动色阶

自动色阶命令可以对图像的色阶进行自动调整。系统将以 0.10%色阶来对图像进行加亮和变暗。按 Shift+Ctrl+L 组合键，可以对图像的色阶进行自动调整。

8.1.13 渐变映射

原始图像如图 8-46 所示。选择“图像 > 调整 > 渐变映射”命令，弹出“渐变映射”对话框，如图 8-47 所示。单击“灰度映射所用的渐变”选项的色带，在弹出的“渐变编辑器”对话框中设置渐变色，如图 8-48 所示。单击“确定”按钮，图像效果如图 8-49 所示。

图 8-46

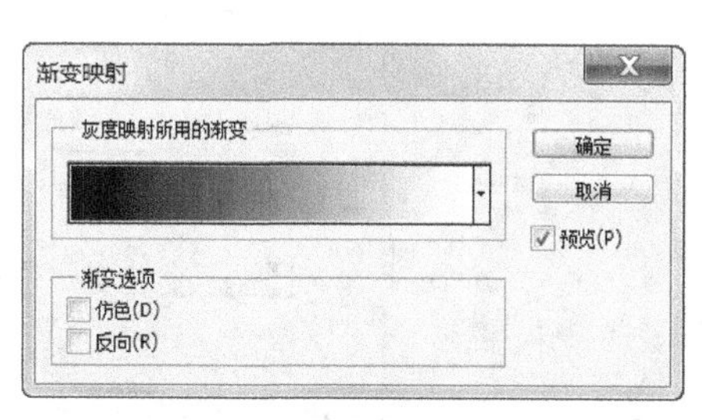

图 8-47

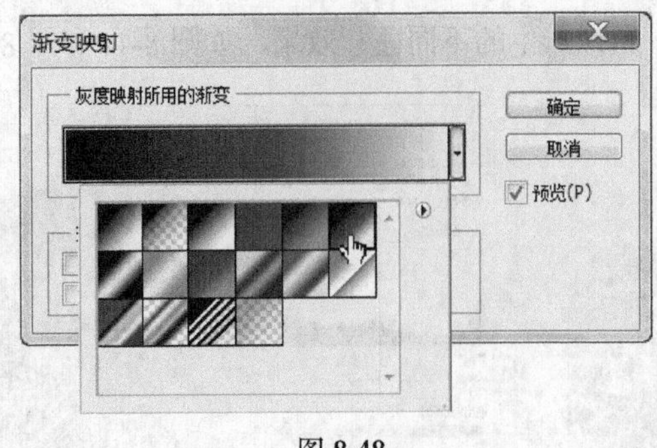

图 8-48

图 8-49

灰度映射所用的渐变：用于选择不同的渐变形式。仿色：用于为转变色阶后的图像增加仿色。反向：用于将转变色阶后的图像颜色反转。

8.1.14 阴影/高光

原始图像如图 8-50 所示。选择“图像 > 调整 > 阴影/高光”命令，弹出“阴影/高光”对话框，设置如图 8-51 所示。单击“确定”按钮，效果如图 8-52 所示。

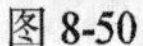

图 8-50

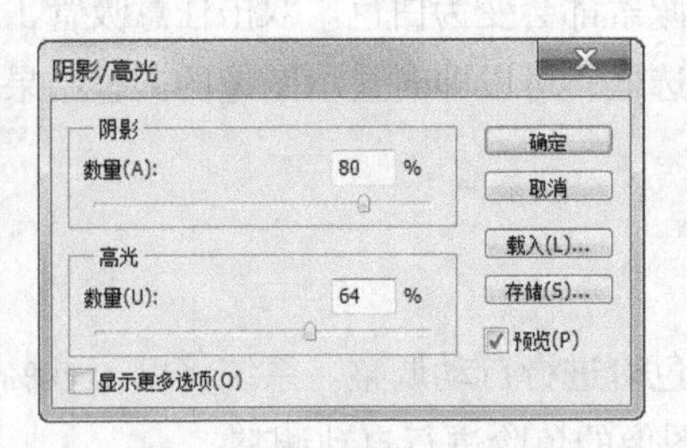

图 8-51

图 8-52

8.1.15 色相/饱和度

原始图像如图 8-53 所示。选择“图像 > 调整 > 色相/饱和度”命令，或按 Ctrl+U 组合键，弹出“色相/饱和度”对话框，设置如图 8-54 所示。单击“确定”按钮，效果如图 8-55 所示。

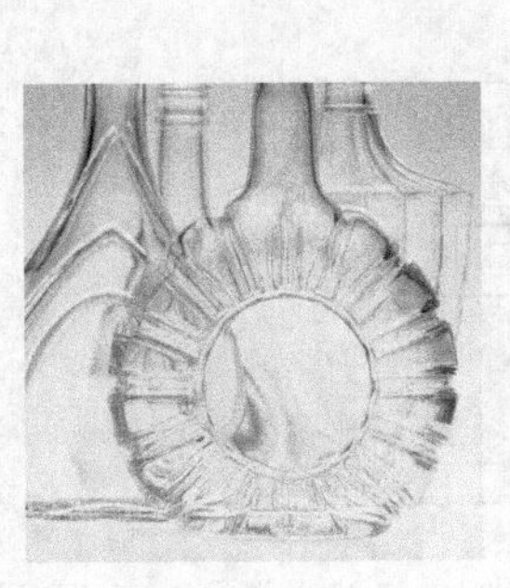

图 8-53

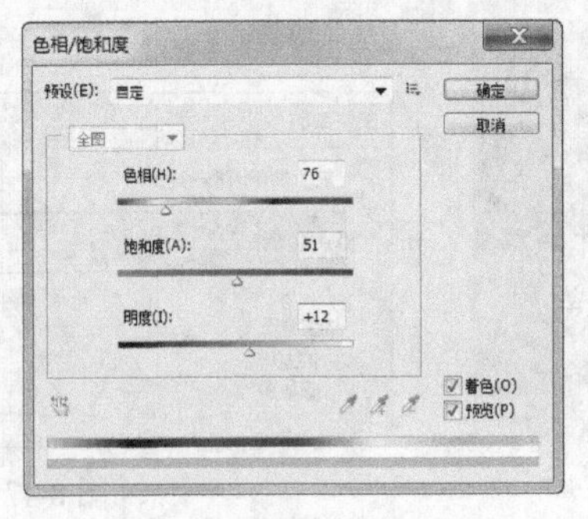

图 8-54

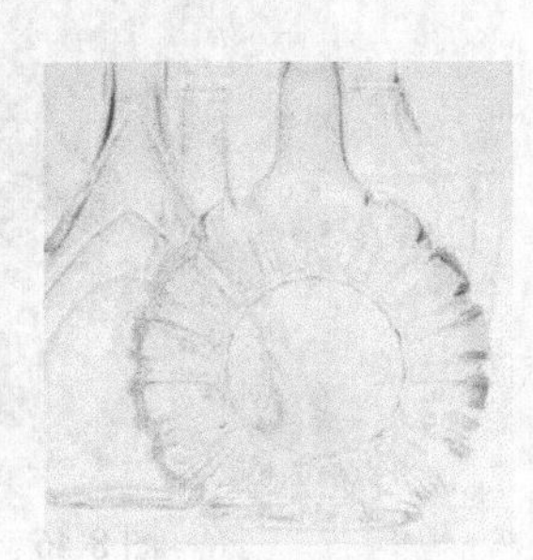

图 8-55

预设：用于选择要调整的色彩范围，可以通过拖曳各选项中的滑块来调整图像的色相、饱和度和明度。着色：用于在由灰度模式转化而来的色彩模式图像中填充需要的颜色。

原始图像效果如图 8-56 所示，在“色相/饱和度”对话框中进行设置，勾选“着色”复选框，如图 8-57 所示，单击“确定”按钮后图像效果如图 8-58 所示。

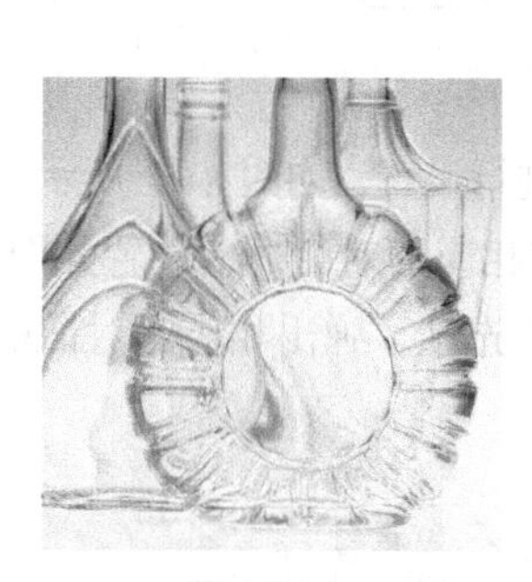

图 8-56

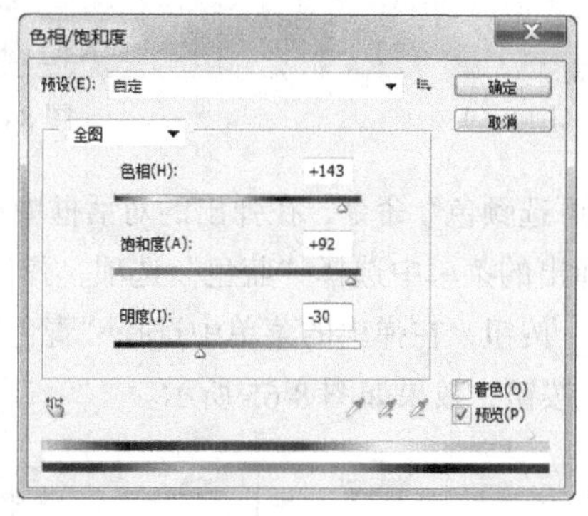

图 8-57

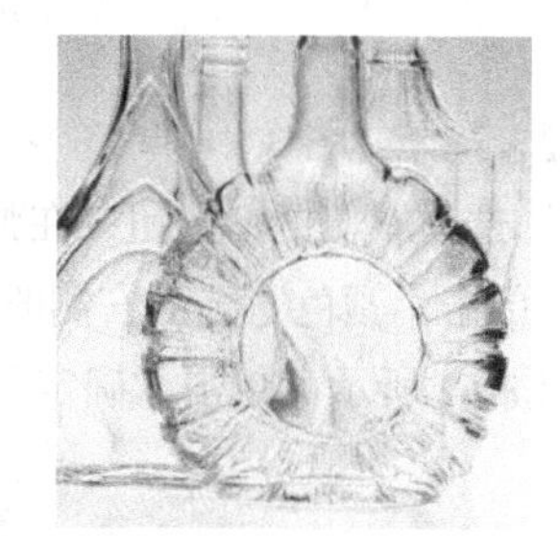

图 8-58

命令介绍

可选颜色命令：能够将图像中的颜色替换成选择后的颜色。

曝光度命令：用于调整图像的曝光度。

8.1.16　课堂案例——制作鲜艳风景照片

【案例学习目标】学习使用不同的调色命令调整图片的颜色，使用绘图工具绘制装饰图形。

【案例知识要点】使用可选颜色命令和曝光度命令调整图片的颜色，使用画笔工具绘制星形，最终效果如图 8-59 所示。

【效果所在位置】Ch08/效果/制作鲜艳风景照片.psd。

图 8-59

（1）按 Ctrl+O 组合键，打开本书学习资源中的“Ch08 > 素材 > 制作鲜艳风景照片 > 01”文件，如图 8-60 所示。将“背景”图层拖曳到“图层”控制面板下方的“创建新图层”按钮上进行复制，生成新的图层“背景 副本”，如图 8-61 所示。

图 8-60

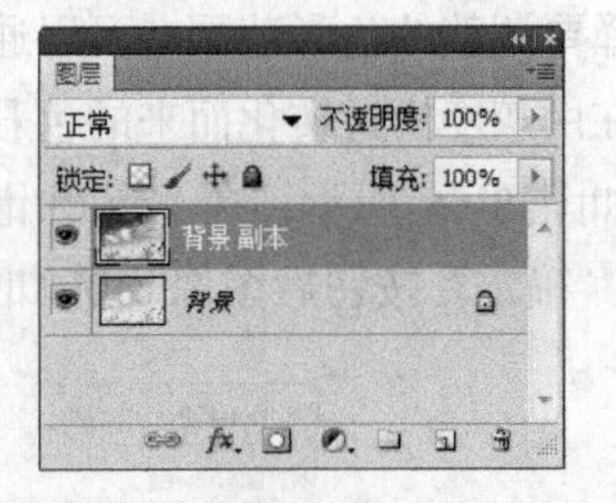

图 8-61

（2）选择“图像 > 调整 > 可选颜色”命令，在弹出的对话框中进行设置，如图 8-62 所示。单击“颜色”选项右侧的按钮，在弹出的菜单中选择“蓝色”选项，弹出相应的对话框，设置如图 8-63 所示。单击“颜色”选项右侧的按钮，在弹出的菜单中选择“青色”选项，弹出相应的对话框，设置如图 8-64 所示。单击“确定”按钮，效果如图 8-65 所示。

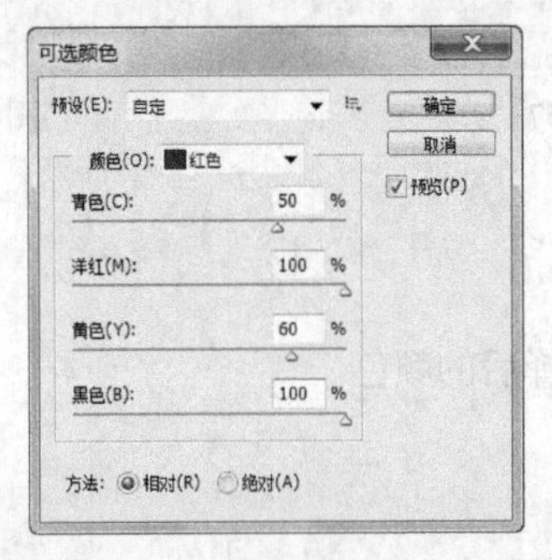

图 8-62

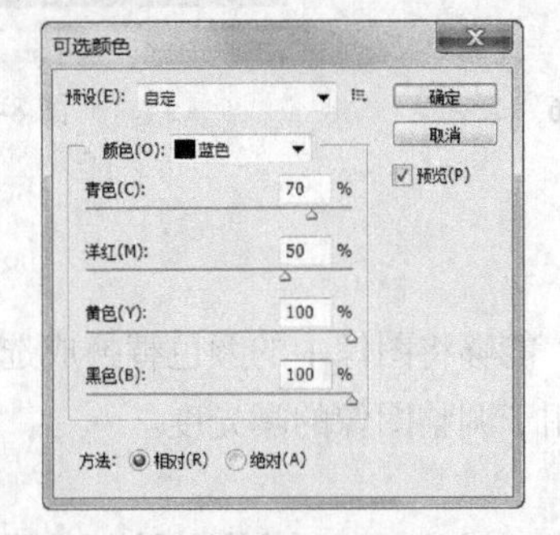

图 8-63

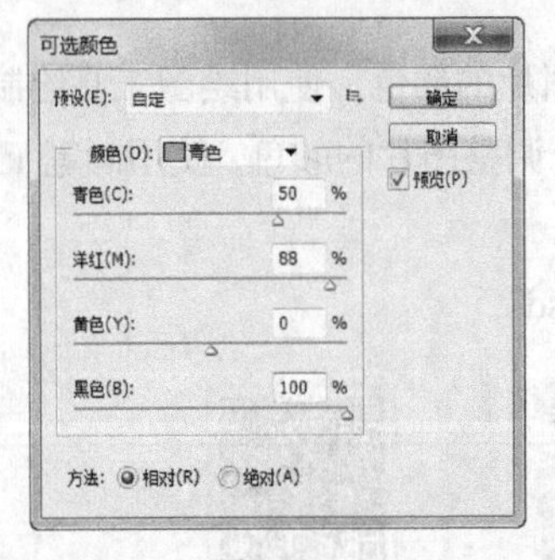

图 8-64

图 8-65

（3）选择“图像 > 调整 > 曝光度”命令，在弹出的对话框中进行设置，如图 8-66 所示。单击“确定”按钮，效果如图 8-67 所示。

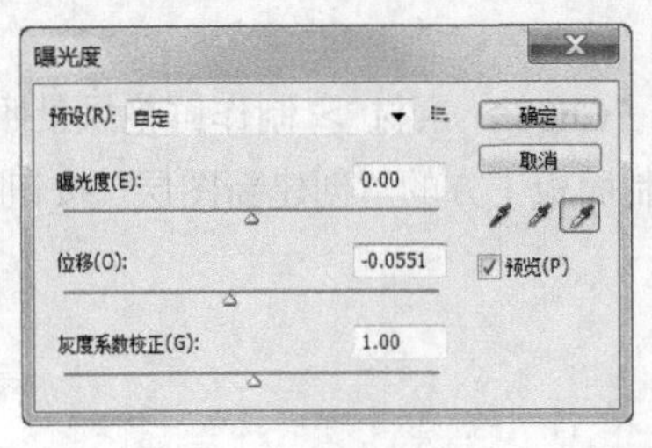

图 8-66

图 8-67

（4）将前景色设置为白色。选择“画笔”工具，单击属性栏中的“切换画笔面板”按钮，弹出“画笔”控制面板，选择“画笔笔尖形状”选项，切换到相应的面板，设置如图 8-68 所示。选择“形状动态”选项，切换到相应的面板，设置如图 8-69 所示。

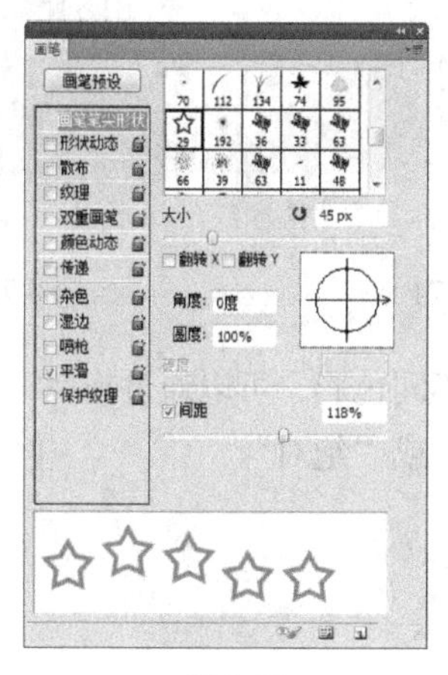

图 8-68

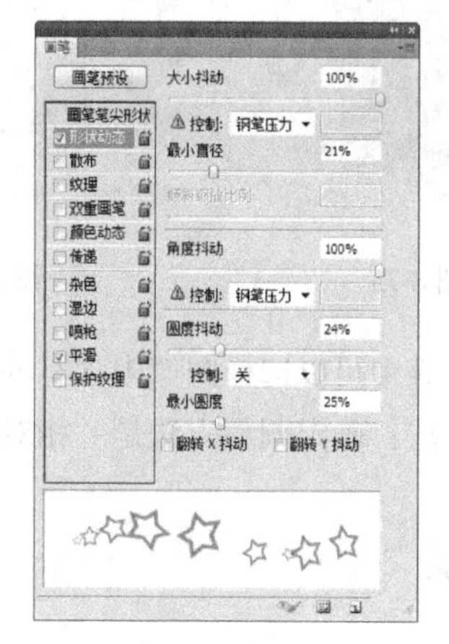

图 8-69

（5）选择“散布”选项，切换到相应的面板，设置如图 8-70 所示。在图像窗口中拖曳鼠标光标绘制星形，效果如图 8-71 所示。

（6）按 Ctrl+O 组合键，打开本书学习资源中的“Ch08 > 素材 > 制作鲜艳风景照片 > 02”文件。选择“移动”工具，将文字图片拖曳到图像窗口中适当的位置，效果如图 8-72 所示，在“图层”控制面板中生成新的图层并将其命名为“文字”。鲜艳风景照片制作完成。

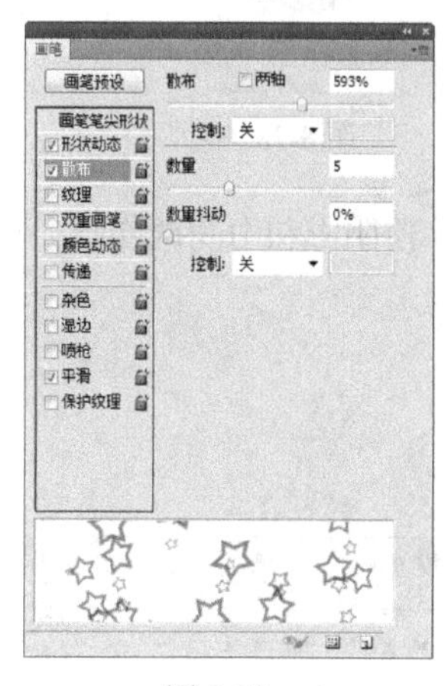

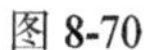

图 8-70

图 8-71

图 8-72

8.1.17　可选颜色

原始图像如图 8-73 所示。选择“图像 > 调整 > 可选颜色”命令，弹出“可选颜色”对话框，设置如图 8-74 所示。单击“确定”按钮，调整后的图像效果如图 8-75 所示。

图 8-73

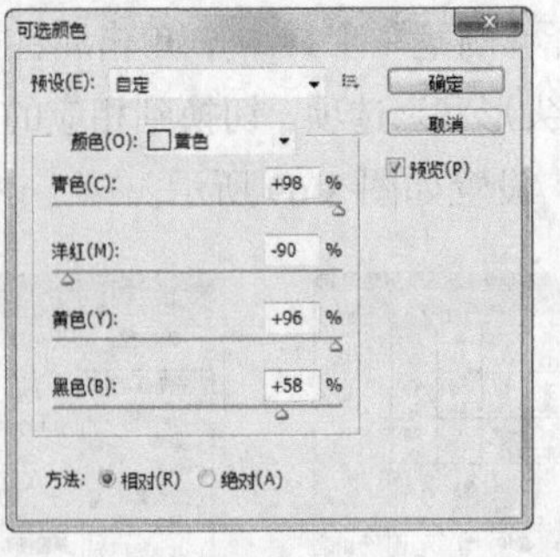

图 8-74

图 8-75

颜色：在其下拉列表中可以选择图像中含有的不同色彩，可以通过拖曳滑块调整青色、洋红、黄色、黑色的百分比。方法：确定调整方法是“相对”或“绝对”。

8.1.18　曝光度

原始图像如图 8-76 所示。选择“图像 > 调整 > 曝光度”命令，弹出“曝光度”对话框，设置如图 8-77 所示。单击“确定”按钮，即可调整图像的曝光度，如图 8-78 所示。

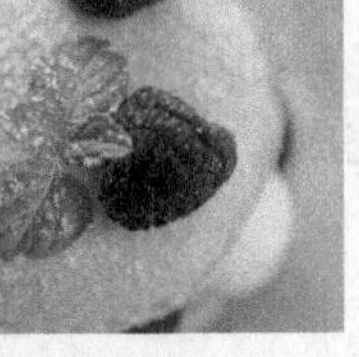
图 8-76

图 8-77

图 8-78

曝光度：调整色彩范围的高光端，对极限阴影的影响很轻微。位移：使阴影和中间调变暗，对高光的影响很轻微。灰度系数校正：使用乘方函数调整图像灰度系数。

8.1.19　照片滤镜

照片滤镜命令用于模仿传统相机的滤镜效果处理图像，通过调整图片颜色可以获得各种丰富的效果。打开一幅图片。选择“图像 > 调整 > 照片滤镜”命令，弹出“照片滤镜”对话框，如图 8-79 所示。

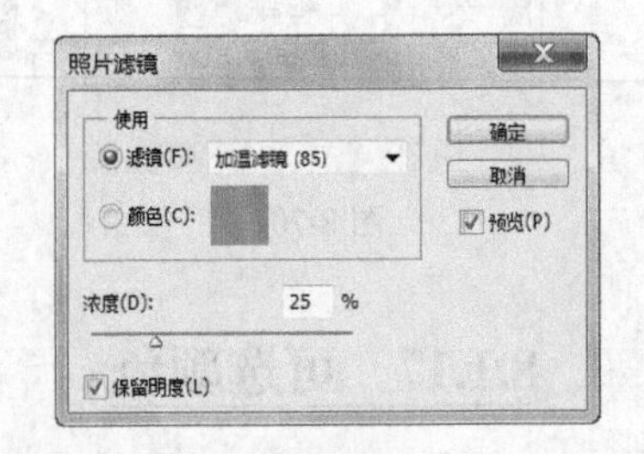

图 8-79

滤镜：用于选择颜色调整的过滤模式。颜色：单击此选项的图标，弹出“选择滤镜颜色”对话框，可以在对话框中设置精确颜色对图像进行过滤。浓度：拖动此选项的滑块，设置过滤颜色的百分比。保留明度：勾选此复选框进行调整时，图片的白色部分颜色保持不变，取消勾选此复选框，则图片的全部颜色都随之改变，效果如图 8-80 所示。

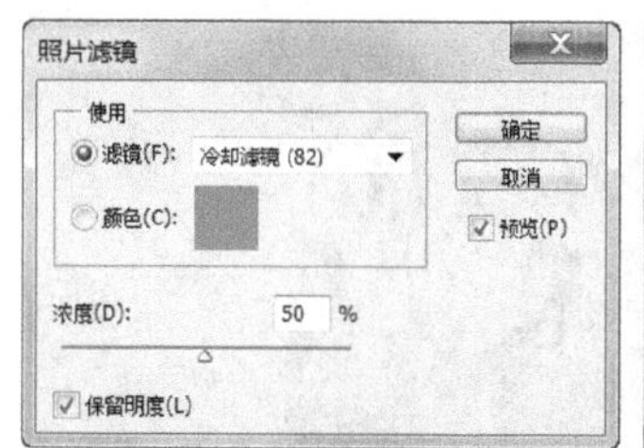

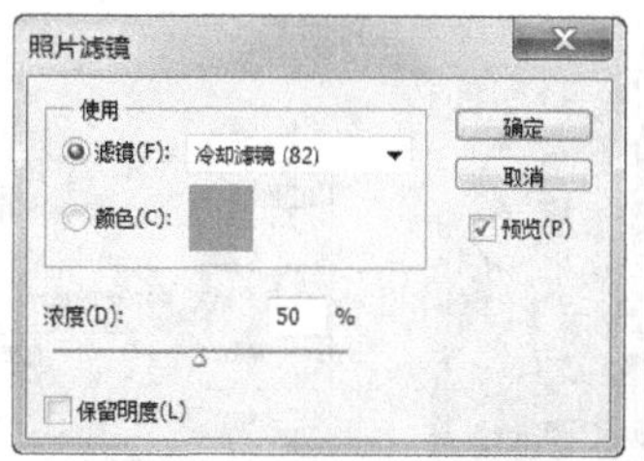

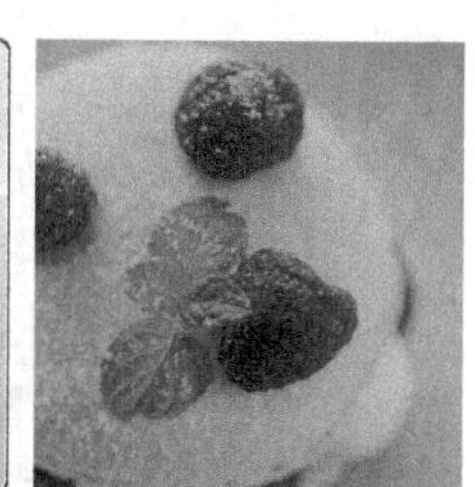

图 8-80

8.2 特殊颜色处理

应用特殊颜色处理命令可以使图像产生丰富的变化。

命令介绍

去色命令：能够去除图像中的颜色。

8.2.1　课堂案例——制作个性人物照片

【案例学习目标】学习使用不同的调色命令调整风景画的颜色，使用图层混合模式制作特殊效果。

【案例知识要点】使用去色命令将图像去色，使用色阶命令、渐变映射命令和图层混合模式命令改变图片的颜色，最终效果如图 8-81 所示。

【效果所在位置】Ch08/效果/制作个性人物照片.psd。

图 8-81

（1）按 Ctrl + O 组合键，打开本书学习资源中的“Ch08 > 素材 > 制作个性人物照片 > 01”文件，如图 8-82 所示。选择“图像 > 复制”命令，生成“01 副本”文件。选择“图像 > 模式 > 灰度”命令，弹出提示对话框，单击“扔掉”按钮，效果如图 8-83 所示。

（2）选择“图像 > 模式 > 位图”命令，在弹出的对话框中进行设置，如图 8-84 所示，单击“确定”按钮，效果如图 8-85 所示。

图 8-82

图 8-83

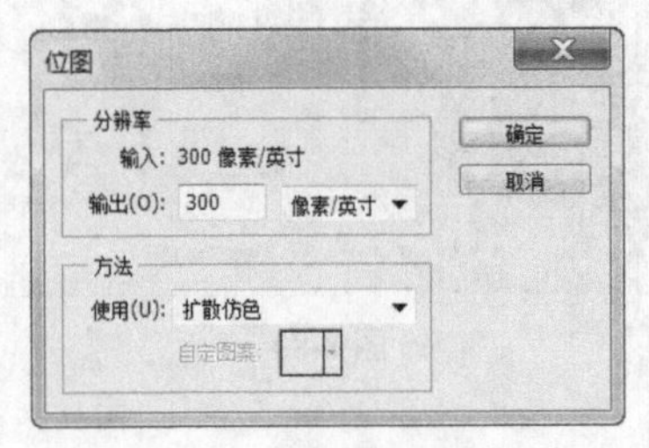

图 8-84

图 8-85

（3）按 Ctrl+A 组合键，在图像窗口中生成选区将图像选取，如图 8-86 所示。按 Ctrl+C 组合键复制图像。打开 01 图像窗口，按 Ctrl+V 组合键粘贴复制出的图像，如图 8-87 所示，在“图层”控制面板中生成新的图层并将其命名为“背景 副本”，如图 8-88 所示。

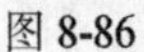
图 8-86

图 8-87

图 8-88

（4）单击“图层”控制面板下方的“创建新的填充或调整图层”按钮，在弹出的菜单中选择“色阶”命令，在“图层”控制面板中生成“色阶 1”图层，同时在弹出的面板中进行设置，如图 8-89 所示，效果如图 8-90 所示。

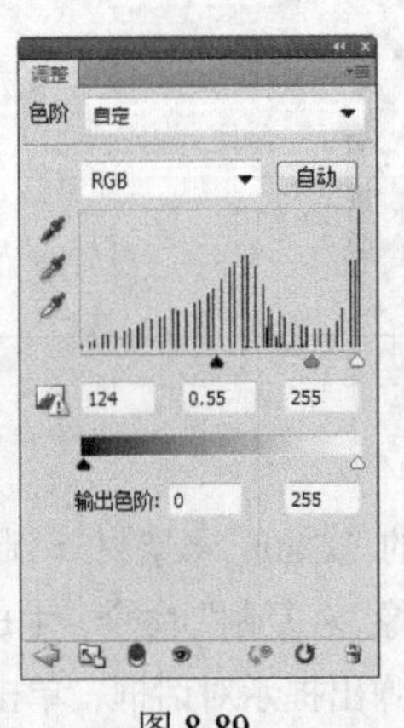

图 8-89

图 8-90

（5）单击“图层”控制面板下方的“创建新的填充或调整图层”按钮，在弹出的菜单中选择“渐变映射”命令，在“图层”控制面板中生成“渐变映射 1”图层，同时切换到“渐变映射”面板，如图 8-91 所示，单击“点按可编辑渐变”按钮，弹出“渐变编辑器”对话框，在“位置”选项中分别输入 0、40、100 3 个位置点，分别设置 3 个位置点颜色的 RGB 值为 0（38、30、155）、40（233、150、5）、100（248、234、195），如图 8-92 所示，单击“确定”按钮，效果如图 8-93 所示。

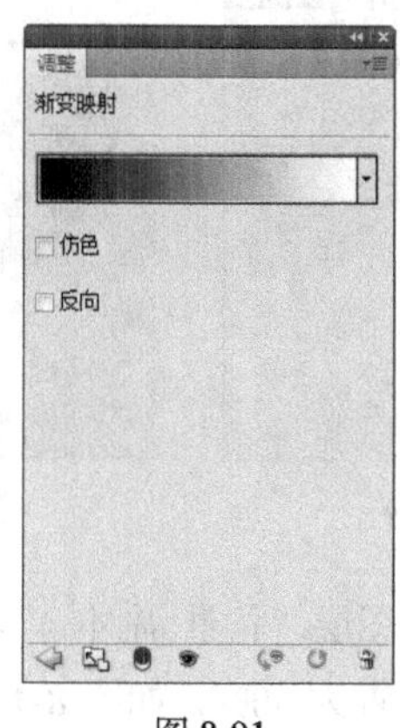

图 8-91

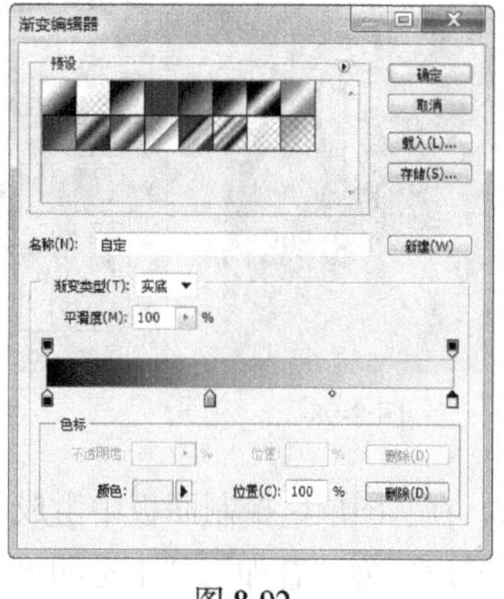

图 8-92

图 8-93

（6）将“背景”图层拖曳到控制面板下方的“创建新图层”按钮上进行复制，生成新的图层“背景 副本 2”，并将其拖曳到“渐变映射 1”图层的上方，如图 8-94 所示。按 Shift+Ctrl+U 组合键，将图片去色。在“图层”控制面板上方，将该图层的混合模式设置为“叠加”，“不透明度”设置为 50%，图像效果如图 8-95 所示。

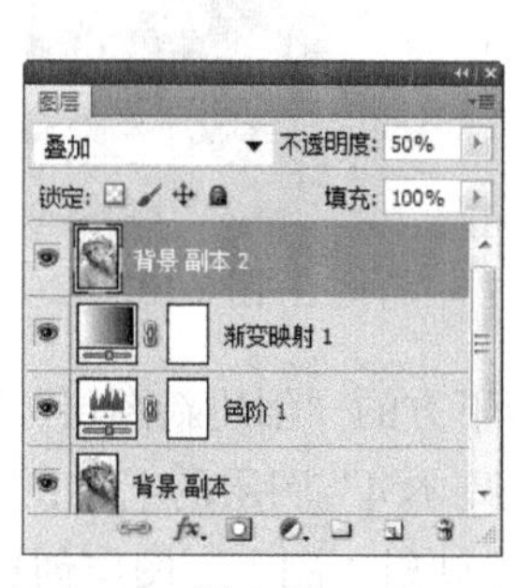

图 8-94

图 8-95

（7）单击“图层”控制面板下方的“创建新的填充或调整图层”按钮，在弹出的菜单中选择“渐变映射”命令，在“图层”控制面板中生成“渐变映射 2”图层，同时弹出“渐变映射”面板，如图 8-96 所示，单击“点按可编辑渐变”按钮，弹出“渐变编辑器”对话框，在“位置”选项中分别输入 0、40、100 3 个位置点，分别设置 3 个位置点颜色的 RGB 值为 0（12、6、102）、40（233、150、5）、100（248、234、195），如图 8-97 所示，单击“确定”按钮。返回到“渐变映射”对话框，按 Enter 键确认操作，效果如图 8-98 所示。

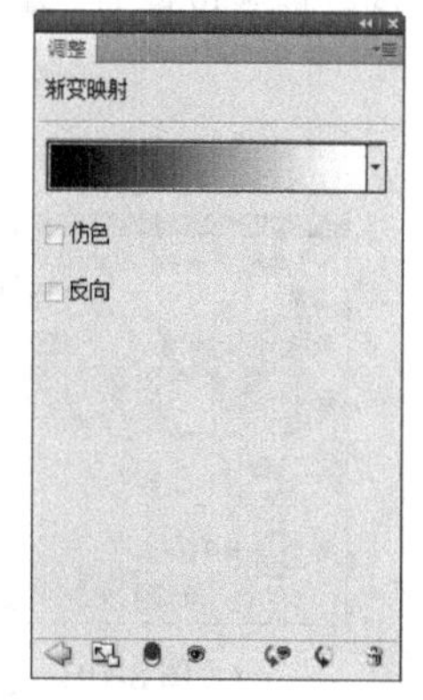

图 8-96

（8）将“背景 副本”图层拖曳到控制面板下方的“创建新图层”按钮上进行复制，生成新的图层“背景 副本 3”，将其拖曳到“渐变映射 2”图层的上方，在“图层”控制面板上方，将“背景 副本 3”图层的混合模式设置为“变暗”，如图 8-99 所示，图像效果如图 8-100 所示。

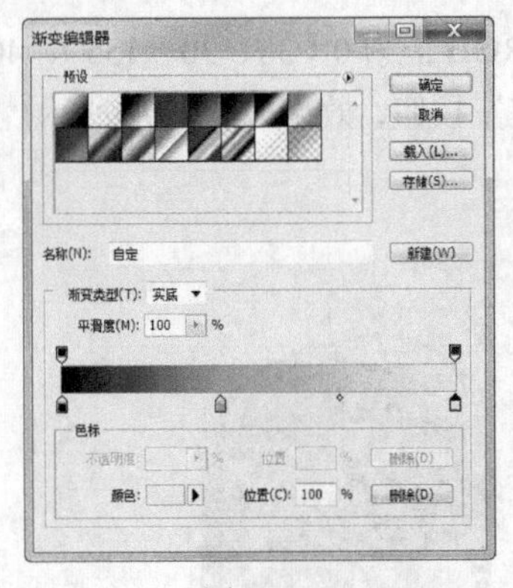

图 8-97

图 8-98

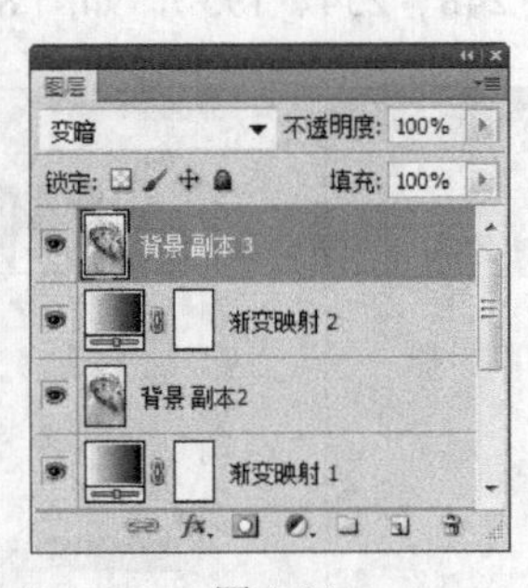

图 8-99

图 8-100

（9）复制“背景 副本 3”图层，在“图层”控制面板中生成新的图层“背景 副本 4”。在“图层”控制面板上方，将该图层的混合模式设置为“叠加”，“不透明度”设置为 50%，如图 8-101 所示，图像效果如图 8-102 所示。

图 8-101

图 8-102

（10）将“渐变映射 1”图层拖曳到控制面板下方的“创建新图层”按钮上进行复制，生成新的图层“渐变映射 1 副本”，将其拖曳到“背景副本 4”图层的上方，如图 8-103 所示，图像效果如图 8-104 所示。按 Alt+Ctrl+G 组合键，为“渐变映射 1 副本”图层创建剪贴蒙版。

（11）将“背景”图层拖曳到控制面板下方的“创建新图层”按钮上进行复制，生成新的图层“背景 副本 5”，将其拖曳到“渐变映射 1 副本”图层的上方。在“图层”控制面板上方，将该图层的混合模式设置为“叠加”，“不透明度”设置为 50%，如图 8-105 所示，图像效果如图 8-106 所示。

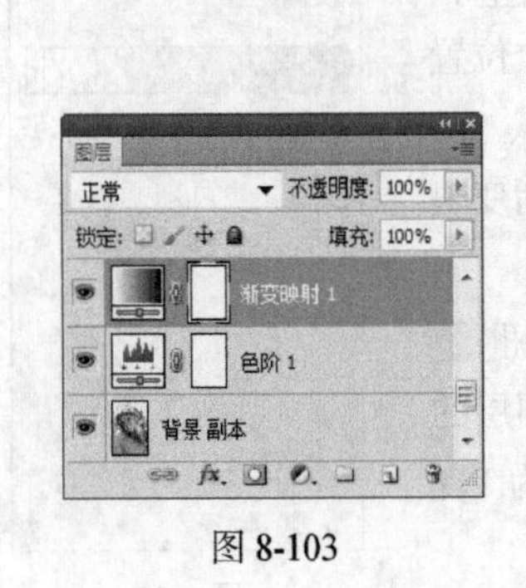

图 8-103

图 8-104

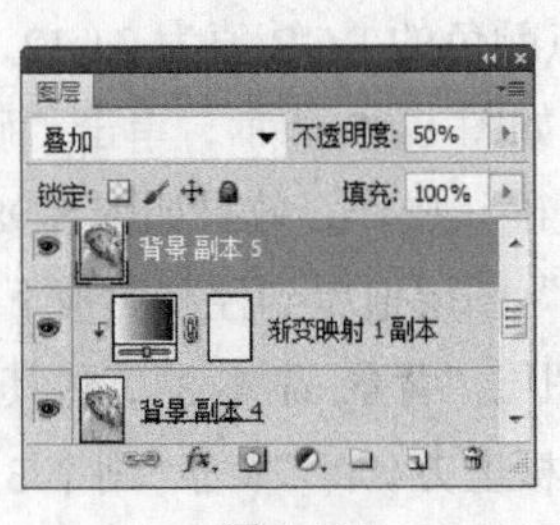

图 8-105

图 8-106

（12）单击“图层”控制面板下方的“创建新的填充或调整图层”按钮，在弹出的菜单中选择“渐变映射”命令，在“图层”控制面板中生成“渐变映射 3”图层，同时弹出“渐变映射”面板，如图 8-107 所示，单击“点按可编辑渐变”按钮，弹出“渐变编辑器”对话框，在“位置”选项中分别输入 0、40、100 3 个位置点，分别设置 3 个位置点颜色的 RGB 值为 0（6、0、87）、20（215、91、0）、100（253、243、216），如图 8-108 所示，单击“确定”按钮。返回到“渐变映射”面板，按 Enter 键确认操作，效果如图 8-109 所示。

（13）按 Ctrl+O 组合键，打开本书学习资源中的“Ch08 > 素材 > 制作个性人物照片 > 02”文件。选择“移动”工具，将文字图片拖曳到图像窗口中适当的位置，效果如图 8-110 所示，在“图层”控制面板中生成新的图层并将其命名为“文字”。个性人物照片制作完成。

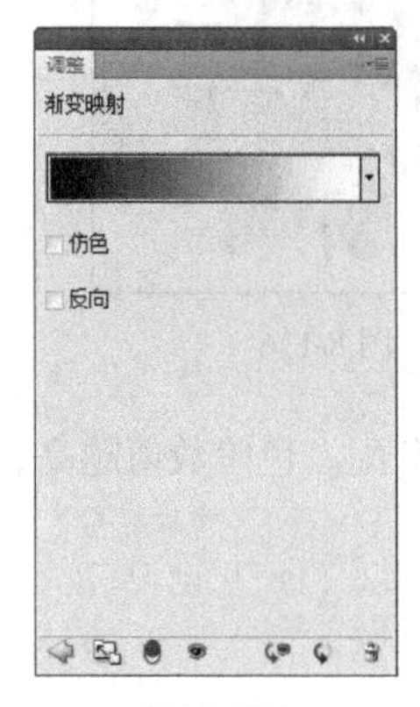

图 8-107

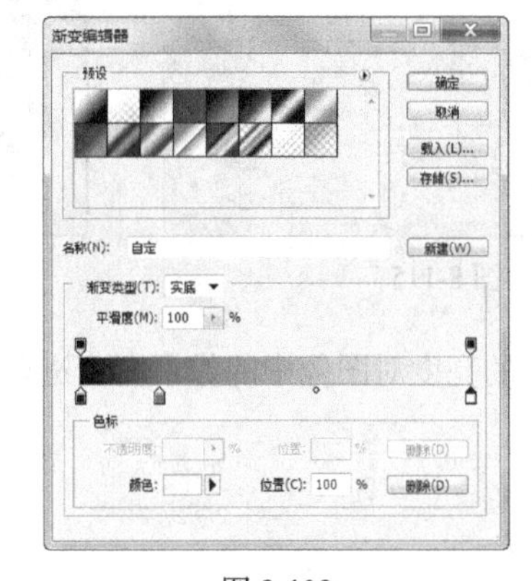

图 8-108

图 8-109

图 8-110

8.2.2　去色

选择“图像 > 调整 > 去色”命令，或按 Shift+Ctrl+U 组合键，可以去掉图像中的色彩，使图像变为灰度图，但图像的色彩模式并不改变。“去色”命令也可以对图像的选区使用，将选区中的图像进行去掉图像色彩的处理。

8.2.3　阈值

原始图像如图 8-111 所示。选择“图像 > 调整 > 阈值”命令，弹出“阈值”对话框，在对话框中拖曳滑块或在“阈值色阶”选项的数值框中输入数值，可以改变图像的阈值，系统将使大于阈值的像素变为白色，小于阈值的像素变为黑色，使图像具有高度反差，如图 8-112 所示。单击“确定”按钮，图像效果如图 8-113 所示。

图 8-111

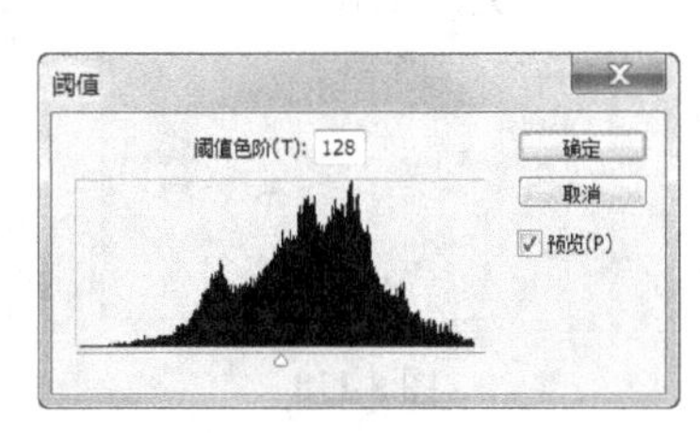

图 8-112

图 8-113

8.2.4 色调分离

色调分离命令可以将图像中的色调进行分离，主要用于减少图像中的灰度。

原始图像如图 8-114 所示。选择“图像 > 调整 > 色调分离”命令，弹出“色调分离”对话框，设置如图 8-115 所示，单击“确定”按钮，图像效果如图 8-116 所示。

图 8-114

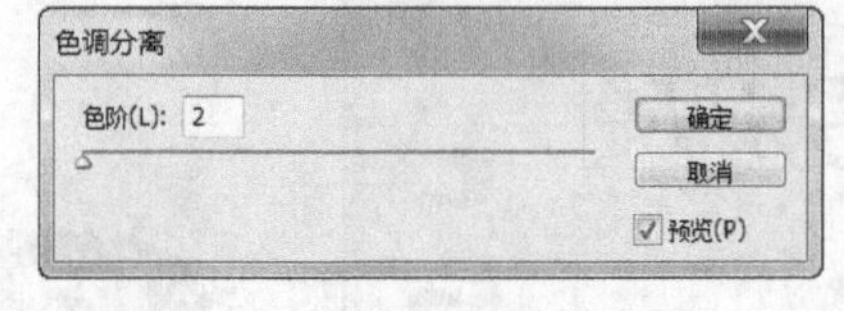

图 8-115

图 8-116

色阶：可以指定色阶数，系统将以 256 阶的亮度对图像中的像素亮度进行分配。色阶数值越高，图像产生的变化越小。

8.2.5 替换颜色

替换颜色命令能够将图像中的颜色进行替换。

原始图像如图 8-117 所示。选择“图像 > 调整 > 替换颜色”命令，弹出“替换颜色”对话框。用吸管工具在花朵图像中吸取要替换的紫红色，单击“替换”选项组中“结果”选项的颜色图标，弹出“选择目标颜色”对话框，将要替换的颜色设置为浅粉色。设置“替换”选项组中其他的选项，调整图像的色相、饱和度和明度，如图 8-118 所示。单击“确定”按钮，紫红色的花朵被替换为玫粉色，效果如图 8-119 所示。

图 8-117

图 8-118

图 8-119

选区：用于设置"颜色容差"选项的数值，数值越大吸管工具取样的颜色范围越大，在"替换"选项组中调整图像颜色的效果越明显。点选"选区"单选项，可以创建蒙版。

命令介绍

通道混合器命令：用于调整图像通道中的颜色。

8.2.6　课堂案例——制作特殊风景照片

【案例学习目标】学习使用不同的调色命令调整风景画的颜色，使用特殊颜色处理命令制作特殊效果。

【案例知识要点】使用色调分离命令、曲线命令和混合模式命令调整图像颜色，使用阈值命令和通道混合器命令改变图像的颜色，最终效果如图 8-120 所示。

【效果所在位置】Ch08/效果/制作特殊风景照片.psd。

图 8-120

（1）按 Ctrl+O 组合键，打开本书学习资源中的"Ch08 > 素材 > 制作特殊风景照片 > 01"文件，如图 8-121 所示。将"背景"图层拖曳到"图层"控制面板下方的"创建新图层"按钮上进行复制，生成新的图层"背景 副本"，如图 8-122 所示。单击"背景 副本"图层左侧的眼睛图标，将该图层隐藏，如图 8-123 所示。

图 8-121

图 8-122

图 8-123

（2）选中"背景"图层。单击"图层"控制面板下方的"创建新的填充或调整图层"按钮，在弹出的菜单中选择"色调分离"命令，在"图层"控制面板中生成"色调分离 1"图层，同时在弹出的面板中进行设置，如图 8-124 所示。按 Enter 键确认操作，效果如图 8-125 所示。

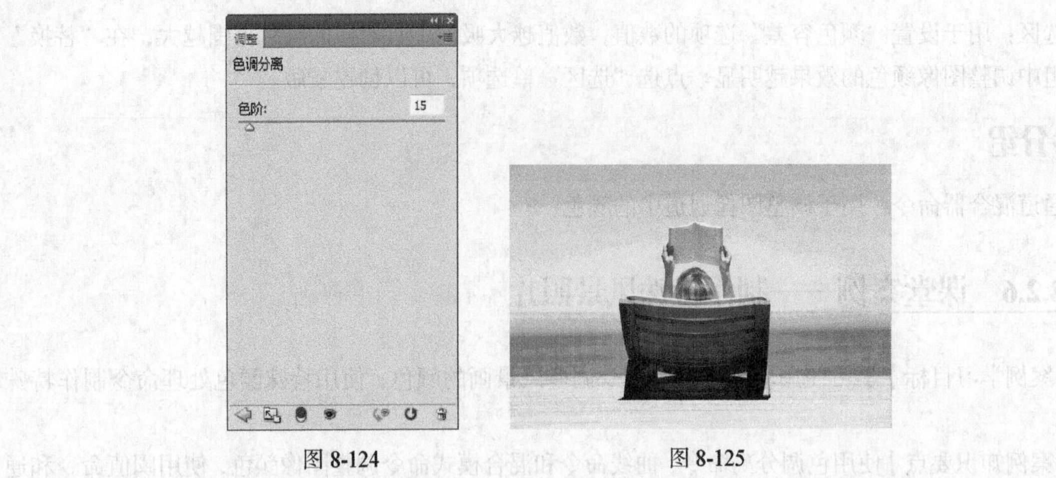

图 8-124　　图 8-125

（3）单击“图层”控制面板下方的“创建新的填充或调整图层”按钮，在弹出的菜单中选择“曲线”命令，在“图层”控制面板中生成“曲线 1”图层，同时在弹出的面板中进行设置，如图 8-126 所示。按 Enter 键确认操作，效果如图 8-127 所示。

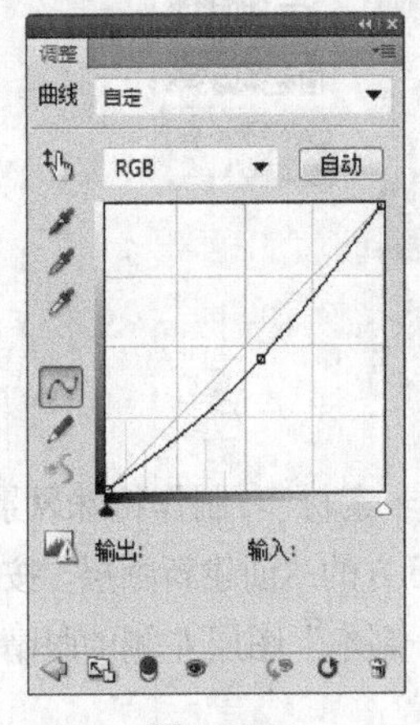

图 8-126　　图 8-127

（4）选中并显示“背景 副本”图层。在“图层”控制面板上方，将“背景 副本”图层的混合模式设置为“正片叠底”，如图 8-128 所示，图像效果如图 8-129 所示。

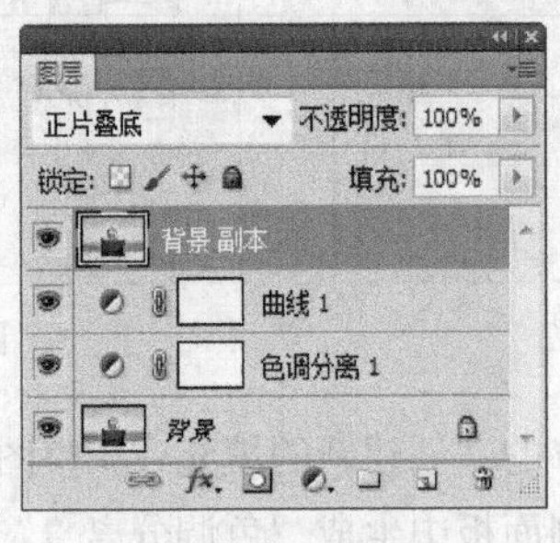

图 8-128　　图 8-129

（5）按 Ctrl+O 组合键，打开本书学习资源中的“Ch08 > 素材 > 制作特殊风景照片 > 02”文件。选择“移动”工具，将图片拖曳到图像窗口中适当的位置，效果如图 8-130 所示。在“图层”控制面板中生成新的图层并将其命名为“天空”。

（6）单击“图层”控制面板下方的“添加图层蒙版”按钮，为“天空”图层添加图层蒙版。将前景色设置为黑色。选择“画笔”工具，在属性栏中单击“画笔”选项右侧的按钮，在弹出的画笔选择面板中选择需要的画笔形状，如图 8-131 所示。在天空图像上拖曳鼠标擦除不需要的图像，效果如图 8-132 所示。

图 8-130

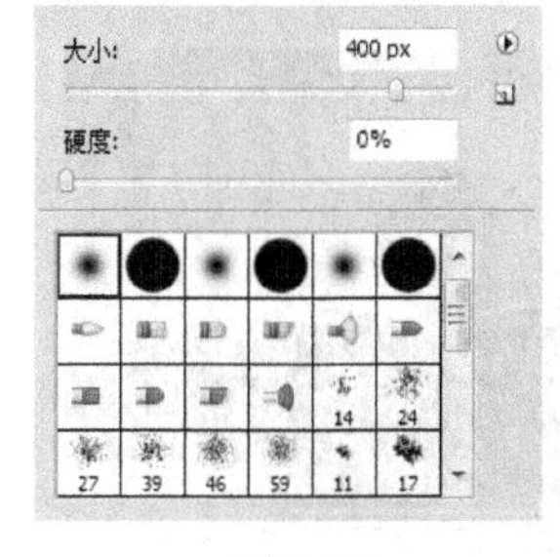

图 8-131

图 8-132

（7）在“图层”控制面板中，按住 Shift 键的同时单击“背景”图层，选中“天空”图层和“背景”图层之间的所有图层，如图 8-133 所示，将其拖曳到控制面板下方的“创建新图层”按钮上进行复制，生成新的副本图层。按 Ctrl+E 组合键，合并复制的图层并将其命名为“天空副本”，如图 8-134 所示。选择“图像 > 调整 > 去色”命令，将图片去色，效果如图 8-135 所示。

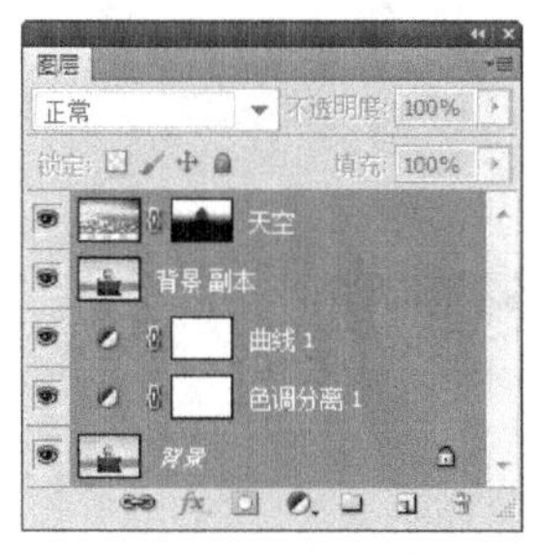

图 8-133

图 8-134

图 8-135

（8）在“图层”控制面板上方，将“天空 副本”图层的混合模式设置为“柔光”，如图 8-136 所示，图像效果如图 8-137 所示。

图 8-136

图 8-137

（9）单击“图层”控制面板下方的“创建新的填充或调整图层”按钮，在弹出的菜单中选择“阈值”命令，在“图层”控制面板中生成“阈值 1”图层，同时在弹出的面板中进行设置，如图 8-138

所示。按 Enter 键确认操作，效果如图 8-139 所示。将“阈值 1”图层的混合模式设置为“柔光”，图像效果如图 8-140 所示。

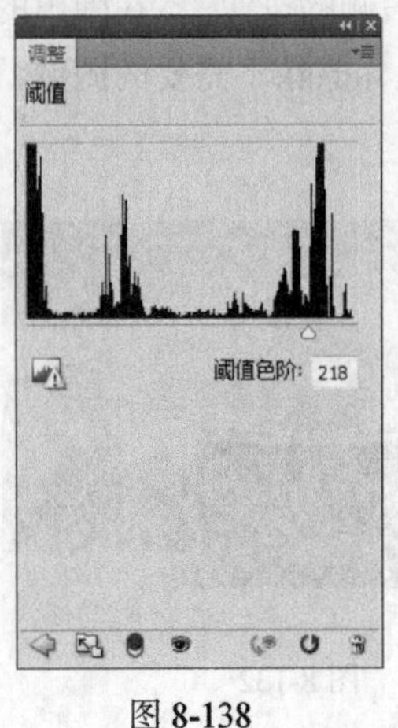

图 8-138

图 8-139

图 8-140

（10）单击“图层”控制面板下方的“创建新的填充或调整图层”按钮，在弹出的菜单中选择“通道混合器”命令，在“图层”控制面板中生成“通道混合器 1”图层，同时在弹出的面板中进行设置，如图 8-141 所示。按 Enter 键确认操作，效果如图 8-142 所示。特殊风景照片制作完成。

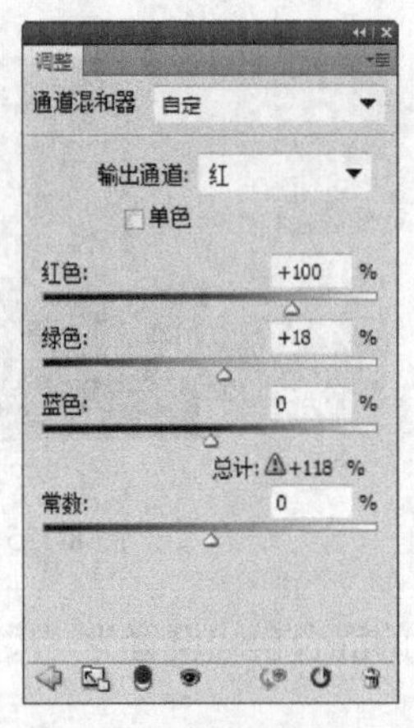

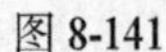

图 8-141

图 8-142

8.2.7 通道混合器

原始图像如图 8-143 所示。选择“图像 > 调整 > 通道混合器”命令，弹出“通道混合器”对话框，设置如图 8-144 所示。单击“确定”按钮，图像效果如图 8-145 所示。

输出通道：可以选取要修改的通道。源通道：通过拖曳滑块来调整图像。常数：也可以通过拖曳滑块调整图像。单色：勾选此复选框，可创建灰度模式的图像。

提示 所选图像的色彩模式不同，则“通道混合器”对话框中的内容也不同。

图 8-143

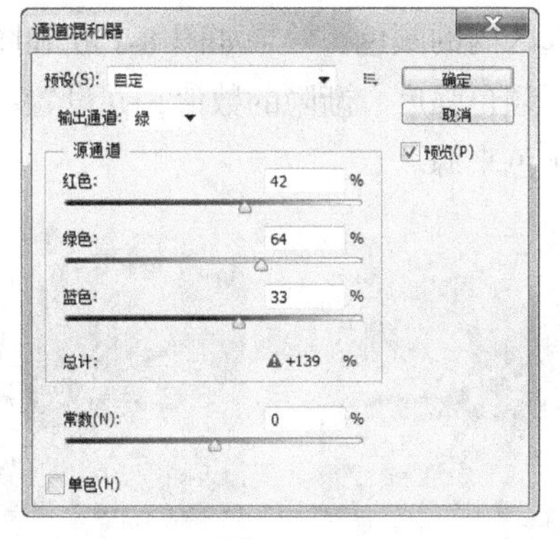

图 8-144

图 8-145

8.2.8　匹配颜色

匹配颜色命令用于对色调不同的图片进行调整，统一成一个协调的色调。

打开两张不同色调的图片，如图 8-146 和图 8-147 所示。选择需要调整的图片，选择“图像 > 调整 > 匹配颜色”命令，弹出“匹配颜色”对话框，在“源”选项中选择匹配文件的名称，再设置其他选项，如图 8-148 所示，单击“确定”按钮，效果如图 8-149 所示。

图 8-146

图 8-147

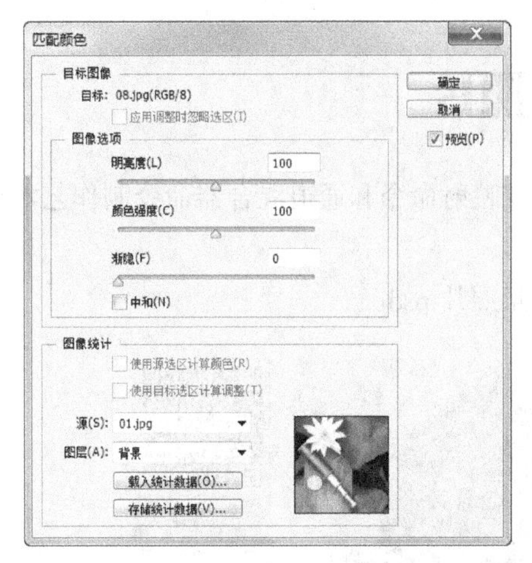

图 8-148

图 8-149

目标图像：在“目标”选项中显示了所选择匹配文件的名称。如果当前调整的图中有选区，勾选“应用调整时忽略选区”复选框，可以忽略图中的选区调整整张图像的颜色；不勾选“应用调整时忽略选区”复选框，可以调整图像中选区内的颜色，效果如图 8-150 和图 8-151 所示。图像选项：可以通过拖动滑块来调整图像的明亮度、颜色强度、渐隐的数值，并设置“中和”选项，用来确定调整的方式。图像统计：用于设置图像的颜色来源。

图 8-150

图 8-151

课堂练习——制作暖色调风景照片

【练习知识要点】使用阴影/高光命令调整图片颜色，使用渐变映射命令为图片添加渐变效果，使用色阶、色相/饱和度命令调整图像颜色，最终效果如图 8-152 所示。

【效果所在位置】Ch08/制作暖色调风景照片.psd。

图 8-152

课后习题——制作艺术风景照片

【习题知识要点】使用矩形选框工具、渐变映射命令和通道混合器命令制作艺术化照片效果，最终效果如图 8-153 所示。

【效果所在位置】Ch08/效果/制作艺术风景照片.psd。

图 8-153

第9章 图层的应用

本章介绍

本章将主要介绍图层的基本应用知识及应用技巧，讲解图层的基本概念、基本调整方法及混合模式、样式、智能对象图层等高级应用知识。通过对本章的学习，读者可以应用图层知识制作出多变的图像效果，可以对图像快速添加样式效果，还可以单独对智能对象图层进行编辑。

学习目标

- 掌握图层混合模式的应用技巧。
- 掌握样式控制面板和图层样式的使用技巧。
- 掌握填充和调整图层的应用方法。
- 了解图层复合、盖印图层与智能对象图层。

技能目标

- 掌握“秋天风景特效”的制作方法。
- 掌握“音乐图标”的制作方法。
- 掌握“时尚艺术照片”的制作方法。
- 掌握“狗狗生活照片”的制作方法。

9.1 图层的混合模式

图层的混合模式在图像处理及效果制作中被广泛应用，特别是在多个图像合成方面有其独特的作用及灵活性。

命令介绍

图层混合模式：决定了当前图层中的图像与其下面图层中的图像以何种模式进行混合。

9.1.1 课堂案例——制作秋天风景特效

【案例学习目标】学习使用混合模式命令制作图片的叠加效果。

【案例知识要点】使用混合模式调整图像的颜色，使用马赛克滤镜命令制作图像的马赛克效果，最终效果如图 9-1 所示。

【效果所在位置】Ch09/效果/制作秋天风景特效.psd。

图 9-1

（1）按 Ctrl+O 组合键，打开本书学习资源中的“Ch09 > 素材 > 制作秋天风景特效 > 01”文件，如图 9-2 所示。在“图层”控制面板中，将“背景”图层拖曳到控制面板下方的“创建新图层”按钮 上进行复制，生成新的图层“背景 副本”。将该图层的混合模式设置为“叠加”，如图 9-3 所示，图像效果如图 9-4 所示。

图 9-2

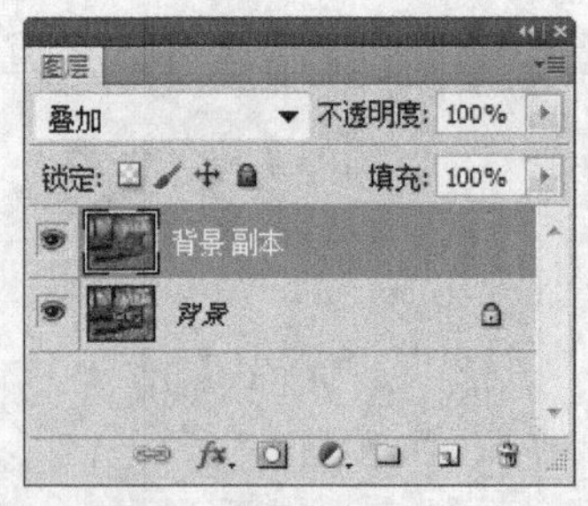

图 9-3

图 9-4

（2）选择“滤镜 > 像素化 > 马赛克”命令，在弹出的对话框中进行设置，如图 9-5 所示，单击“确定”按钮，效果如图 9-6 所示。

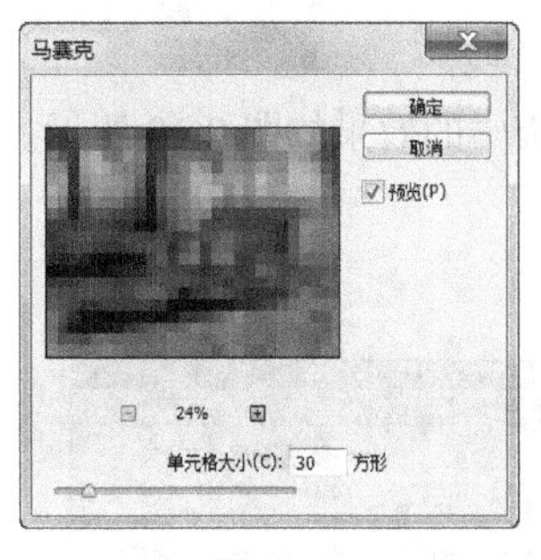

图 9-5

图 9-6

（3）将“背景 副本”图层拖曳到控制面板下方的“创建新图层”按钮上进行复制，生成新的图层“背景 副本 2”。在“图层”控制面板上方，将“背景 副本 2”图层的混合模式设置为“色相”，如图 9-7 所示，图像效果如图 9-8 所示。

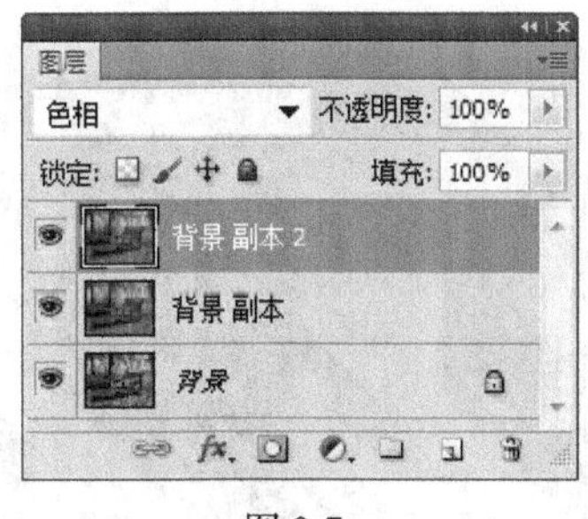

图 9-7

图 9-8

（4）将前景色设置为黄色（其 R、G、B 值分别为 252、209、133）。选择“横排文字”工具，在属性栏中选择合适的字体并设置大小，输入文字并选取需要的文字。选择“窗口 > 字符”命令，在弹出的面板中进行设置，如图 9-9 所示，分别选取文字，并调整其大小，效果如图 9-10 所示，在控制面板中生成新的文字图层。秋天风景特效制作完成，如图 9-11 所示。

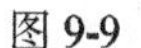

图 9-9

图 9-10

图 9-11

9.1.2　图层混合模式

图层的混合模式用于为图层添加不同的模式，使图层产生不同的效果。

在“图层”控制面板中，“设置图层的混合模式”选项 正常 用于设定图层的混合模式，它包含 27 种模式。

打开一幅图片，如图 9-12 所示，“图层”控制面板中的效果如图 9-13 所示。在对“人物”图层应用不同的图层模式后，图像效果如图 9-14 所示。

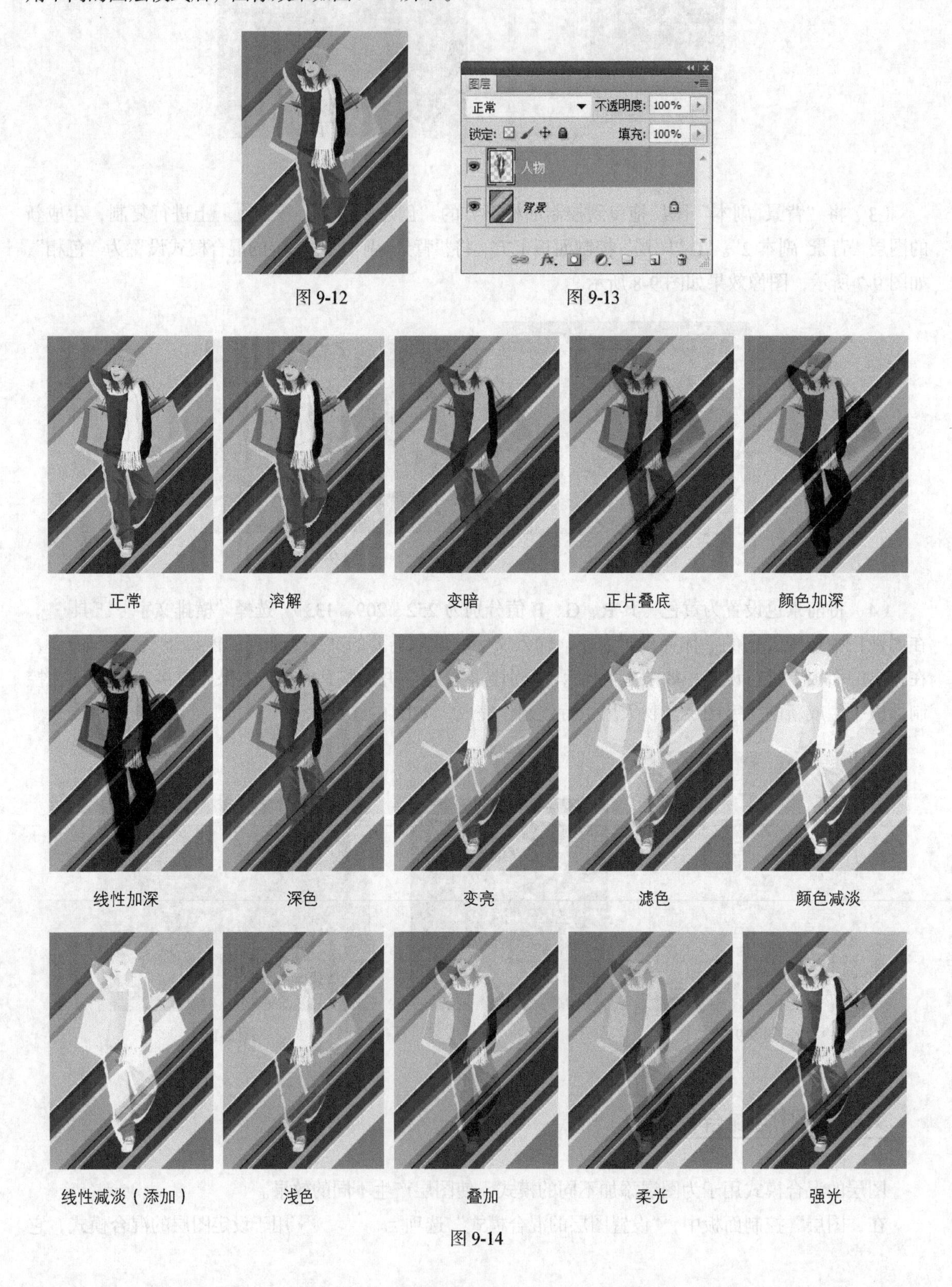

图 9-12

图 9-13

图 9-14

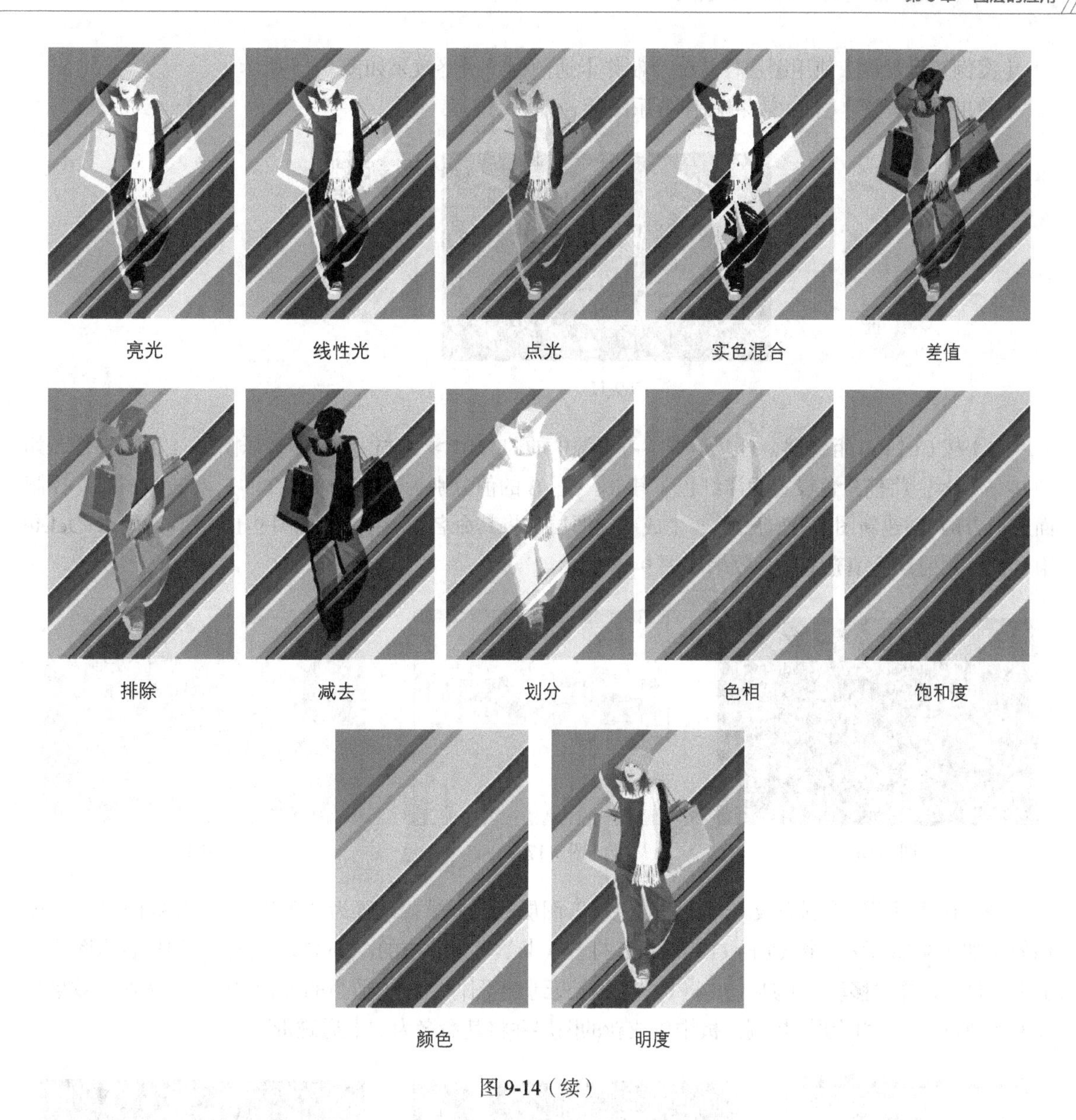

图 9-14（续）

9.2 图层样式

图层特殊效果命令用于为图层添加不同的效果，使图层中的图像产生丰富的变化。

命令介绍

图层样式命令：可以为图像和文字添加投影、外发光、斜面和浮雕等效果。

9.2.1 课堂案例——制作音乐图标

【案例学习目标】学习使用多种图层样式制作出需要的效果。

【案例知识要点】使用图层样式命令制作卡通图标，最终效果如图 9-15 所示。

【效果所在位置】Ch09/效果/制作音乐图标.psd。

图 9-15

（1）按 Ctrl + O 组合键，打开本书学习资源中的“Ch07 > 素材 > 制作音乐图标 > 01”文件，如图 9-16 所示。将前景色设置为洋红色（其 R、G、B 的值分别为 219、106、243）。单击“图层”控制面板下方的“创建新图层”按钮，生成新的图层并将其命名为“色块”，如图 9-17 所示。按 Alt+Delete 组合键，用前景色填充图层，效果如图 9-18 所示。

图 9-16

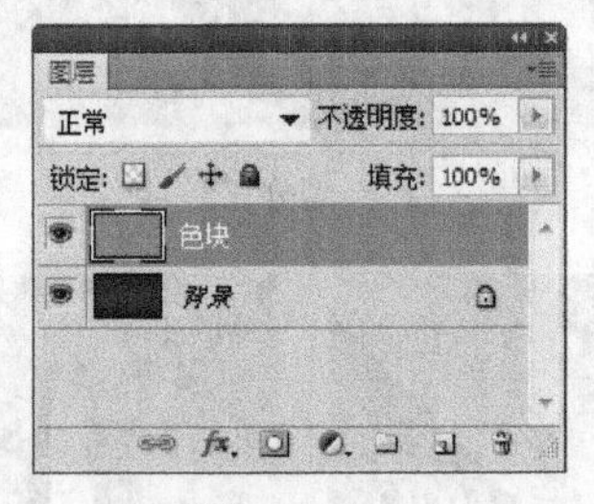

图 9-17

图 9-18

（2）在“图层”控制面板上方，将“色块”图层的混合模式设置为“色相”，如图 9-19 所示，图像效果如图 9-20 所示。按 Ctrl + O 组合键，打开本书学习资源中的“Ch07 > 素材 > 制作音乐图标 > 02”文件。选择“移动”工具，将 02 图片拖曳到 01 图像窗口中适当的位置并调整其大小，效果如图 9-21 所示，在“图层”控制面板中生成新的图层并将其命名为“卡通磁带”。

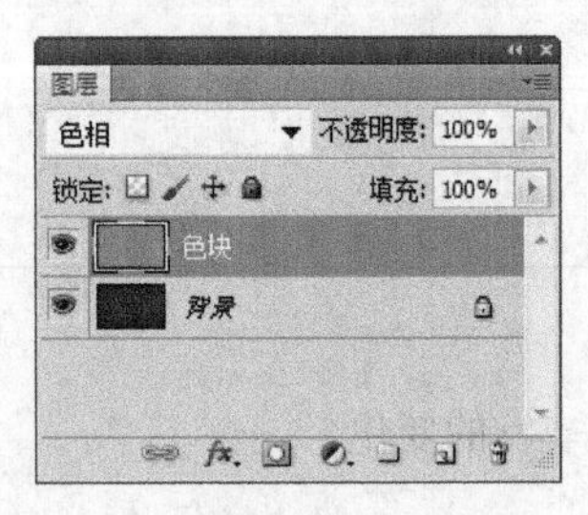

图 9-19

图 9-20

图 9-21

（3）单击“图层”控制面板下方的“添加图层样式”按钮，在弹出的菜单中选择“斜面和浮雕”命令，在弹出的对话框中进行设置，如图 9-22 所示；选择“渐变叠加”选项，弹出相应的对话框，选项的设置如图 9-23 所示；选择“外发光”选项，弹出相应的对话框，将发光颜色设置为紫色（其 R、G、B 的值分别为 83、35、93），其他选项的设置如图 9-24 所示，单击“确定”按钮，效果如图 9-25 所示。

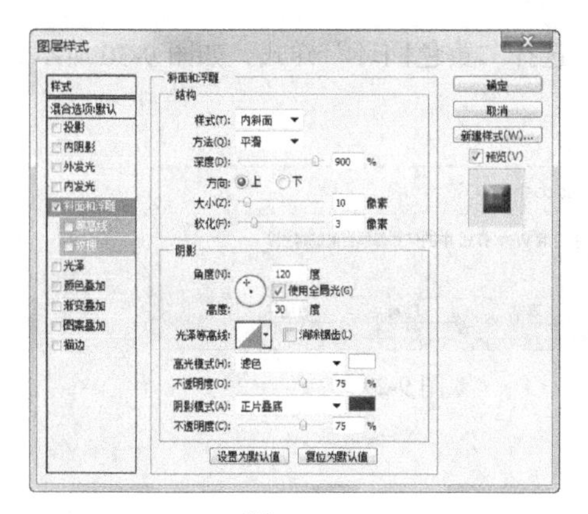

图 9-22

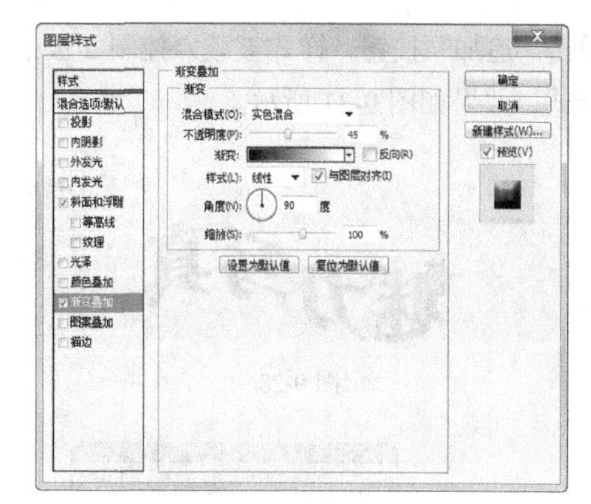

图 9-23

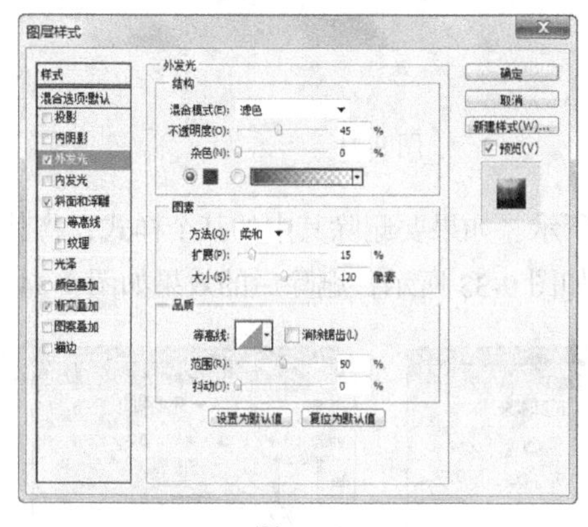

图 9-24

图 9-25

（4）按 Ctrl + O 组合键，打开本书学习资源中的“Ch09 > 素材 > 制作音乐图标 > 03”文件。选择“移动”工具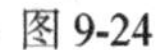，将 03 图片拖曳到 01 图像窗口中适当的位置并调整其大小，效果如图 9-26 所示，在“图层”控制面板中生成新的图层并将其命名为“文字”。音乐图标制作完成，效果如图 9-27 所示。

图 9-26

图 9-27

9.2.2 样式控制面板

“样式”控制面板用于存储各种图层特效，并将其快速地套用在要编辑的对象中，这样可以节省操作步骤和操作时间。

选择要添加样式的文字，如图 9-28 所示。选择“窗口 > 样式”命令，弹出“样式”控制面板，单击控制面板右上方的图标，在弹出的菜单中选择“Web 样式”命令，弹出提示对话框，如图 9-29

所示，单击“追加”按钮，样式被载入控制面板中，选择“黄色回环”样式，如图 9-30 所示，文字被添加上样式，效果如图 9-31 所示。

图 9-28　图 9-29

图 9-30　图 9-31

样式添加完成后，“图层”控制面板如图 9-32 所示。如果要删除其中的某个样式，将其直接拖曳到控制面板下方的“删除图层”按钮 上即可，如图 9-33 所示，删除后的效果如图 9-34 所示。

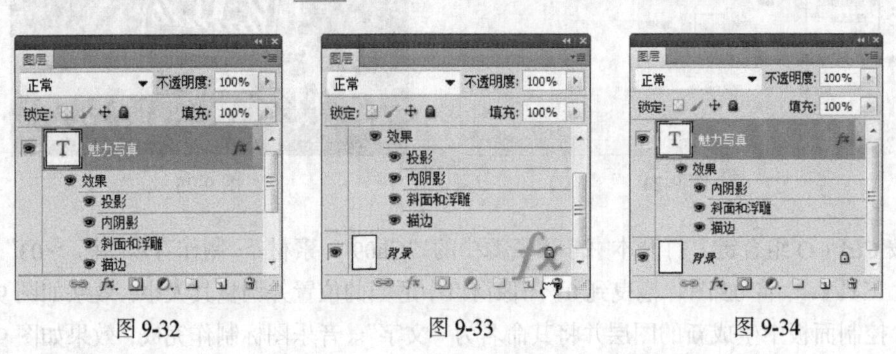

图 9-32　图 9-33　图 9-34

9.2.3　图层样式

Photoshop CS5 提供了多种图层样式可供选择，可以单独为图像添加一种样式，还可以同时为图像添加多种样式。

单击“图层”控制面板右上方的 图标，在弹出的菜单中选择“混合选项”命令，弹出“混合选项”对话框，如图 9-35 所示，用于对当前图层进行特殊效果的处理。单击对话框左侧的任意选项，将弹出相应的对话框。还可以单击“图层”控制面板下方的“添加图层样式”按钮 ，弹出其菜单命令，如图 9-36 所示，选择相应的选项添加样式。

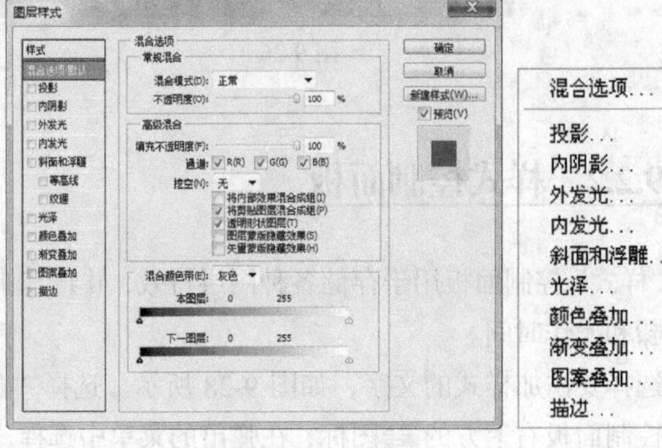

图 9-35　图 9-36

投影命令用于使图像产生阴影效果。内

阴影命令用于使图像内部产生阴影效果。外发光命令用于在图像边缘的外部产生一种辉光效果，效果如图 9-37 所示。

投影　　内阴影　　外发光

图 9-37

内发光命令用于在图像边缘的内部产生一种辉光效果。斜面和浮雕命令用于使图像产生一种倾斜与浮雕的效果。光泽命令用于使图像产生一种光泽的效果，效果如图 9-38 所示。

内发光　　斜面和浮雕　　光泽

图 9-38

颜色叠加命令用于使图像产生一种颜色叠加效果。渐变叠加命令用于使图像产生一种渐变叠加效果，效果如图 9-39 所示。图案叠加命令用于在图像上添加图案效果。描边命令用于为图像描边，效果如图 9-40 所示。

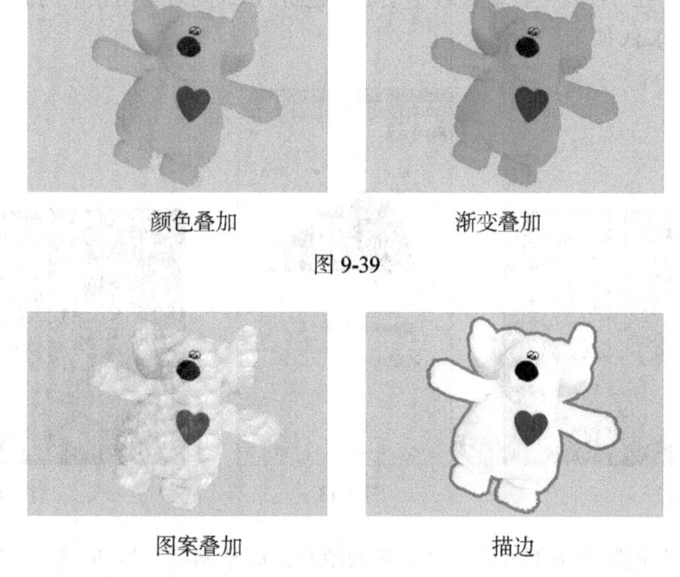

颜色叠加　　渐变叠加

图 9-39

图案叠加　　描边

图 9-40

9.3 新建填充和调整图层

应用填充和调整图层命令可以通过多种方式对图像进行填充和调整，使图像产生不同的效果。

命令介绍

新建填充和调整图层命令：可以对现有图层添加一系列的特殊效果。

9.3.1 课堂案例——制作时尚艺术照片

【案例学习目标】学习使用填充和调整图层命令制作照片。

【案例知识要点】使用图层的混合模式更改图像的显示效果，使用图案填充命令制作底纹效果，使用添加图层样式为人物图片添加阴影效果，最终效果如图 9-41 所示。

【效果所在位置】Ch09/效果/制作时尚艺术照片.psd。

图 9-41

（1）按 Ctrl+O 组合键，打开本书学习资源中的“Ch09 > 素材 > 制作时尚艺术照片 > 01”文件，如图 9-42 所示。单击“图层”控制面板下方的“创建新的填充或调整图层”按钮，在弹出的菜单中选择“色阶”命令，在“图层”控制面板中生成“色阶 1”，同时弹出相应的面板，选项的设置如图 9-43 所示，效果如图 9-44 所示。

图 9-42

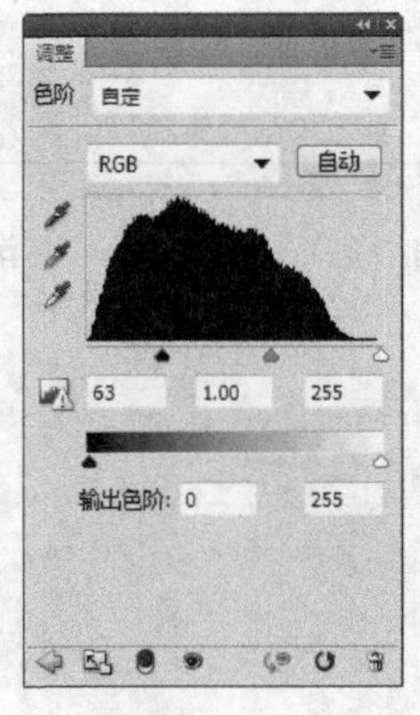

图 9-43

图 9-44

（2）单击“图层”控制面板下方的“创建新的填充或调整图层”按钮，在弹出的菜单中选择

“图案填充”命令，在“图层”控制面板中生成“图案填充 1”，同时弹出相应的面板，单击“形状”选项右侧的按钮，弹出“形状”面板，单击右上方的按钮，在弹出的菜单中选择“填充纹理 2”命令，弹出提示对话框，单击“追加”按钮。在“形状”面板中选中需要的图案，如图 9-45 所示。返回“图案填充”面板，选项的设置如图 9-46 所示。单击“确定”按钮，效果如图 9-47 所示。

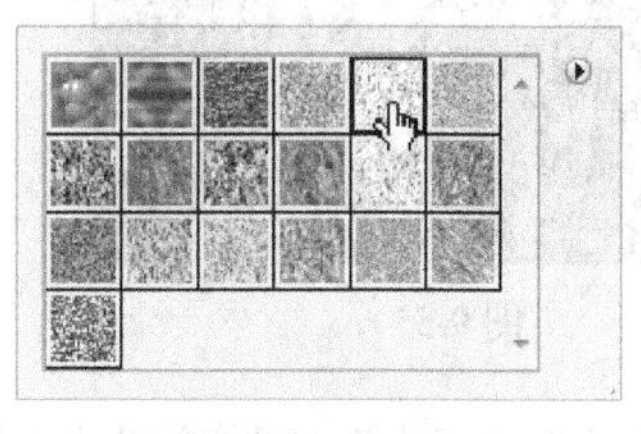

图 9-45

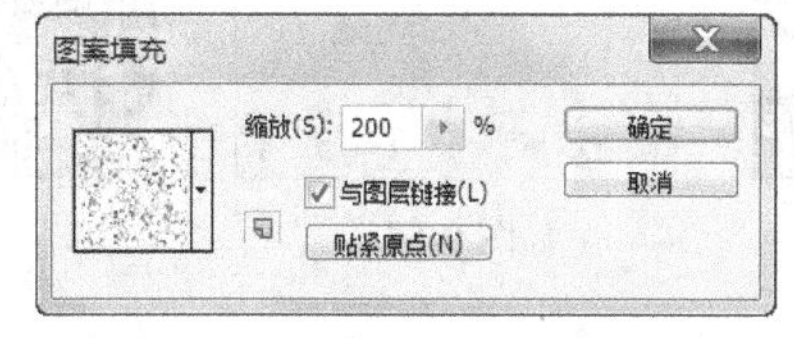

图 9-46

图 9-47

（3）在“图层”控制面板上方，将“图案填充 1”图层的混合模式设置为“划分”，“不透明度”设置为 60%，如图 9-48 所示，效果如图 9-49 所示。

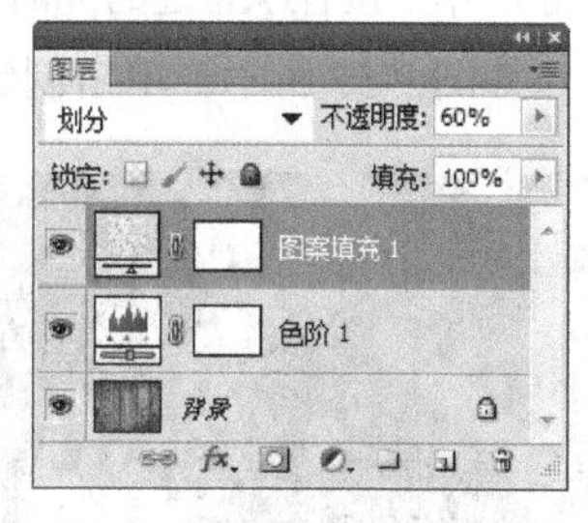

图 9-48

（4）按 Ctrl+O 组合键，打开本书学习资源中的“Ch09 > 素材 > 制作时尚艺术照片 > 02、03”文件。选择“移动”工具，将 02、03 图片分别拖曳到图像窗口的适当位置，如图 9-50 所示。在“图层”控制面板中生成新的图层并将其命名为“花纹 1”和“人物”，如图 9-51 所示。

图 9-49

图 9-50

图 9-51

（5）单击“图层”控制面板下方的“添加图层样式”按钮，在弹出的菜单中选择“投影”命令，在弹出的对话框中进行设置，如图 9-52 所示。单击“确定”按钮，效果如图 9-53 所示。

（6）单击“图层”控制面板下方的“创建新的填充或调整图层”按钮，在弹出的菜单中选择“色调分离”命令，在“图层”控制面板中生成“色调分离 1”，同时弹出“色调分离”面板，选项的设置如图 9-54 所示，效果如图 9-55 所示。

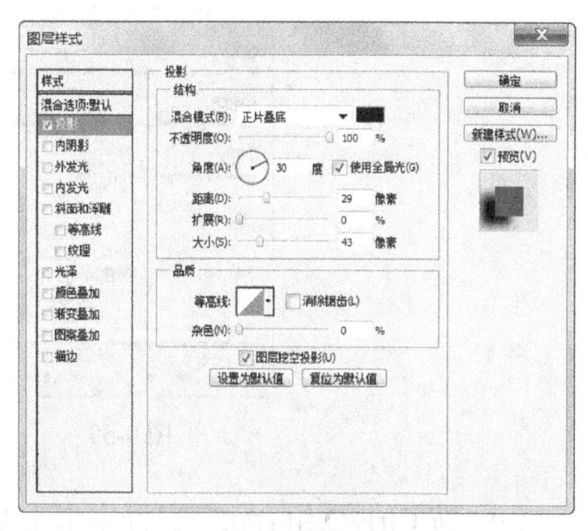

图 9-52

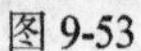

图 9-53

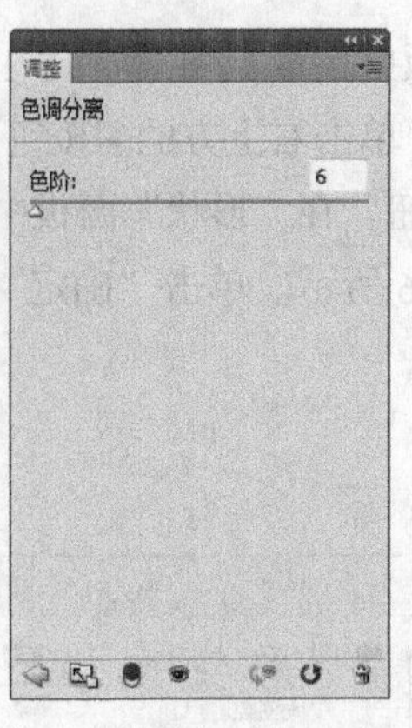

图 9-54

图 9-55

（7）在“图层”控制面板上方，将“色调分离 1”图层的混合模式设置为“柔光”，图像效果如图 9-56 所示。按住 Alt 键的同时，将光标放在“人物”图层和“色调分离 1”图层的中间，光标变为图标，如图 9-57 所示。单击创建剪贴蒙版，效果如图 9-58 所示。

图 9-56

图 9-57

图 9-58

（8）单击“图层”控制面板下方的“创建新的填充或调整图层”按钮，在弹出的菜单中选择“色相/饱和度”命令，在“图层”控制面板中生成“色相/饱和度 1”，同时弹出相应的面板，选项的设置如图 9-59 所示，效果如图 9-60 所示。

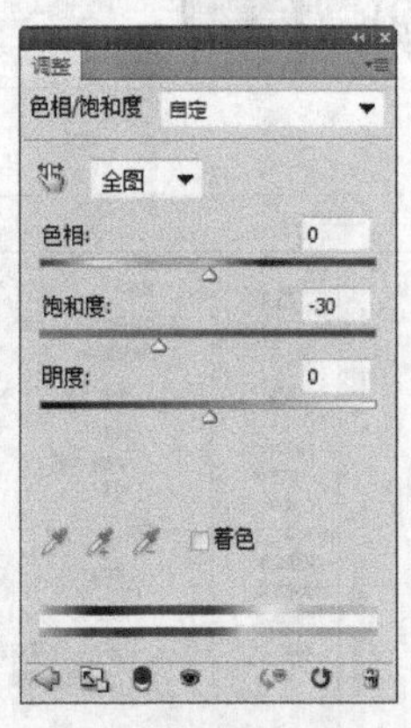

图 9-59

图 9-60

（9）按 Ctrl+O 组合键，打开本书学习资源中的“Ch09 > 素材 > 制作照片合成效果 > 04、05”文件。选择“移动”工具，将 04、05 图片分别拖曳到图像窗口的适当位置，如图 9-61 所示。在“图层”控制面板中生成新的图层并将其命名为“花纹 2”和“花边”。时尚艺术照片制作完成，效果如图 9-62 所示。

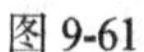
图 9-61

图 9-62

9.3.2　填充图层

选择“图层 > 新建填充图层”命令，或单击“图层”控制面板下方的“创建新的填充和调整图层”按钮，弹出填充图层的 3 种方式，如图 9-63 所示，选择其中的一种方式，将弹出“新建图层”对话框，如图 9-64 所示，单击“确定”按钮，将根据选择的填充方式弹出不同的填充对话框。以“渐变填充”为例，如图 9-65 所示，单击“确定”按钮，“图层”控制面板和图像的效果分别如图 9-66 和图 9-67 所示。

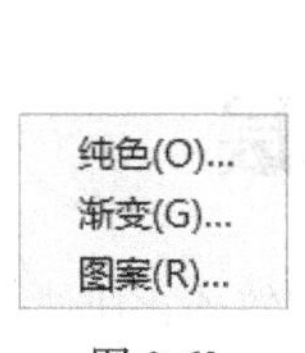

图 9-63

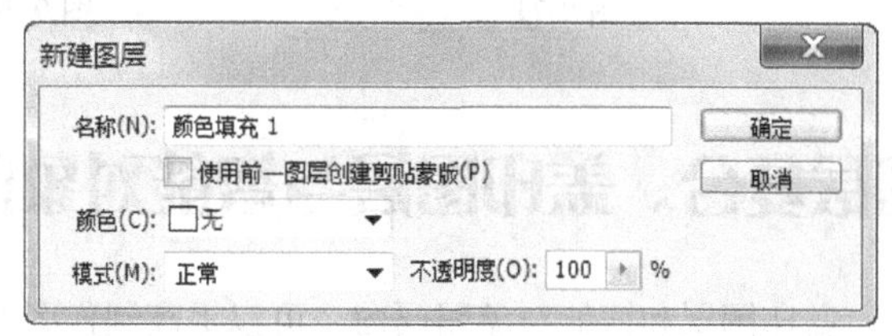

图 9-64

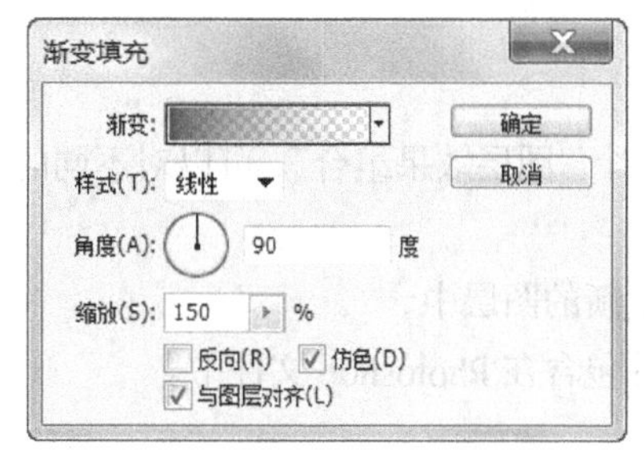

图 9-65

图 9-66

图 9-67

9.3.3　调整图层

选择“图层 > 新建调整图层”命令，或单击“图层”控制面板下方的“创建新的填充或调整图层”按钮，弹出调整图层的多种方式，如图 9-68 所示，选择其中的一种方式，将弹出“新建图层”对话框，如图 9-69 所示，选择不同的调整方式，将弹出不同的调整对话框。以“色阶”为例，如图 9-70 所示，按 Enter 键，“图层”控制面板和图像的效果分别如图 9-71 和图 9-72 所示。

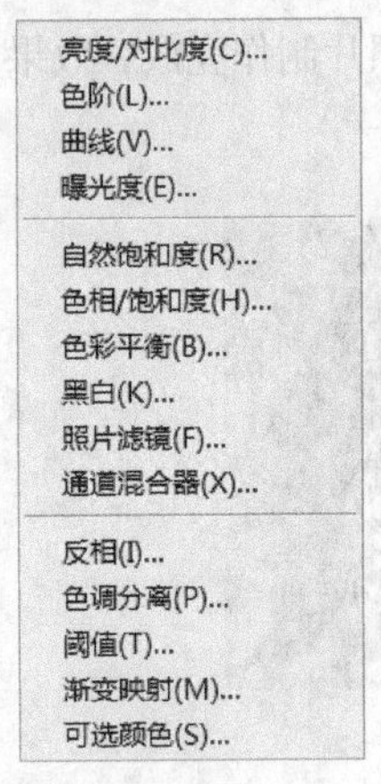

图 9-68

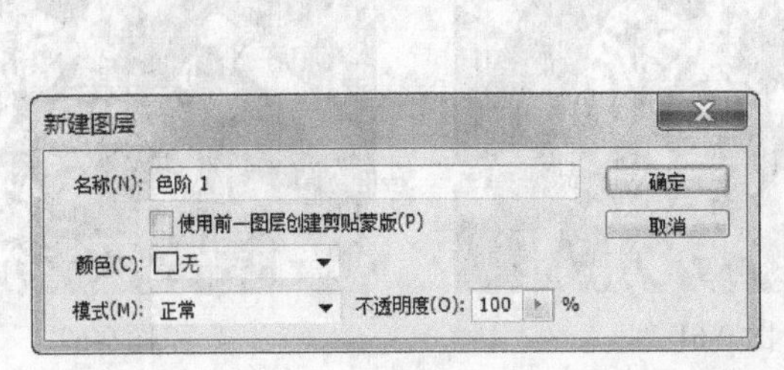

图 9-69

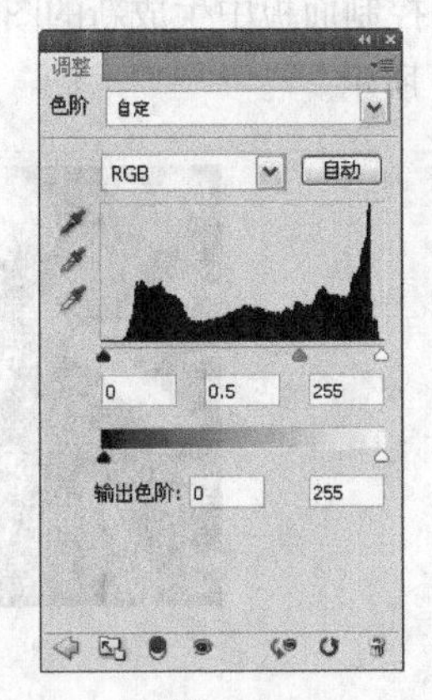

图 9-70

图 9-71

图 9-72

9.4 图层复合、盖印图层与智能对象图层

应用图层复合、盖印图层和智能对象图层命令可以提高制作图像的效率，快速得到丰富多样的图像效果。

命令介绍

图层复合：将同一文件中的不同图层效果组合并另存为多个“图层效果组合”，可以对不同的图层复合中的效果进行比对。

盖印图层：将图像窗口中所有当前显示的图像合并到一个新的图层中。

智能对象图层：将一个或多个图层，甚至是矢量图形文件包含在 Photoshop 文件中。

9.4.1 课堂案例——制作狗狗生活照片

【案例学习目标】学习使用添加图层样式命令制作相框效果。

【案例知识要点】使用添加图层样式命令添加图片的渐变描边，使用打开图片命令和移动工具添加相框，使用图层复合控制面板制作复合图像，最终效果如图 9-73 所示。

【效果所在位置】Ch09/效果/制作狗狗生活照片.psd。

图 9-73

（1）按 Ctrl+O 组合键，打开本书学习资源中的“Ch09 > 素材 > 制作狗狗生活照片 > 01、02”文件，选择“移动”工具，将 02 素材拖曳到 01 素材的图像窗口中，效果如图 9-74 所示，在“图层”控制面板中生成新的图层并将其命名为“图片”，如图 9-75 所示。

图 9-74

图 9-75

（2）单击“图层”控制面板下方的“添加图层样式”按钮 fx，在弹出的菜单中选择“描边”命令，弹出对话框，在“填充类型”选项的下拉列表中选择“渐变”选项，单击“渐变”选项右侧的“点按可编辑渐变”按钮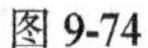，弹出“渐变编辑器”对话框，在“位置”选项中分别输入 0、50、100 几个位置点，分别设置几个位置点颜色的 RGB 值为 0（255、255、255）、50（204、204、204）、100（255、255、255），如图 9-76 所示，单击“确定”按钮。返回到“描边”对话框，其他选项的设置如图 9-77 所示，单击“确定”按钮，效果如图 9-78 所示。

图 9-76

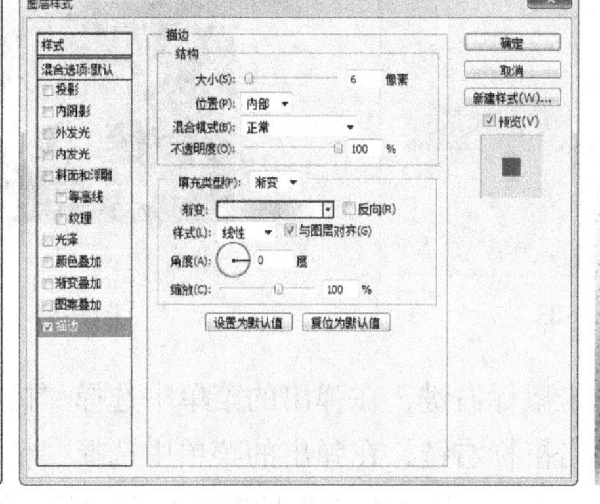

图 9-77

图 9-78

（3）选择“窗口 > 图层复合”命令，弹出“图层复合”控制面板，如图 9-79 所示。单击控制面板下方的“创建新的图层复合”按钮，弹出“新建图层复合”对话框，单击“确定”按钮，生成新的图层复合，如图 9-80 所示。

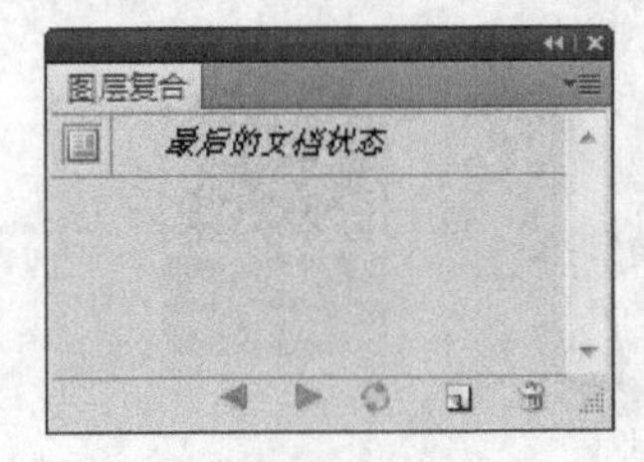

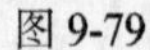
图 9-79

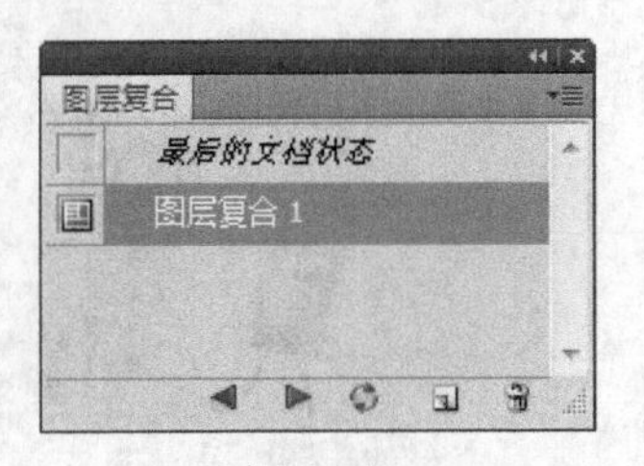

图 9-80

（4）按 Ctrl+O 组合键，打开本书学习资源中的“Ch09 > 素材 > 制作狗狗生活照片 > 04”文件。选择“移动”工具，将图片拖曳到图像窗口中适当的位置，效果如图 9-81 所示。在“图层”控制面板中生成新的图层并将其命名为“装饰图形”。单击“图层复合”控制面板下方的“创建新的图层复合”按钮，弹出“新建图层复合”对话框，单击“确定”按钮，生成新的图层复合，如图 9-82 所示。

图 9-81

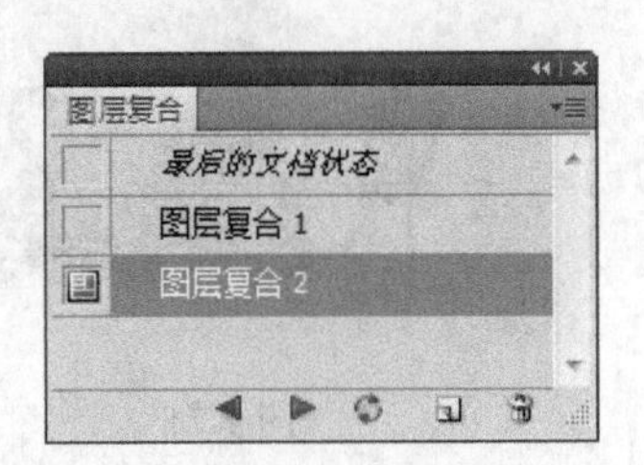

图 9-82

（5）选择“图片”图层，单击该图层左侧的眼睛图标，将该图层隐藏，如图 9-83 所示。按 Ctrl+O 组合键，打开本书学习资源中的“Ch09 > 素材 > 制作狗狗生活照片 > 03”文件。选择“移动”工具，将图片拖曳到图像窗口中适当的位置，效果如图 9-84 所示。在“图层”控制面板中生成新的图层并将其命名为“图片 2”。

图 9-83

图 9-84

（6）在“图片”图层上单击鼠标右键，在弹出的菜单中选择“拷贝图层样式”命令，拷贝图层样式。在“图片 2”图层上单击鼠标右键，在弹出的菜单中选择“粘贴图层样式”命令，粘贴图层样式，图像效果如图 9-85 所示。单击“图层复合”控制面板下方的“创建新的图层复合”按钮，弹出“新建图层复合”对话框，单击“确定”按钮，生成新的图层复合，如图 9-86 所示。

图 9-85

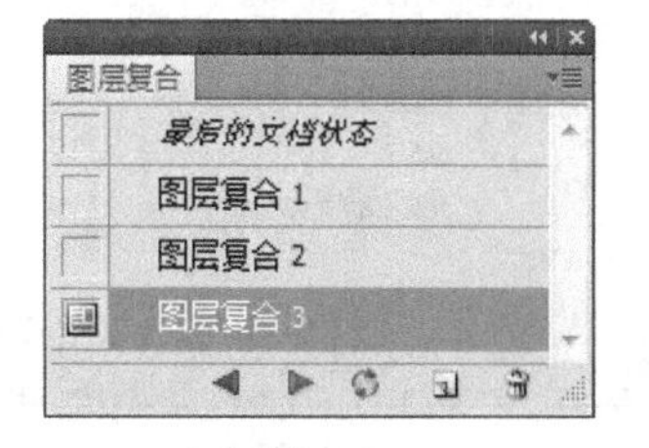

图 9-86

（7）单击“图层复合 1”、“图层复合 2”和“图层复合 3”左侧的状态框，显示按钮，可以对 3 次的图像编辑效果进行比较，如图 9-87、图 9-88 和图 9-89 所示。狗狗生活照片制作完成。

图 9-87

图 9-88

图 9-89

9.4.2　图层复合

“图层复合”控制面板可将同一文件内的不同图层效果组合另存为多个“图层效果组合”，可以更加方便快捷地展示和比较不同图层组合设计的视觉效果。

打开一幅图像，如图 9-90 所示，“图层”控制面板如图 9-91 所示。选择“窗口 > 图层复合”命令，弹出“图层复合”控制面板，如图 9-92 所示。

图 9-90

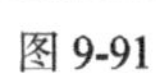

图 9-91

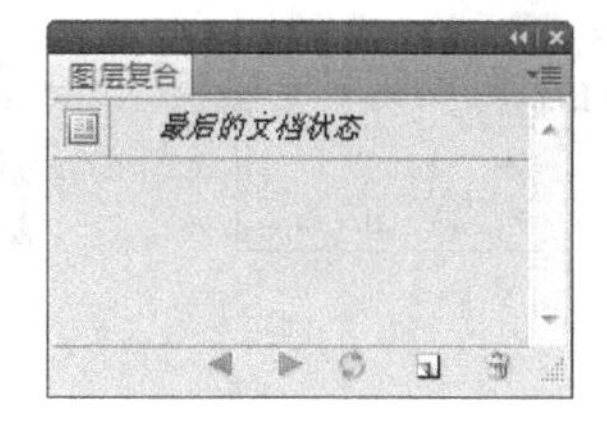

图 9-92

单击“图层复合”控制面板右上方的图标，在弹出的菜单中选择“新建图层复合”命令，弹出“新建图层复合”对话框，如图 9-93 所示。在对话框中，“名称”选项用于设定新图层复合的名称，单击“确定”按钮，建立“图层复合 1”，如图 9-94 所示，所建立的“图层复合 1”中存储的是当前的制作效果。

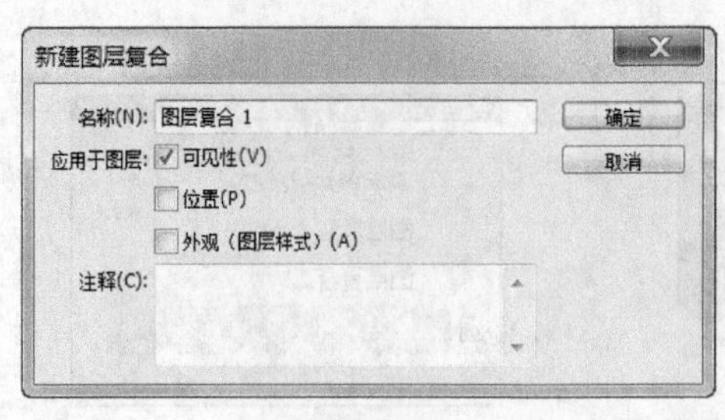

图 9-93

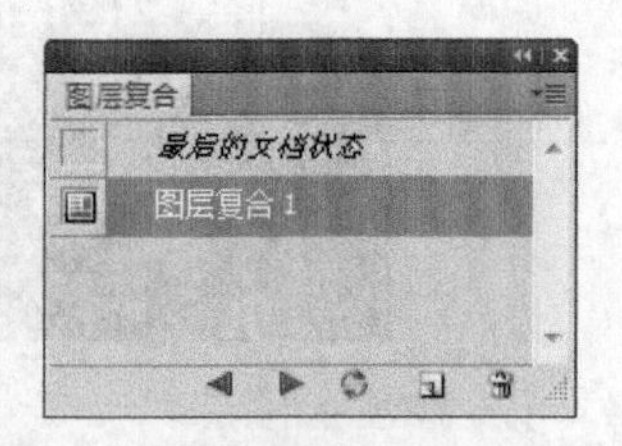

图 9-94

对图像进行修饰和编辑，图像效果如图 9-95 所示，“图层”控制面板如图 9-96 所示。单击“图层复合”控制面板下方的“创建新的图层复合”按钮，弹出“新建图层复合”对话框，单击“确定”按钮，建立“图层复合 2”，如图 9-97 所示，所建立的“图层复合 2”中存储的是修饰编辑后的制作效果。

图 9-95

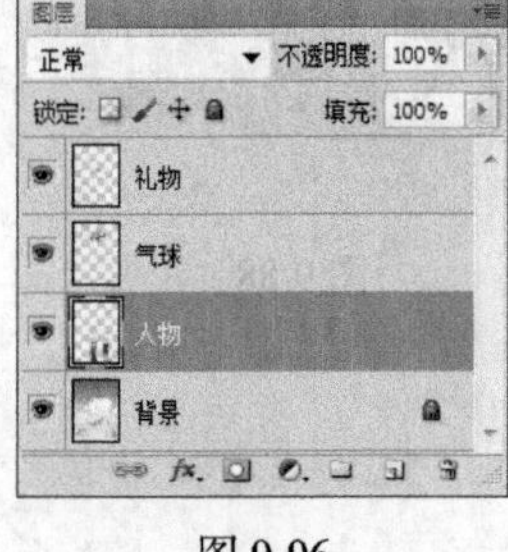

图 9-96

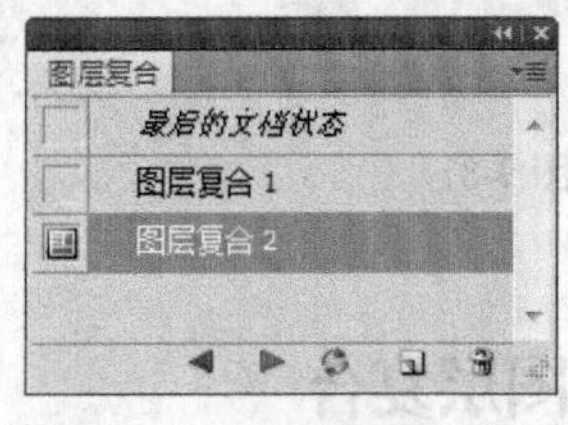

图 9-97

在“图层复合”控制面板中，分别单击“图层复合 1”和“图层复合 2”左侧的状态框，显示出按钮，可以对两次的图像编辑效果进行比较，如图 9-98 所示。

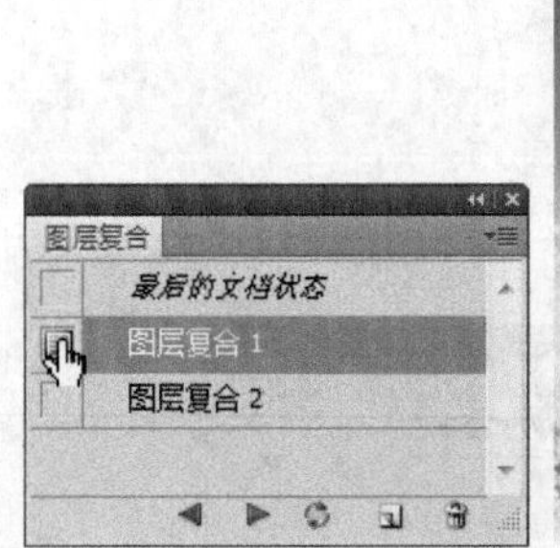

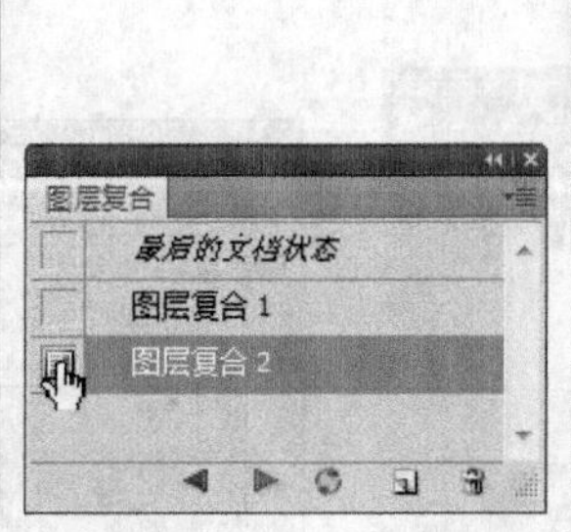

图 9-98

9.4.3 盖印图层

盖印图层是将图像窗口中所有当前显示出来的图像合并到一个新的图层中。

在“图层”控制面板中选中一个可见图层，如图 9-99 所示。按 Alt+Shift+Ctrl+E 组合键，将每个图层中的图像复制并合并到一个新的图层中，如图 9-100 所示。

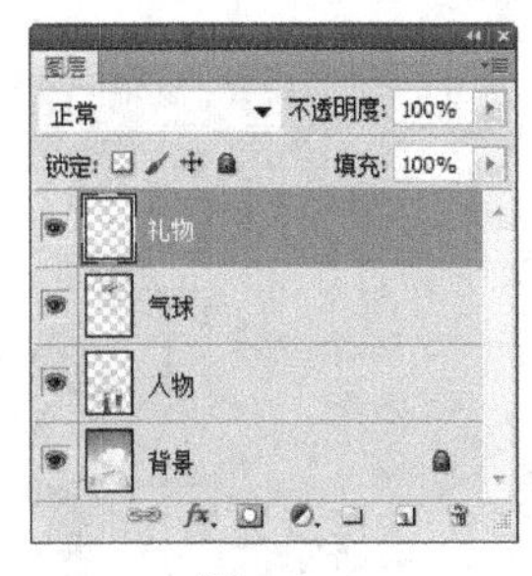

图 9-99

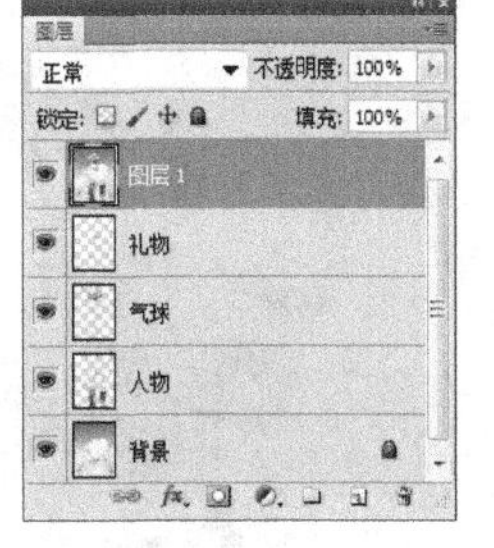

图 9-100

在执行此操作时，必须选择一个可见的图层，否则将无法实现此操作。

9.4.4 智能对象图层

智能对象的全称为智能对象图层。智能对象可以将一个或多个图层，甚至是一个矢量图形文件包含在 Photoshop 文件中。以智能对象形式嵌入到 Photoshop 文件中的位图或矢量文件，与当前的 Photoshop 文件保持相对的独立。当对 Photoshop 文件进行修改或对智能对象进行变形、旋转时，不会影响嵌入的位图或矢量文件。

1．创建智能对象

选择“文件 > 置入”命令为当前的图像文件置入一个矢量文件或位图文件。

选中一个或多个图层后，选择“图层 > 智能对象 > 转换为智能对象”命令，可以将选中的图层转换为智能对象图层。

先在 Illustrator 软件中对矢量对象进行复制，再回到 Photoshop 软件中将复制的对象进行粘贴。

2．编辑智能对象

智能对象以及“图层”控制面板如图 9-101 和图 9-102 所示。

双击“图片”图层的缩览图，Photoshop CS5 将打开一个新文件，如图 9-103 所示。此智能对象文件包含 1 个普通图层，如图 9-104 所示。

图 9-101

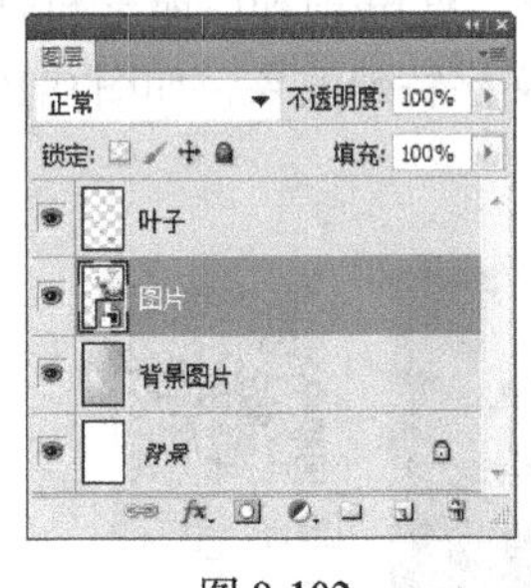

图 9-102

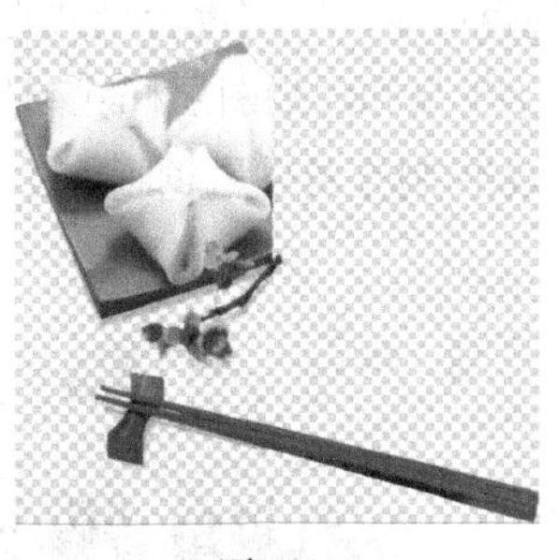

图 9-103

图 9-104

在智能对象文件中对图像进行修改并保存，效果如图 9-105 所示。修改操作将影响嵌入此智能对象的图像，最终效果如图 9-106 所示。

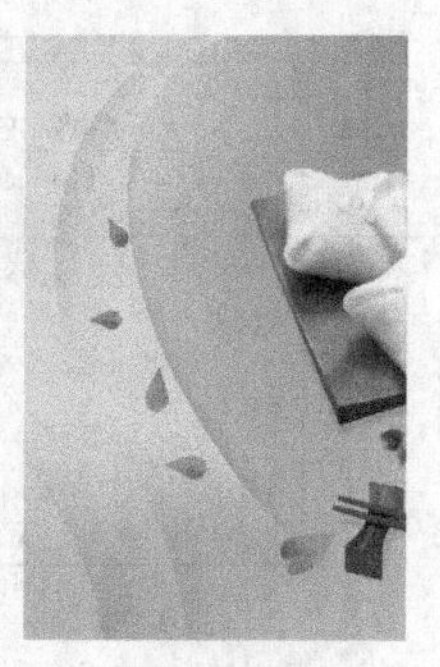

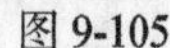

图 9-105　　图 9-106

课堂练习——制作秒表按钮

【练习知识要点】使用渐变工具、纹理化滤镜和扭曲滤镜命令制作背景效果，使用钢笔工具、椭圆工具和图层样式命令制作按钮图形，使用横排文字工具添加文字，如图 9-107 所示。

【效果所在位置】Ch09/效果/制作秒表按钮.psd。

图 9-107

课后习题——制作黄昏风景画

【习题知识要点】使用纯色命令、图层混合模式选项、色相/饱和度命令和通道混合器命令制作黄昏风景画效果，使用横排文字工具和添加图层样式制作文字特殊效果，如图 9-108 所示。

【效果所在位置】Ch09/效果/制作黄昏风景画.psd。

图 9-108

第10章 应用文字与蒙版

本章介绍

本章主要介绍了 Photoshop 中文字与蒙版的应用方法。通过对本章的学习，读者将了解并掌握点文字、段落文字的输入方法，变形文字、路径文字的设置技巧及对图层蒙版、剪贴蒙版和矢量蒙版的应用方法。

学习目标

- 熟练掌握文字的水平和垂直输入的技巧。
- 熟练掌握文字的编辑技巧。
- 熟练掌握创建变形文字的方法。
- 掌握在路径上创建并编辑文字的方法。
- 熟练掌握图层蒙版的添加、隐藏、链接、应用及删除的技巧。
- 掌握剪贴蒙版与矢量蒙版的使用方法。

技能目标

- 掌握“时尚女孩照片模板”的制作方法。
- 掌握“儿童艺术照片”的制作方法。
- 掌握“合成城市照片”的制作方法。
- 掌握“打散飞溅效果”的制作方法。

10.1 文字的输入与编辑

应用文字工具输入文字并使用属性栏和“字符”控制面板对文字进行调整。

命令介绍

横排文字工具：用于输入需要的文字。

10.1.1 课堂案例——制作时尚女孩照片模板

【案例学习目标】学习使用文字工具制作出需要的多种文字效果。

【案例知识要点】使用横排文字工具添加标题文字，使用描边命令为文字添加描边，最终效果如图 10-1 所示。

【效果所在位置】Ch10/效果/制作时尚女孩照片模板.psd。

图 10-1

（1）按 Ctrl+O 组合键，打开本书学习资源中的“Ch10 > 素材 > 制作时尚女孩照片模板 > 01”文件，如图 10-2 所示。将前景色设置为深蓝色（其 R、G、B 值分别为 2、48、96）。选择“横排文字”工具 T，在图像窗口中输入需要的文字并选取文字，在属性栏中选择合适的字体并设置文字大小，如图 10-3 所示，在“图层”控制面板中生成新的文字图层。

图 10-2

图 10-3

（2）选择“横排文字”工具 T，选中文字“力”，如图 10-4 所示。单击属性栏中的“切换字符和段落调板”按钮，在弹出的“字符”面板中进行设置，如图 10-5 所示，文字效果如图 10-6 所示。

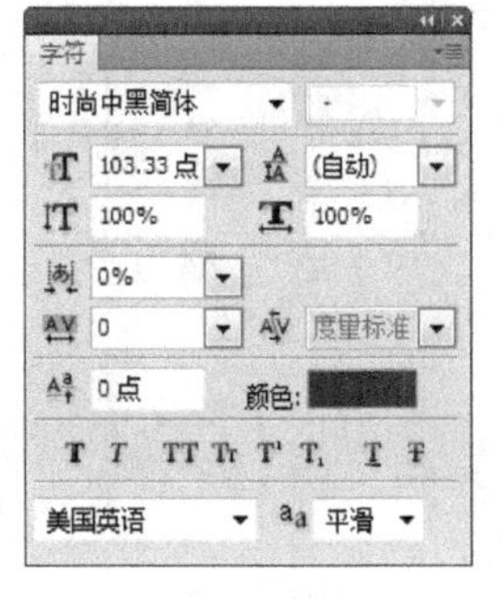

图 10-4　　图 10-5　　图 10-6

（3）单击“图层”控制面板下方的“添加图层样式”按钮 fx，在弹出的菜单中选择“描边”命令，弹出对话框，将描边颜色设置为白色，其他选项的设置如图 10-7 所示。单击“确定”按钮，效果如图 10-8 所示。

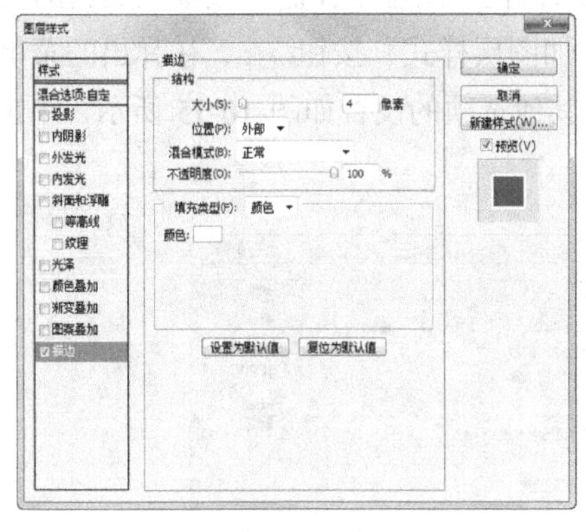

图 10-7　　图 10-8

（4）选择“横排文字”工具 T，在图像窗口中输入需要的文字并选取文字，在属性栏中选择合适的字体并设置文字大小，效果如图 10-9 所示，在“图层”控制面板中生成新的文字图层。在“字符”面板中单击“仿粗体”按钮 T，如图 10-10 所示，将文字加粗。按 Enter 键确认操作，取消文字选取状态，效果如图 10-11 所示。

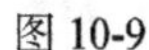

图 10-9　　图 10-10　　图 10-11

（5）单击“图层”控制面板下方的“添加图层样式”按钮 fx，在弹出的菜单中选择“描边”命令，弹出对话框，将描边颜色设置为白色，其他选项的设置如图 10-12 所示。单击“确定”按钮，效果如图 10-13 所示。

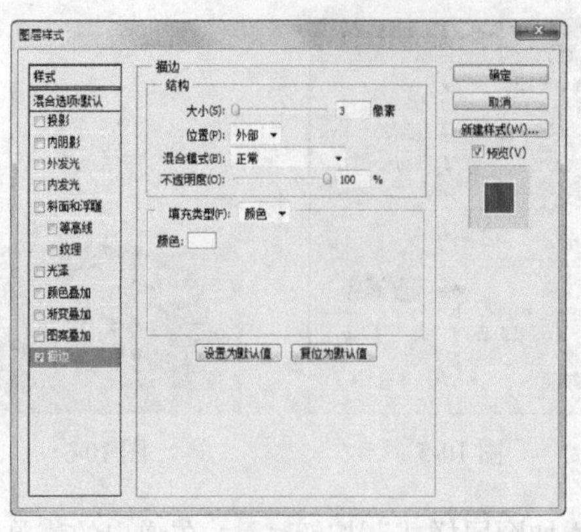

图 10-12

图 10-13

（6）选择"横排文字"工具 T，在图像窗口中输入需要的文字并选取文字，在属性栏中选择合适的字体并设置文字大小，效果如图 10-14 所示，在"图层"控制面板中生成新的文字图层。

（7）单击"图层"控制面板下方的"添加图层样式"按钮 fx，在弹出的菜单中选择"描边"命令，弹出对话框，将描边颜色设置为白色，其他选项的设置如图 10-15 所示，单击"确定"按钮，效果如图 10-16 所示。

图 10-14

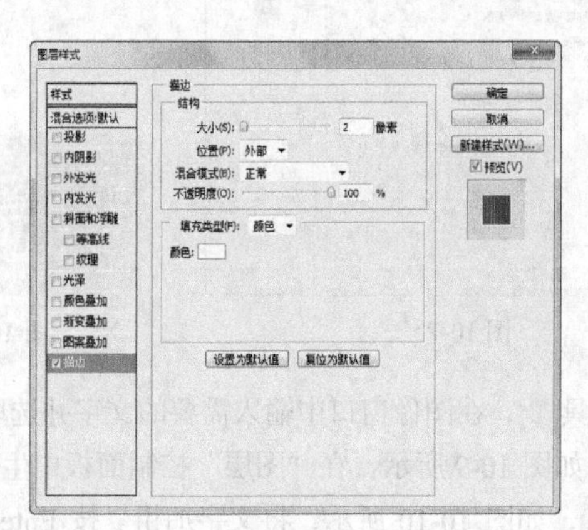

图 10-15

图 10-16

（8）选择"横排文字"工具 T，单击属性栏中的"右对齐文本"按钮，在适当的位置输入需要的文字并选取文字，在属性栏中选择合适的字体并设置文字大小，按 Alt+向上方向键，调整文字行距，效果如图 10-17 所示，在"图层"控制面板中生成新的文字图层。

图 10-17

（9）在"(　)"文字图层上单击鼠标右键，在弹出的菜单中选择"拷贝图层样式"命令。在"hold Fashion trend"文字图层上单击鼠标右键，在弹出的菜单中选择"粘贴图层样式"命令，效果如图 10-18 所示。时尚女孩照片模板制作完成。

图 10-18

10.1.2 输入水平、垂直文字

选择“横排文字”工具，或按 T 键，其属性栏如图 10-19 所示。

图 10-19

切换文本取向：用于选择文字输入的方向。

Adobe 黑体 Std：用于设定文字的字体及属性。

12点：用于设定字体的大小。

平滑：用于消除文字的锯齿，包括无、锐利、犀利、浑厚和平滑 5 个选项。

：用于设定文字的段落格式，分别是左对齐、居中对齐和右对齐。

：用于设置文字的颜色。

创建文字变形：用于对文字进行变形操作。

切换字符和段落面板：用于打开“段落”和“字符”控制面板。

取消所有当前编辑：用于取消对文字的操作。

提交所有当前编辑：用于确定对文字的操作。

选择“直排文字”工具，可以在图像窗口中建立垂直文本，创建垂直文本工具属性栏与创建文本工具属性栏的功能基本相同。

10.1.3 输入段落文字

建立段落文字图层就是以段落文字框的方式建立文字图层。

选择“横排文字”工具，窗口中光标变为图标。单击并按住鼠标左键不放，拖曳鼠标在图像窗口中创建一个段落定界框，如图 10-20 所示。插入点显示在定界框的左上角，段落定界框具有自动换行的功能，如果输入的文字较多，则当文字遇到定界框时，会自动换到下一行显示，输入文字，效果如图 10-21 所示。

如果输入的文字需要分段，可以按 Enter 键进行操作，还可以对定界框进行旋转、拉伸等操作。

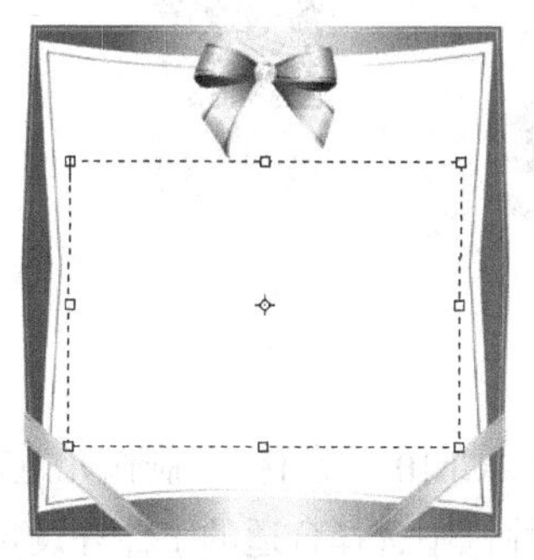

图 10-20

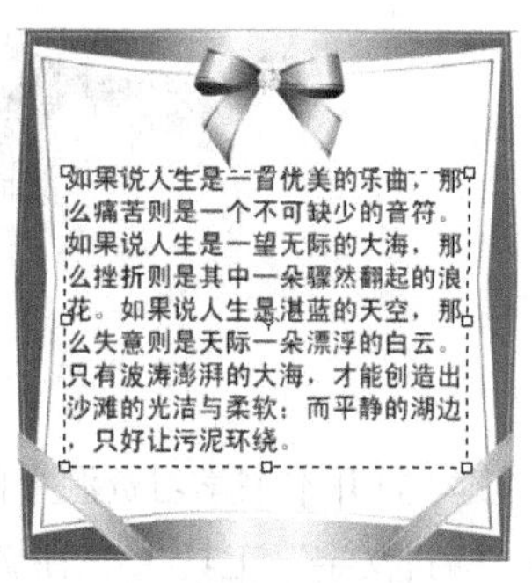

图 10-21

10.1.4 栅格化文字

“图层”控制面板中的文字图层如图 10-22 所示。选择“图层 > 栅格化 > 文字”命令，可以将文字图层转换为图像图层，如图 10-23 所示。也可用鼠标右键单击文字图层，在弹出的菜单中选择“栅格化文字”命令。

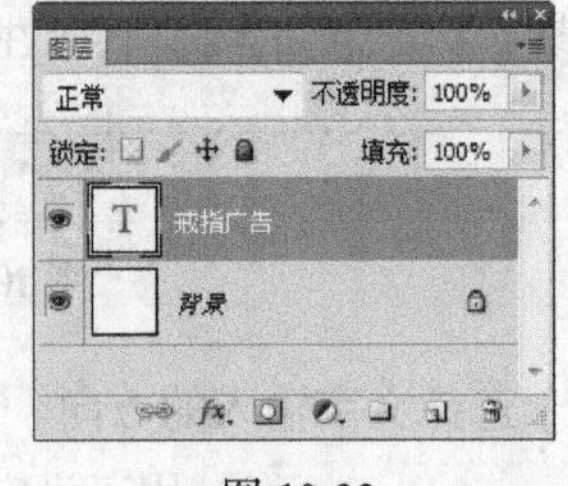

图 10-22

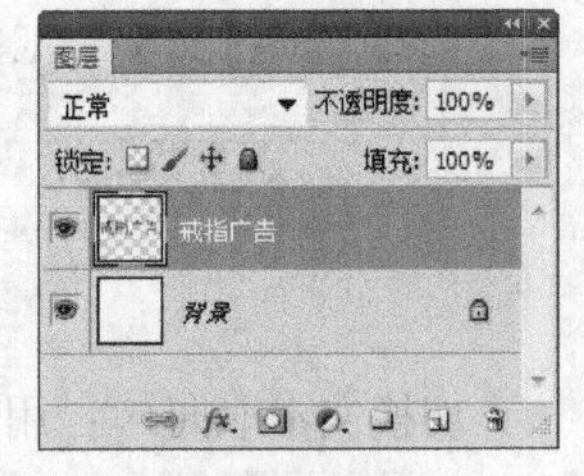

图 10-23

10.1.5 载入文字的选区

在图像窗口中输入文字后，在“图层”控制面板中会自动生成文字图层，按住 Ctrl 键的同时，单击文字图层的缩览图，可以载入文字选区。

10.2 创建变形文字与路径文字

在 Photoshop 中，应用创建变形文字与路径文字命令制作出多样的文字效果。

命令介绍

创建变形文本命令：可以应用此命令对文本进行变形操作。

10.2.1 课堂案例——制作儿童艺术照片

【案例学习目标】学习使用文字工具制作出需要的文字效果。

【案例知识要点】使用横排文字工具、创建文字变形、椭圆工具、添加投影及外发光命令制作照片文字，最终效果如图 10-24 所示。

【效果所在位置】Ch10/效果/制作儿童艺术照片.psd。

扫 码 观 看
本案例视频

图 10-24

（1）按 Ctrl + O 组合键，打开本书学习资源中的“Ch10 > 素材 > 制作儿童艺术照片 > 01”文件，如图 10-25 所示。选择“横排文字”工具 T，在属性栏中选择合适的字体并设置文字大小，将文本颜色设置为绿色（其 R、G、B 值分别为 81、118、2），在图像窗口中输入需要的绿色文字，效果如图 10-26 所示，在“图层”控制面板中生成新的文字图层。

图 10-25　　　　图 10-26

（2）单击属性栏中的“创建文字变形”按钮，弹出“变形文字”对话框，选项的设置如图 10-27 所示，单击“确定”按钮，文字效果如图 10-28 所示。选择“椭圆”工具，选中属性栏中的“路径”按钮，在图像窗口中绘制一个椭圆形路径，效果如图 10-29 所示。

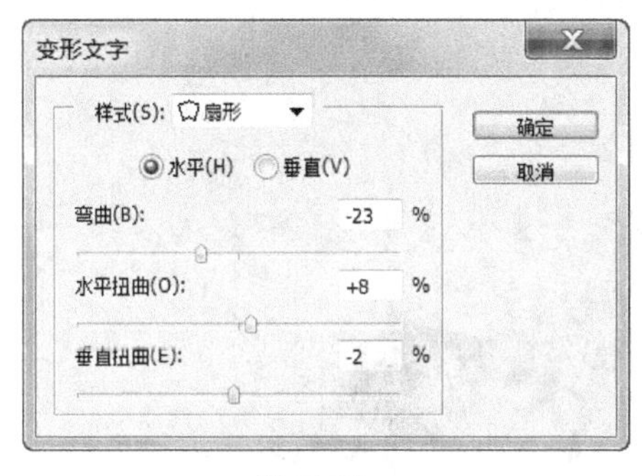

图 10-27

图 10-28

图 10-29

（3）选择“横排文字”工具，在属性栏中选择合适的字体并设置文字大小，光标停放在椭圆形路径上时会变为图标，如图 10-30 所示，单击鼠标会出现闪烁的光标，此处成为输入文字的起点，如图 10-31 所示，输入需要的绿色文字，效果如图 10-32 所示。选择“路径选择”工具，选取椭圆路径，按 Enter 键隐藏路径，文字效果如图 10-33 所示，在“图层”控制面板中生成新的文字层。

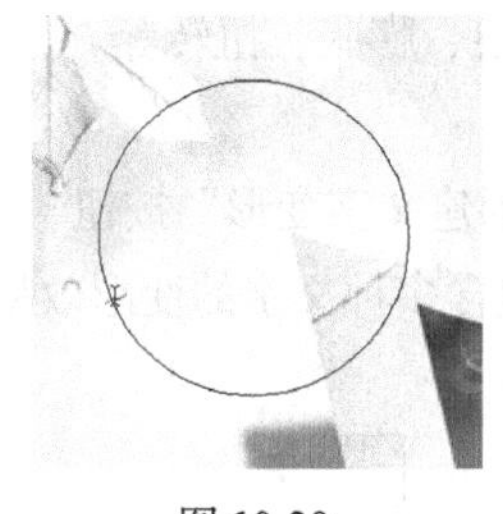

图 10-30

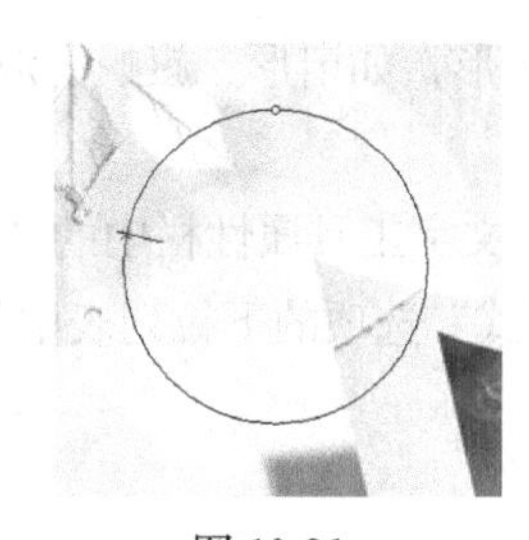

图 10-31

图 10-32

图 10-33

（4）单击“图层”控制面板下方的“添加图层样式”按钮，在弹出的菜单中选择“投影”命令，在弹出的对话框中进行设置，如图 10-34 所示，单击“确定”按钮，效果如图 10-35 所示。

（5）单击“图层”控制面板下方的“添加图层样式”按钮，在弹出的菜单中选择“描边”命令，弹出对话框，将描边颜色设置为白色，其他选项的设置如图 10-36 所示，单击“确定”按钮，效果如图 10-37 所示。儿童艺术照片制作完成。

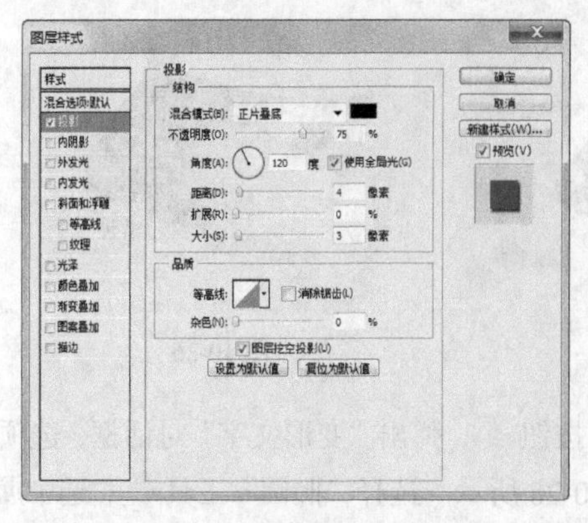

图 10-34　　图 10-35

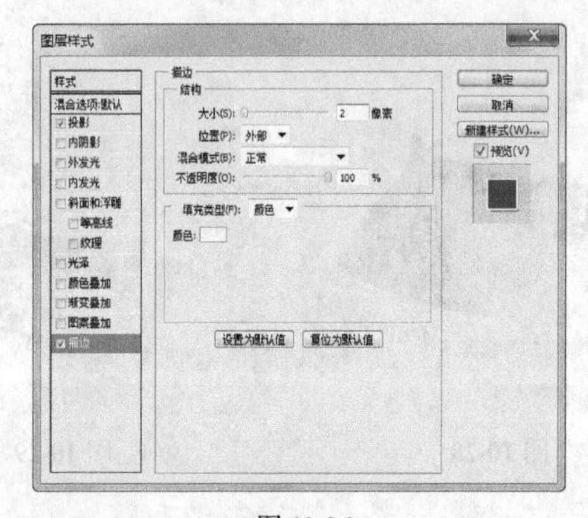

图 10-36　　图 10-37

10.2.2　变形文字

应用变形文字面板可以对文字进行多种样式的变形，如扇形、旗帜、波浪、膨胀、扭转等。

1．制作扭曲变形文字

在图像窗口中输入文字，如图 10-38 所示。单击文字工具属性栏中的“创建文字变形”按钮，弹出“变形文字”对话框，如图 10-39 所示。在“样式”选项的下拉列表中包含多种文字的变形效果，如图 10-40 所示。

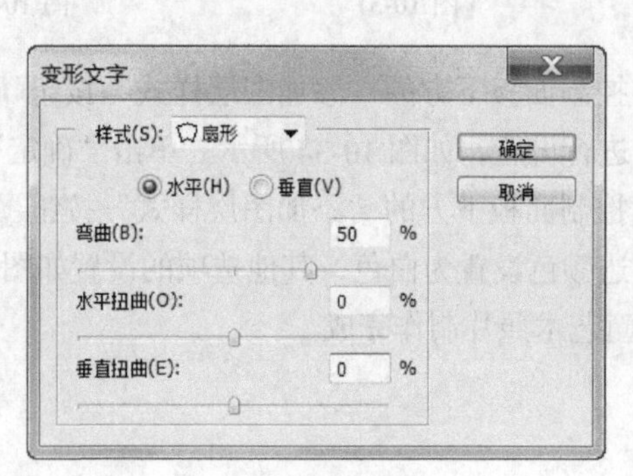

图 10-38　　图 10-39　　图 10-40

文字的多种变形效果，如图 10-41 所示。

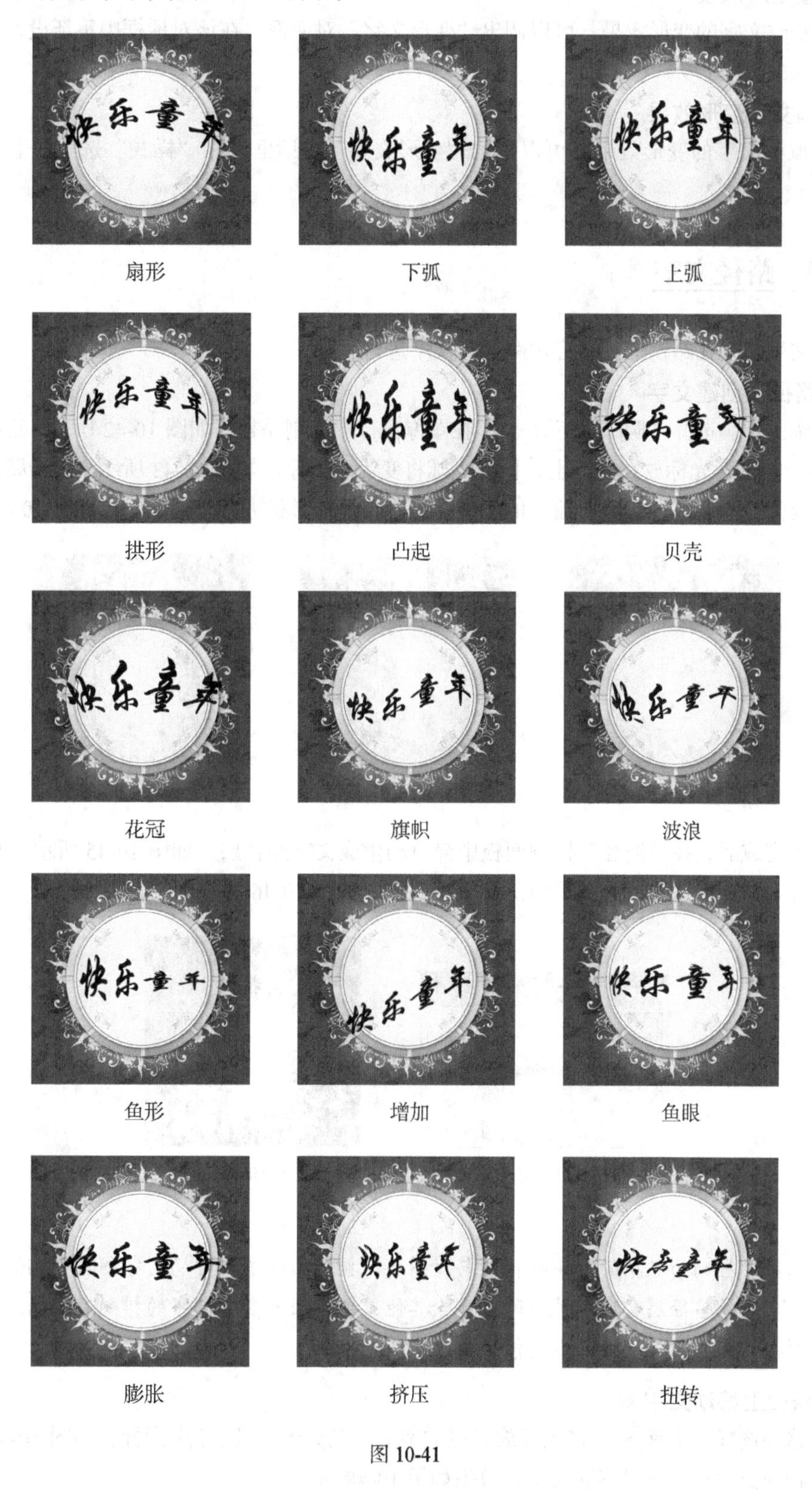

图 10-41

2．设置变形选项

如果要修改文字的变形效果，可以调出“变形文字”对话框，在该对话框中重新设置样式或更改当前应用样式的数值。

3．取消文字变形效果

如果要取消文字的变形效果，可以调出“变形文字”对话框，在“样式”选项的下拉列表中选择“无”。

10.2.3 路径文字

可以将文字建立在路径上，并应用路径对文字进行调整。

1．在路径上创建文字

打开一幅图像。选择“椭圆”工具，在图像窗口中绘制路径，如图 10-42 所示。选择“横排文字”工具，将鼠标光标放在路径上，鼠标光标将变为图标，如图 10-43 所示。单击路径出现闪烁的光标，此处为输入文字的起点。输入的文字会沿着路径的形状进行排列，效果如图 10-44 所示。

图 10-42

图 10-43

图 10-44

文字输入完成后，在“路径”控制面板中会自动生成文字路径层，如图 10-45 所示。取消“视图/显示额外内容”命令的选中状态，可以隐藏文字路径，如图 10-46 所示。

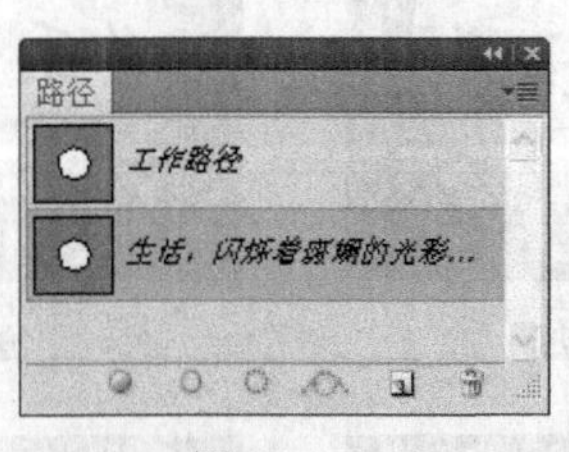

图 10-45

图 10-46

提示　“路径”控制面板中的文字路径层与“图层”控制面板中相对的文字图层是相链接的，删除文字图层时，文字的路径层会自动被删除，删除其他工作路径不会对文字的排列有影响。如果要修改文字的排列形状，需要对文字路径进行修改。

2．在路径上移动文字

选择“路径选择”工具，将光标放置在文字上，鼠标光标显示为图标，如图 10-47 所示，单击并沿着路径拖曳鼠标，可以移动文字，效果如图 10-48 所示。

图 10-47

图 10-48

3．在路径上翻转文字

选择“路径选择”工具，将鼠标光标放置在文字上，鼠标光标显示为图标，如图 10-49 所示，将文字向路径内部拖曳，可以沿路径翻转文字，效果如图 10-50 所示。

图 10-49

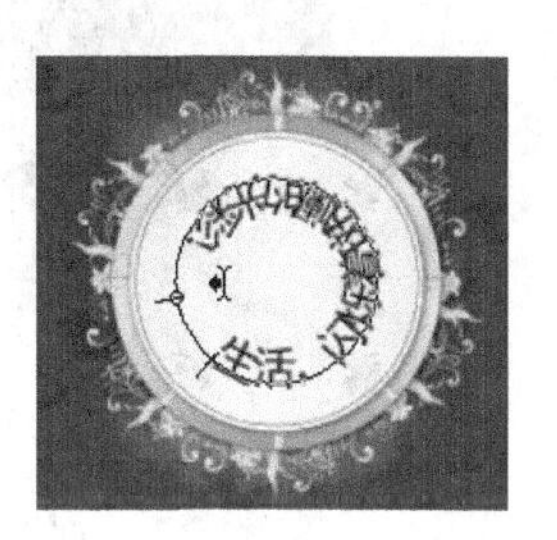

图 10-50

4．修改路径绕排文字的形态

创建了路径绕排文字后，可以编辑文字绕排的路径。选择“直接选择”工具，在路径上单击，路径上显示出控制手柄，拖曳控制手柄修改路径的形状，如图 10-51 所示，文字会按照修改后的路径进行排列，效果如图 10-52 所示。

图 10-51

图 10-52

10.3 图层蒙版

在编辑图像时可以为某一图层或多个图层添加蒙版，并对添加的蒙版进行编辑、隐藏、链接、删除等操作。

命令介绍

图层蒙版：可以将图层中图像的某些部分处理成透明和半透明的效果，而且可以恢复已经处理过的图像，是 Photoshop 独特的图像处理方式。

10.3.1 课堂案例——制作合成城市照片

【案例学习目标】学习使用图层蒙版制作按钮。

【案例知识要点】使用添加图层蒙版和画笔工具制作图片渐隐效果；使用色阶命令调整图片颜色；使用横排文字工具和字符面板添加文字，如图 10-53 所示。

【效果所在位置】Ch10/效果/制作合成城市照片.psd。

图 10-53

（1）按 Ctrl + O 组合键，打开本书学习资源中的“Ch10 > 素材 > 制作合成城市照片 > 01、02”文件。选择“移动”工具，将 02 图像拖曳到 01 图像窗口中适当的位置，效果如图 10-54 所示，在“图层”控制面板中生成新的图层并将其命名为“云”。

（2）按 Ctrl+T 组合键，在图像窗口周围出现控制手柄，拖曳鼠标调整图片的大小及位置，按 Enter 键确认操作，效果如图 10-55 所示。

（3）单击“图层”控制面板下方的“添加图层蒙版”按钮，为“云”图层添加蒙版。将前景色设置为黑色。选择“画笔”工具，在属性栏中单击“画笔”选项右侧的按钮，弹出画笔选择面板，在面板中选择需要的画笔形状，设置如图 10-56 所示。在图像窗口中进行涂抹，效果如图 10-57 所示。

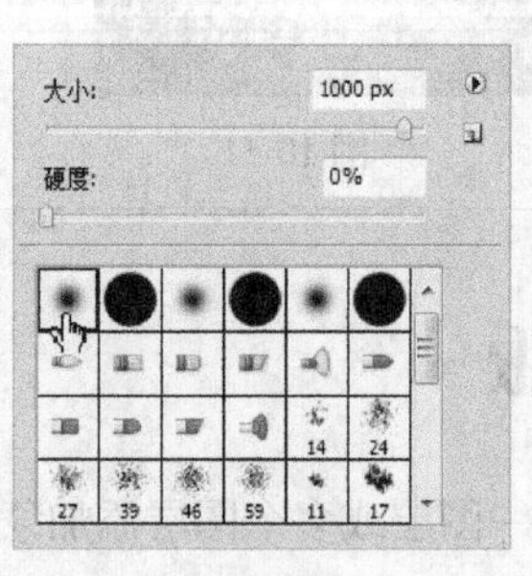

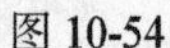

图 10-54　　图 10-55　　图 10-56　　图 10-57

（4）单击“图层”控制面板下方的“创建新的填充或调整图层”按钮，在弹出的菜单中选择“色阶”命令，在“图层”控制面板中生成“色阶 1”图层，同时在弹出的面板中进行设置，如图 10-58 所示，按 Enter 键确认操作，效果如图 10-59 所示。

（5）将前景色设置为蓝色（其 R、G、B 值分别为 145、213、250）。选择“横排文字”工具，在适当的位置分别输入需要的文字并选取文字，在属性栏中选择合适的字体并设置文字大小，按 Alt+向左方向键，调整文字间距，效果如图 10-60 所示，在“图层”控制面板中生成新的文字图层。按 Ctrl+T 组合键，在弹出的“字符”面板中单击“仿粗体”按钮，如图 10-61 所示，将文字加粗，效果如图 10-62 所示。

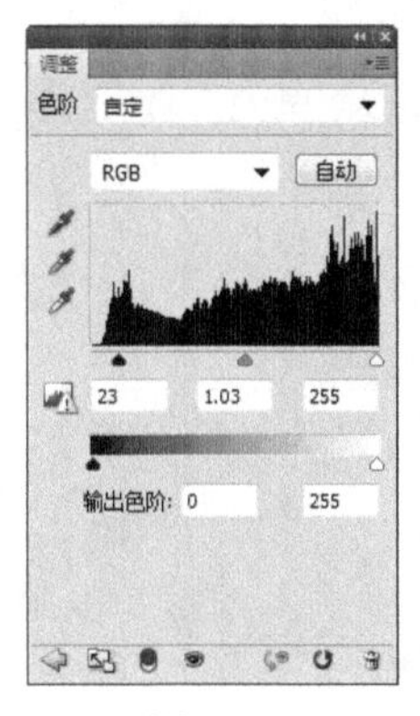

图 10-58

图 10-59

图 10-60

图 10-61

图 10-62

（6）按 Ctrl + O 组合键，打开本书学习资源中的“Ch10 > 素材 > 制作合成城市照片 > 03”文件，选择“移动”工具，将图片拖曳到图像窗口中适当的位置，效果如图 10-63 所示，在“图层”控制面板中生成新的图层并将其命名为“文字”。

（7）单击“图层”控制面板下方的“创建新的填充或调整图层”按钮，在弹出的菜单中选择“色相/饱和度”命令，在“图层”控制面板中生成“色相/饱和度 1”图层，同时在弹出的面板中进行设置，如图 10-64 所示，按 Enter 键确认操作，效果如图 10-65 所示。

（8）在“图层”控制面板中，按住 Alt 键的同时，将光标放在“文字”图层和“色相/饱和度 1”图层的中间，光标变为图标，单击鼠标创建剪贴蒙版，效果如图 10-66 所示。合成城市照片制作完成。

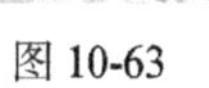
图 10-63

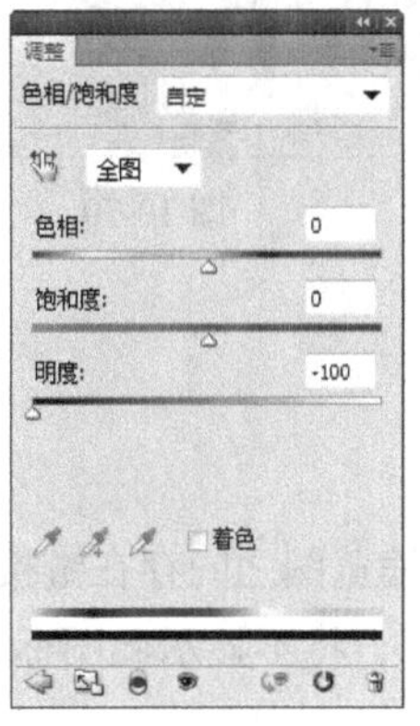

图 10-64

图 10-65

图 10-66

10.3.2　添加图层蒙版

单击“图层”控制面板下方的“添加图层蒙版”按钮，可以创建一个图层蒙版，如图 10-67 所示。按住 Alt 键的同时，单击“图层”控制面板下方的“添加图层蒙版”按钮，可以创建一个遮盖图层全部图像的蒙版，如图 10-68 所示。

选择“图层 > 图层蒙版 > 显示全部”命令，可以显示全部图像，效果如图 10-67 所示。选择“图层 > 图层蒙版 > 隐藏全部”命令，可以隐藏全部图像，效果如图 10-68 所示。

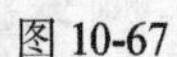

图 10-67

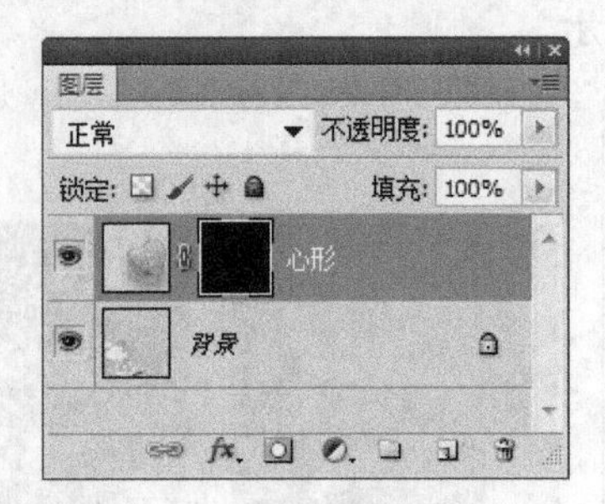

图 10-68

10.3.3　隐藏图层蒙版

按住 Alt 键的同时，单击图层蒙版缩览图，图像窗口中的图像被隐藏，只显示蒙版缩览图中的效果，如图 10-69 所示，“图层”控制面板如图 10-70 所示。按住 Alt 键的同时，再次单击图层蒙版缩览图，将恢复图像窗口中的图像效果。按住 Alt+Shift 组合键的同时，单击图层蒙版缩览图，将同时显示图像和图层蒙版的内容。

图 10-69

图 10-70

10.3.4　图层蒙版的链接

在“图层”控制面板中图层缩览图与图层蒙版缩览图之间存在链接图标，当图层图像与蒙版关联时，移动图像时蒙版会同步移动。单击链接图标，将不显示此图标，可以分别对图像与蒙版进行操作。

10.3.5　应用及删除图层蒙版

在“通道”控制面板中，双击“蒙版”通道，弹出“图层蒙版显示选项”对话框，如图 10-71 所示，可以对蒙版的颜色和不透明度进行设置。

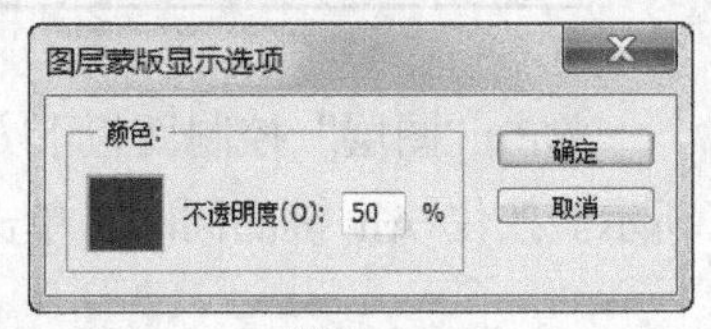

图 10-71

选择“图层 > 图层蒙版 > 停用”命令，或按住 Shift 键的同时，单击“图层”控制面板中的图层蒙版缩览图，图层蒙版被停用，如图 10-72 所示，图像将全部显示，效果如图 10-73 所示。按住 Shift 键的同时，再次单击图层蒙版缩览图，将恢复图层蒙版效果，效果如图 10-74 所示。

图 10-72

图 10-73

图 10-74

选择“图层 > 图层蒙版 > 删除”命令，或在图层蒙版缩览图上单击鼠标右键，在弹出的下拉菜单中选择“删除图层蒙版”命令，可以将图层蒙版删除。

10.4 剪贴蒙版与矢量蒙版

剪贴蒙版和矢量蒙版可以用遮盖的方式使图像产生特殊的效果。

命令介绍

剪贴蒙版：是使用某个图层的内容来遮盖其上方的图层，遮盖效果由基底图层决定。

10.4.1 课堂案例——制作打散飞溅效果

【案例学习目标】学习使用剪贴蒙版命令制作图像效果。

【案例知识要点】使用画笔工具绘制飞溅图形，使用创建剪贴蒙版制作图像效果，使用添加图层样式命令为文字添加特殊效果，最终效果如图 10-75 所示。

【效果所在位置】Ch10/效果/制作打散飞溅效果.psd。

图 10-75

（1）按 Ctrl+N 组合键，新建一个文件，设置宽度为 15cm，高度为 15cm，分辨率为 300 像素/英寸，颜色模式为 RGB，背景内容为白色，单击“确定”按钮。

（2）新建图层并将其命名为“画笔绘制”。将前景色设置为黑色。选择“画笔”工具，单击属性栏中的“切换画笔调板”按钮，弹出“画笔”控制面板，选择“画笔笔尖形状”选项，切换到相应的面板，设置如图 10-76 所示。选择“形状动态”选项，切换到相应的面板，设置如图 10-77 所示。选择“散布”选项，切换到相应的面板，设置如图 10-78 所示。在图像窗口中拖曳光标绘制图形，效果如图 10-79 所示。

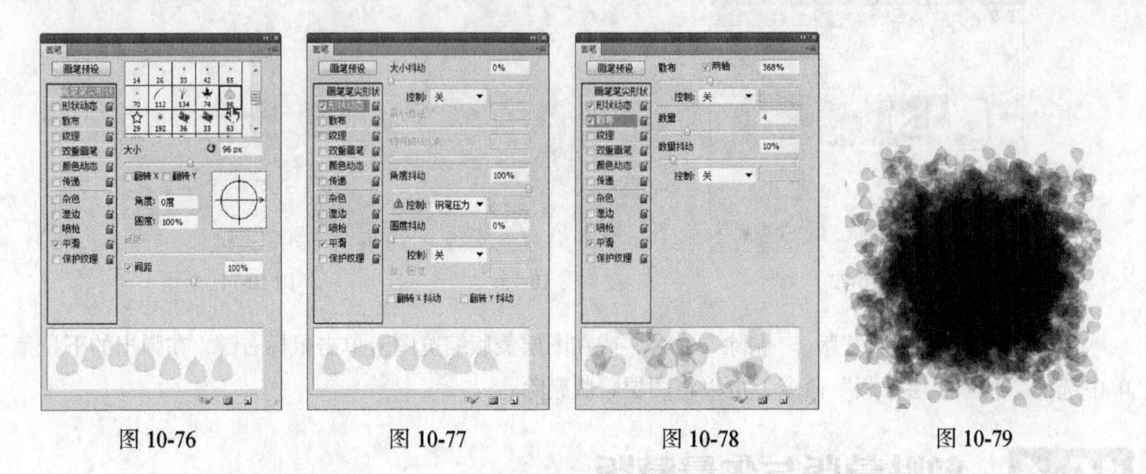

图 10-76　　图 10-77　　图 10-78　　图 10-79

（3）单击“图层”控制面板下方的“添加图层样式”按钮，在弹出的菜单中选择“投影”命令，在弹出的对话框中进行设置，如图 10-80 所示，单击“确定”按钮，效果如图 10-81 所示。

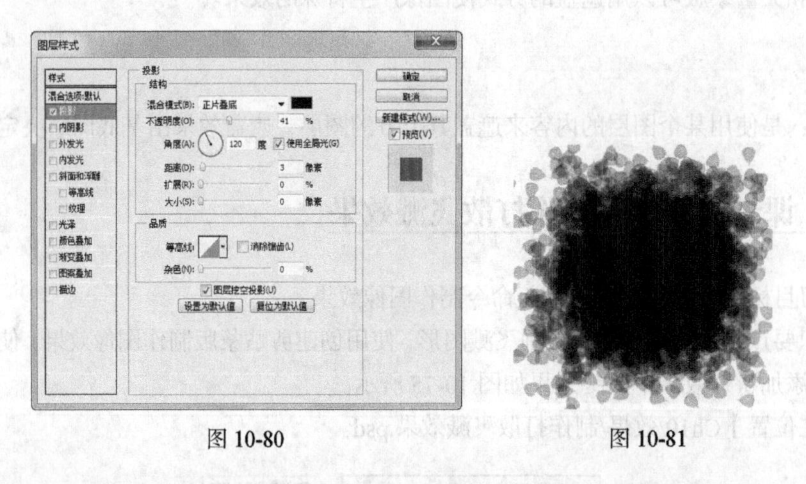

图 10-80　　图 10-81

（4）按 Ctrl+O 组合键，打开本书学习资源中的“Ch10 > 素材 > 制作打散飞溅效果 > 01”文件。选择“移动”工具，将图片拖曳到图像窗口中适当的位置，效果如图 10-82 所示，在“图层”控制面板中生成新的图层并将其命名为“漂流瓶”。

（5）按住 Alt 键的同时，将鼠标光标放在“漂流瓶”图层和“画笔绘制”图层的中间，鼠标光标变为图标，如图 10-83 所示。单击鼠标，创建剪贴蒙版，效果如图 10-84 所示。

（6）将前景色设置为紫色（其 R、G、B 的值分别为 117、36、128）。选择“横排文字”工具，输入需要的文字并选取文字，在属性栏中选择合适的字体并设置文字的大小，效果如图 10-85 所示，在“图层”控制面板中生成新的文字图层。

图 10-82

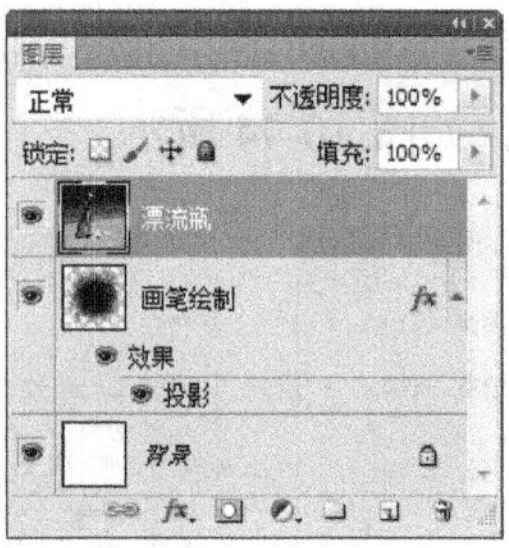

图 10-83

图 10-84

图 10-85

（7）单击“图层”控制面板下方的“添加图层样式”按钮 fx.，在弹出的菜单中选择“投影”命令，在弹出的对话框中进行设置，如图 10-86 所示；选择“描边”选项，切换相应的对话框，将描边颜色设置为白色，其他选项的设置如图 10-87 所示，单击“确定”按钮，效果如图 10-88 所示。

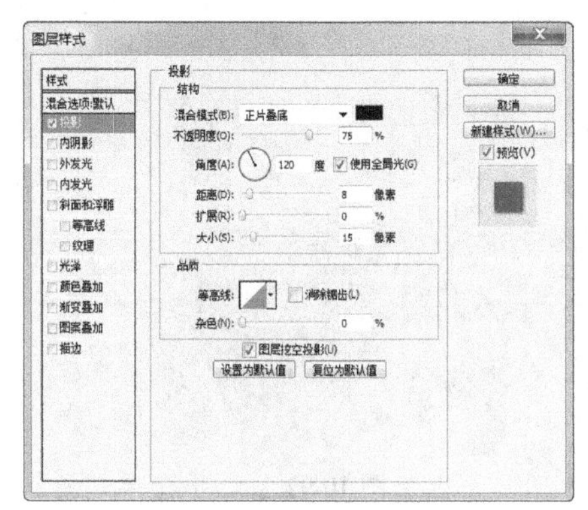

图 10-86

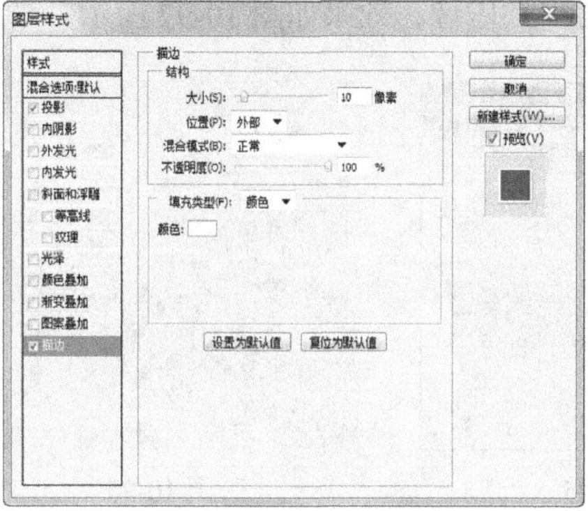

图 10-87

图 10-88

（8）选择“横排文字”工具 T，输入需要的文字并选取文字，在属性栏中选择合适的字体并设置文字的大小，如图 10-89 所示，在“图层”控制面板中生成新的文字图层。按 Ctrl+T 组合键，弹出“字符”面板，选项的设置如图 10-90 所示，按 Enter 键确认操作，文字效果如图 10-91 所示。打散飞溅效果制作完成。

图 10-89

图 10-90

图 10-91

10.4.2　剪贴蒙版

剪贴蒙版是使用某个图层的内容来遮盖其上方的图层，遮盖效果由基底图层决定。

图像效果如图 10-92 所示，“图层”控制面板如图 10-93 所示。按住 Alt 键的同时，将光标放置到“心形”和“心”的中间位置，鼠标光标变为图标，如图 10-94 所示。

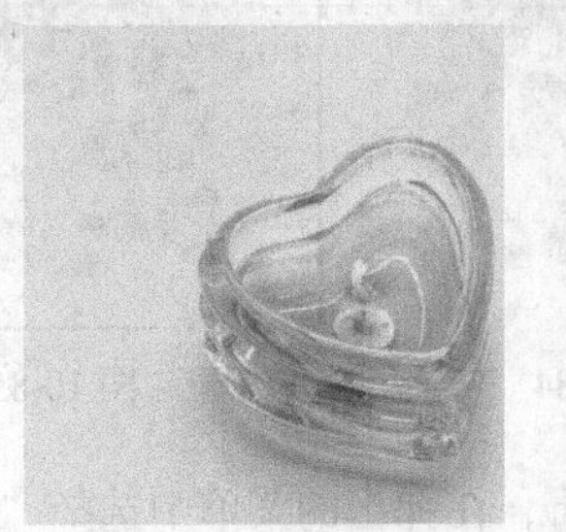
图 10-92

图 10-93

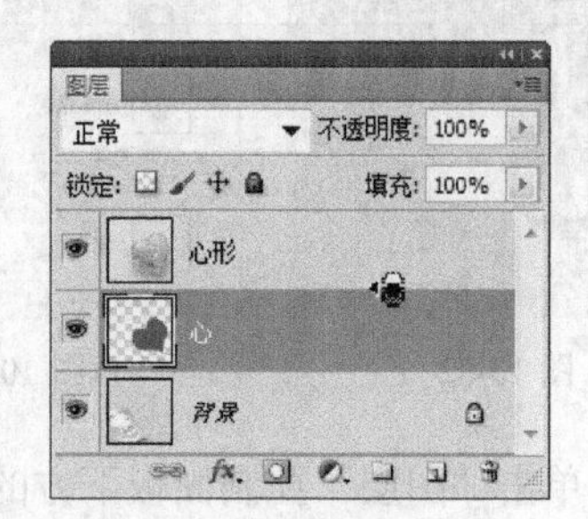

图 10-94

单击鼠标创建剪贴蒙版，如图 10-95 所示，图像窗口中的效果如图 10-96 所示。选择“移动”工具，可以随时移动“心形”图像，效果如图 10-97 所示。

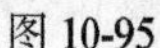
图 10-95

图 10-96

图 10-97

选中剪贴蒙版组上方的图层，选择“图层 > 释放剪贴蒙版”命令，或按 Alt+Ctrl+G 组合键，可以取消剪贴蒙版。

10.4.3 矢量蒙版

原始图像如图 10-98 所示。选择“钢笔”工具，在属性栏中选中“路径”按钮，在图像窗口中绘制路径，如图 10-99 所示。

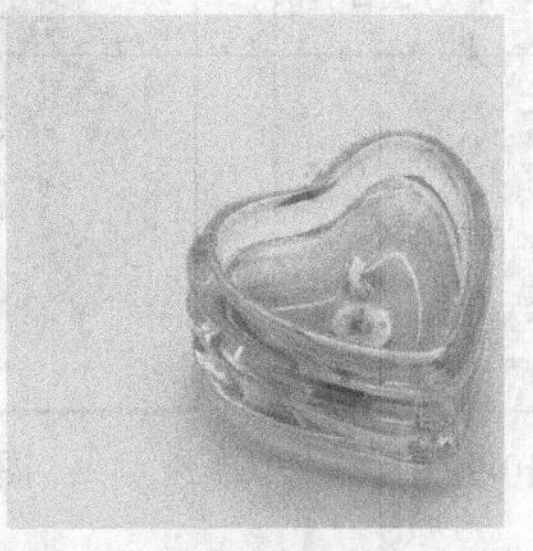
图 10-98

图 10-99

选中“心形”图层，选择“图层 > 矢量蒙版 > 当前路径”命令，添加矢量蒙版，如图 10-100 所示，图像窗口中的效果如图 10-101 所示。选择“直接选择”工具，可以修改路径的形状，从而修改蒙版的遮罩区域，如图 10-102 所示。

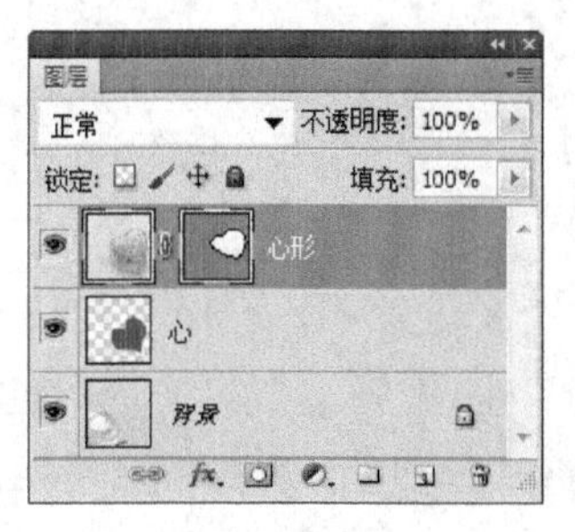

图 10-100

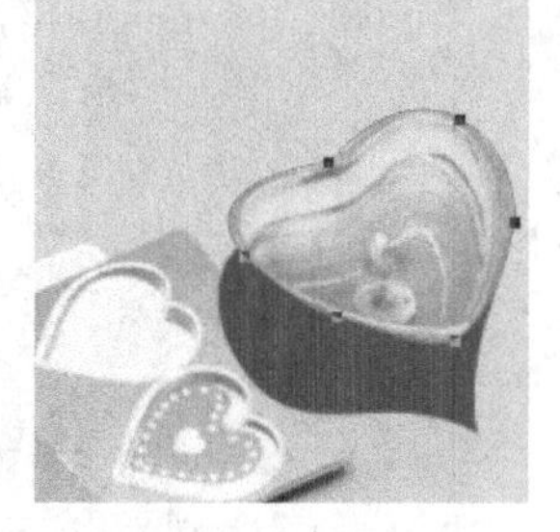

图 10-101

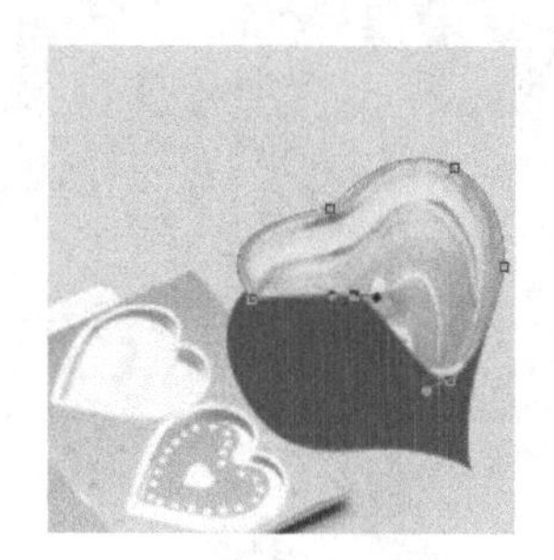

图 10-102

课堂练习——制作电视剧海报

【练习知识要点】使用渐变映射命令调整图片的颜色，使用矩形选框工具和极坐标滤镜制作背景效果，使用自定形状工具绘制心形，使用文字变形命令将文字变形，使用描边命令为文字添加描边，最终效果如图 10-103 所示。

【效果所在位置】Ch10/效果/制作电视剧海报.psd。

图 10-103

课后习题——制作个性生活照片

【习题知识要点】使用渐变工具和添加杂色命令制作背景图像，使用添加图层蒙版按钮和渐变工具对图片进行编辑，使用创建剪贴蒙版命令为图片创建剪贴蒙版，最终效果如图 10-104 所示。

【效果所在位置】Ch10/效果/制作个性生活照片.psd。

图 10-104

第11章 使用通道与滤镜

本章介绍

本章主要介绍通道与滤镜的使用方法。通过对本章的学习，读者可以掌握通道的基本操作、通道蒙版的创建和使用方法，并掌握滤镜功能的使用技巧，以便快速、准确地创作出生动精彩的图像。

学习目标

- 掌握通道控制面板的操作方法。
- 掌握通道创建、复制和删除的应用。
- 掌握通道蒙版的使用方法。
- 掌握滤镜菜单中各个命令的使用方法和技巧。

技能目标

- 掌握“风景特效”的制作方法。
- 掌握“玻璃窗特效”的制作方法。
- 掌握“壁纸特效”的制作方法。
- 掌握“特效相框”的制作方法。
- 掌握“淡彩钢笔画”的制作方法。

11.1 通道的操作

应用通道控制面板可以对通道进行创建、复制、删除、分离和合并等操作。

命令介绍

分离通道命令：分离通道命令可以将通道分离成为单独的灰度图像，分离后可以对各个通道分别进行编辑。

合并通道命令：合并通道命令可以将需要的通道进行合并，形成一个复合通道图像，从而达到更好地编辑图像的目的。

11.1.1 课堂案例——制作风景特效

【案例学习目标】学习使用分离通道和合并通道命令制作图像特效。

【案例知识要点】使用分离和合并通道命令制作图像效果，使用调色刀滤镜命令制作图片特效，最终效果如图 11-1 所示。

【效果所在位置】Ch11/效果/制作风景特效.psd。

图 11-1

（1）按 Ctrl+O 组合键，打开本书学习资源中的“Ch11 > 素材 > 制作风景特效 > 01”文件，如图 11-2 所示。选择“通道”控制面板，如图 11-3 所示。单击“通道”控制面板右上方的图标，在弹出的菜单中选择“分离通道”命令，将图像分离成“红”“绿”“蓝”3 个通道文件，如图 11-4 所示。

图 11-2

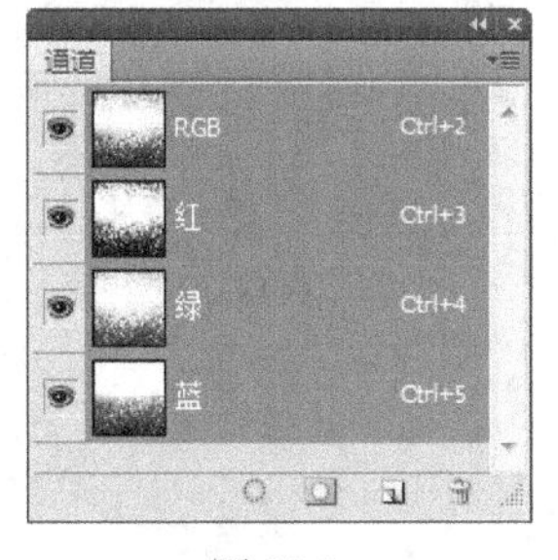

图 11-3

图 11-4

（2）选择通道文件“绿”，如图 11-5 所示。选择“滤镜 > 艺术效果 > 调色刀”命令，在弹出的对话框中进行设置，如图 11-6 所示。单击“确定”按钮，效果如图 11-7 所示。

图 11-5

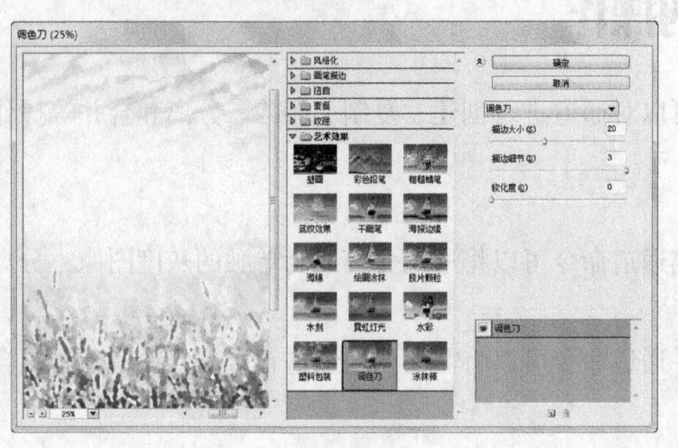
图 11-6

图 11-7

（3）单击“通道”控制面板右上方的图标，在弹出的菜单中选择“合并通道”命令，在弹出的对话框中进行设置，如图 11-8 所示。单击“确定”按钮，弹出“合并 RGB 通道”对话框，如图 11-9 所示。单击“确定”按钮，图像效果如图 11-10 所示。

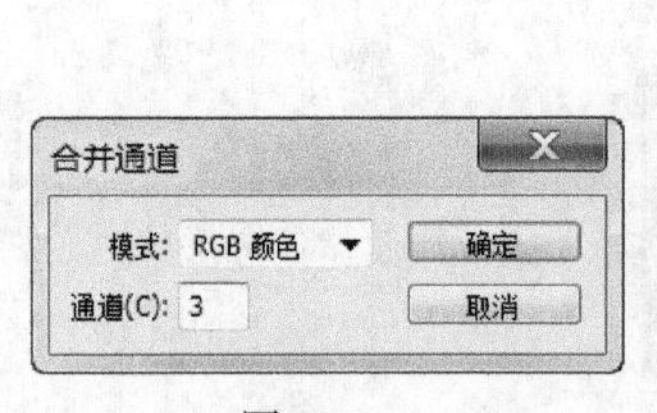

图 11-8

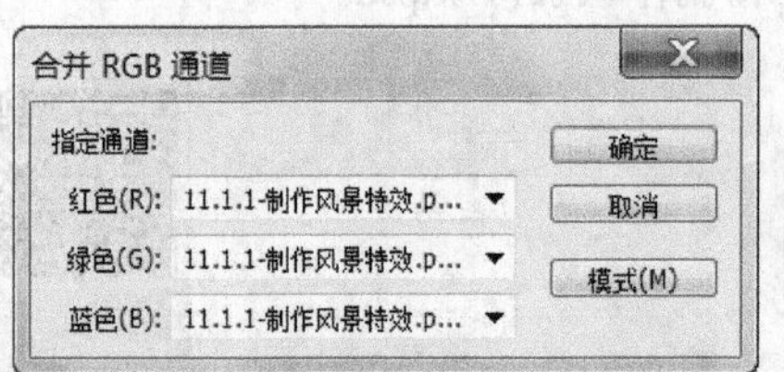

图 11-9

图 11-10

（4）按 Ctrl+O 组合键，打开本书学习资源中的“Ch11 > 素材 > 制作风景特效 > 02”文件。选择“移动”工具，将文字拖曳到图像窗口中适当的位置，效果如图 11-11 所示，在“图层”控制面板中生成新的图层并将其命名为“文字”，效果如图 11-12 所示。风景特效制作完成。

图 11-11

图 11-12

11.1.2 通道控制面板

通道控制面板可以管理所有的通道并对通道进行编辑。

选择“窗口 > 通道”命令，弹出“通道”控制面板，如图 11-13 所示。

右上方有 2 个系统按钮，分别是“折叠为图标”按钮和“关闭”按钮。单击“折叠为图标”按钮可以将控制面板折叠，只显示图标。单击“关闭”按钮可以将控制面板关闭。

放置区用于存放当前图像中存在的所有通道。如果选中的只是其中的一个通道，则只有这个通道处于选中状态，通道上将出现一个深色条。如果想选中多个通道，可以按住 Shift 键，再单击其他通道。通道左侧的眼睛图标用于显示或隐藏颜色通道。

在“通道”控制面板的底部有 4 个工具按钮，如图 11-14 所示。

将通道作为选区载入：用于将通道作为选择区域调出。

将选区存储为通道：用于将选择区域存入通道中。

创建新通道：用于创建或复制新的通道。

删除当前通道：用于删除图像中的通道。

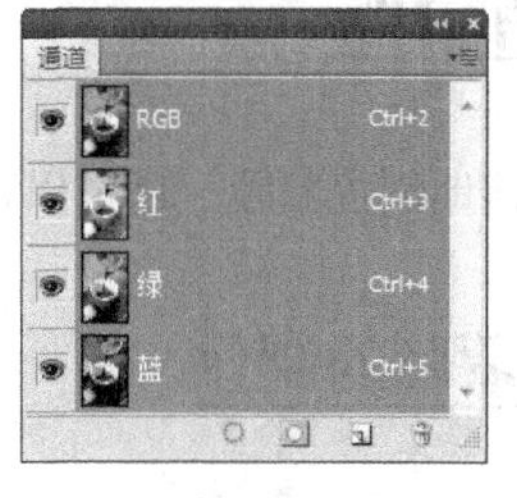

图 11-13

图 11-14

11.1.3　创建新通道

在编辑图像的过程中，可以建立新的通道。

单击“通道”控制面板右上方的图标，在弹出的菜单中选择“新建通道”命令，弹出“新建通道”对话框，如图 11-15 所示。单击“确定”按钮，创建一个新通道，如图 11-16 所示。

名称：用于设置当前通道的名称。

色彩指示：用于选择两种区域方式。

颜色：用于设置新通道的颜色。

不透明度：用于设置当前通道的不透明度。

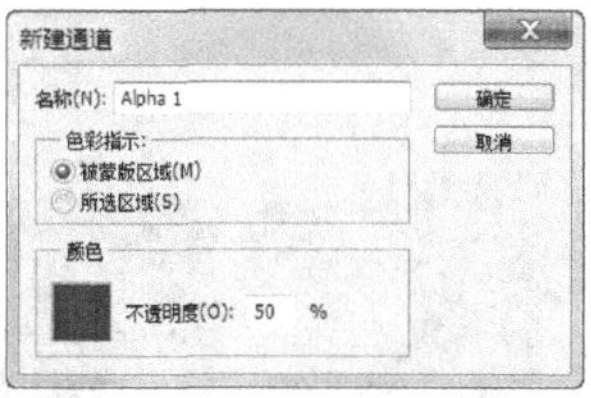

图 11-15

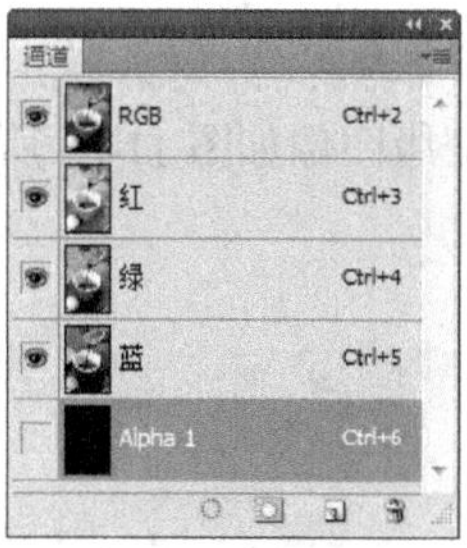

图 11-16

单击“通道”控制面板下方的“创建新通道”按钮，也可以创建一个新通道。

11.1.4　复制通道

复制通道命令用于将现有的通道进行复制，产生相同属性的多个通道。

单击“通道”控制面板右上方的图标，在弹出的菜单中选择“复制通道”命令，弹出“复制通道”对话框，如图 11-17 所示。

为：用于设置复制出的新通道的名称。

文档：用于设置复制通道的文件来源。

将“通道”控制面板中需要复制的通道拖曳到下方的“创建新通道”按钮上，即可将所选的通道复制为一个新的通道。

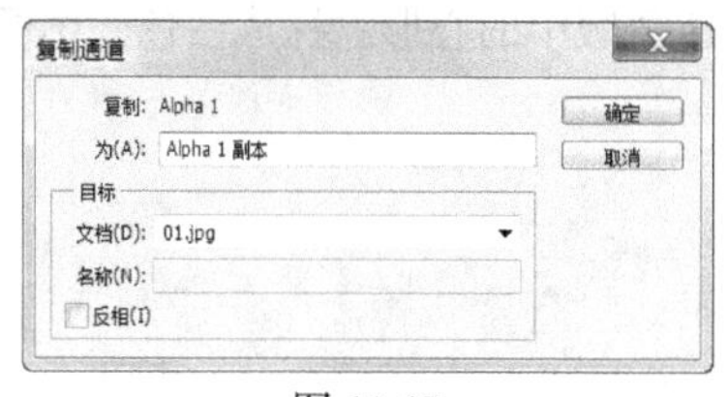

图 11-17

11.1.5　删除通道

不用的或废弃的通道可以删除，以免影响操作。

单击“通道”控制面板右上方的图标，在弹出的菜单中选择“删除通道”命令，即可将通道删除。

单击“通道”控制面板下方的“删除当前通道”按钮，弹出提示对话框，如图 11-18 所示，单击“是”按钮，将通道删除。也可将需要删除的通道直接拖曳到“删除当前通道”按钮上进行删除。

图 11-18

11.2 通道蒙版

在通道中可以快速地创建蒙版，还可以存储蒙版。

11.2.1 快速蒙版的制作

打开一幅图像，如图 11-19 所示。选择“磁性套索”工具，选中属性栏中的“从选区减去”按钮，在图像窗口中绘制选区，如图 11-20 所示。

单击工具箱下方的“以快速蒙版模式编辑”按钮，进入蒙版状态，选区暂时消失，图像的未选择区域变为红色，如图 11-21 所示。“通道”控制面板中将自动生成快速蒙版，如图 11-22 所示。快速蒙版图像如图 11-23 所示。

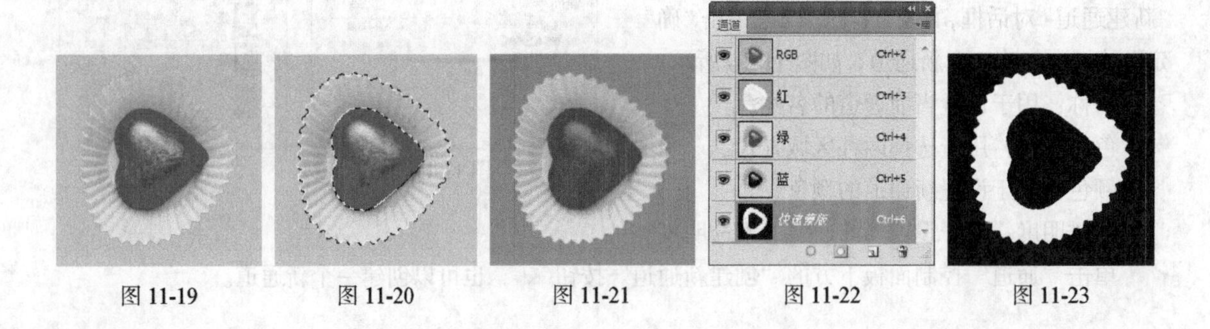

图 11-19　图 11-20　图 11-21　图 11-22　图 11-23

提示 系统预设蒙版颜色为半透明的红色。

选择“画笔”工具，在工具属性栏中进行设定，如图 11-24 所示。将前景色设置为白色。将快速蒙版中的心形涂抹成白色，图像效果和“通道”面板分别如图 11-25 和图 11-26 所示。

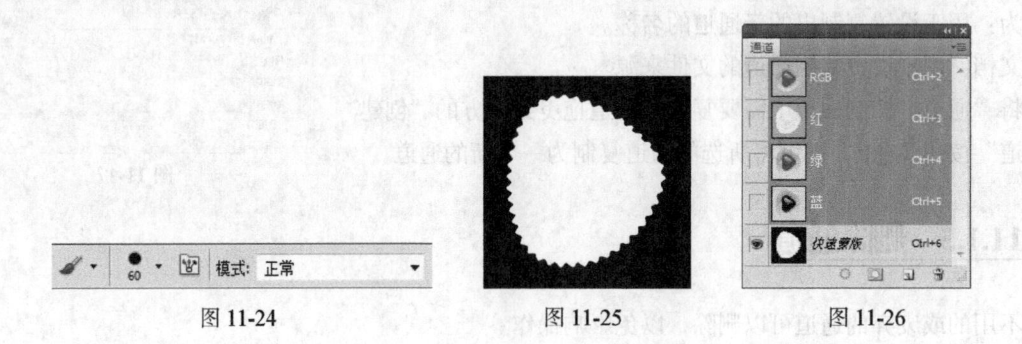

图 11-24　图 11-25　图 11-26

11.2.2　在 Alpha 通道中存储蒙版

可以将编辑好的蒙版存储到 Alpha 通道中。

在图像中绘制选区，如图 11-27 所示。选择“选择 > 存储选区”命令，弹出“存储选区”对话框，设置如图 11-28 所示，单击“确定”按钮，建立通道蒙版“心形”。或单击“心形”控制面板中的“将选区存储为通道”按钮，建立通道蒙版“心形”，如图 11-29 和图 11-30 所示。

将图像保存，再次打开图像时，选择“选择 > 载入选区”命令，弹出“载入选区”对话框，设置如图 11-31 所示，单击“确定”按钮，将“心形”通道的选区载入。或单击“通道”控制面板中的“将通道作为选区载入”按钮，将“心形”通道作为选区载入，效果如图 11-32 所示。

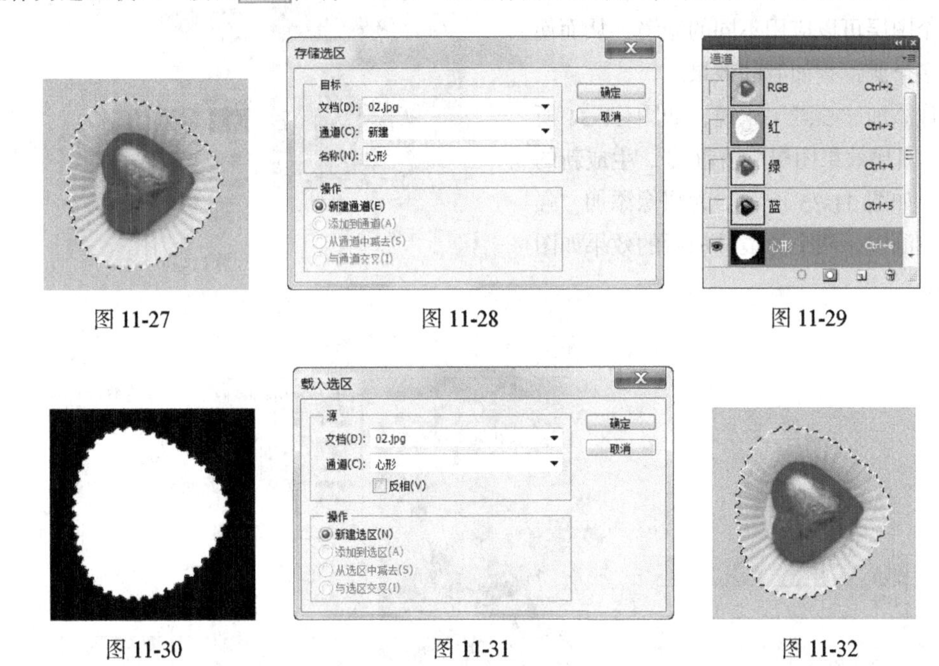

图 11-27　　图 11-28　　图 11-29

图 11-30　　图 11-31　　图 11-32

11.3　滤镜的应用

Photoshop CS5 的滤镜菜单下提供了多种滤镜，选择这些滤镜命令，可以制作出奇妙的图像效果。

单击“滤镜”菜单，弹出如图 11-33 所示的下拉菜单。Photoshop CS5 的滤镜菜单被分为 6 部分，并用横线划分开。

第 1 部分为最近一次使用的滤镜，没有使用滤镜时，此命令为灰色，不可选择。使用任意一种滤镜后，当需要重复使用这种滤镜时，只要直接选择这种滤镜或按 Ctrl+F 组合键，即可重复使用。

第 2 部分为转换为智能滤镜，智能滤镜可随时进行修改操作。

第 3 部分为 4 种 Photoshop CS5 滤镜，每个滤镜的功能都十分强大。

第 4 部分为 13 种 Photoshop CS5 滤镜组，每个滤镜组中均含多个子滤镜。

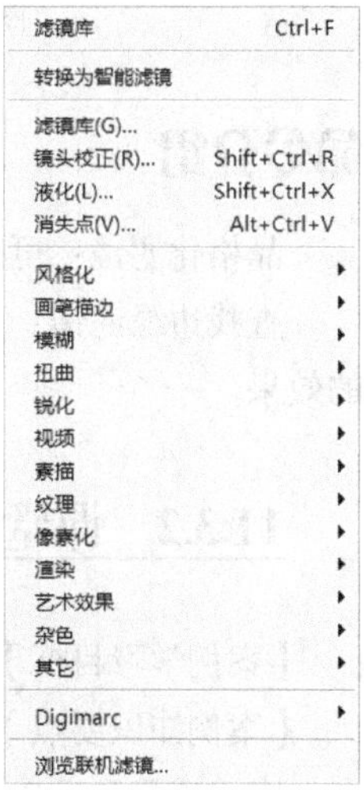

滤镜库 Ctrl+F
转换为智能滤镜
滤镜库(G)...
镜头校正(R)... Shift+Ctrl+R
液化(L)... Shift+Ctrl+X
消失点(V)... Alt+Ctrl+V
风格化
画笔描边
模糊
扭曲
锐化
视频
素描
纹理
像素化
渲染
艺术效果
杂色
其它
Digimarc
浏览联机滤镜...

图 11-33

第 5 部分为 Digimarc 滤镜。

第 6 部分为浏览联机滤镜。

11.3.1　滤镜库

选择“滤镜 > 滤镜库”命令，弹出“滤镜库”对话框，该对话框中部为滤镜列表，每个滤镜组下面包含多个特色滤镜，单击需要的滤镜组，可以浏览到滤镜组中的各个滤镜和其相应的滤镜效果。

在“滤镜库”对话框中可以创建多个效果图层，每个图层可以应用不同的滤镜，从而使图像产生多个滤镜叠加后的效果。

为图像添加“喷溅”滤镜，如图 11-34 所示，单击“新建效果图层”按钮，生成新的效果图层，如图 11-35 所示。为图像添加“强化的边缘”滤镜，两个滤镜叠加后的效果如图 11-36 所示。

图 11-34

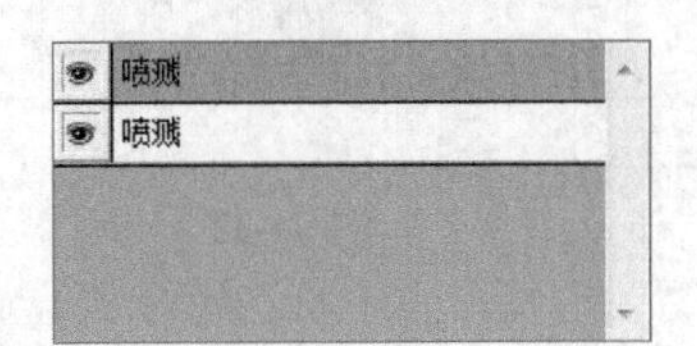

图 11-35

图 11-36

命令介绍

晶格化滤镜：可以使相近的像素集中到一个像素的多角形网格中，以使图像清晰化。

查找边缘滤镜：可以搜寻图像的主要颜色变化区域并强化其过渡像素，产生一种用铅笔勾描轮廓的效果。

11.3.2　课堂案例——制作玻璃窗特效

【案例学习目标】学习使用模糊滤镜、杂色滤镜、像素化滤镜及风格化滤镜制作玻璃窗。

【案例知识要点】使用添加杂色、晶格化和查找边缘滤镜命令制作玻璃纹理，使用高斯模糊滤镜命令、魔棒工具和反选命令制作玻璃窗，最终效果如图 11-37 所示。

【效果所在位置】Ch11/效果/制作玻璃窗特效.psd。

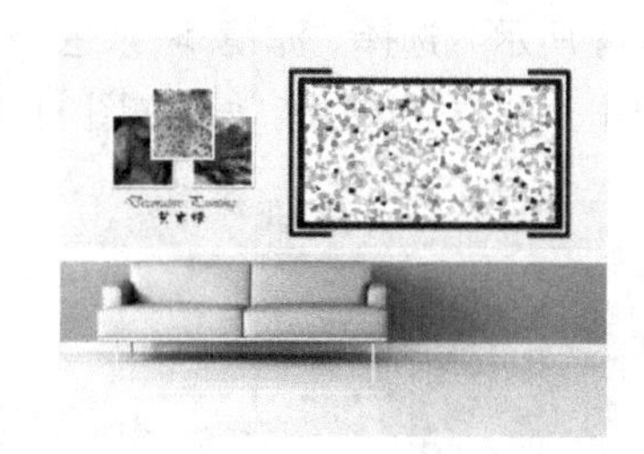

图 11-37

（1）按 Ctrl+O 组合键，打开本书学习资源中的“Ch11 > 素材 > 制作玻璃窗特效 > 01”文件，如图 11-38 所示。将“背景”图层拖曳到“图层”控制面板下方的“创建新图层”按钮上进行复制，生成新的图层“背景 副本”，如图 11-39 所示。

图 11-38

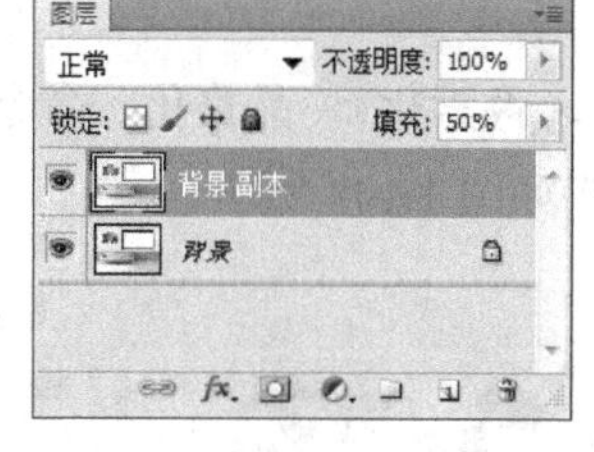

图 11-39

（2）选择“滤镜 > 模糊 > 高斯模糊”命令，在弹出的对话框中进行设置，如图 11-40 所示。单击“确定”按钮，效果如图 11-41 所示。

图 11-40

图 11-41

（3）在“图层”控制面板上方，将“背景 副本”图层的混合模式设置为“叠加”，“填充”选项设置为 50%，如图 11-42 所示，图像效果如图 11-43 所示。

图 11-42

图 11-43

（4）新建图层。将前景色设置为浅绿色（其 R、G、B 的值分别为 200、221、212）。按 Alt+Delete 组合键，用前景色填充图层，效果如图 11-44 所示。选择“滤镜 > 杂色 > 添加杂色”命令，在弹出的对话框中进行设置，如图 11-45 所示。单击“确定”按钮，效果如图 11-46 所示。

图 11-44

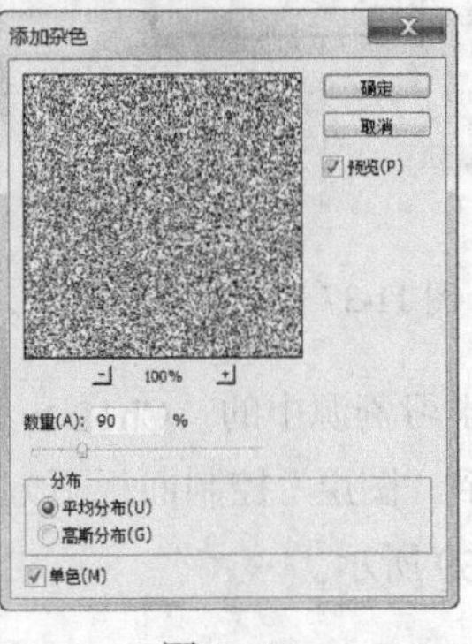

图 11-45

图 11-46

（5）选择“滤镜 > 像素化 > 晶格化”命令，在弹出的对话框中进行设置，如图 11-47 所示。单击“确定”按钮，效果如图 11-48 所示。

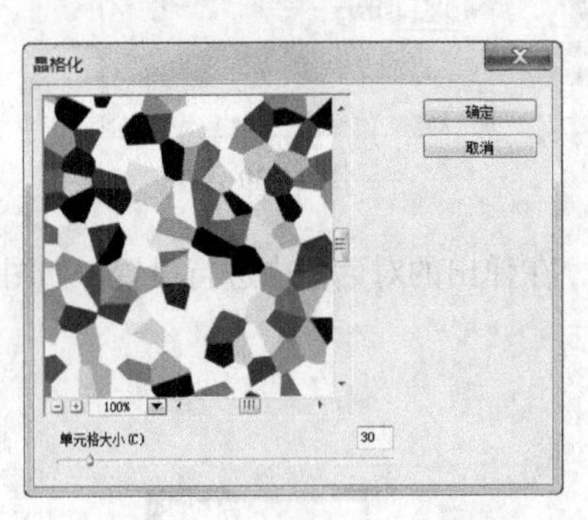

图 11-47

图 11-48

（6）将“图层 1”拖曳到控制面板下方的“创建新图层”按钮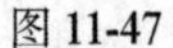上进行复制，生成新的图层“图层 1 副本”。选择“滤镜 > 风格化 > 查找边缘”命令，效果如图 11-49 所示。在“图层”控制面板上将“图层 1 副本”的混合模式设置为“颜色减淡”，“不透明度”设置为 60%，图像效果如图 11-50 所示。

图 11-49

图 11-50

（7）按住 Ctrl 键的同时，单击“图层 1”和“图层 1 副本”图层，将其同时选取。按 Ctrl+E 组合键，合并图层并将其命名为“玻璃窗”。将前景色设置为黑色。单击“图层”控制面板下方的“添加图层蒙版”按钮 ，为图层添加蒙版。单击“玻璃窗”左侧的眼睛图标，隐藏该图层。

（8）选择“背景 副本”图层。选择“魔棒”工具，单击图像窗口中的白色窗口部分，在图像窗口中生成选区，如图 11-51 所示。按 Shift+Ctrl+I 组合键，将选区反选。显示“玻璃窗”图层，单击蒙版缩览图，使其处于编辑状态。按 Alt+Delete 组合键，用前景色填充蒙版。按 Ctrl+D 组合键，取消选区，效果如图 11-52 所示。

（9）选择“横排文字”工具，分别输入需要的文字并选取文字，在属性栏中选择合适的字体并设置文字的大小，效果如图 11-53 所示。玻璃窗特效制作完成。

图 11-51　　图 11-52　　图 11-53

11.3.3 杂色滤镜

杂色滤镜可以添加和去除杂色或带有随机分布色阶的像素，制作出与众不同的纹理。杂色滤镜的子菜单如图 11-54 所示。应用不同的滤镜制作出的效果如图 11-55 所示。

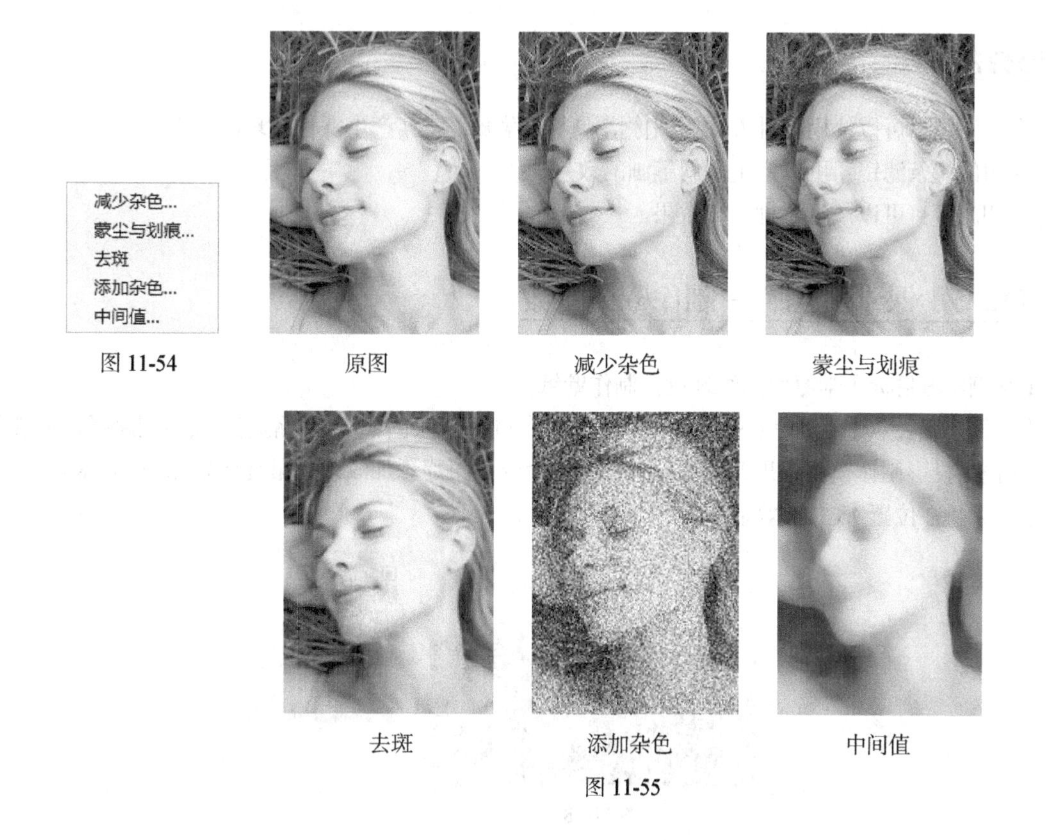

图 11-54

图 11-55

11.3.4 渲染滤镜

渲染滤镜可以在图片中产生照明的效果，它可以产生不同的光源效果和夜景效果。渲染滤镜的子菜单如图 11-56 所示。应用不同的滤镜制作出的效果如图 11-57 所示。

图 11-56　原图　分层云彩　光照效果

镜头光晕　纤维　云彩

图 11-57

命令介绍

颗粒滤镜：可以使用多种方法为图像增添多种噪波，使其产生一种纹理的效果。

成角的线条滤镜：可以产生倾斜笔画的效果。

影印滤镜：可以产生一种影印效果。

11.3.5 课堂案例——制作壁纸特效

【案例学习目标】学习使用纹理滤镜制作壁纸。

【案例知识要点】使用色彩平衡命令和曲线命令调整图像色彩，使用钢笔工具绘制路径，使用高斯模糊滤镜为投影制作模糊效果，使用纹理化滤镜命令为图片添加纹理，最终效果如图 11-58 所示。

【效果所在位置】Ch11/效果/制作壁纸特效.psd。

图 11-58

（1）按 Ctrl + O 组合键，打开本书学习资源中的“Ch11 > 素材 > 制作壁纸特效 > 01”文件，如图 11-59 所示。单击“图层”控制面板下方的“创建新的填充或调整图层”按钮，在弹出的菜单中选择“色彩平衡”命令，在“图层”控制面板中生成“色彩平衡 1”图层，同时在弹出的面板中进行设置，如图 11-60 所示；选择“阴影”选项，切换到相应的面板，选项的设置如图 11-61 所示；选择“高光”选项，切换到相应的面板，选项的设置如图 11-62 所示，效果如图 11-63 所示。

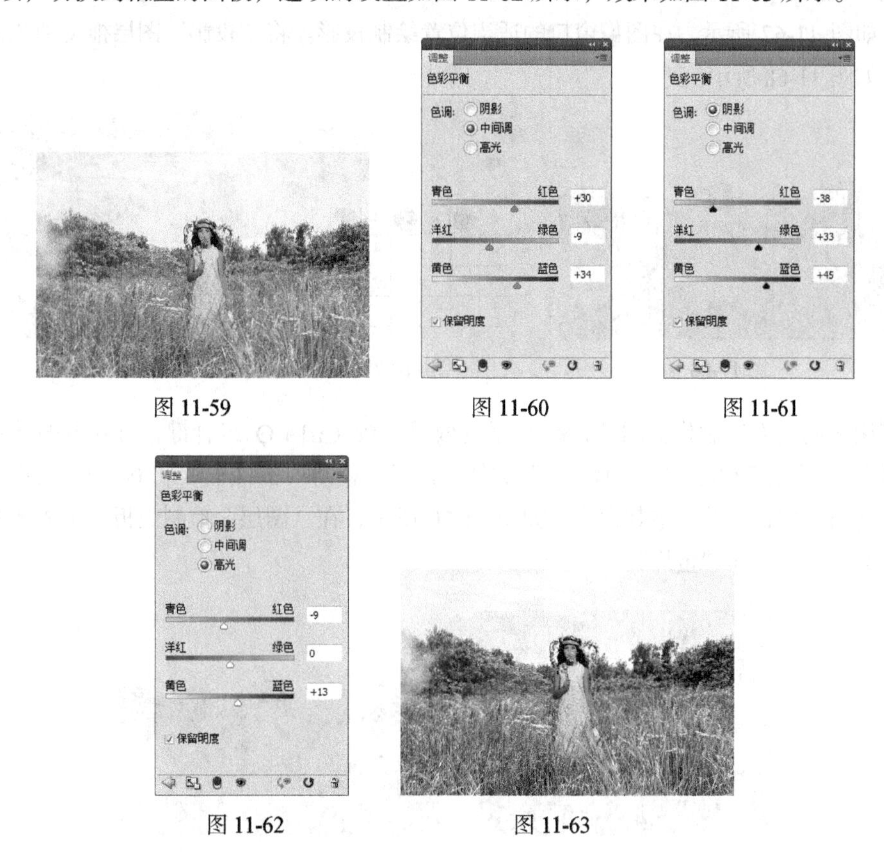

图 11-59　图 11-60　图 11-61

图 11-62　图 11-63

（2）单击“图层”控制面板下方的“创建新的填充或调整图层”按钮，在弹出的菜单中选择“曲线”命令，在“图层”控制面板中生成“曲线 1”图层，同时弹出相应的面板，在曲线上单击鼠标添加控制点，将“输出”选项设置为 89，“输入”选项设置为 97，再次单击鼠标左键添加控制点，将“输出”选项设置为 179，“输入”选项设置为 166，如图 11-64 所示，按 Enter 键确认操作，效果如图 11-65 所示。

图 11-64　图 11-65

（3）按 Ctrl＋O 组合键，打开本书学习资源中的“Ch11＞素材＞制作壁纸特效＞02”文件，选择“移动”工具，将图片拖曳到图像窗口中适当的位置，并调整其大小，如图 11-66 所示，在“图层”控制面板中生成新的图层并将其命名为“花”。

（4）新建图层并将其命名为“投影”。将前景色设置为棕色（其 R、G、B 值分别为 54、35、35）。选择“画笔”工具，在属性栏中单击“画笔”选项右侧的按钮，弹出画笔选择面板，选择需要的画笔形状，如图 11-67 所示，在图像窗口的适当位置绘制投影。将“投影”图层拖曳到“花”图层的下方，效果如图 11-68 所示。

图 11-66

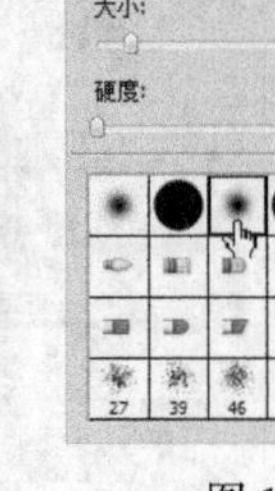

图 11-67

图 11-68

（5）使用相同的方法制作如图 11-69 所示的效果。按 Ctrl＋O 组合键，打开本书学习资源中的“Ch11＞素材＞制作壁纸特效＞04、05”文件，选择“移动”工具，将 04、05 图片分别拖曳到图像窗口中适当的位置，并调整其大小，如图 11-70 所示，在“图层”控制面板中生成新的图层并将其分别命名为“文字”和“蜜蜂”。

图 11-69

图 11-70

（6）单击“图层”控制面板下方的“添加图层样式”按钮，在弹出的菜单中选择“外发光”命令，在弹出的对话框中将发光颜色设置为白色，其他选项的设置如图 11-71 所示。单击“确定”按钮，效果如图 11-72 所示。

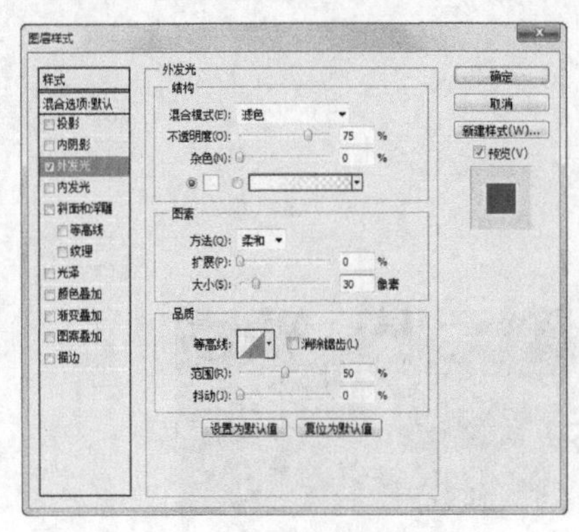

图 11-71

图 11-72

（7）按 Alt+Shift+Ctrl+E 组合键，复制并合并图层，将其命名为“合并图层”。选择“滤镜 > 纹理 > 纹理化”命令，在弹出的面板中进行设置，如图 11-73 所示，单击“确定”按钮，效果如图 11-74 所示。

（8）单击“图层”控制面板下方的“创建新的填充或调整图层”按钮，在弹出的菜单中选择“亮度/对比度”命令，在“图层”控制面板中生成“亮度/对比度 1”图层，同时弹出相应的面板，设置如图 11-75 所示，按 Enter 键确认操作，效果如图 11-76 所示。壁纸特效制作完成。

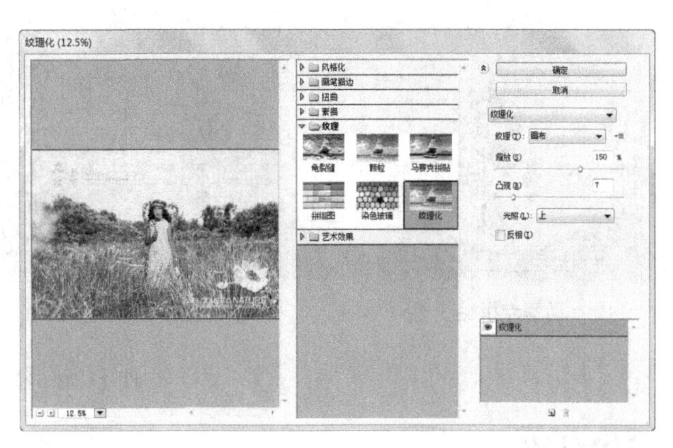

图 11-73

图 11-74

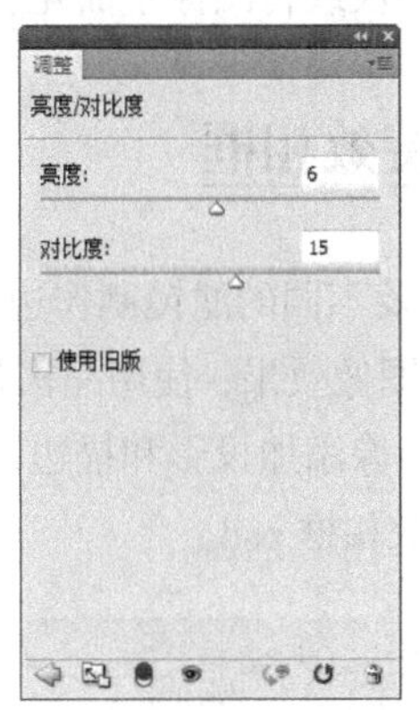

图 11-75

图 11-76

11.3.6　纹理滤镜

纹理滤镜可以使图像中各个颜色之间产生过渡变形的效果。纹理滤镜的子菜单如图 11-77 所示。应用不同的滤镜制作出的效果如图 11-78 所示。

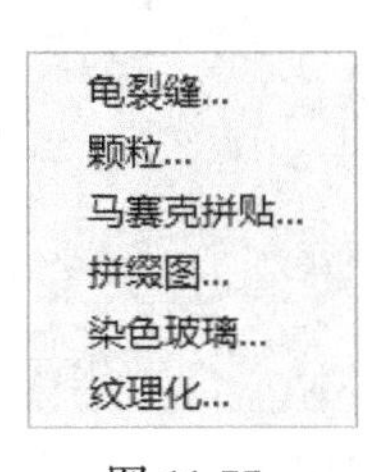

图 11-77

原图

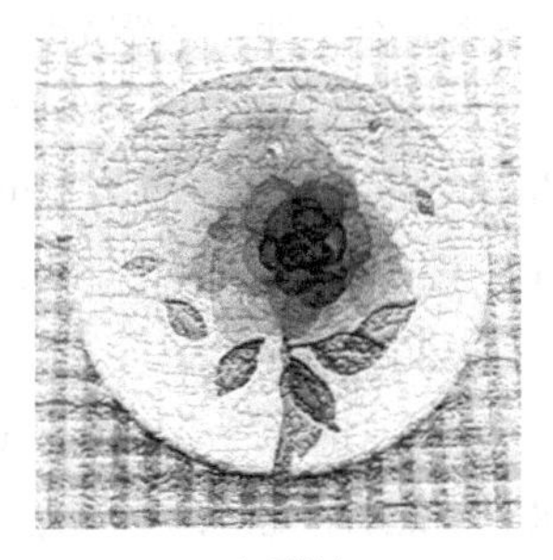

龟裂缝

颗粒

图 11-78

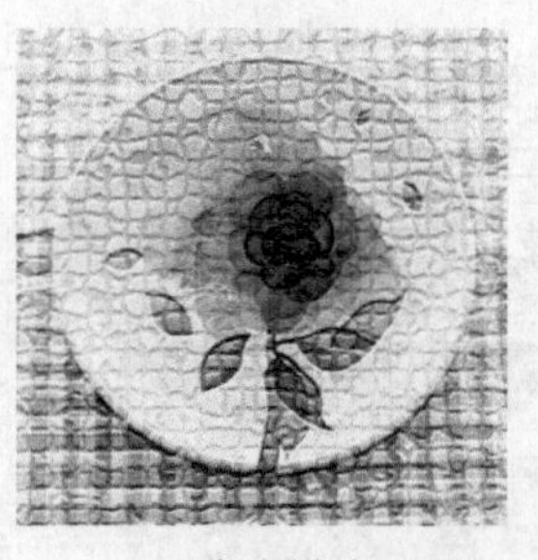
马赛克拼贴

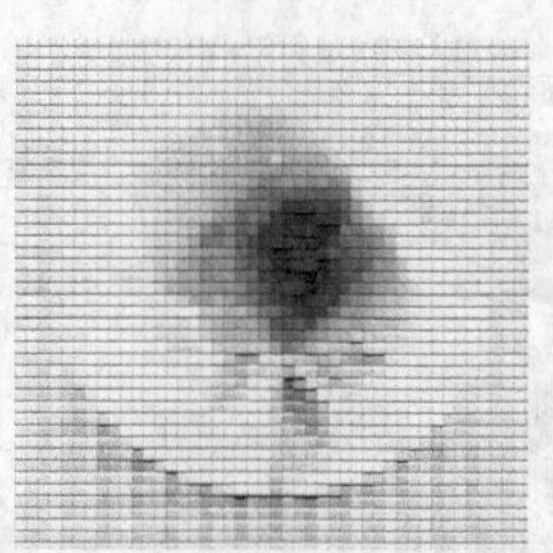
拼缀图

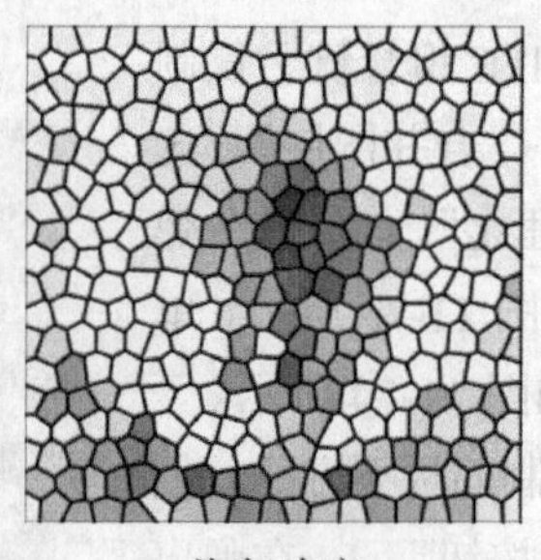
染色玻璃

纹理化

图 11-78（续）

命令介绍

扭曲滤镜命令：可以生成一组从波纹到扭曲图像的变形效果。

像素化滤镜命令：可以用于将图像分块或将图像平面化。

11.3.7　课堂案例——制作特效相框

【案例学习目标】学习使用通道蒙版及不同的滤镜制作边框。

【案例知识要点】使用快速蒙版制作图像效果，使用晶格化、碎片、喷溅、挤压和旋转扭曲滤镜命令制作边框，使用添加图层样式命令为图像添加投影和描边，最终效果如图 11-79 所示。

【效果所在位置】Ch11/效果/制作特效相框.psd。

图 11-79

（1）按 Ctrl + N 组合键，新建一个文件，设置宽度为 29.7cm，高度为 21cm，分辨率为 300 像素/英寸，颜色模式为 RGB，背景内容为白色，单击“确定”按钮。将前景色设置为绿色（其 R、G、B 值分别为 108、107、0）。按 Alt+Delete 组合键，用前景色填充“背景”图层，效果如图 11-80 所示。

图 11-80

（2）按 Ctrl + O 组合键，打开本书学习资源中的“Ch11 > 素材 > 制作特效相框 > 01”文件。选择“移动”工具，将人物图片拖曳到图像窗口中适当的位置，效果如图 11-81 所示，在“图层”控制面板中生成新的图层并将其命名为“图片”。选择“矩形选框”工具，在图像窗口中绘制矩形选区，如图 11-82 所示。

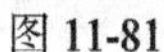

图 11-81

图 11-82

（3）单击工具箱下方的“以快速蒙版模式编辑”按钮，进入蒙版编辑状态，如图 11-83 所示。选择“滤镜 > 像素化 > 晶格化”命令，在弹出的对话框中进行设置，如图 11-84 所示。单击“确定”按钮，效果如图 11-85 所示。

图 11-83

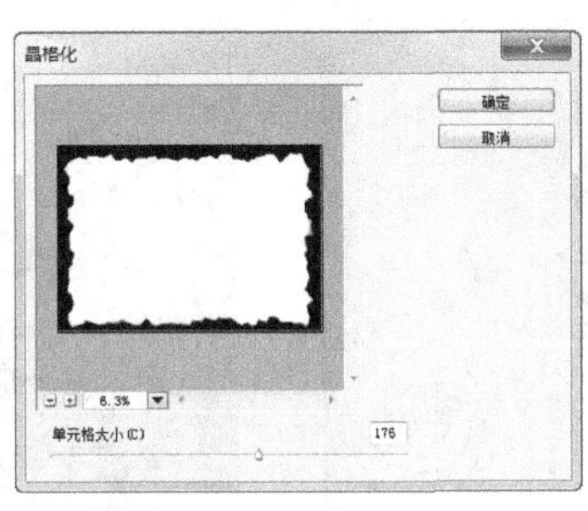

图 11-84

图 11-85

（4）选择“滤镜 > 像素化 > 碎片”命令，对当前蒙版进行碎片化处理，效果如图 11-86 所示。选择“滤镜 > 画笔描边 > 喷溅”命令，在弹出的对话框中进行设置，如图 11-87 所示。单击“确定”按钮，效果如图 11-88 所示。

（5）选择“滤镜 > 扭曲 > 挤压”命令，在弹出的对话框中进行设置，如图 11-89 所示。单击“确定”按钮，效果如图 11-90 所示。

图 11-86

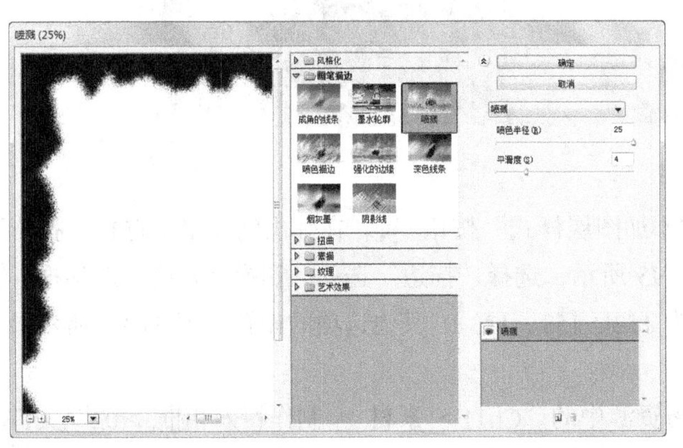

图 11-87

图 11-88

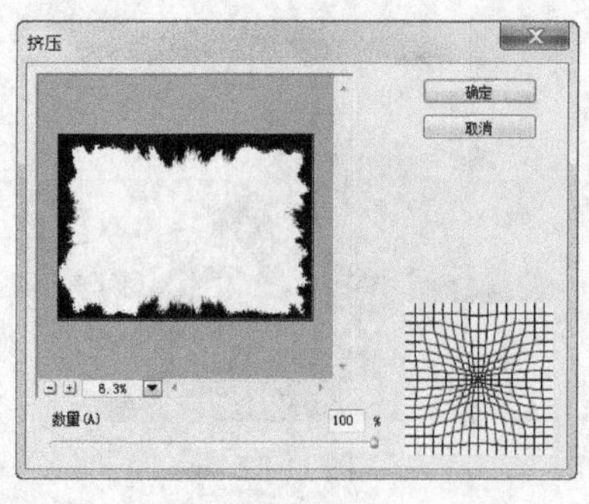

图 11-89

图 11-90

（6）选择“滤镜 > 扭曲 > 旋转扭曲”命令，在弹出的对话框中进行设置，如图 11-91 所示。单击“确定”按钮，效果如图 11-92 所示。

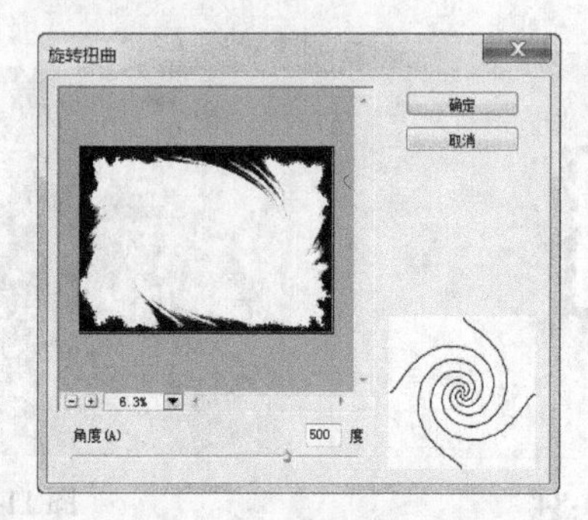

图 11-91

图 11-92

（7）单击工具箱下方的“以标准模式编辑”按钮，恢复到标准编辑状态，蒙版转换为选区，效果如图 11-93 所示。按 Shift+Ctrl+I 组合键，将选区反选。按 Delete 键，删除选区中的图像。按 Ctrl+D 组合键，取消选区，效果如图 11-94 所示。

图 11-93

图 11-94

（8）单击“图层”控制面板下方的“添加图层样式”按钮，在弹出的菜单中选择“投影”命令，在弹出的对话框中进行设置，如图 11-95 所示；选择“描边”选项，切换到相应的对话框，将描边颜色设置为黄色（其 R、G、B 值分别为 153、153、123），其他选项的设置如图 11-96 所示，单击“确定”按钮，效果如图 11-97 所示。

（9）按 Ctrl + O 组合键，打开本书学习资源中的“Ch11 > 素材 > 制作特效相框 > 02”文件。选择“移动”工具，将文字图片拖曳到图像窗口中适当的位置，效果如图 11-98 所示，在“图层”控制面板中生成新的图层并将其命名为“文字”。特效相框制作完成。

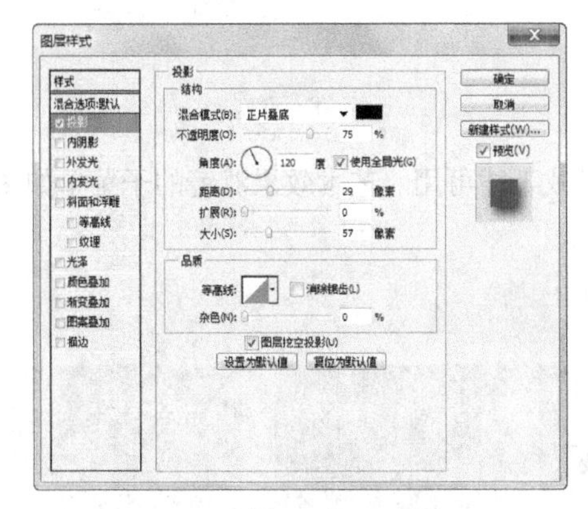

图 11-95

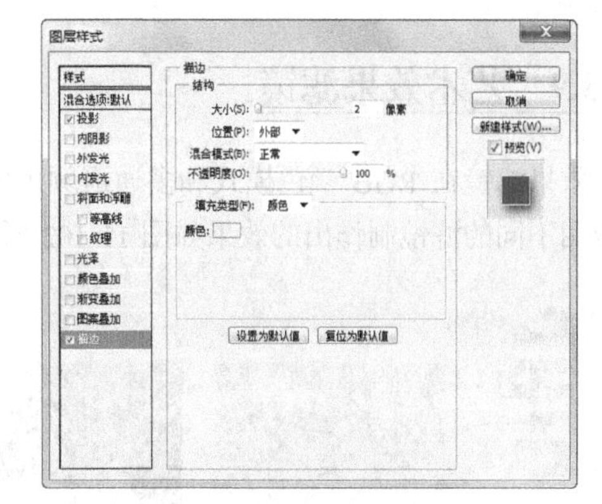

图 11-96

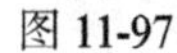

图 11-97　　图 11-98

11.3.8　像素化滤镜

像素化滤镜可以用于将图像分块或将图像平面化。像素化滤镜的子菜单如图 11-99 所示。应用不同的滤镜制作出的效果如图 11-100 所示。

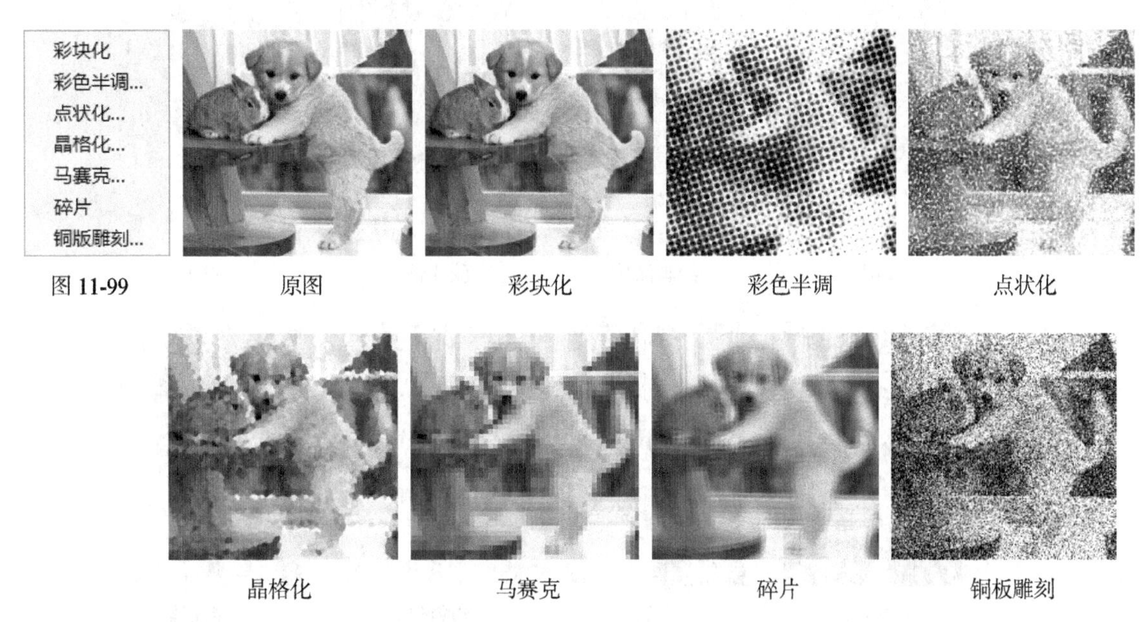

图 11-99　原图　彩块化　彩色半调　点状化

晶格化　马赛克　碎片　铜板雕刻

图 11-100

11.3.9 艺术效果滤镜

艺术效果滤镜在 RGB 颜色模式和多通道颜色模式下才可用。艺术效果滤镜的子菜单如图 11-101 所示。应用不同的滤镜制作出的效果如图 11-102 所示。

图 11-101　原图　壁画　彩色铅笔　粗糙蜡笔

底纹效果　调色刀　干画笔　海报边缘

海绵　绘画涂抹　胶片颗粒　木刻

霓虹灯光　水彩　塑料包装　涂抹棒

图 11-102

命令介绍

中间值滤镜命令：可以用来减少选区像素亮度混合时产生的噪波，它利用一个区域内的平均亮度值来取代区域中心的亮度值。

11.3.10　课堂案例——制作淡彩钢笔画

【案例学习目标】学习使用滤镜命令下的照亮边缘和中间值滤镜制作需要的效果。

【案例知识要点】使用照亮边缘滤镜、混合模式命令和中间值滤镜制作淡彩钢笔画，最终效果如图 11-103 所示。

图 11-103

【效果所在位置】Ch11/效果/制作淡彩钢笔画.psd

（1）按 Ctrl + O 组合键，打开本书学习资源中的“Ch11 > 素材 > 制作淡彩钢笔画 > 01”文件，如图 11-104 所示。选择“图层”控制面板，将“背景”图层拖曳到控制面板下方的“创建新图层”按钮 上复制，生成新的图层“背景 副本”，如图 11-105 所示。

（2）选择“图像 > 调整 > 去色”命令，对图像进行去色操作，效果如图 11-106 所示。

图 11-104

图 11-105

图 11-106

（3）选择“滤镜 > 风格化 > 照亮边缘”命令，在弹出的对话框中进行设置，如图 11-107 所示，单击“确定”按钮，效果如图 11-108 所示。

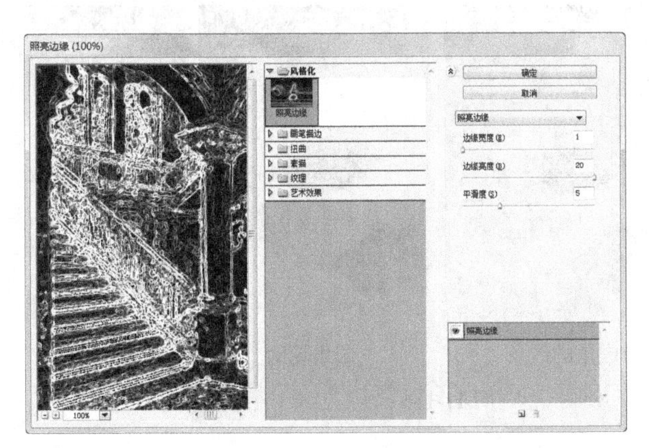

图 11-107

图 11-108

（4）按 Ctrl+I 组合键，对图像进行反相操作，效果如图 11-109 所示。在“图层”控制面板上方，将该图层的混合模式设置为“叠加”，如图 11-110 所示，图像效果如图 11-111 所示。

图 11-109　　图 11-110　　图 11-111

（5）将“背景”图层拖曳到控制面板下方的“创建新图层”按钮上复制生成新的图层“背景副本 2”，如图 11-112 所示。选择“滤镜 > 杂色 > 中间值”命令，在弹出的对话框中进行设置，如图 11-113 所示，单击“确定”按钮，效果如图 11-114 所示。淡彩钢笔画制作完成。

图 11-112

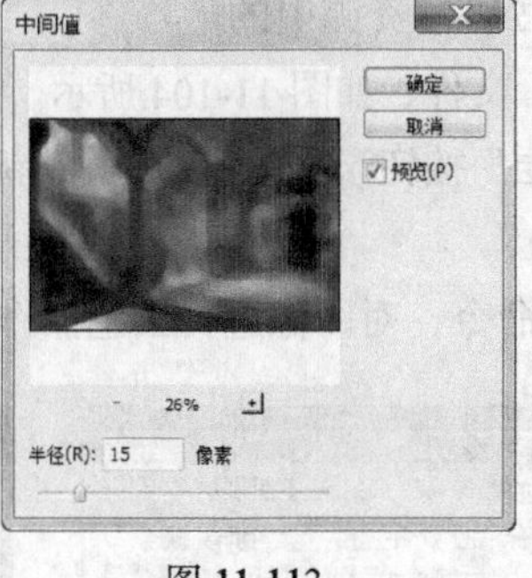

图 11-113

图 11-114

11.3.11　画笔描边滤镜

画笔描边滤镜对 CMYK 和 Lab 颜色模式的图像都不起作用。画笔描边滤镜的子菜单如图 11-115 所示。应用不同的滤镜制作出的效果如图 11-116 所示。

图 11-115　　原图　　成角的线条　　墨水轮廓　　喷溅

图 11-116

喷色描边　　强化的边缘　　深色线条　　烟灰墨　　阴影线

图 11-116（续）

11.3.12 风格化滤镜

风格化滤镜可以产生印象派以及其他风格画派作品的效果，它是完全模拟真实艺术手法进行创作的。风格化滤镜的子菜单如图 11-117 所示。应用不同的滤镜制作出的效果如图 11-118 所示。

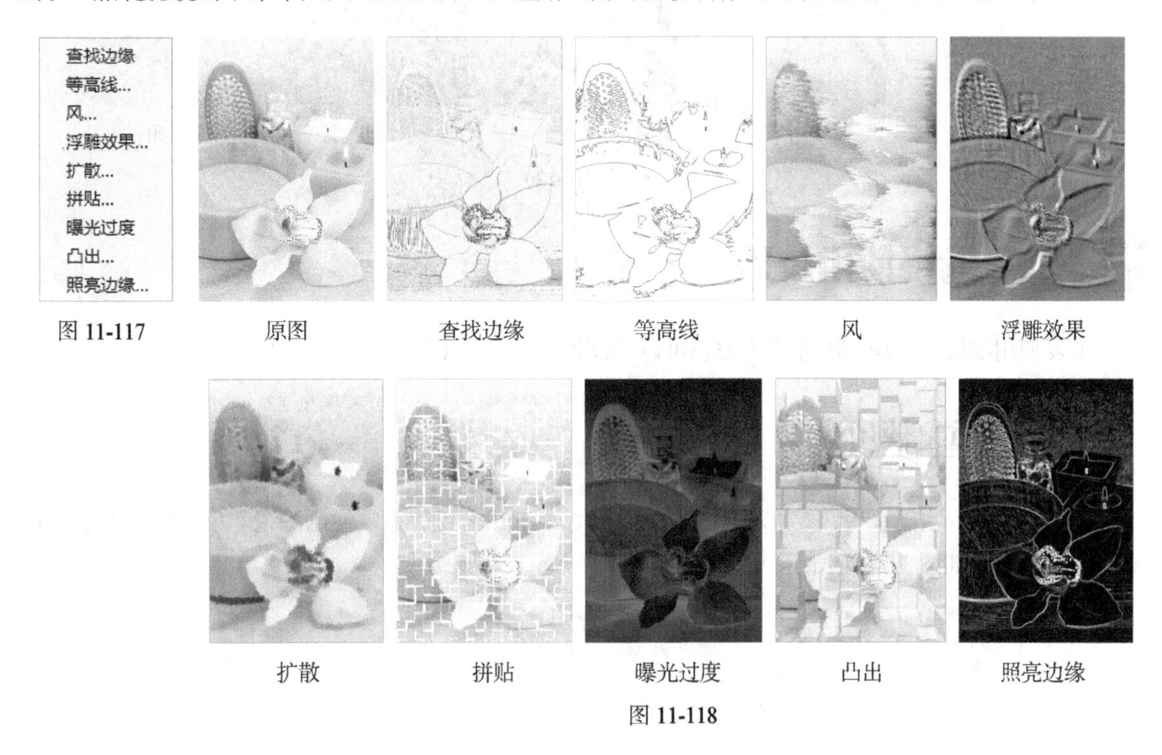

图 11-117　　原图　　查找边缘　　等高线　　风　　浮雕效果

扩散　　拼贴　　曝光过度　　凸出　　照亮边缘

图 11-118

11.3.13 素描滤镜

素描滤镜可以制作出多种绘画效果。素描滤镜只对 RGB 或灰度模式的图像起作用。素描滤镜的子菜单如图 11-119 所示。应用不同的滤镜制作出的效果如图 11-120 所示。

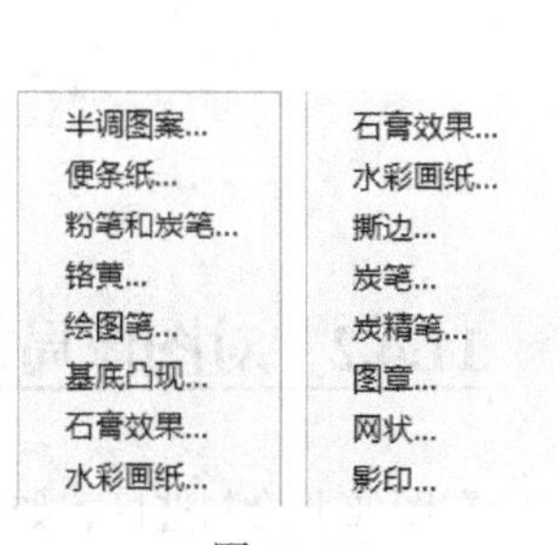

图 11-119

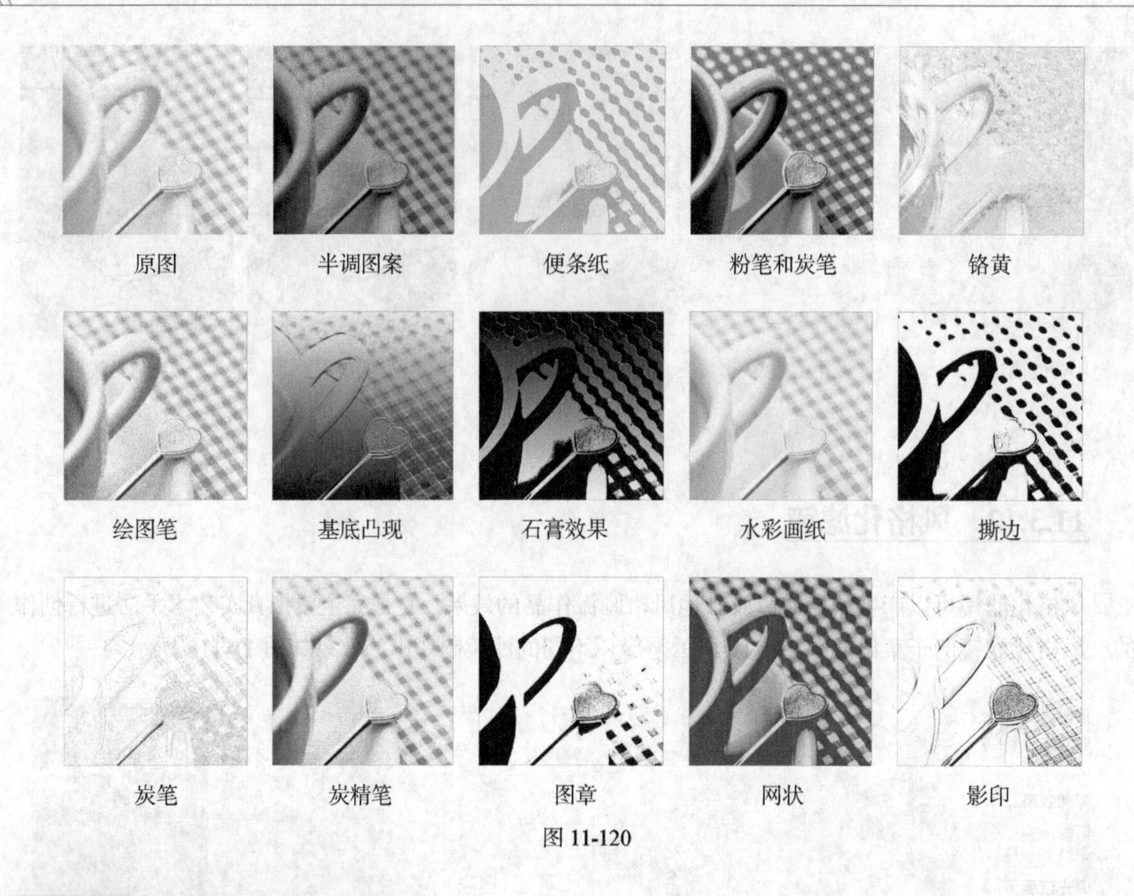

图 11-120

11.4 滤镜使用技巧

重复使用滤镜、对局部图像使用滤镜可以使图像产生更加丰富、生动的变化。

11.4.1 重复使用滤镜

如果在使用一次滤镜后，效果不理想，可以按 Ctrl+F 组合键，重复使用滤镜。重复使用染色玻璃滤镜的不同效果如图 11-121 所示。

图 11-121

11.4.2 对图像局部使用滤镜

在图像上绘制选区，如图 11-122 所示，对选区中的图像使用球面化滤镜，效果如图 11-123 所示。

在“羽化选区”对话框中设置羽化的数值，如图 11-124 所示，对选区进行羽化后再使用滤镜得到与原图融为一体的效果，如图 11-125 所示。

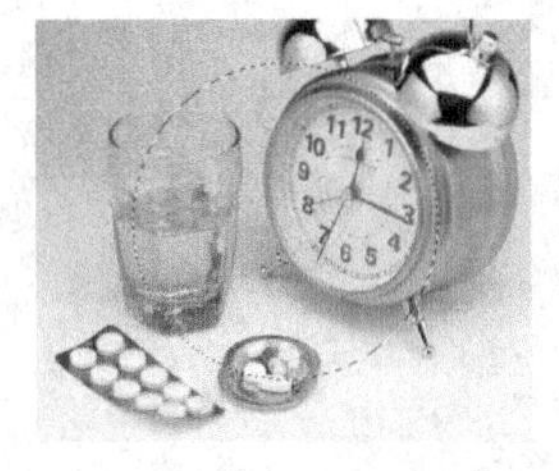
图 11-122

图 11-123

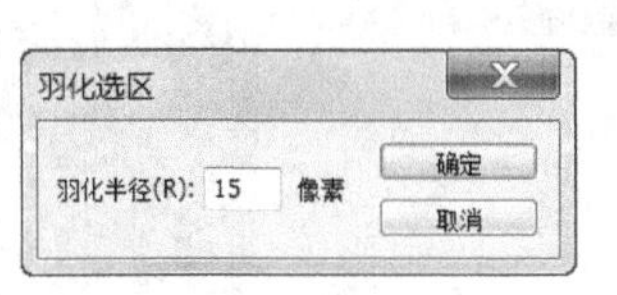

图 11-124

图 11-125

课堂练习——制作特效花朵

【练习知识要点】使用混合模式命令制作线性光效果，使用风格化滤镜制作风吹效果，使用变形命令制作花瓣图形，使用图层样式命令为图形添加外发光效果，使用钢笔工具绘制花蕊图形，使用画笔工具绘制星光，最终效果如图 11-126 所示。

【效果所在位置】Ch11/效果/制作特效花朵.psd。

图 11-126

课后习题——制作冰冻特效

【习题知识要点】使用水彩滤镜、照亮边缘滤镜和铬黄渐变滤镜命令制作冰的质感，使用色阶命令和图层混合模式命令编辑图像效果，使用文本工具添加文字，最终效果如图 11-127 所示。

【效果所在位置】Ch11/效果/制作冰冻特效.psd。

图 11-127

第12章 商业案例实训

本章介绍

本章是多个应用领域商业案例的实际应用，通过案例分析、案例设计、案例制作，进一步详解 Photoshop 强大的应用功能和操作技巧。读者在学习商业案例并完成大量商业练习和习题后，可以快速地掌握商业案例设计的理念和软件的技术要点，设计制作出专业的案例。

学习目标

- 掌握软件基础知识。
- 了解 Photoshop 的常用设计领域。
- 掌握 Photoshop 在不同设计领域的使用技巧。

技能目标

- 掌握“相机图标”的制作方法。
- 掌握“童话故事照片模板”的制作方法。
- 掌握“化妆品网店店招和导航条”的制作方法。
- 掌握“结婚戒指广告”的制作方法。
- 掌握“咖啡包装”的制作方法。

12.1 制作相机图标

12.1.1　项目背景及要求

1. 客户名称

乐媚设计公司。

2. 客户需求

乐媚设计公司是一家以 App 制作、平面设计、网页设计等为主的设计类网站，得到众多客户的一致好评。公司最近需要为新研发的相机软件设计一款扁平化图标，要求相机图标外观鲜明，整体美观，能让人产生想要触碰和尝试的欲望。

3. 设计要求

（1）设计常见的圆角矩形的图标。

（2）设计图标用扁平化的手法。

（3）画面色彩要对比强烈，使摄像图标具有立体感。

（4）设计风格具有特色，能够吸引用户的眼球。

（5）设计规格为 230mm（宽）× 230mm（高），分辨率为 72dpi。

12.1.2　项目创意及制作

1. 设计作品

设计作品效果所在位置：本书学习资源中的“Ch12/效果/制作相机图标.psd”，最终效果如图 12-1 所示。

图 12-1

2. 制作要点

使用圆角矩形工具、矩形工具和创建剪贴蒙版命令绘制图标底图，使用圆角矩形工具和椭圆工具绘制镜头图形，使用椭圆选框工具、矩形选框工具和不透明度选项绘制高光，使用圆角矩形工具和横排文字工具绘制小图标。

12.1.3 案例制作及步骤

（1）按 Ctrl+N 组合键，新建一个文件，宽度为 230 毫米，高度为 230 毫米，分辨率为 72 像素/英寸，颜色模式为 RGB，背景内容为白色。

（2）单击“图层”控制面板下方的“创建新组”按钮，生成新的图层组并将其命名为“相机图标”。将前景色设置为肤色（其 R、G、B 的值分别为 241、236、233）。选择“圆角矩形”工具，选中属性栏中的“形状图层”按钮，将“半径”选项设置为 150 像素，在图像窗口中绘制一个圆角矩形，如图 12-2 所示，在“图层”控制面板中生成新的图层“形状 1”。

（3）将前景色设置为棕色（其 R、G、B 的值分别为 134、96、73）。选择“矩形”工具，选中属性栏中的“形状图层”按钮，在图像窗口中绘制一个矩形，如图 12-3 所示，在“图层”控制面板中生成新的图层“形状 2”。

图 12-2　　　　图 12-3

（4）单击“图层”控制面板下方的“添加图层样式”按钮，在弹出的菜单中选择“描边”命令，在弹出的对话框中将描边颜色设置为黑色，其他选项的设置如图 12-4 所示，单击“确定”按钮，效果如图 12-5 所示。

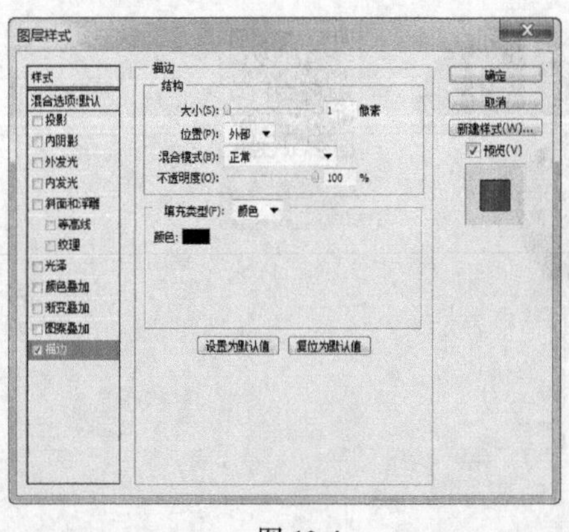

图 12-4

图 12-5

（5）将前景色设置为红色（其 R、G、B 的值分别为 253、50、77）。选择“矩形”工具，在图像窗口中绘制矩形，如图 12-6 所示，在“图层”控制面板中生成新的图层“形状 3”。

（6）选择“移动”工具，按 Alt+Shift 组合键的同时，在图像窗口中水平向右复制矩形到适当位置，填充矩形为黄色（其 R、G、B 的值分别为 255、211、66），效果如图 12-7 所示。使用相同的方法复制其他矩形并填充适当的颜色，效果如图 12-8 所示。

图 12-6　　　　图 12-7　　　　图 12-8

（7）按住 Ctrl 键的同时，将需要的图层同时选取。按 Ctrl+Alt+G 组合键，创建剪贴蒙版，如图 12-9 所示，效果如图 12-10 所示。

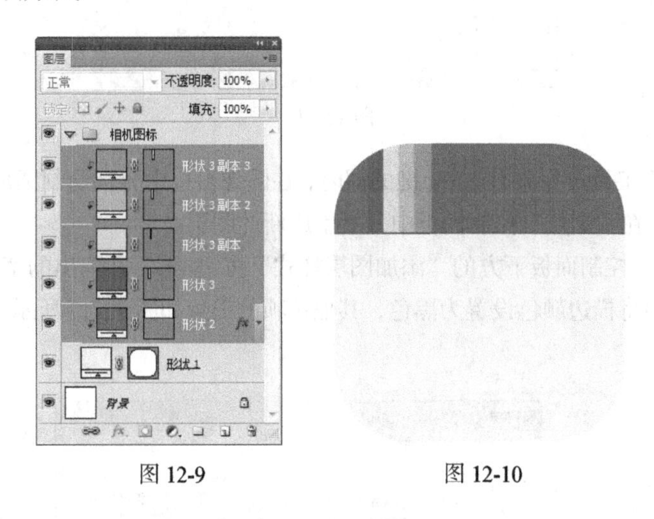

图 12-9　　　　图 12-10

（8）将前景色设置为黑色。选择"圆角矩形"工具，将"半径"选项设置为 10 像素，在图像窗口中绘制圆角矩形，如图 12-11 所示，在"图层"控制面板中生成新的图层。选择"椭圆"工具，选中属性栏中的"形状图层"按钮，按住 Shift 键的同时，在图像窗口中分别绘制圆形并填充适当的颜色，效果如图 12-12 所示，在"图层"控制面板中分别生成新的图层。

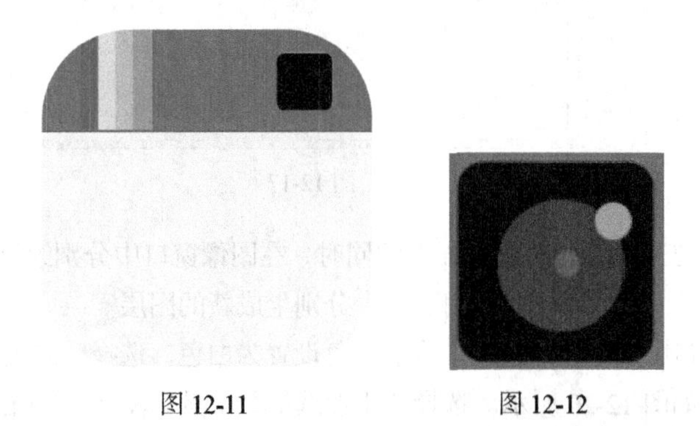

图 12-11　　　　图 12-12

（9）将前景色设置为灰色（其 R、G、B 的值分别为 204、195、189）。选择"椭圆"工具，按住 Shift 键的同时，在图像窗口中绘制圆形，效果如图 12-13 所示，在"图层"控制面板中生成新的图层。

（10）单击“图层”控制面板下方的“添加图层样式”按钮 fx，在弹出的菜单中选择“投影”命令，将投影颜色设置为棕色（其 R、G、B 的值分别为 34、23、20），其他选项的设置如图 12-14 所示，单击“确定”按钮，效果如图 12-15 所示。

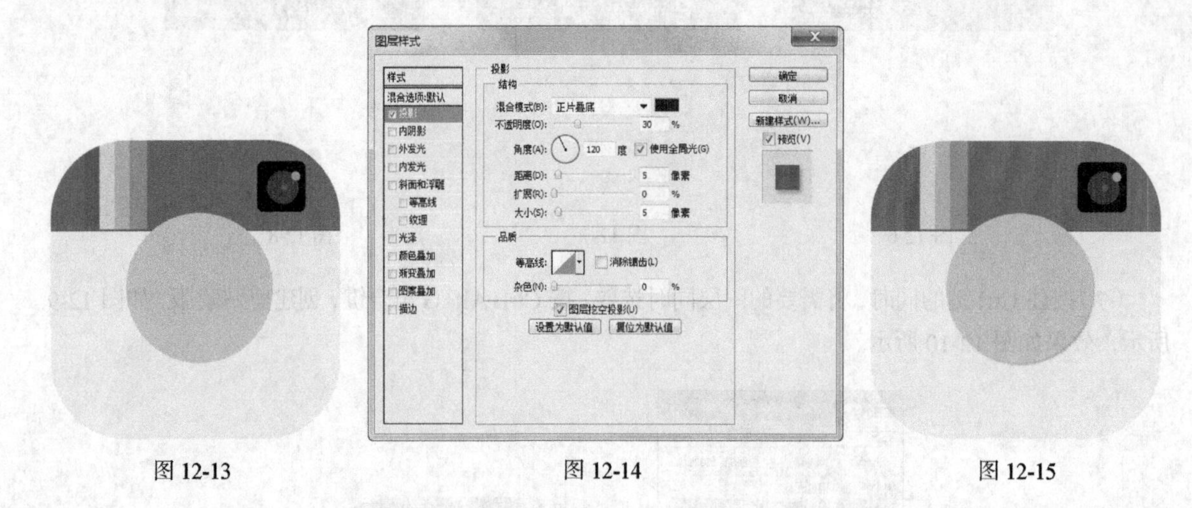

图 12-13　　图 12-14　　图 12-15

（11）选择“椭圆”工具，按住 Shift 键的同时，在图像窗口中分别绘制圆形并填充适当的颜色，效果如图 12-16 所示，在“图层”控制面板中分别生成新的图层。

（12）单击“图层”控制面板下方的“添加图层样式”按钮 fx，在弹出的菜单中选择“描边”命令，在弹出的对话框中将描边颜色设置为黑色，其他选项的设置如图 12-17 所示，单击“确定”按钮，效果如图 12-18 所示。

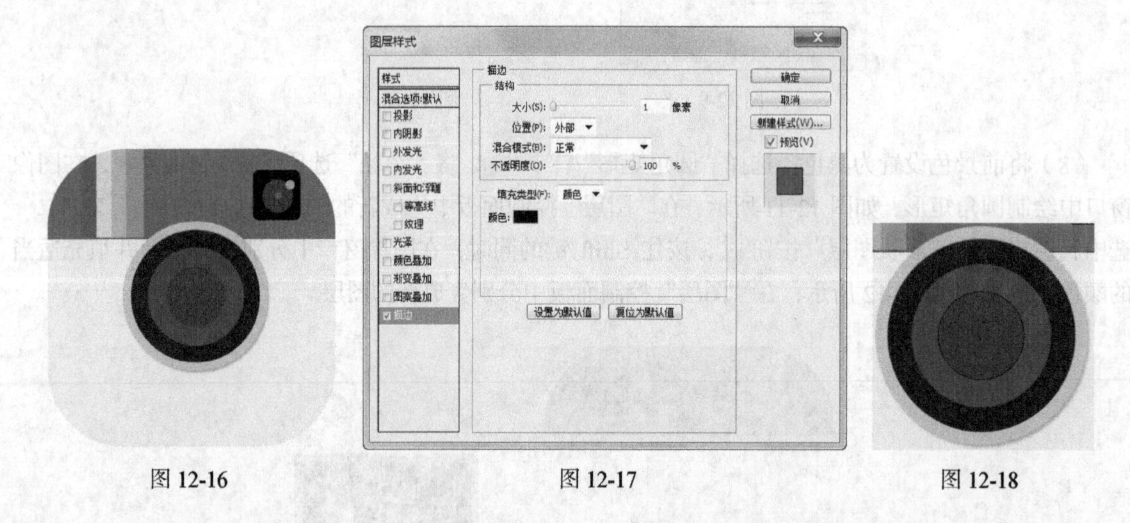

图 12-16　　图 12-17　　图 12-18

（13）选择“椭圆”工具，按住 Shift 键的同时，在图像窗口中分别绘制圆形，并填充适当的颜色，效果如图 12-19 所示，在“图层”控制面板中分别生成新的图层。

（14）新建图层并将其命名为“高光”。将前景色设置为白色。选择“椭圆选框”工具，在图像窗口中绘制椭圆选区，如图 12-20 所示。选择“矩形选框”工具，在属性栏中选中“从选区减去”按钮，在图像窗口中绘制矩形选区，如图 12-21 所示。按 Alt+Delete 组合键用前景色填充选区。按 Ctrl+D 组合键取消选区，效果如图 12-22 所示。

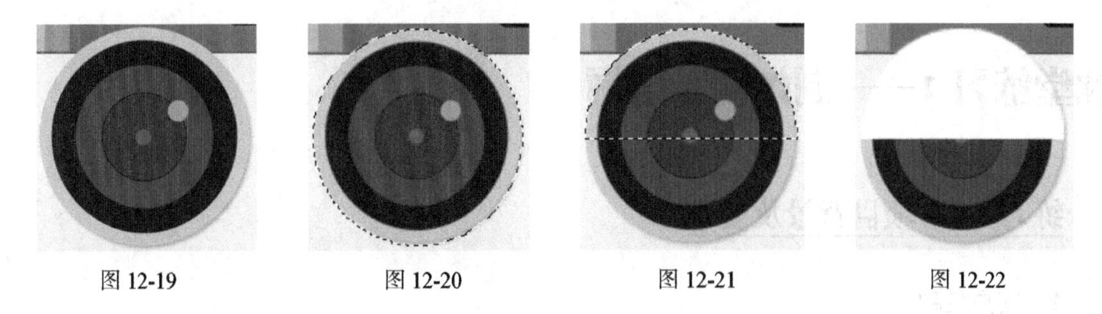

图 12-19　　图 12-20　　图 12-21　　图 12-22

（15）在“图层”控制面板上方，将“高光”图层的“不透明度”设置为 10%，如图 12-23 所示，图像效果如图 12-24 所示。

图 12-23

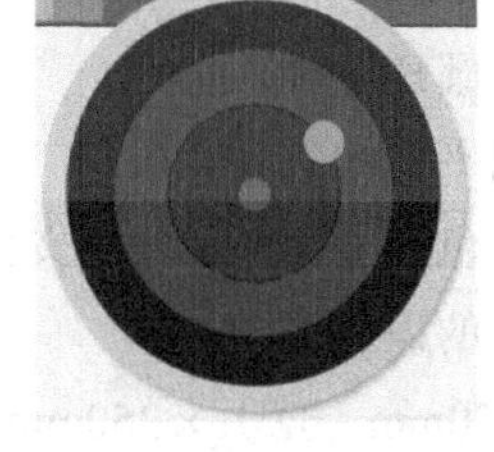

图 12-24

（16）将前景色设置为暗棕色（其 R、G、B 的值分别为 69、62、59）。选择“圆角矩形”工具，将“半径”选项设置为 50 像素，在图像窗口中绘制圆角矩形，如图 12-25 所示，在“图层”控制面板中生成新的图层“圆角矩形 3”。

（17）将前景色设置为白色。选择“横排文字”工具，在适当的位置输入需要的文字并选取文字，在属性栏中选择合适的字体并设置大小，效果如图 12-26 所示，在“图层”控制面板中生成新的文字图层。相机图标绘制完成。

图 12-25　　图 12-26

课堂练习 1——制作视频图标

练习 1.1 项目背景及要求

1. 客户名称

云天文化。

2. 客户需求

云天文化是一家以新闻客户端、网络视频客户端等为主的互联网公司，深受广大用户的喜爱。公司最近需要为新研发的小视频软件设计一款客户端图标，要求图标以公司的象征色红色为主色调，整体设计灵活美观，使人产生想要探知的欲望。

3. 设计要求

（1）设计最常见的圆角矩形的图标。

（2）设计图标用扁平化的手法。

（3）图标颜色以红色为主，符合公司文化。

（4）图标外观形象的识别性强。

（5）设计规格为 350mm（宽）×350mm（高），分辨率为 72dpi。

练习 1.2 项目创意及制作

1. 设计作品

设计作品效果所在位置：本书学习资源中的“Ch12/效果/制作视频图标.psd”，最终效果如图 12-27 所示。

图 12-27

2. 制作要点

使用渐变工具填充背景效果，使用圆角矩形工具、椭圆工具和图层样式命令绘制视频图标，使用椭圆选框工具制作投影效果，使用多边形工具绘制播放按键。

课堂练习 2——制作手机界面 1

练习 2.1　项目背景及要求

1. 客户名称

微迪设计公司。

2. 客户需求

微迪设计公司是一家专门从事手机设计、手机研发的科技公司。现阶段有一款新品手机即将发布，公司需要设计一款以星空为主题的手机锁屏界面，一方面用于手机新品发布展示，另一方面向公司忠实的用户表达公司对这款手机未来发展寄予无限憧憬。

3. 设计要求

（1）使用一张淡蓝色的星空图作为界面背景，给人无限的遐想和憧憬。

（2）合理的图文搭配让画面显得既紧凑又美观，充分利用了空间。

（3）解锁图标放置的位置符合多数人的习惯。

（4）整体设计美观大方，能够彰显科技的魅力。

（5）设计规格均为 560mm（宽）× 630mm（高），分辨率为 72 dpi。

练习 2.2　项目创意及制作

1. 设计素材

图片素材所在位置：本书学习资源中的“Ch12/素材/制作手机界面 1/ 01、02”。

2. 设计作品

设计作品效果所在位置：本书学习资源中的“Ch12/效果/制作手机界面 1.psd”，最终效果如图 12-28 所示。

3. 制作要点

使用移动工具和图层样式添加并编辑素材图片，使用椭圆工具和圆角矩形工具制作手机外形和状态栏，使用横排文字工具添加文字信息，使用椭圆工具和圆角矩形工具制作解锁图标。

图 12-28

课后习题 1——制作手机界面 2

习题 1.1　项目背景及要求

1. 客户名称

微迪设计公司。

2. 客户需求

微迪设计公司是一家专门从事手机设计、手机研发的科技公司，现阶段有一款新品手机即将发布，公司需要设计一款以星空为主题的手机应用图标展示界面，一方面用于手机新品发布展示，另一方面向公司忠实的用户表达公司对这款手机未来发展寄予无限憧憬。

3. 设计要求

（1）使用一张淡蓝色的星空图作为界面背景，给人无限的遐想和憧憬。

（2）图标的颜色与背景颜色层次分明，又融为一体。

（3）图标元素的放置与手机界面的规格要符合多数人的习惯。

（4）全方位地体现界面的美观性和协调性。

（5）设计规格均为 560mm（宽）×630mm（高），分辨率为 72 dpi。

习题 1.2　项目创意及制作

1. 设计素材

图片素材所在位置：本书学习资源中的“Ch12/素材/制作手机界面 2/ 01 ~ 03”。

2. 设计作品

设计作品效果所在位置：本书学习资源中的“Ch12/效果/制作手机界面 2.psd”，最终效果如图 12-29 所示。

3. 制作要点

使用椭圆工具制作装饰图形，使用横排文字工具添加文字信息，使用移动工具和图层样式添加并编辑素材图片。

图 12-29

课后习题 2——制作手机界面 3

习题 2.1　项目背景及要求

1．客户名称

微迪设计公司。

2．客户需求

微迪设计公司是一家专门从事手机设计、手机研发的科技公司，现阶段有一款新品手机即将发布，公司需要设计一款以星空为主题的手机广播播放界面，一方面用于手机新品发布展示，另一方面向公司忠实的用户表达公司对这款手机未来发展寄予无限憧憬。

3．设计要求

（1）使用一张淡蓝色的星空图作为界面背景，给人无限的遐想和憧憬。

（2）画面中要有音频信息，给人带来律动感。

（3）广播图标要形象美观，识别性强。

（4）整体设计要符合手机新品发布会主题。

（5）设计规格均为 560mm（宽）× 630mm（高），分辨率为 72 dpi。

习题 2.2　项目创意及制作

1．设计素材

图片素材所在位置：本书学习资源中的“Ch12/素材/制作手机界面 3/ 01 ~ 03”。

2．设计作品

设计作品效果所在位置：本书学习资源中的“Ch12/效果/制作手机界面 3.psd”，最终效果如图 12-30 所示。

3．制作要点

使用椭圆工具和渐变叠加命令制作播放图标和其他部件，使用横排文字工具添加文字信息，使用移动工具添加素材图片。

扫 码 观 看
本案例视频

图 12-30

12.2 制作童话故事照片模板

12.2.1 项目背景及要求

1．客户名称

伊顿莫儿童摄影。

2．客户需求

伊顿莫儿童摄影是一家专门为儿童定做写真的摄影工作室，现需要制作一个儿童写真的最新模板，模板设计要具有童真乐趣，使人感受到儿童的天真与快乐。

3．设计要求

（1）模板使用心形图形作为背景图案，并添加边框花纹。

（2）使用粉红色作为模板的主色调，能够使人感受到孩童的天真与烂漫。

（3）画面中添加可爱的儿童照片，突出模板的主题。

（4）文字设计要符合儿童的风格特色。

（5）设计规格均为 300mm（宽）×210mm（高），分辨率为 72 dpi。

12.2.2 项目创意及制作

1．设计素材

图片素材所在位置：本书学习资源中的“Ch12/素材/制作童话故事照片模板/ 01 ~ 05”。

2．设计作品

设计作品效果所在位置：本书学习资源中的“Ch12/效果/制作童话故事照片模板.psd”，最终效果如图 12-31 所示。

3．制作要点

使用定义图案命令制作背景效果，使用画笔描边路径按钮为圆角矩形描边，使用添加图层样式按钮为圆角矩形添加特殊效果，使用创建剪贴蒙版命令制作人物图片，使用自定形状工具和添加图层样式按钮添加装饰图片。

图 12-31

12.2.3　案例制作及步骤

1．制作底图效果

（1）按 Ctrl+N 组合键，新建一个文件，宽度为 29.7 厘米，高度为 21 厘米，分辨率为 300 像素/英寸，颜色模式为 RGB，背景内容为白色，单击“确定”按钮。

（2）将前景色设置为粉色（其 R、G、B 的值分别为 225、82、166），按 Alt+Delete 组合键，用前景色填充“背景”图层，如图 12-32 所示。

（3）新建图层并将其命名为“背景图”。将前景色设置为白色。选择“自定形状”工具，单击属性栏中的“形状”选项，弹出“形状”面板。选中图形“红心形卡”，如图 12-33 所示。选中属性栏中的“填充像素”按钮，绘制图形，如图 12-34 所示。

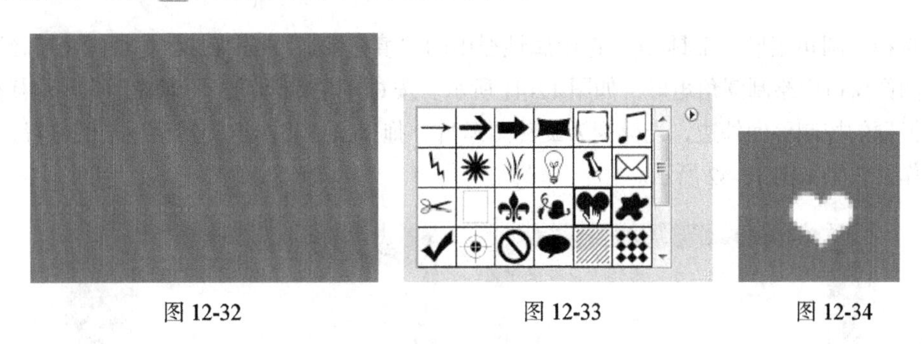

图 12-32　　图 12-33　　图 12-34

（4）单击“背景”图层左侧的眼睛图标，隐藏该图层。选择“矩形选框”工具，在心形周围绘制选区，如图 12-35 所示。选择“编辑 > 定义图案”命令，在弹出的对话框中进行设置，如图 12-36 所示，单击“确定”按钮。按 Delete 键，将选区中的心形删除。按 Ctrl+D 组合键，取消选区。单击“背景”图层左侧的空白图标，显示背景图层。

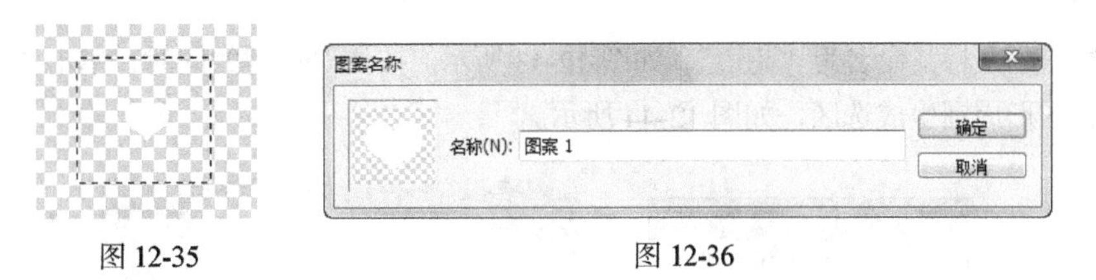

图 12-35　　图 12-36

（5）选择“编辑 > 填充”命令，弹出“填充”对话框，设置如图 12-37 所示，单击“确定”按钮，效果如图 12-38 所示。

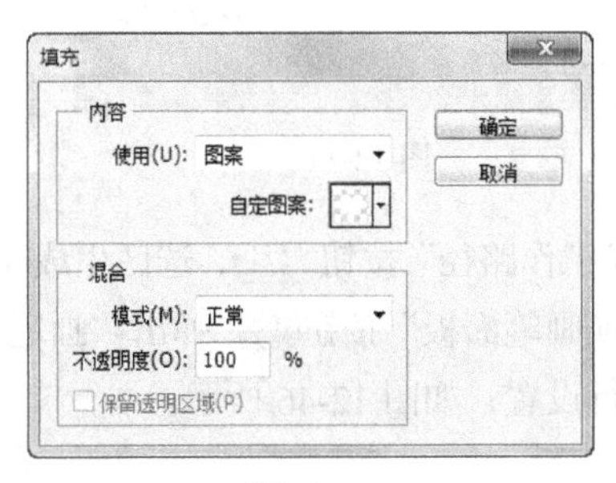

图 12-37

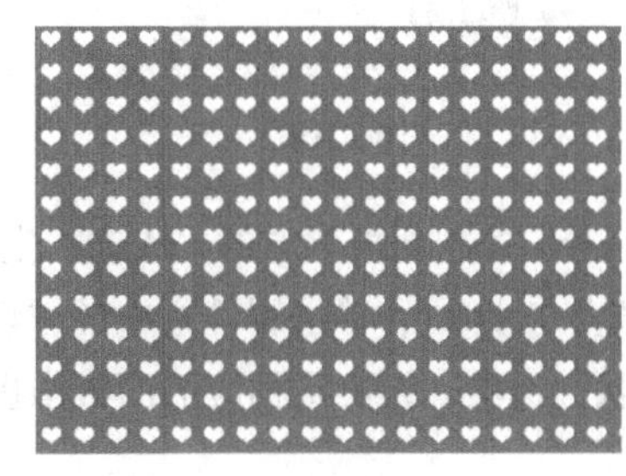

图 12-38

（6）在“图层”控制面板的上方，将“背景图”图层的“不透明度”设置为 20%，效果如图 12-39 所示。单击“图层”控制面板下方的“创建新图层”按钮，生成新的图层并将其命名为“白色矩形”，如图 12-40 所示。

图 12-39

图 12-40

（7）选择“圆角矩形”工具，选中属性栏中的“填充像素”按钮，将“圆角半径”设置为 60px，在图像窗口中绘制圆角矩形，如图 12-41 所示。按 Ctrl+T 组合键，图像周围出现变换框，将光标放在变换框的控制手柄外边，光标变为旋转图标，拖曳鼠标将图像旋转至适当的位置，按 Enter 键确定操作，效果如图 12-42 所示。

图 12-41

图 12-42

（8）新建图层并将其命名为“花边”，如图 12-43 所示。按住 Ctrl 键的同时，单击“白色矩形”图层的缩览图，图形周围生成选区，如图 12-44 所示。

图 12-43

图 12-44

（9）单击“路径”控制面板下方的“从选区生成工作路径”按钮，选区生成路径，如图 12-45 所示。选择“画笔”工具，单击属性栏中的“切换画笔面板”按钮，弹出“画笔”控制面板，选择“画笔笔尖形状”选项，切换到相应的面板中进行设置，如图 12-46 所示。

图 12-45

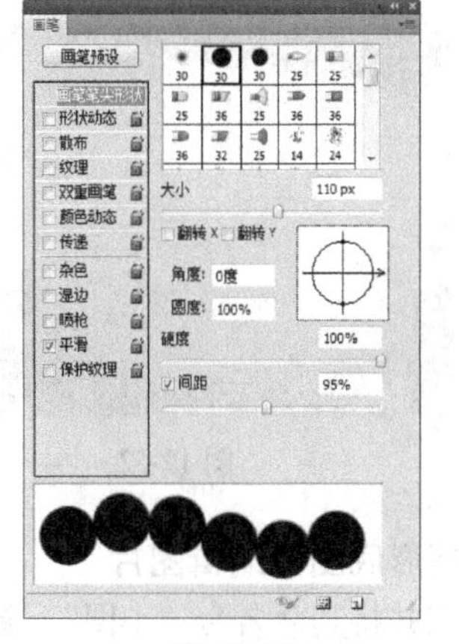

图 12-46

（10）按住 Alt 键的同时单击“路径”控制面板下方的“用画笔描边路径”按钮，弹出“描边路径”对话框，在弹出的对话框中进行设置，如图 12-47 所示，单击“确定”按钮，效果如图 12-48 所示。单击“路径”控制面板的空白处，隐藏路径。

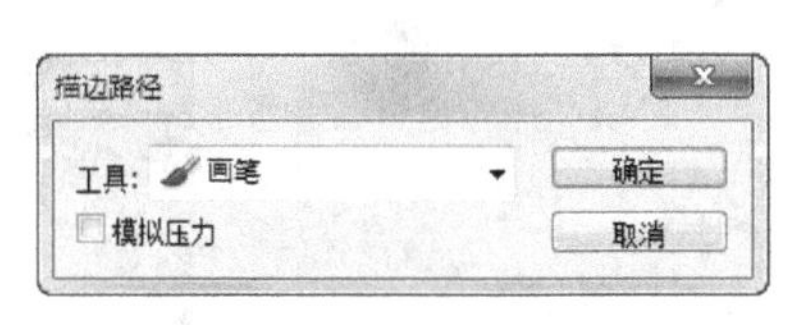

图 12-47

图 12-48

（11）按住 Ctrl 键的同时，单击“花边”图层的缩览图，图形周围生成选区，如图 12-49 所示。选择“选择 > 修改 > 收缩”命令，在弹出的对话框中进行设置，如图 12-50 所示，单击“确定”按钮。按 Delete 键，将选区中的图像删除，效果如图 12-51 所示。按 Ctrl+D 组合键，取消选区。

图 12-49

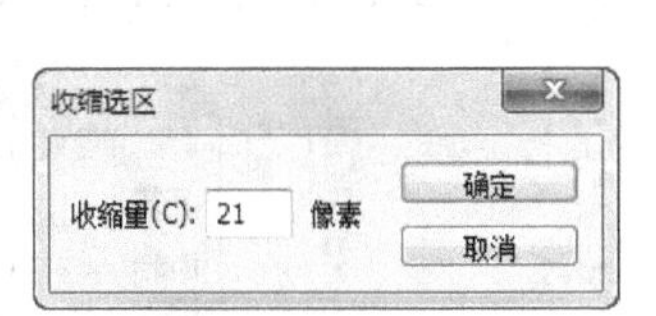

图 12-50

图 12-51

（12）按 Ctrl+O 组合键，打开本书学习资源中的“Ch12 > 素材 > 制作童话故事照片模板 > 01”文件，选择“移动”工具，将素材图片拖曳到图像窗口中并调整其位置，如图 12-52 所示。在“图层”控制面板中生成新的图层并将其命名为“图画”，如图 12-53 所示。

图 12-52

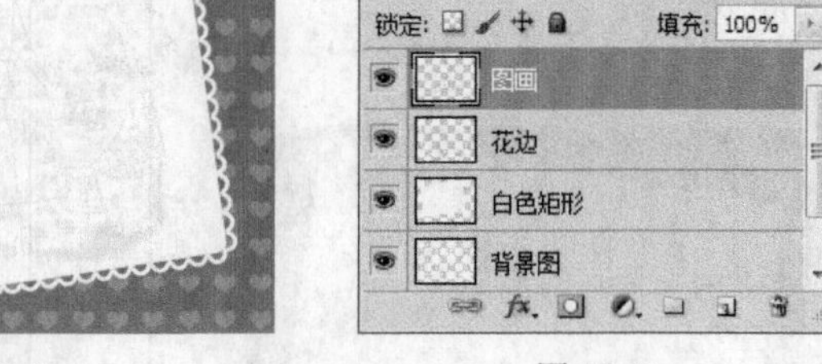

图 12-53

2．绘制圆角矩形底图并编辑图片

（1）新建图层组并将其命名为“小图”。新建图层并将其命名为“矩形 1”，如图 12-54 所示。选择“矩形”工具，选中属性栏中的“填充像素”按钮，在图像窗口中绘制两个大小不等的矩形，并调整其角度。

（2）单击“图层”控制面板下方的“添加图层样式”按钮 fx，在弹出的菜单中选择“投影”命令，在弹出的对话框中进行设置，如图 12-55 所示，单击“确定”按钮，效果如图 12-56 所示。

图 12-54

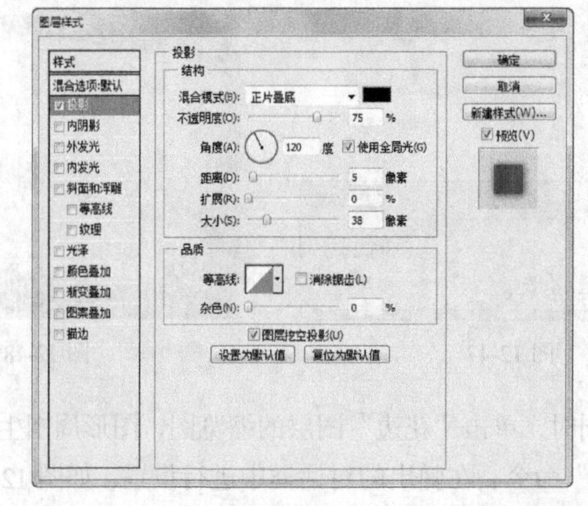

图 12-55

图 12-56

（3）按 Ctrl+O 组合键，打开本书学习资源中的“Ch12 > 素材 > 制作童话故事照片模板 > 02”文件，选择“移动”工具，将人物图片拖曳到图像窗口的左侧，并调整其角度，效果如图 12-57 所示。在“图层”控制面板中生成新的图层并将其命名为“人物 1”，如图 12-58 所示。

图 12-57

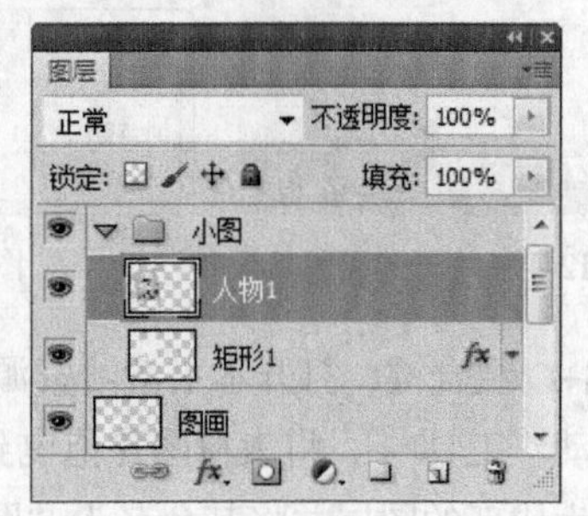

图 12-58

（4）按住 Alt 键的同时，将光标放在“人物 1”图层和“矩形 1”图层的中间，光标变为图标，单击鼠标为“人物 1”图层创建剪贴蒙版，如图 12-59 所示，效果如图 12-60 所示。

（5）新建图层并将其命名为“矩形 2”，如图 12-61 所示。选择“矩形”工具，选中属性栏中的“填充像素”按钮，在图像窗口中绘制两个大小不等的矩形，并调整其角度。

图 12-59

图 12-60

图 12-61

（6）选中“矩形 1”图层，单击鼠标右键，在弹出的菜单中选择“复制图层样式”命令。选中“矩形 2”图层，单击鼠标右键，在弹出的菜单中选择“粘贴图层样式”命令，效果如图 12-62 所示。

（7）按 Ctrl+O 组合键，打开本书学习资源中的“Ch12 > 素材 > 制作童话故事照片模板 > 03”文件。选择“移动”工具，将人物图片拖曳到图像窗口中的适当位置，并调整其角度，效果如图 12-63 所示，在“图层”控制面板中生成新的图层并将其命名为“人物 2”，如图 12-64 所示。

图 12-62

图 12-63

图 12-64

（8）按住 Alt 键的同时，将光标放在“人物 2”图层和“矩形 2”图层的中间，光标变为图标，单击鼠标为“人物 2”图层创建剪贴蒙版，如图 12-65 所示，图像效果如图 12-66 所示。单击“小图”图层组左边的三角形图标，将“小图”图层组中的图层隐藏。

图 12-65

图 12-66

（9）按 Ctrl+O 组合键，打开本书学习资源中的“Ch12 > 素材 > 制作童话故事照片模板 > 04”

文件，选择“移动”工具，将人物图片拖曳到图像窗口的右侧，如图 12-67 所示。在“图层”控制面板中生成新的图层并将其命名为“人物 3”，如图 12-68 所示。单击“图层”控制面板下方的“添加图层蒙版”按钮，为“人物 3”图层添加蒙版，如图 12-69 所示。

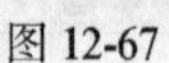

图 12-67

图 12-68

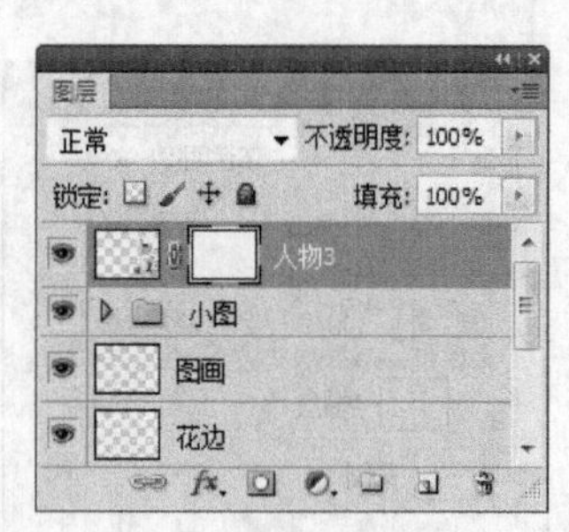

图 12-69

（10）将前景色设置为黑色。选择“画笔”工具，在属性栏中单击画笔选项右侧的按钮，弹出画笔选择面板，选择需要的画笔，如图 12-70 所示。在图像窗口的左下方拖曳鼠标擦除图像，效果如图 12-71 所示。

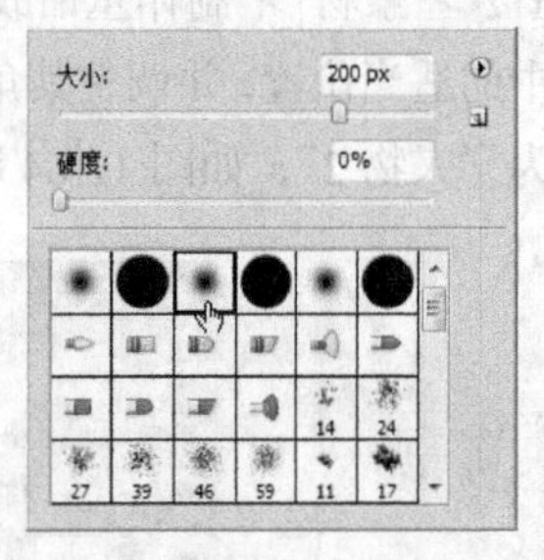

图 12-70

图 12-71

（11）单击“图层”控制面板下方的“添加图层样式”按钮，在弹出的菜单中选择“投影”命令，在弹出的对话框中进行设置，如图 12-72 所示。单击“确定”按钮，效果如图 12-73 所示。

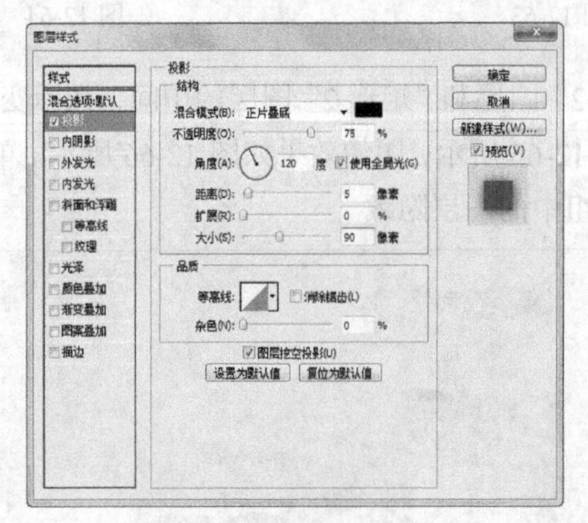

图 12-72

图 12-73

3．添加装饰图片

（1）单击“图层”控制面板下方的“创建新组”按钮，生成新的图层组并将其命名为“星星”。新建图层并将其命名为“星星”，如图 12-74 所示。将前景色设置为白色。选择“多边形”工具，单击属性栏中的“几何选项”按钮，在弹出的面板中进行设置，如图 12-75 所示。选中属性栏中的“填充像素”按钮，在图像窗口中的左上方绘制星形，如图 12-76 所示。

图 12-74

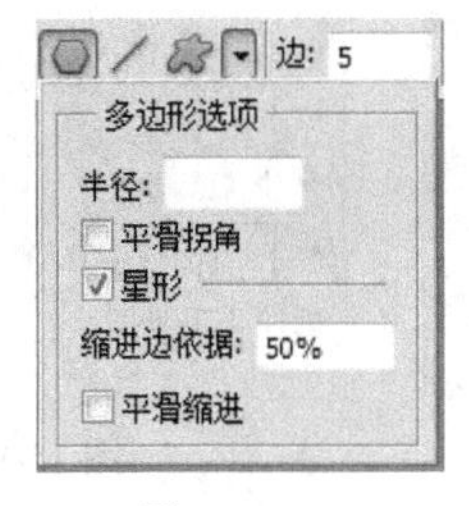

图 12-75

图 12-76

（2）单击“图层”控制面板下方的“添加图层样式”按钮，在弹出的菜单中选择“投影”命令，在弹出的对话框中进行设置，如图 12-77 所示。单击“确定”按钮，效果如图 12-78 所示。

（3）在“图层”控制面板上方，将“星星”图层的“填充”选项设置为 0%，如图 12-79 所示，图像效果如图 12-80 所示。

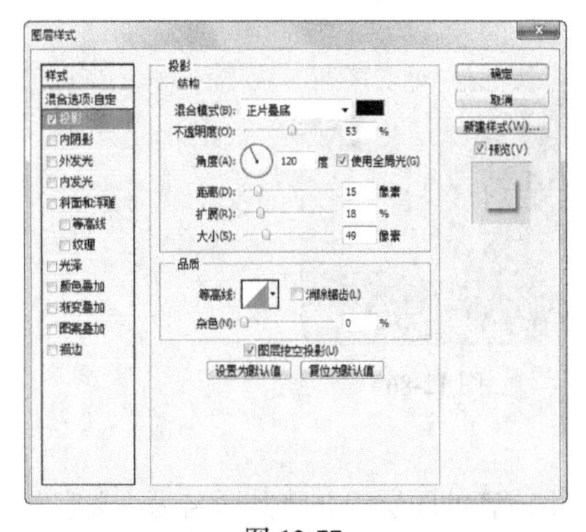

图 12-77

图 12-78

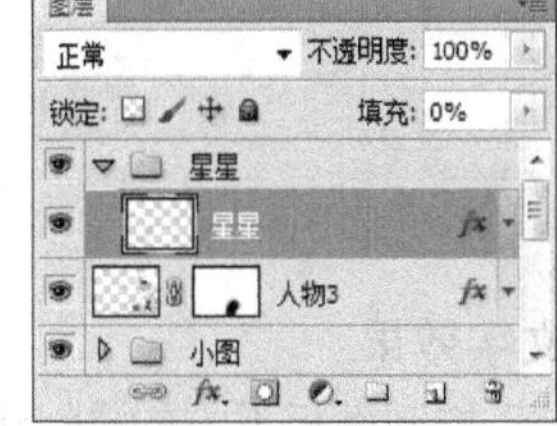

图 12-79

图 12-80

（4）将“星星”图层拖曳到“图层”控制面板下方的“创建新图层”按钮上进行复制，生成新的图层“星星 副本”。选择“移动”工具，拖曳复制图形到适当的位置并调整其大小，如图 12-81 所示。用相同的方法再复制一个图形并调整图形的位置及大小，如图 12-82 所示。单击“星星”图层组左侧的三角形图标，将“星星”图层组中的图层隐藏。

图 12-81　　图 12-82

（5）按 Ctrl+O 组合键，打开本书学习资源中的“Ch12 > 素材 > 制作童话故事照片模板 > 05”文件，选择“移动”工具，将花朵图片拖曳到图像窗口的左侧，如图 12-83 所示，在“图层”控制面板中生成新的图层并将其命名为“花朵”，如图 12-84 所示。

图 12-83

图 12-84

（6）单击“图层”控制面板下方的“添加图层样式”按钮 fx，在弹出的菜单中选择“投影”命令，在弹出的对话框中进行设置，如图 12-85 所示。单击“确定”按钮，效果如图 12-86 所示。

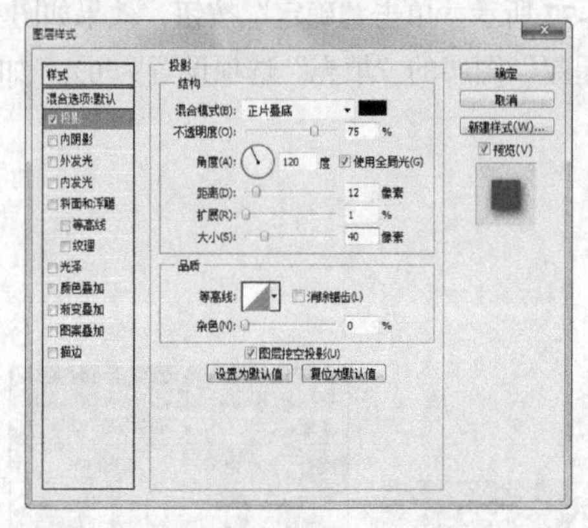

图 12-85

图 12-86

4．添加特殊文字效果

（1）单击“图层”控制面板下方的“创建新组”按钮，生成新的图层组并将其命名为“文字”。将前景色设置为棕色（其 R、G、B 的值分别为 163、111、11）。选择“横排文字”工具 T，在属性栏中选择合适的字体并设置文字大小，在图像窗口中输入需要的文字，如图 12-87 所示。

（2）选取文字，单击属性栏中的“创建文字变形”按钮，弹出“变形文字”对话框，选项的设置如图 12-88 所示。单击“确定”按钮，效果如图 12-89 所示。

图 12-87

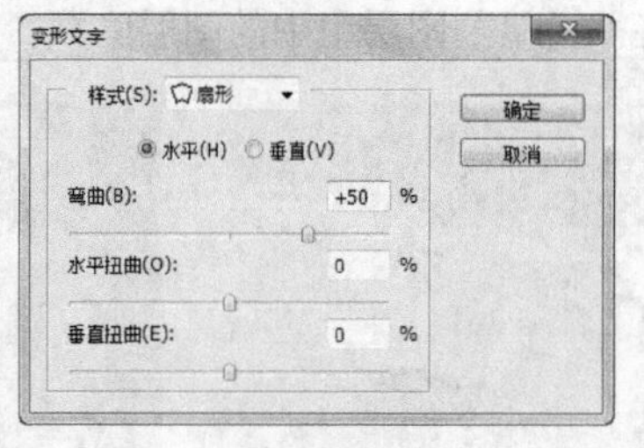

图 12-88

图 12-89

（3）单击“图层”控制面板下方的“添加图层样式”按钮 fx，在弹出的菜单中选择“投影”命令，在弹出的对话框中进行设置，如图 12-90 所示；选择“描边”选项，切换到相应的对话框，将描边颜色设置为白色，其他选项的设置如图 12-91 所示，单击“确定”按钮，效果如图 12-92 所示。

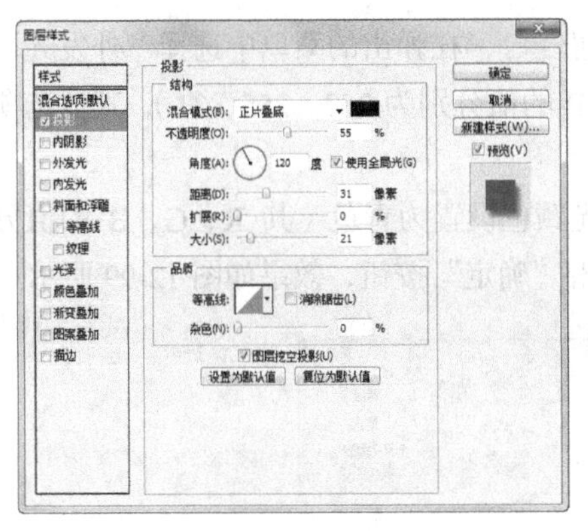

图 12-90

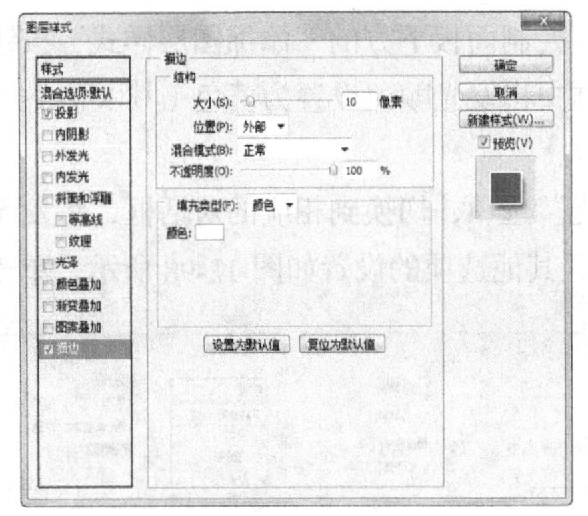

图 12-91

图 12-92

（4）新建图层并将其命名为“桃心”。将前景色设置为白色。选择“自定形状”工具，单击属性栏中的“形状”选项，弹出“形状”面板，选中图形“红心形卡”，如图 12-93 所示。选中属性栏中的“填充像素”按钮，在文字的左上方绘制图形。

（5）单击“图层”控制面板下方的“添加图层样式”按钮 fx，在弹出的菜单中选择“投影”命令，在弹出的对话框中将阴影颜色设置为棕色（其 R、G、B 的值分别为 143、105、12），其他选项的设置如图 12-94 所示。

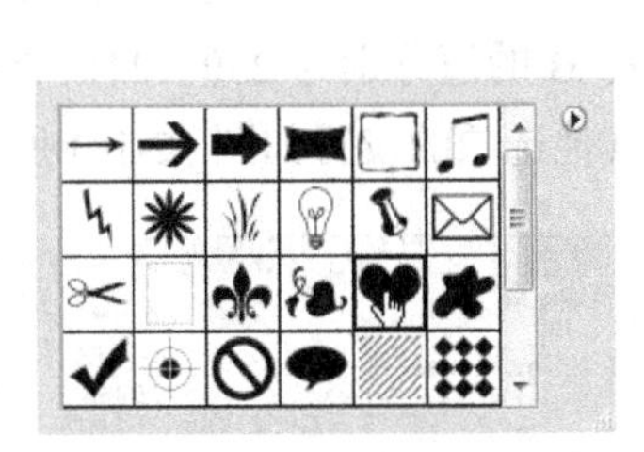

图 12-93

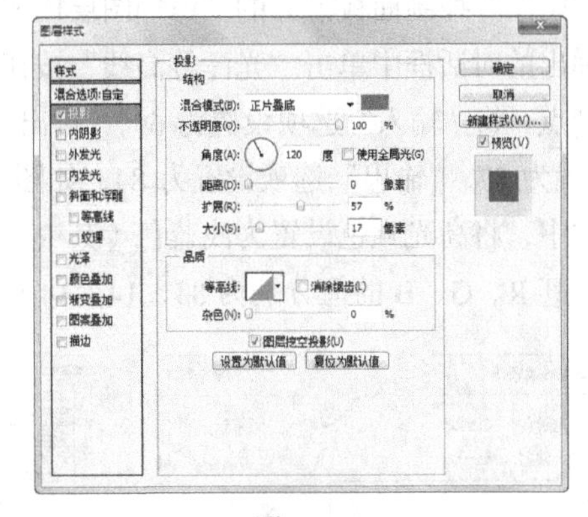

图 12-94

（6）选择“内阴影”选项，切换到相应的对话框，将阴影颜色设置为棕色（其 R、G、B 的值分别为 152、87、48），其他选项的设置如图 12-95 所示。单击“确定”按钮，效果如图 12-96 所示。

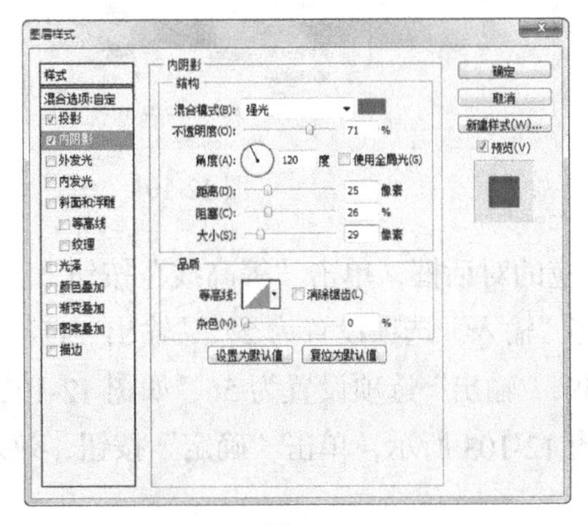

图 12-95

图 12-96

（7）单击“图层”控制面板下方的“添加图层样式”按钮 fx，在弹出的菜单中选择“外发光”命令，在弹出的对话框中将发光颜色设置为黄色（其 R、G、B 的值分别为 252、255、31），其他选项的设置如图 12-97 所示。

（8）选择“内发光”选项，切换到相应的对话框，将发光颜色设置为青色（其 R、G、B 的值分别为 179、255、249），其他选项的设置如图 12-98 所示，单击“确定”按钮，效果如图 12-99 所示。

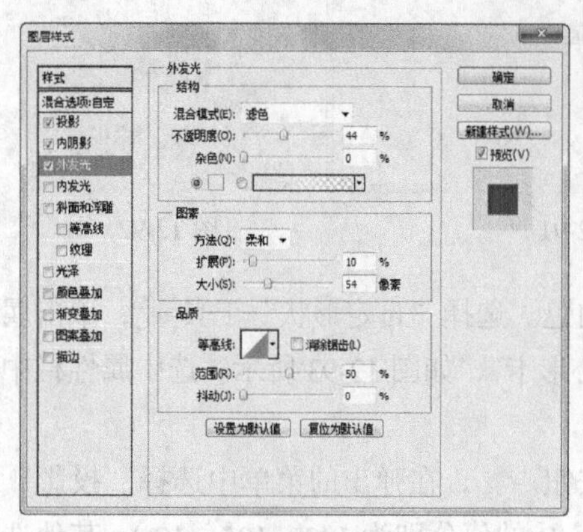

图 12-97

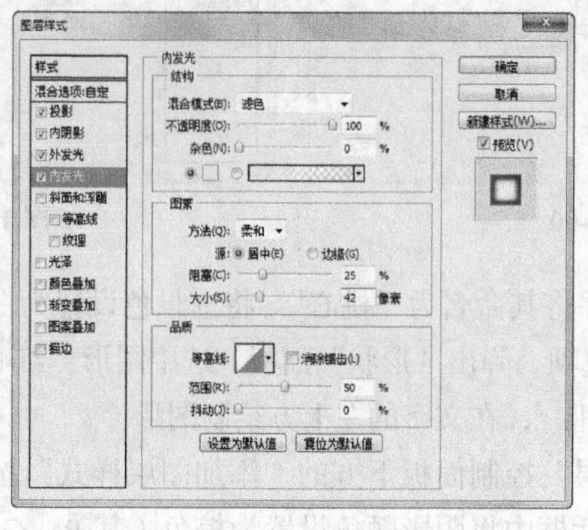

图 12-98

图 12-99

（9）单击“图层”控制面板下方的“添加图层样式”按钮 fx，在弹出的菜单中选择“斜面和浮雕”命令，在弹出的对话框中单击“光泽等高线”按钮，弹出“等高线编辑器”对话框，在曲线上单击鼠标添加控制点，将“输入”选项设置为 69，“输出”选项设置为 0，再次单击鼠标添加控制点，将“输入”选项设置为 87，“输出”选项设置为 84，如图 12-100 所示，单击“确定”按钮；返回“斜面和浮雕”对话框中，将高光颜色设置为浅蓝色（其 R、G、B 的值分别为 230、241、255），阴影颜色设置为深红色（其 R、G、B 的值分别为 83、14、14），其他选项的设置如图 12-101 所示。

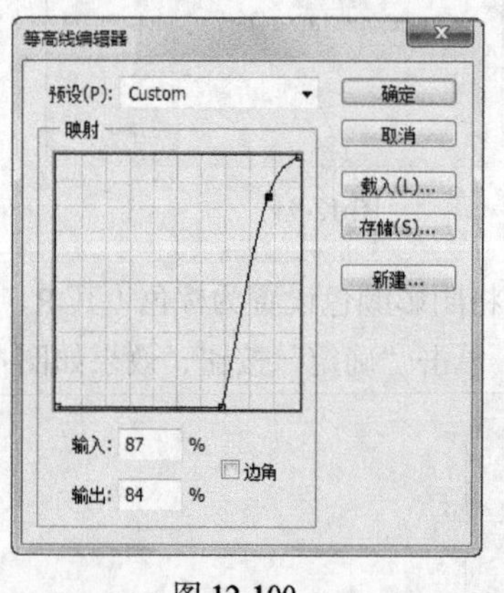

图 12-100

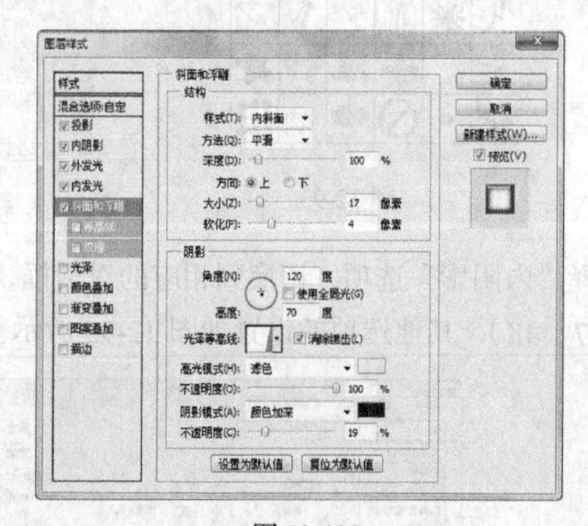

图 12-101

（10）选择“等高线”选项，切换到相应的对话框，单击“等高线”按钮，弹出“等高线编辑器”对话框，在曲线上单击鼠标添加控制点，将“输入”选项设置为 27，“输出”选项设置为 3，再次单击鼠标添加控制点，将“输入”选项设置为 59，“输出”选项设置为 56，如图 12-102 所示，单击“确定”按钮；返回到“等高线”对话框，设置如图 12-103 所示，单击“确定”按钮，效果如图 12-104 所示。

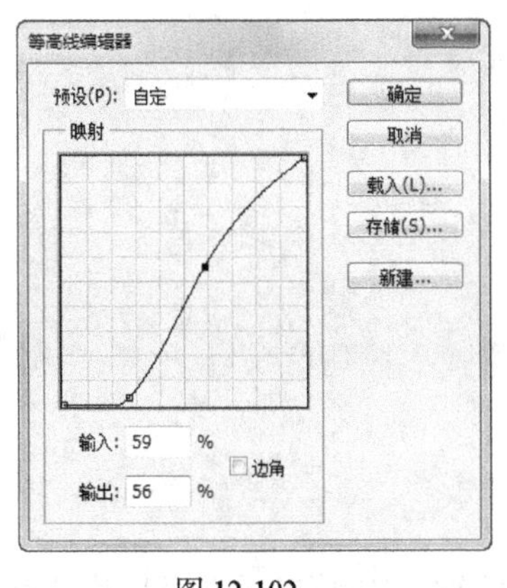

图 12-102

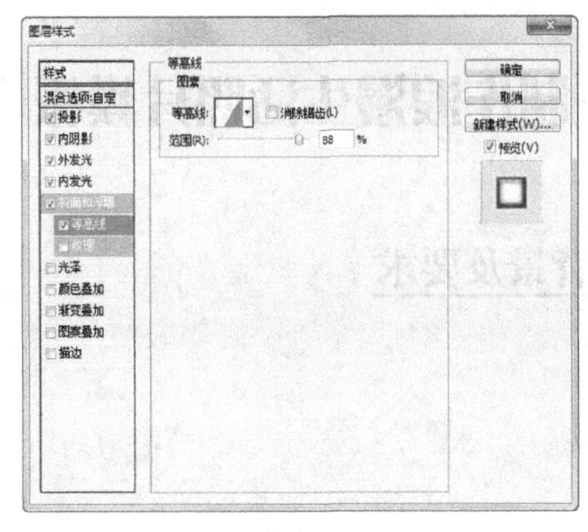

图 12-103

图 12-104

（11）单击“图层”控制面板下方的“添加图层样式”按钮 ，在弹出的菜单中选择“颜色叠加”命令，在弹出的对话框中将叠加颜色设置为黄色（其 R、G、B 的值分别为 252、243、99），其他选项的设置如图 12-105 所示，单击“确定”按钮，效果如图 12-106 所示。

（12）单击“图层”控制面板下方的“添加图层样式”按钮 ，在弹出的菜单中选择“光泽”命令，在弹出的对话框中将颜色设置为暗紫色（其 R、G、B 的值分别为 73、23、55），其他选项的设置如图 12-107 所示。单击“确定”按钮，效果如图 12-108 所示。

（13）将“桃心”图层拖曳到控制面板下方的“创建新图层”按钮 上进行复制，生成新的图层“桃心 副本”。选择“移动”工具 ，将复制的图形拖曳到图像窗口中适当的位置并调整其大小，效果如图 12-109 所示。童话故事照片模板制作完成，效果如图 12-110 所示。

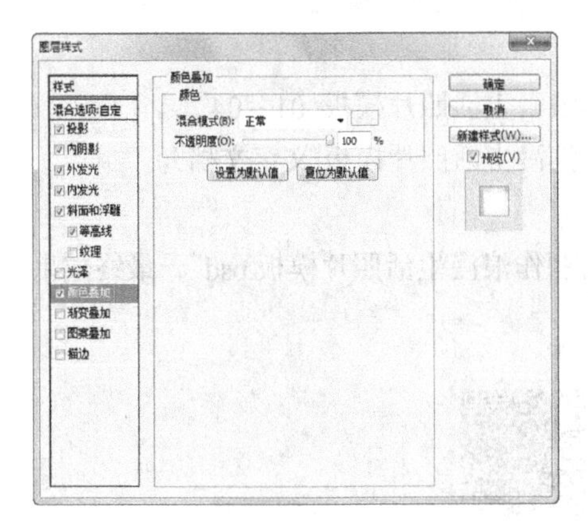

图 12-105

图 12-106

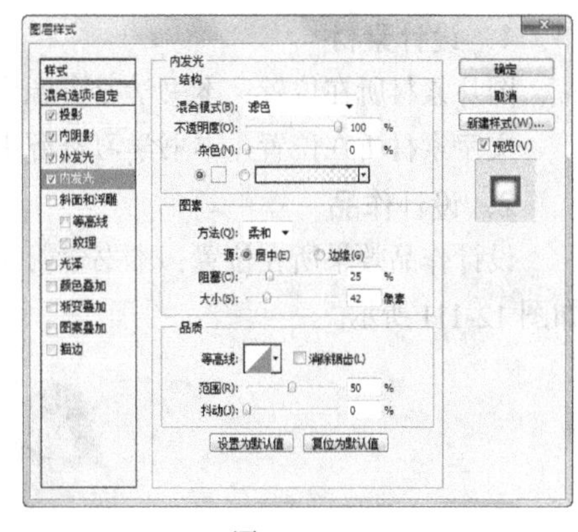

图 12-107

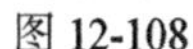

图 12-108

图 12-109

图 12-110

课堂练习 1——制作浪漫生活照片模板

练习 1.1　项目背景及要求

1．客户名称

玖七视觉摄影工作室。

2．客户需求

玖七视觉摄影工作室是一家专业从事人物摄像的工作室，公司目前需要制作一个生活照片模板，模板的主题是浪漫唯美，给人轻快自由的感觉。

3．设计要求

（1）设计背景要清爽自然，能够烘托主题。

（2）画面以人物照片为主，主次明确，设计独特。

（3）画面色彩要含有浪漫气息，使用柔和舒适的色彩，丰富画面效果。

（4）设计风格自然轻快，表现出生活的自由浪漫。

（5）设计规格均为 150mm（宽）× 150mm（高），分辨率为 150 dpi。

练习 1.2　项目创意及制作

1．设计素材

图片素材所在位置：本书学习资源中的“Ch12/素材/制作浪漫生活照片模板/ 01 ~ 04”。

文字素材所在位置：本书学习资源中的“Ch12/素材/制作浪漫生活照片模板/文字文档”。

2．设计作品

设计作品效果所在位置：本书学习资源中的“Ch12/效果/制作浪漫生活照片模板.psd”，最终效果如图 12-111 所示。

图 12-111

3．制作要点

使用添加图层蒙版命令为图层添加图层蒙版，使用横排文字工具添加文字，使用添加图层样式命令为文字添加特殊效果。

课堂练习 2——制作柔情时刻照片模板

练习 2.1　项目背景及要求

1．客户名称

卡卡西婚纱摄影工作室。

2．客户需求

卡卡西婚纱摄影工作室是婚纱摄影行业比较有实力的婚纱摄影工作室，工作室运用艺术家的眼光捕捉独特瞬间，使婚纱照片的艺术性和个性化得到充分体现。现需要制作一个摄影模板，要求突出表现浪漫的气氛，记录下新婚爱人的幸福时光。

3．设计要求

（1）照片模板要求具有神秘浪漫的氛围。

（2）使用粉红色作为模板的色彩，并且搭配白色。

（3）设计要求表现情侣间的温馨、甜蜜的感觉。

（4）要求将文字进行具有特色的设计，图文搭配合理个性。

（5）设计规格均为 297mm（宽）×210mm（高），分辨率为 72 dpi。

练习 2.2　项目创意及制作

1．设计素材

图片素材所在位置：本书学习资源中的“Ch12/素材/制作柔情时刻照片模板/ 01 ~ 04”。

文字素材所在位置：本书学习资源中的“Ch12/素材/制作柔情时刻照片模板/文字文档”。

2．设计作品

设计作品效果所在位置：本书学习资源中的“Ch12/效果/制作柔情时刻照片模板.psd”，最终效果如图 12-112 所示。

图 12-112

3．制作要点

使用渐变工具制作背景，使用画笔工具制作装饰线条和画笔图形，使用混合模式选项、不透明度选项和创建剪贴蒙版命令制作人物图片特殊效果，使用自定形状工具和变换命令制作心形。

课后习题 1——制作大头贴照片模板

习题 1.1 项目背景及要求

1．客户名称

框架时尚摄影工作室。

2．客户需求

框架时尚摄影工作室是一家专业的摄影公司，其经营范围广泛，服务优质。公司目前需要制作一个大头贴照片模板。要求以轻松活泼为主，并且具有时尚品位。

3．设计要求

（1）模板设计要求体现少女的阳光。

（2）使用一幅唯美的沙滩背景，营造青春和活力的氛围。

（3）在模板中多添加一些装饰图案，迎合女生的喜好。

（4）整体风格新潮时尚，表现出年轻人的个性和创意。

（5）设计规格均为 100mm（宽）× 100mm（高），分辨率为 300 dpi。

习题 1.2 项目创意及制作

1．设计素材

图片素材所在位置：本书学习资源中的“Ch12/素材/制作大头贴照片模板/ 01 ~ 04”。

2．设计作品

设计作品效果所在位置：本书学习资源中的“Ch12/效果/制作大头贴照片模板.psd”，最终效果如图 12-113 所示。

图 12-113

3．制作要点

使用仿制图章工具修补照片，使用高斯模糊命令和剪贴蒙版制作照片效果。

课后习题 2——制作心情日记照片模板

习题 2.1　项目背景及要求

1．客户名称

时光摄像摄影。

2．客户需求

时光摄像摄影是一家经营婚纱摄影、个性写真等项目的专业摄影工作室。目前影楼需要制作一个心情日记照片模板，设计要求以新颖美观的形式进行创意，表现出时尚与个性，让人耳目一新。

3．设计要求

（1）模板背景要求具有质感，能够烘托主题。

（2）画面以人物照片为主，主次明确，设计独特。

（3）色彩要能体现出人物的沉稳和时尚，与设计主题相呼应。

（4）整体设计动静结合，体现出现代、潮流和活力感。

（5）设计规格均为 297mm（宽）× 210mm（高），分辨率为 72 dpi。

习题 2.2　项目创意及制作

1．设计素材

图片素材所在位置：本书学习资源中的“Ch12/素材/制作心情日记照片模板/ 01 ~ 03”。

文字素材所在位置：本书学习资源中的“Ch12/素材/制作心情日记照片模板/ 文字文档”。

2．设计作品

设计作品效果所在位置：本书学习资源中的“Ch12/效果/制作心情日记照片模板.psd”，效果如图 12-114 所示。

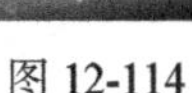

图 12-114

3．制作要点

使用钢笔工具、渐变工具和减淡工具制作背景效果，使用喷色描边滤镜命令制作日记背景，使用移动工具和图层控制面板置入并编辑图片，使用钢笔工具和横排文字工具制作标题文字，使用画笔工具添加装饰图形。

12.3 制作化妆品网店店招和导航条

12.3.1 项目背景及要求

1．客户名称

安迪尚优化妆品有限公司。

2．客户需求

安迪尚优是一家经营各种护肤产品的化妆品有限公司，公司每一款产品都有专门的人员负责网站运营，公司最新推出一款新品手工皂，需要制作一个全新的化妆品网店店招和导航条，要求不仅要宣传公司文化，提高公司知名度，还要为新品手工皂做宣传。

3．设计要求

（1）设计元素必须包含商标和新品手工皂。

（2）导航条的分类要明确清晰。

（3）画面颜色以紫色为主，紫色是公司文化的象征。

（4）设计风格清晰淡雅，给人舒适亲切的感觉。

（5）设计规格均为 80mm（宽）× 12.6mm（高），分辨率为 300 dpi。

12.3.2 项目创意及制作

1．设计素材

图片素材所在位置：本书学习资源中的“Ch12/素材/制作化妆品网店店招和导航条 / 01 ~ 03”。

文字素材所在位置：本书学习资源中的“Ch12/素材/制作化妆品网店店招和导航条 /文字文档”。

2．设计作品

设计作品效果所在位置：本书学习资源中的“Ch12/效果/制作化妆品网店店招和导航条.psd”，最终效果如图 12-115 所示。

图 12-115

3．制作要点

使用移动工具添加背景图片和店标，使用圆角矩形工具、自定义形状工具和横排文字工具制作收藏按钮，使用矩形工具和横排文字工具制作导航条。

12.3.3　案例制作及步骤

（1）按 Ctrl + N 组合键，新建一个文件，宽度为 80mm，高度为 12.6mm，分辨率为 300 像素/英寸，颜色模式为 RGB，背景内容为白色，单击“确定”按钮。

（2）按 Ctrl+O 组合键，打开本书学习资源中的“Ch12 > 素材 > 制作化妆品网店店招和导航条 > 01”文件，选择“移动”工具，将其拖曳到图像窗口中适当的位置，效果如图 12-116 所示，在“图层”控制面板中生成新的图层并将其命名为“图片”。

图 12-116

（3）将前景色设置为紫色（其 R、G、B 的值分别为 178、171、226）。选择“矩形”工具，选中属性栏中的“形状图层”按钮，在图像窗口中拖曳鼠标绘制矩形，效果如图 12-117 所示。

（4）按 Ctrl+O 组合键，打开本书学习资源中的“Ch12 > 素材 > 制作化妆品网店店招和导航条 > 02”文件，选择“移动”工具，将其拖曳到图像窗口中适当的位置，效果如图 12-118 所示，在“图层”控制面板中生成新的图层并将其命名为“logo”。

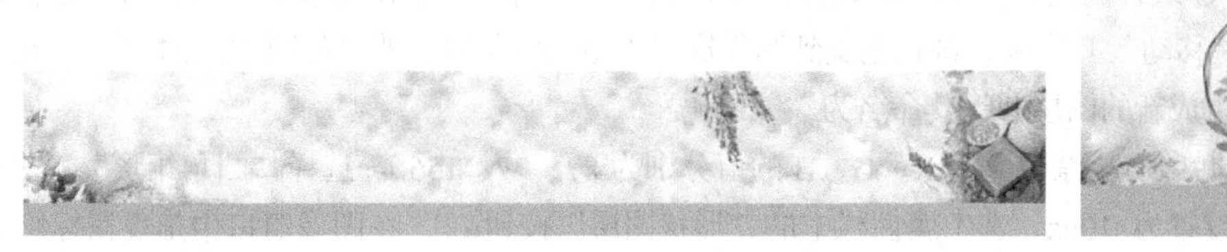

图 12-117

图 12-118

（5）将前景色设置为紫色（其 R、G、B 的值分别为 87、77、156）。选择“横排文字”工具，在属性栏中选择合适的字体并设置文字大小，在适当的位置输入需要的文字，效果如图 12-119 所示，在“图层”控制面板中生成新的文字图层。用相同的方法输入其他文字，效果如图 12-120 所示。

图 12-119

安迪尚优官方旗舰店
装扮您的品质生活 70% off

图 12-120

（6）将前景色设置为紫色（其 R、G、B 的值分别为 87、77、156）。选择“圆角矩形”工具，将“半径”选项设置为 10px，选中属性栏中的“形状图层”按钮，在图像窗口中拖曳鼠标绘制圆角矩形，效果如图 12-121 所示。

（7）将前景色设置为红色（其 R、G、B 的值分别为 215、27、27）。选择“自定形状”工具，单击属性栏中的“形状”选项，弹出“形状”面板，选中图形“红心形卡”，如图 12-122 所示。选中“形状图层”按钮，在图像窗口中的适当位置拖曳鼠标绘制图形，效果如图 12-123 所示。

图 12-121　图 12-122　图 12-123

（8）将前景色设置为紫色（其 R、G、B 的值分别为 253、237、10）。选择"横排文字"工具T，在属性栏中选择合适的字体并设置文字大小，在适当的位置输入需要的文字，效果如图 12-124 所示，在"图层"控制面板中生成新的文字图层。

（9）在"图层"控制面板中，按住 Shift 键的同时，将"收藏店铺"图层与"安迪尚优官方旗舰店"图层之间的所有图层同时选取，如图 12-125 所示。按 Ctrl+G 组合键将其编组，如图 12-126 所示。

图 12-124　图 12-125　图 12-126

（10）按 Ctrl+O 组合键，打开本书学习资源中的"Ch12 > 素材 > 制作化妆品网店店招和导航条 > 03"文件，选择"移动"工具，将其拖曳到图像窗口中适当的位置，效果如图 12-127 所示，在"图层"控制面板中生成新的图层并将其命名为"二维码"。

（11）将前景色设置为紫色（其 R、G、B 的值分别为 87、77、156）。选择"圆角矩形"工具，将"半径"选项设置为 10px，选中属性栏中的"形状图层"按钮，在图像窗口中拖曳鼠标绘制圆角矩形，效果如图 12-128 所示。

（12）将前景色设置为紫色（其 R、G、B 的值分别为 243、209、79），选择"横排文字"工具T，在属性栏中选择合适的字体并设置文字大小，在适当的位置输入需要的文字并选取文字，效果如图 12-129 所示，在"图层"控制面板中生成新的文字图层。将"二维码"图层与"扫码关注"图层之间的所有图层同时选取，按 Ctrl+G 组合键将其编组，如图 12-130 所示。

图 12-127　图 12-128　图 12-129　图 12-130

（13）将前景色设置为紫色（其 R、G、B 的值分别为 140、131、202）。选择"矩形"工具，选中属性栏中的"形状图层"按钮，在图像窗口中拖曳鼠标绘制矩形，效果如图 12-131 所示。

（14）将前景色设置为深紫色（其 R、G、B 的值分别为 31、24、85）。选择"横排文字"工具T，在属性栏中选择合适的字体并设置文字大小，在适当的位置输入需要的文字，效果如图 12-132 所示，在“图层”控制面板中生成新的文字图层。化妆品网店店招和导航条制作完成。

图 12-131

图 12-132

课堂练习 1——制作电视网店首页海报

练习 1.1　项目背景及要求

1．客户名称

致彩电器有限公司。

2．客户需求

致彩是一家一直专注于家电领域并积极开拓家用电器的研发、销售、服务等多领域的电器有限公司。公司现阶段想要促销一款大屏液晶电视机，想要在网站上进行销售并宣传，需制作一个电视网店首页海报。要求全方位体现出产品优势和优惠活动。

3．设计要求

（1）海报能够表达公司对于产品高端大气的定位。

（2）突出显示优惠活动，但不能喧宾夺主。

（3）画面色彩要简洁明亮。

（4）设计具有简单、纯净、和谐的艺术风格。

（5）设计规格均为 160mm（宽）×46mm（高），分辨率为 300 dpi。

练习 1.2　项目创意及制作

1．设计素材

图片素材所在位置：本书学习资源中的“Ch12/素材/制作电视网店首页海报/ 01 ~ 06”。

文字素材所在位置：本书学习资源中的“Ch12/素材/制作电视网店首页海报/文字文档”。

2．设计作品

设计作品效果所在位置：本书学习资源中的“Ch12/效果/制作电视网店首页海报.psd”，最终效果如图 12-133 所示。

图 12-133

3. 制作要点

使用移动工具添加各种家具图片和液晶电视图片，使用横排文字工具、矩形工具和圆角矩形工具添加优惠活动信息。

课堂练习 2——制作瓷器网店细节展示图

练习 2.1 项目背景及要求

1. 客户名称

冶凌瓷业。

2. 客户需求

冶凌瓷业是一家以陶瓷生产、原料加工和销售服务为主的陶瓷产业公司，为了让人们全方位了解陶瓷的魅力，公司想要在网店上放置瓷器细节展示图，不仅要展示瓷器的魅力，还要详细介绍瓷品的每个部位。

3. 设计要求

（1）设计要以瓷品元素为主。

（2）画面采用大量留白，起到凸显瓷品的作用。

（3）画面图文结合，合理搭配。

（4）设计风格简洁大气，体现出中国瓷器的魅力。

（5）设计规格均为 136mm（宽）× 149mm（高），分辨率为 150 dpi。

练习 2.2 项目创意及制作

1. 设计素材

图片素材所在位置：本书学习资源中的“Ch12/素材/制作瓷器网店细节展示图/ 01 ~ 08”。

文字素材所在位置：本书学习资源中的“Ch12/素材/制作瓷器网店细节展示图/文字文档”。

2. 设计作品

设计作品效果所在位置：本书学习资源中的“Ch12/效果/制作瓷器网店细节展示图.psd”，最终效果如图 12-134 所示。

图 12-134

3．制作要点

使用移动工具和色相/饱和度命令添加修饰图像，使用图层蒙版和横排文字工具制作样品展示图和信息说明文字。

课后习题 1——制作服装网店分类引导

习题 1.1　项目背景及要求

1．客户名称

跃旅运动。

2．客户需求

跃旅运动是一家专门经营运动服装、鞋类和运动背包等运动类服饰的公司，在初秋来临之际，公司推出了新款初秋新品，现需要在公司服装网店中制作分类引导，以吸引用户。

3．设计要求

（1）网店分类引导包含运动鞋、衣服和背包元素。

（2）设计要求简洁大方，使用图片颜色搭配合理。

（3）使用图文合理搭配，能够清晰介绍服装信息。

（4）设计风格符合公司品牌特色，能够凸显服装品质。

（5）设计规格均为 80mm（宽）× 160mm（高），分辨率为 300 dpi。

习题 1.2　项目创意及制作

1．设计素材

图片素材所在位置：本书学习资源中的“Ch12/素材/制作服装网店分类引导/ 01 ~ 07”。

文字素材所在位置：本书学习资源中的“Ch12/素材/制作服装网店分类引导/文字文档”。

2．设计作品

设计作品效果所在位置：本书学习资源中的“Ch12/效果/制作服装网店分类引导.psd”，最终效果如图 12-135 所示。

图 12-135

3．制作要点

使用移动工具、矩形工具和剪贴蒙版制作展示图片，使用横排文字工具和矩形工具制作链接按钮，使用文字工具添加服饰信息。

课后习题 2——制作家居网店页尾

习题 2.1　项目背景及要求

1. 客户名称

艾斯利文家居。

2. 客户需求

艾斯利文家居是一家从事家庭装修、家具、电器等一系列和居室产品有关的经营公司。公司近期加盟了网络销售渠道，需要制作网店页面的页尾部分，要体现公司的服务态度，要求精细明了。

3. 设计要求

（1）页尾的设计简洁，文字叙述清楚明了。

（2）提供更多的渠道进行宣传。

（3）使用家具图片修饰页尾，能够强调网站主题。

（4）强调服务理念，用优质的服务打动客户的心。

（5）设计规格均为 80mm（宽）× 30mm（高），分辨率为 300 dpi。

习题 2.2　项目创意及制作

1. 设计素材

图片素材所在位置：本书学习资源中的“Ch12/素材/制作家居网店页尾/ 01 ~ 08”。

文字素材所在位置：本书学习资源中的“Ch12/素材/制作家居网店页尾/文字文档”。

2. 设计作品

设计作品效果所在位置：本书学习资源中的“Ch12/效果/制作家居网店页尾.psd”，最终效果如图 12-136 所示。

图 12-136

3. 制作要点

使用移动工具、剪贴蒙版和横排文字工具制作家具展示图。使用置入命令、矩形工具和横排文字工具制作公司服务栏目，使用矩形工具、横排文字工具和自定义形状工具制作公司商标，使用圆角矩形工具、椭圆工具和横排文字工具制作返回按钮。

12.4 制作结婚戒指广告

12.4.1 项目背景及要求

1．客户名称

金玉宝石设计公司。

2．客户需求

金玉宝石设计公司是一家主营宝石玉石工艺品、时尚配饰、珠宝玉器首饰等工艺礼品的精心设计、生产加工、推广销售于一体的专业珠宝企业。公司近期新设计了一款复古钻石婚戒，需设计一个结婚戒指广告，展现复古钻戒的魅力。

3．设计要求

（1）使用蓝、绿、黄的渐变搭配营造出优雅浪漫的氛围。

（2）使用时尚的模特使画面丰富活跃。

（3）文字设计要简单独特，让整体设计深入人心。

（4）设计要求体现时尚的奢华之感。

（5）设计规格均为 450mm（宽）× 300mm（高），分辨率为 72 dpi。

12.4.2 项目创意及制作

1．设计素材

图片素材所在位置：本书学习资源中的“Ch12/素材/制作结婚戒指广告/ 01 ~ 04”。

文字素材所在位置：本书学习资源中的“Ch12/素材/制作结婚戒指广告/文字文档”。

2．设计作品

设计作品效果所在位置：本书学习资源中的“Ch12/效果/制作结婚戒指广告.psd”，最终效果如图 12-137 所示。

图 12-137

3．制作要点

使用移动工具添加模特图像和钻戒产品，使用图层样式和变换工具编辑图像，使用横排文字工具添加说明文字。

12.4.3 案例制作及步骤

1．制作背景图片

（1）按 Ctrl+O 组合键，打开本书学习资源中的“Ch12 > 素材 > 制作结婚戒指广告 > 01、02”文件。选择“移动”工具，将 02 图片拖曳到 01 图像窗口中适当的位置并调整其大小，效果如图 12-138 所示，在“图层”控制面板中生成新的图层并将其命名为“人物”。

（2）单击“图层”控制面板下方的“添加图层样式”按钮，在弹出的菜单中选择“外发光”命令，在弹出的对话框中进行设置，如图 12-139 所示，单击“确定”按钮，效果如图 12-140 所示。

图 12-138

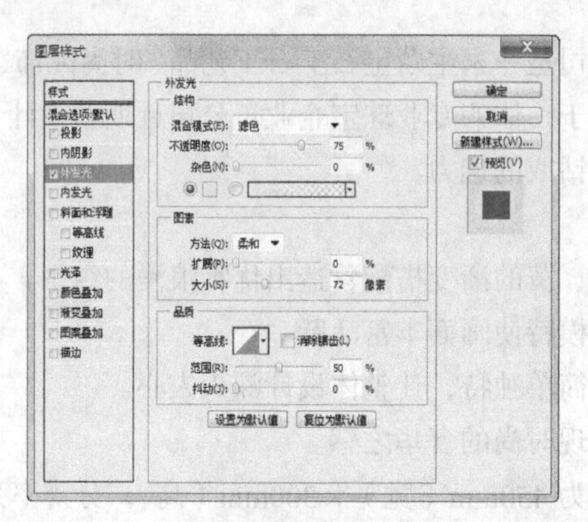

图 12-139

图 12-140

（3）新建图层组并将其命名为“戒指”。按 Ctrl+O 组合键，打开本书学习资源中的“Ch12 > 素材 > 制作结婚戒指广告 > 03”文件。选择“移动”工具，将图片拖曳到图像窗口中适当的位置，效果如图 12-141 所示，在“图层”控制面板中生成新的图层并将其命名为“水晶心”。

（4）在“图层”控制面板上方将“水晶心”图层的混合模式设置为“叠加”，图像效果如图 12-142 所示。

图 12-141

图 12-142

2．添加并编辑图片

（1）按 Ctrl+O 组合键，打开本书学习资源中的“Ch12 > 素材 > 制作结婚戒指广告 > 04”文件。选择“移动”工具，将图片拖曳到图像窗口中适当的位置，效果如图 12-143 所示，在“图层”控制面板中生成新的图层并将其命名为“戒指”。

（2）按 Ctrl+J 组合键，复制“戒指”图层，生成新的图层并将其命名为“投影”。按 Ctrl+T 组合键，图片周围出现变换框，在变换框中单击鼠标右键，在弹出的菜单中分别选择“水平翻转”和“垂直翻转”命令，将图像水平并垂直翻转，向下拖曳图片到适当的位置，按 Enter 键确定操作，效果如图 12-144 所示。

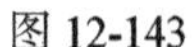

图 12-143

图 12-144

（3）按住 Ctrl 键的同时，单击“投影”图层的缩览图，图像周围生成选区，如图 12-145 所示。将前景色设置为黑色。按 Alt+Delete 组合键，用前景色填充选区。按 Ctrl+D 组合键，取消选区，效果如图 12-146 所示。

图 12-145

图 12-146

（4）在“图层”控制面板中，将“投影”图层拖曳到“戒指”图层的下方。将该图层的“不透明度”设置为 19%，如图 12-147 所示，图像效果如图 12-148 所示。

图 12-147

图 12-148

（5）单击“图层”控制面板下方的“添加图层蒙版”按钮 ，为“投影”图层添加蒙版，如图 12-149 所示。选择“渐变”工具 ，单击属性栏中的“点按可编辑渐变”按钮 ，弹出“渐变编辑器”对话框，将渐变色设置为从黑色到白色，如图 12-150 所示，单击“确定”按钮。在图像窗口中从下向上拖曳渐变色，效果如图 12-151 所示。

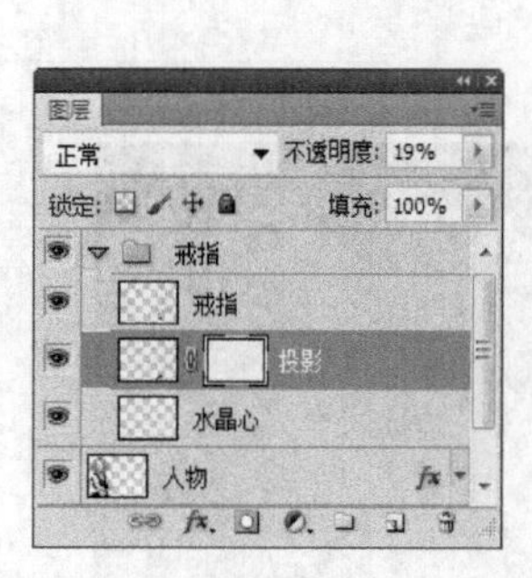

图 12-149

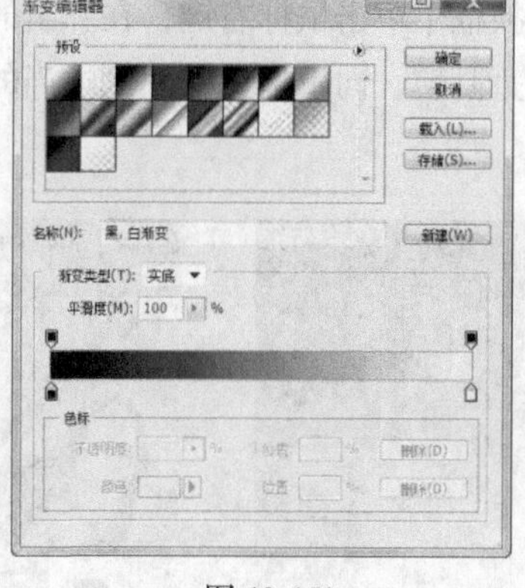

图 12-150

图 12-151

（6）按住 Shift 键的同时，用鼠标单击“戒指”图层，将“投影”和“戒指”图层同时选取，拖曳到控制面板下方的“创建新图层”按钮上进行复制，生成新的副本图层，如图 12-152 所示。选择“移动”工具，在图像窗口中拖曳复制的图片到适当的位置并调整其大小，效果如图 12-153 所示。

（7）选择“横排文字”工具，分别输入并选取需要的文字，在属性栏中分别选择合适的字体并设置文字大小，填充适当的文字颜色，效果如图 12-154 所示，在“图层”控制面板中分别生成新的文字图层。

图 12-152

图 12-153

图 12-154

（8）选择文字图层“Diamond ring”。单击“图层”控制面板下方的“添加图层样式”按钮，在弹出的菜单中选择“描边”命令，在弹出的对话框中将描边颜色设置为白色，其他选项的设置如图 12-155 所示，单击“确定”按钮，效果如图 12-156 所示。结婚戒指广告制作完成。

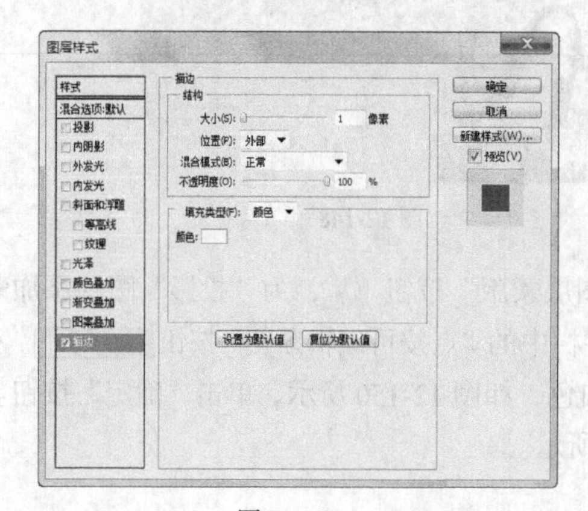

图 12-155

图 12-156

课堂练习 1——制作液晶电视广告

练习 1.1　项目背景及要求

1. 客户名称

致彩电器有限公司。

2. 客户需求

液晶电视是现代家庭生活的必备物品，目前市面上的液晶电视品牌种类丰富多样，所以品牌之间的竞争非常激烈。本案例是为电器公司制作液晶电视广告，要求展现出不断进取、技术革新的技术和特色。

3. 设计要求

（1）使用蓝色天空作为画面的背景。

（2）设计要求展现出品牌的高质和时尚感。

（3）能够明确表达产品的特色和技术。

（4）使用简单图文结合使画面看起来整齐有序。

（5）设计规格均为 168mm（宽）× 120mm（高），分辨率为 300 dpi。

练习 1.2　项目创意及制作

1. 设计素材

图片素材所在位置：本书学习资源中的“Ch12/素材/制作液晶电视广告 / 01 ~ 06”。

2. 设计作品

设计作品效果所在位置：本书学习资源中的“Ch12/效果/制作液晶电视广告.psd”，最终效果如图 12-157 所示。

图 12-157

3. 制作要点

使用移动工具和图层混合模式添加并编辑图像，使用投影命令编辑小鸟图像，使用剪贴蒙版制作电视屏幕。

课堂练习 2——制作房地产广告

练习 2.1　项目背景及要求

1．客户名称

福尔房地产开发有限公司。

2．客户需求

福尔房地产开发有限公司是一家经营房地产开发、物业管理和城市商品住宅等业务的全方位房地产公司。麦菲尔庄园即将开盘，要求设计制作宣传广告，适合用于展会、巡展和街头派发。宣传广告要将最大的卖点有效地表达出来，第一时间吸引客户的注意。

3．设计要求

（1）设计风格独特，形式新颖，具有创新意识。

（2）突出对住宅的宣传，并传达出公司的理念。

（3）设计要求华丽大气，图文编排合理并具有特色。

（4）使用黄色作为画面的主色调，体现住宅的品质。

（5）设计规格均为 160mm（宽）× 105mm（高），分辨率为 300 dpi。

练习 2.2　项目创意及制作

1．设计素材

图片素材所在位置：本书学习资源中的“Ch12/素材/制作房地产广告/ 01 ~ 05”。

文字素材所在位置：本书学习资源中的“Ch12/素材/制作房地产广告/文字文档”。

2．设计作品

设计作品效果所在位置：本书学习资源中的“Ch12/效果/制作房地产广告.psd”，最终效果如图 12-158 所示。

3．制作要点

使用投影命令制作卷轴的投影效果；使用图层蒙版工具制作楼房的水中投影，使用文字工具制作广告内文。

图 12-158

课后习题 1——制作雪糕广告

习题 1.1　项目背景及要求

1. 客户名称

果粒冰雪糕屋。

2. 客户需求

果粒冰雪糕屋是一家制作冰激凌及其他食品的企业。现阶段公司新推出一款牛奶加果粒的新品雪糕，需制作一款雪糕宣传广告，吸引顾客的注意。

3. 设计要求

（1）风格要求温馨可爱，内容丰富。

（2）设计要求形式多样，注重展示产品细节。

（3）用真实的食品图片进行展示，要层次分明，具有吸引力。

（4）设计风格具有特色，能够引起顾客的好奇和食欲。

（5）设计规格均为 210mm（宽）× 130mm（高），分辨率为 300 dpi。

习题 1.2　项目创意及制作

1. 设计素材

图片素材所在位置：本书学习资源中的“Ch12/素材/制作雪糕广告/ 01 ~ 06”。

2. 设计作品

设计作品效果所在位置：本书学习资源中的“Ch12/效果/制作雪糕广告.psd”，最终效果如图 12-159 所示。

图 12-159

3. 制作要点

使用画笔工具、旋转扭曲和高斯模糊滤镜命令制作背景效果，使用色相/饱和度命令调整雪糕颜色，使用移动工具添加标题文字。

课后习题 2——制作汽车广告

习题 2.1　项目背景及要求

1. 客户名称

飞驰汽车集团。

2. 客户需求

飞驰汽车集团以高质量、高性能的汽车产品闻名于世，目前飞驰汽车集团推出最新优惠购车方式，要求制作针对本次活动的宣传广告，且广告能适用于街头派发，橱窗及公告栏展示。广告要以宣传活动为主要内容，要求内容明确清晰。

3．设计要求

（1）广告背景以飞驰汽车为主，将文字与图片相结合，相互衬托。

（2）文字设计要具有特色，在画面中要突出，将本次活动全面概括地表现出来。

（3）设计要求采用横版的形式，色彩对比强烈，形成视觉冲击。

（4）广告要能使观者感受到速度与品质的品牌特色，并体现品牌风格。

（5）设计规格均为 435mm（宽）× 310mm（高），分辨率为 72 dpi。

习题 2.2　项目创意及制作

1．设计素材

图片素材所在位置：本书学习资源中的“Ch12/素材/制作汽车广告/01~04”。

2．设计作品

设计作品效果所在位置：本书学习资源中的“Ch12/效果/制作汽车广告”，最终效果如图 12-160 所示。

图 12-160

3．制作要点

使用色彩平衡、曲线和亮度/对比度命令调整汽车效果，使用图层蒙版和画笔工具制作背景效果，使用色相/饱和度命令调整背景效果，使用移动工具添加文字效果。

12.5　制作咖啡包装

12.5.1　项目背景及要求

1．客户名称

泰威咖啡。

2．客户需求

泰威咖啡是一家生产、经营各种咖啡的食品公司。目前该公司的经典畅销品牌迈威原味咖啡需要更换新包装全新上市，要求设计一款咖啡外包装，设计要抓住产品特点，达到宣传效果。

3．设计要求

（1）整体色彩使用棕色和红色，体现咖啡的质感。

（2）设计要求简洁，图文搭配合理。

（3）以真实的产品图片展示，向观众传达真实的信息内容。

（4）设计规格均为 210mm（宽）× 297mm（高），分辨率为 300 dpi。

12.5.2 项目创意及制作

1．设计素材

图片素材所在位置：本书学习资源中的"Ch12/素材/制作咖啡包装/ 01 ~ 08"。

2．设计作品

设计作品效果所在位置：本书学习资源中的"Ch12/效果/制作咖啡包装.psd"，最终效果如图 12-161 所示。

图 12-161

3．制作要点

使用新建参考线命令添加参考线，使用钢笔工具、渐变工具制作平面效果图，使用选区工具和变换命令制作包装立体效果，使用滤镜命令和文字工具制作包装广告效果。

12.5.3 案例制作及步骤

1．制作包装平面图效果

（1）按 Ctrl+N 组合键，新建一个文件，宽度为 56cm，高度为 30cm，分辨率为 300 像素/英寸，颜色模式为 RGB，背景内容为白色，单击"确定"按钮。选择"视图 > 新建参考线"命令，弹出"新建参考线"对话框，选项的设置如图 12-162 所示，单击"确定"按钮，效果如图 12-163 所示。用相同的方法，在 24.1cm、28.7cm、51.1cm 处分别新建垂直参考线，效果如图 12-164 所示。

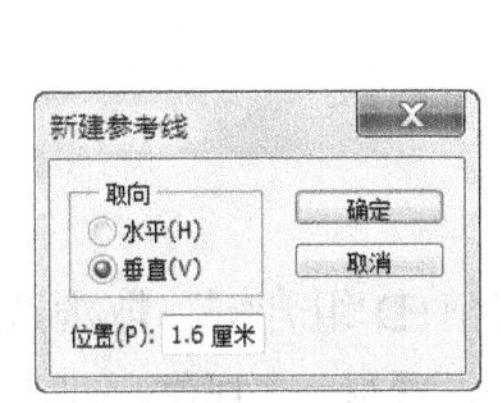

图 12-162

图 12-163

图 12-164

（2）选择"视图 > 新建参考线"命令，弹出"新建参考线"对话框，选项的设置如图 12-165 所示，单击"确定"按钮，效果如图 12-166 所示。用相同的方法，在 7.5cm、22.4cm、28cm 处分别新建水平参考线，效果如图 12-167 所示。

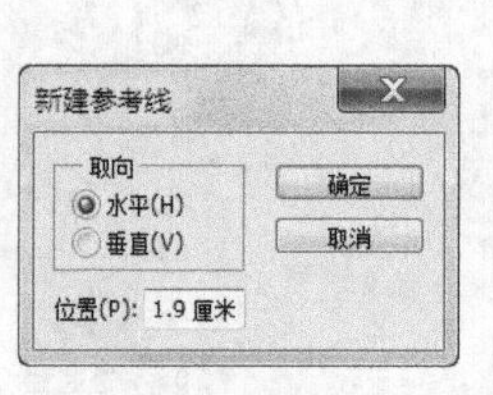

图 12-165

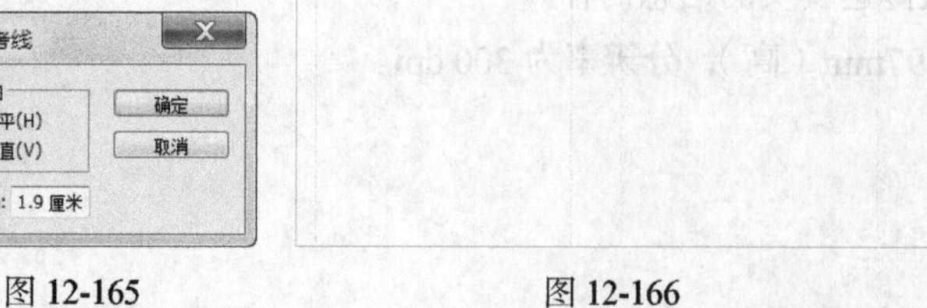

图 12-166

图 12-167

（3）新建图层并将其命名为“背景形状”。将前景色设置为咖啡色（其 R、G、B 的值分别为 84、16、15）。选择“钢笔”工具，选中属性栏中的“路径”按钮，绘制一个闭合路径，如图 12-168 所示。按 Ctrl+Enter 组合键，将路径转换为选区。按 Alt+Delete 组合键，用前景色填充选区。按 Ctrl+D 组合键，取消选区，效果如图 12-169 所示。

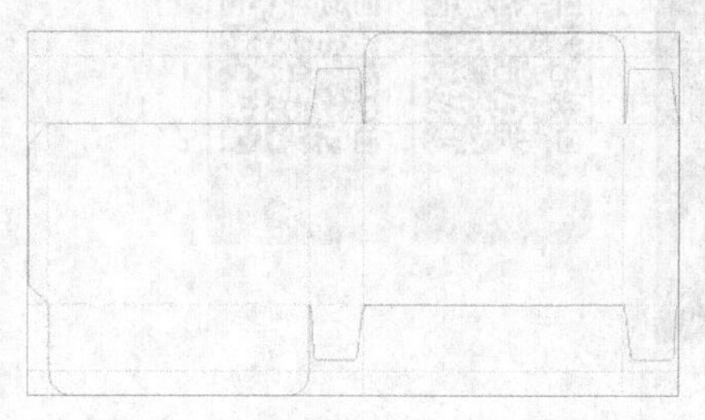

图 12-168

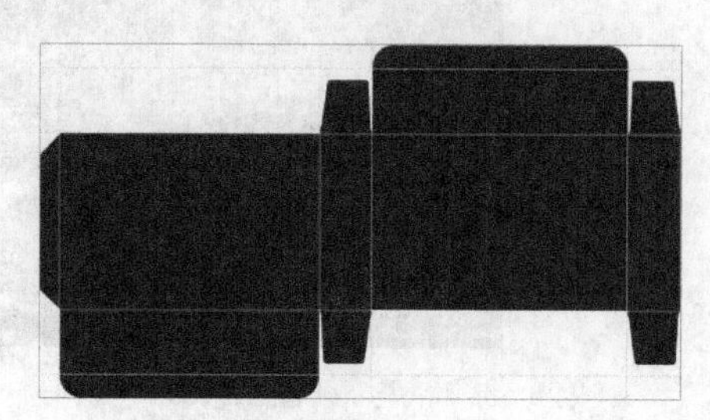

图 12-169

（4）新建图层并将其命名为“渐变”。选择“矩形选框”工具，绘制一个矩形选区，如图 12-170 所示。选择“渐变”工具，单击属性栏中的“点按可编辑渐变”按钮，弹出“渐变编辑器”对话框，在“位置”选项中分别输入 0、29、100 几个位置点，并分别设置这几个位置点颜色的 RGB 值为 0（28、0、0）、29（58、16、16）、100（131、33、11），如图 12-171 所示，单击“确定”按钮。

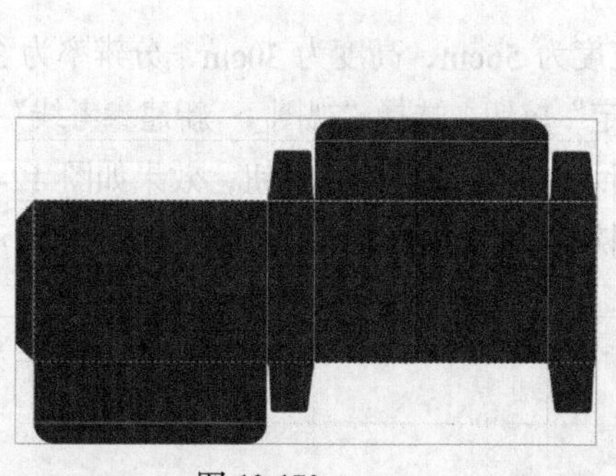

图 12-170

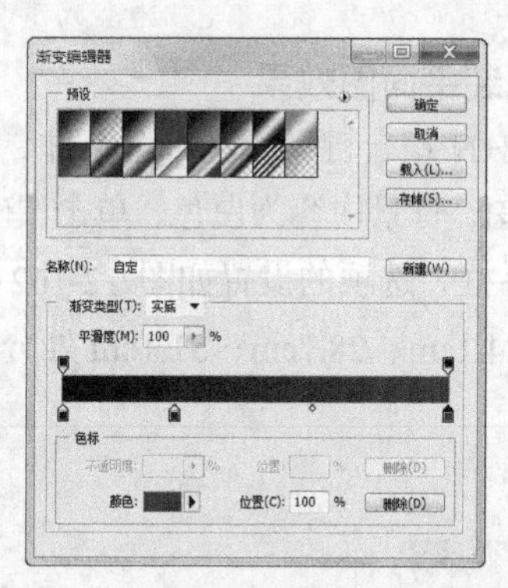

图 12-171

（5）按住 Shift 键的同时，在选区中从下向上拖曳渐变色，填充选区。按 Ctrl+D 组合键，取消选区，效果如图 12-172 所示。按 Ctrl + O 组合键，打开本书学习资源中的“Ch12 > 素材 > 制作咖啡包装 > 01”文件，选择“移动”工具，将图片拖曳到图像窗口中的适当位置，如图 12-173 所示，在“图层”控制面板中生成新的图层并将其命名为“底图”。

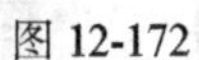
图 12-172

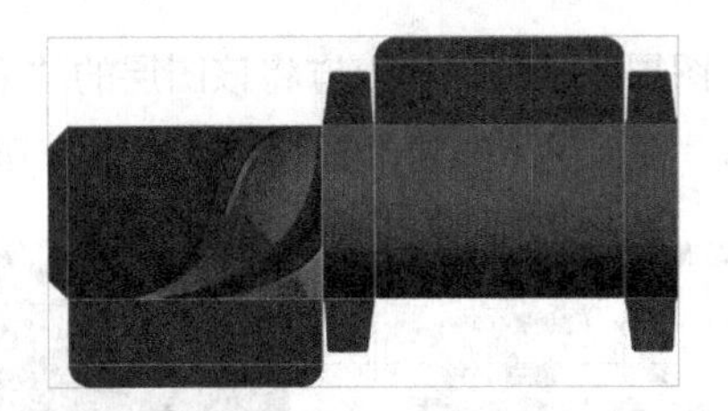
图 12-173

（6）选择“滤镜 > 模糊 > 动感模糊”命令，在弹出的对话框中进行设置，如图 12-174 所示，单击“确定”按钮，效果如图 12-175 所示。

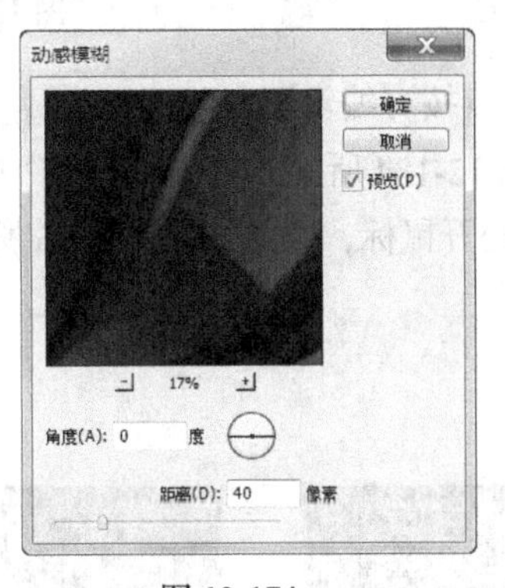

图 12-174

图 12-175

（7）在“图层”控制面板上方，将“底图”图层的混合模式设置为“柔光”，“不透明度”设置为 60%，如图 12-176 所示，效果如图 12-177 所示。

（8）按 Ctrl + O 组合键，打开本书学习资源中的“Ch12 > 素材 > 制作咖啡包装 > 02”文件，选择“移动”工具，将图片拖曳到图像窗口中的适当位置，并调整其大小，效果如图 12-178 所示，在“图层”控制面板中生成新的图层并将其命名为“咖啡豆”。

图 12-176

图 12-177

图 12-178

（9）选择“图像 > 调整> 色彩平衡”命令，在弹出的对话框中进行设置，如图 12-179 所示，单击“确定”按钮，效果如图 12-180 所示。

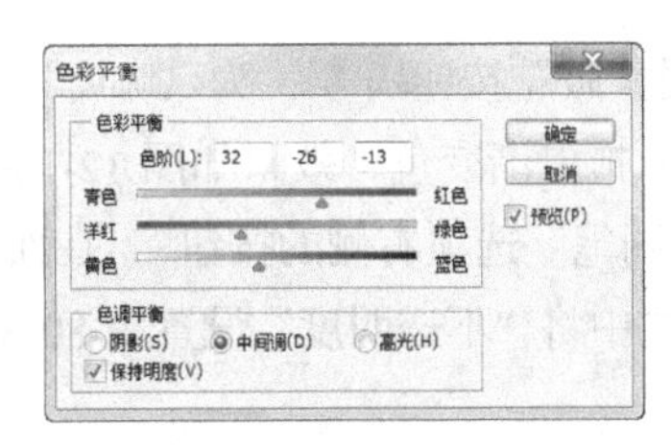

图 12-179

图 12-180

（10）在“图层”控制面板上方将该图层的“不透明度”设置为 60%，如图 12-181 所示，效果如图 12-182 所示。单击下方的“添加图层蒙版”按钮，为图层添加蒙版，如图 12-183 所示。

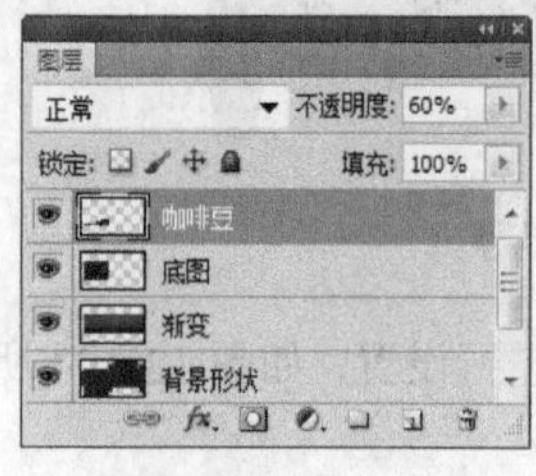

图 12-181

图 12-182

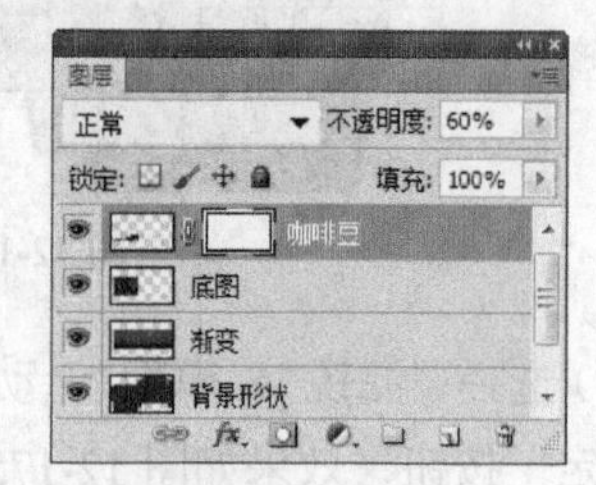

图 12-183

（11）选择“渐变”工具，单击属性栏中的“点按可编辑渐变”按钮，弹出“渐变编辑器”对话框，将渐变色设置为从黑色到白色，如图 12-184 所示，单击“确定”按钮。在图像窗口中从左下方至右上方拖曳渐变色，如图 12-185 所示，松开鼠标，效果如图 12-186 所示。

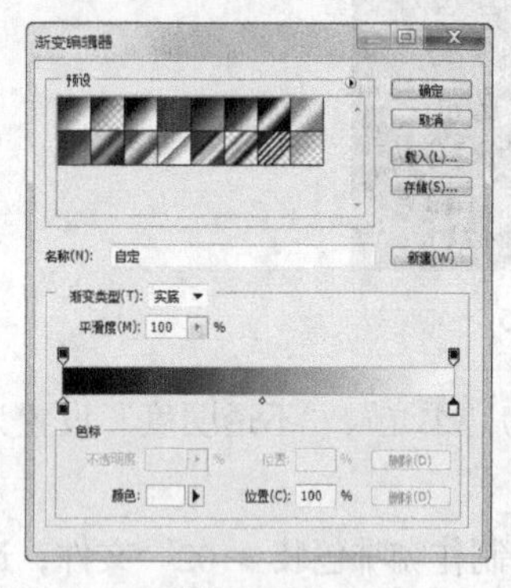

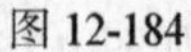
图 12-184

图 12-185

图 12-186

（12）按 Ctrl + O 组合键，打开本书学习资源中的“Ch12 > 素材 > 制作咖啡包装 > 03”文件，选择“移动”工具，将图片拖曳到图像窗口中的适当位置，并调整其大小，效果如图 12-187 所示，在“图层”控制面板中生成新的图层并将其命名为“咖啡”，如图 12-188 所示。

图 12-187

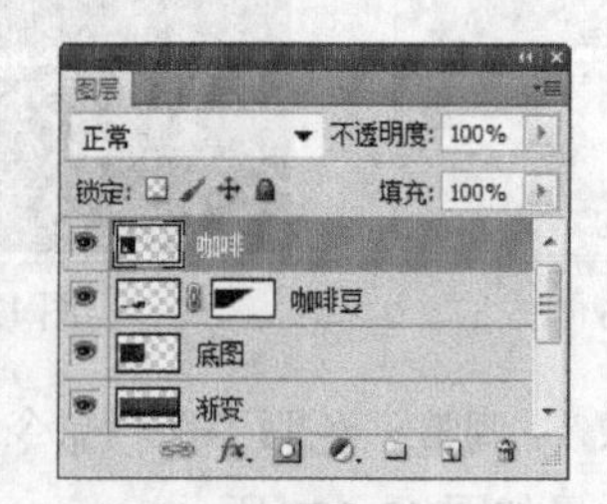

图 12-188

（13）单击“图层”控制面板下方的“添加图层蒙版”按钮，为“咖啡”图层添加蒙版。选择“渐变”工具，在图像窗口中从右上方至左下方拖曳渐变色，效果如图 12-189 所示。

（14）选择“画笔”工具，在属性栏中单击“画笔”选项右侧的按钮，在面板中选择需要的画笔形状，其他选项的设置如图 12-190 所示，在属性栏中将“不透明度”设置为 80%，在图像窗口中进行涂抹，擦除不需要的部分，效果如图 12-191 所示。

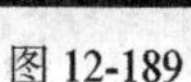

图 12-189

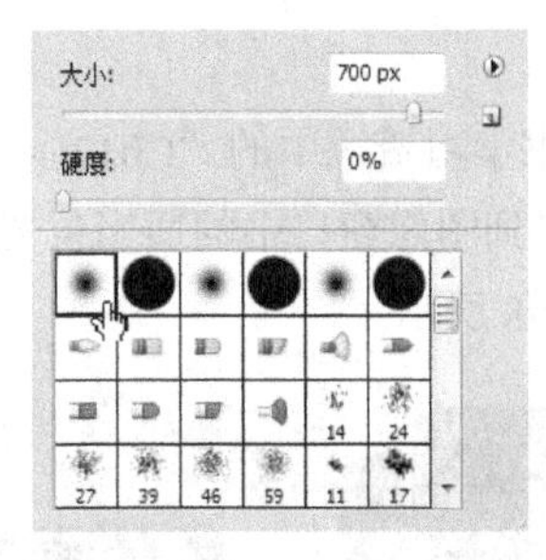

图 12-190

图 12-191

（15）在“图层”控制面板中，按住 Shift 键的同时，单击“底图”图层，选取需要的图层。将其拖曳到控制面板下方的“创建新图层”按钮上进行复制，生成新的副本图层，如图 12-192 所示。选择“移动”工具，按住 Shift 键的同时，在图像窗口中将副本图形拖曳到适当的位置，如图 12-193 所示。

（16）按 Ctrl + O 组合键，打开本书学习资源中的“Ch12 > 素材 > 制作咖啡包装 > 04”文件，选择“移动”工具，将 04 图片拖曳到图像窗口中的适当位置，效果如图 12-194 所示，在“图层”控制面板中生成新的图层并将其命名为“01”。

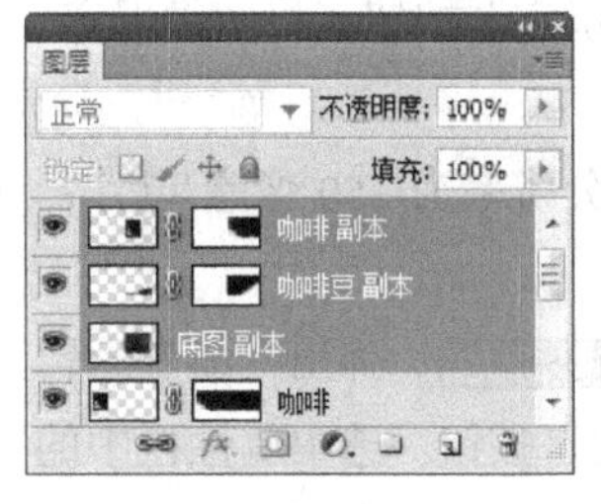

图 12-192

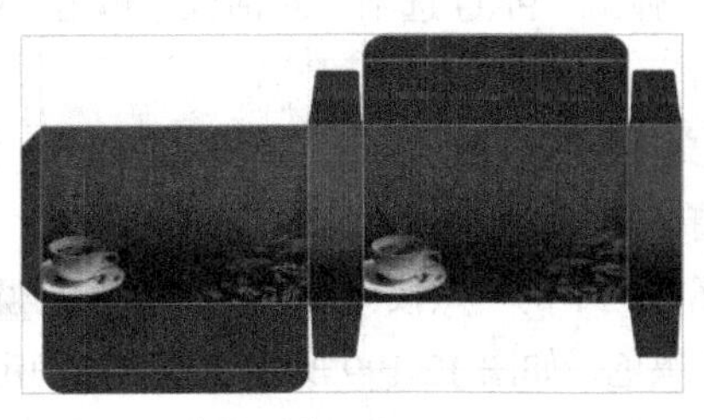

图 12-193

图 12-194

（17）将“01”图层拖曳到控制面板下方的“创建新图层”按钮上进行复制，生成新的副本图层。选择“移动”工具，按住 Shift 键的同时，在图像窗口中将副本图层拖曳到适当位置，如图 12-195 所示。

（18）按 Ctrl + O 组合键，打开本书学习资源中的“Ch12 > 素材 > 制作咖啡包装 > 05、06”文件，选择“移动”工具，将 05、06 图片分别拖曳到图像窗口中的适当位置，效果如图 12-196 所示，在“图层”控制面板中生成新的图层并将其分别命名为“02”和“03”。

图 12-195

图 12-196

（19）将“03”图层拖曳到控制面板下方的“创建新图层”按钮上进行复制，生成新的副本图层。选择“移动”工具，在图像窗口中将副本图层拖曳到适当的位置。按 Ctrl+T 组合键，图像周围出现变换框，单击鼠标右键，在弹出的菜单中选择“垂直翻转”命令翻转图像，按 Enter 键确认操作，效果如图 12-197 所示。

（20）按 Ctrl + O 组合键，打开本书学习资源中的“Ch12 > 素材 > 制作咖啡包装 > 07”文件，选择“移动”工具，将 07 图片拖曳到图像窗口中的适当位置。在“图层”控制面板中生成新的图层并将其命名为“04”，效果如图 12-198 所示。

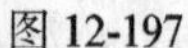
图 12-197

图 12-198

（21）按 Ctrl+；组合键，将参考线隐藏。单击“背景”图层左侧的眼睛图标，将“背景”图层隐藏。按 Ctrl+Shift+S 组合键，弹出“存储为”对话框，将制作好的图像命名为“咖啡包装平面图”，保存为 PNG 格式，单击“保存”按钮，弹出“PNG 选项”对话框，单击“确定”按钮，将图像保存。

2．制作包装立体效果

（1）按 Ctrl+N 组合键，新建一个文件：宽度为 50cm，高度为 30cm，分辨率为 150 像素/英寸，颜色模式为 RGB，背景内容为白色，单击“确定”按钮，新建一个文件。

（2）选择“渐变”工具，单击属性栏中的“点按可编辑渐变”按钮，弹出“渐变编辑器”对话框，将渐变色设置为由白色到黑色，如图 12-199 所示，单击“确定”按钮。选中属性栏中的“径向渐变”按钮，在图像窗口中由右上方至左下方拖曳渐变色，效果如图 12-200 所示。

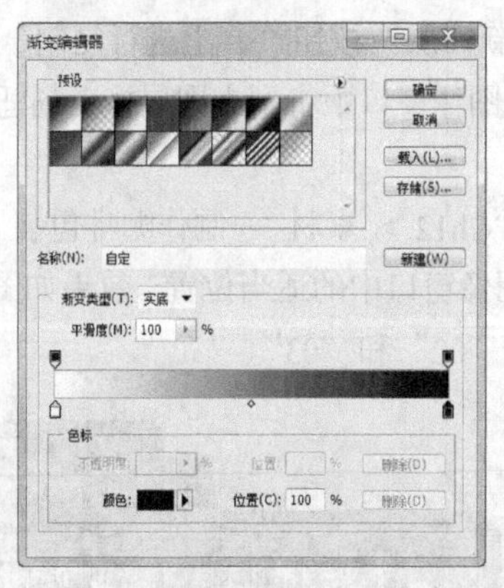

图 12-199

图 12-200

（3）按 Ctrl+O 组合键，打开本书学习资源中的“Ch12 > 效果 > 制作咖啡包装 > 咖啡包装平面图”文件。选择“矩形选框”工具，在图像窗口中绘制出需要的选区，如图 12-201 所示。选择“移动”工具，将选区中的图像拖曳到新建的图像窗口中，在“图层”控制面板中生成新的图层并将其命名为“正面”。

（4）按 Ctrl+T 组合键，图像周围出现控制手柄，拖曳控制手柄改变图像的大小，如图 12-202 所示。按住 Ctrl+Shift 组合键的同时，拖曳右上角的控制手柄到适当的位置，如图 12-203 所示，再拖曳右下角的控制手柄到适当的位置，按 Enter 键确认操作，效果如图 12-204 所示。

图 12-201

图 12-202

图 12-203

图 12-204

（5）选择“矩形选框”工具，在“咖啡包装平面图”的侧面拖曳鼠标绘制一个矩形选区，如图 12-205 所示。选择“移动”工具，将选区中的图像拖曳到新建的图像窗口中，在“图层”控制面板中生成新的图层并将其命名为“侧面”。

（6）按 Ctrl+T 组合键，图像周围出现控制手柄，拖曳控制手柄改变图像的大小，如图 12-206 所示。按住 Ctrl 键的同时，拖曳右上角的控制手柄到适当的位置，如图 12-207 所示，再拖曳右下角的控制手柄到适当的位置，按 Enter 键确认操作，效果如图 12-208 所示。

图 12-205

图 12-206

图 12-207

图 12-208

（7）选择“矩形选框”工具，在“咖啡包装平面图”的顶面绘制一个矩形选区，如图 12-209

所示。选择“移动”工具，将选区中的图像拖曳到新建的图像窗口中，在“图层”控制面板中生成新的图层并将其命名为“盒顶”。按 Ctrl+T 组合键，图像周围出现控制手柄，拖曳控制手柄改变图像的大小，如图 12-210 所示。

图 12-209

图 12-210

（8）按住 Ctrl 键的同时，拖曳左上角的控制手柄到适当的位置，如图 12-211 所示，再拖曳其他控制手柄到适当的位置，按 Enter 键确认操作，效果如图 12-212 所示。将“正面”图层拖曳到控制面板下方的“创建新图层”按钮上进行复制，生成新的图层“正面 副本”。选择“移动”工具，将副本图像拖曳到适当的位置，如图 12-213 所示。按 Ctrl+T 组合键，图像周围出现控制手柄，单击鼠标右键，在弹出的菜单中选择“垂直翻转”命令，垂直翻转图像，如图 12-214 所示。

图 12-211

图 12-212

图 12-213

图 12-214

（9）按住 Ctrl 键的同时，分别拖曳控制手柄到适当的位置，按 Enter 键确认操作，效果如图 12-215 所示。单击“图层”控制面板下方的“添加图层蒙版”按钮，为“正面 副本”图层添加蒙版，如图 12-216 所示。

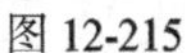
图 12-215

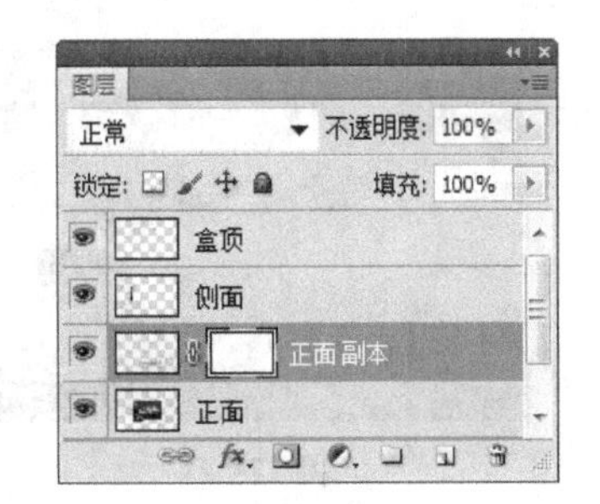

图 12-216

（10）选择“渐变”工具，选中属性栏中的“线性渐变”按钮，在图像窗口中由上至下拖曳渐变色，效果如图 12-217 所示。在“图层”控制面板中，将“正面 副本”拖曳到“正面”图层的下方。用相同的方法制作出侧面图像的投影效果，效果如图 12-218 所示。

图 12-217

图 12-218

（11）在“图层”控制面板中，单击“背景”图层左侧的眼睛图标，将“背景”图层隐藏。按 Ctrl+Shift+S 组合键，弹出“存储为”对话框，将其命名为“咖啡包装立体图”，保存为 PNG 格式，单击“保存”按钮，弹出“PNG 选项”对话框，单击“确定”按钮，将图像保存。

3. 制作包装广告效果

（1）按 Ctrl + O 组合键，打开本书学习资源中的“Ch12 > 素材 > 制作咖啡包装 > 08”文件，如图 12-219 所示。选择“滤镜 > 渲染 > 镜头光晕”命令，在弹出的对话框中进行设置，如图 12-220 所示，单击“确定”按钮，效果如图 12-221 所示。

（2）按 Ctrl+O 组合键，打开本书学习资源中的“Ch12 > 效果 > 制作咖啡包装 > 咖啡包装立体图”文件。选择“移动”工具，将素材图片拖曳到图像窗口的适当位置，并调整其大小，效果如图 12-222 所示，在“图层”控制面板中生成新的图层并将其命名为“立体包装”。

图 12-219

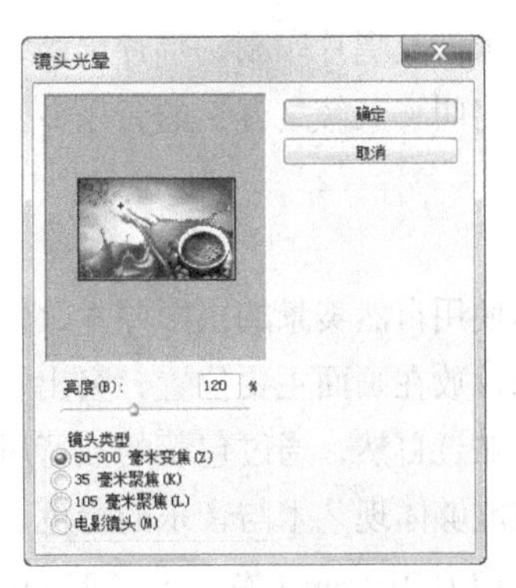

图 12-220

图 12-221

图 12-222

（3）选择“横排文字”工具T，在属性栏中选择合适的字体并设置大小，在图像窗口中输入需要的文字。选择“窗口 > 字符”命令，弹出“字符”面板，设置如图 12-223 所示，效果如图 12-224 所示。咖啡包装制作完成。

图 12-223

图 12-224

课堂练习 1——制作 CD 唱片包装

练习 1.1　项目背景及要求

1. 客户名称

星星唱片。

2. 客户需求

星星唱片是一家涉及唱片印刷、唱片出版、音乐制作、版权代理及无线运营等业务的唱片公司。公司即将推出一张名叫《天籁之音》的音乐专辑，需要制作专辑封面，封面设计要围绕专辑主题，注重专辑内涵的表现。

3. 设计要求

（1）包装封面使用自然美景的摄影照片，使画面看起来清新自然。

（2）将主题图片放在画面主要位置，突出主题。

（3）整体风格贴近自然，通过包装的独特风格来吸引消费者的注意。

（4）整体风格能够体现艺术与音乐的特色。

（5）设计规格均为 210mm（宽）× 297mm（高），分辨率为 72 dpi。

练习 1.2　项目创意及制作

1．设计素材

图片素材所在位置：本书学习资源中的“Ch12/素材/制作 CD 唱片包装/ 01 ~ 11”。

文字素材所在位置：本书学习资源中的“Ch12/素材/制作 CD 唱片包装/文字文档”。

2．设计作品

设计作品效果所在位置：本书学习资源中的“Ch12/效果/制作 CD 唱片包装.psd”，最终效果如图 12-225 所示。

3．制作要点

使用图层蒙版和渐变工具制作背景图片的叠加效果，使用描边命令和自由变换命令制作背景装饰框，使用钢笔工具绘制 CD 侧面图形，使用图层样式为图形添加斜面和浮雕效果。

图 12-225

课堂练习 2——制作汉字辞典包装

练习 2.1　项目背景及要求

1．客户名称

易峰青少年出版社。

2．客户需求

《汉字词典》是易峰青少年出版社策划的一本给高中生看的汉字词典。现要求为《汉字词典》制作包装，包装为精装，在图书发售时能够吸引用户的注意，设计要符合青少年的喜好，整体包装要具有艺术感。

3．设计要求

（1）书籍封面具有艺术感，表达出知识的魅力。

（2）设计要求使用暗色调的颜色，显得沉稳大气。

（3）添加一些装饰元素，能够丰富画面效果。

（4）包装展示真实可信，规格符合书籍要求。

（5）设计规格均为 456mm（宽）× 303mm（高），分辨率为 150 dpi。

练习 2.2 项目创意及制作

1. 设计素材

图片素材所在位置：本书学习资源中的“Ch12/素材/制作汉字辞典包装/ 01 ~ 06”。

文字素材所在位置：本书学习资源中的“Ch12/素材/制作汉字辞典包装/文字文档”。

2. 设计作品

设计作品效果所在位置：本书学习资源中的“Ch12/效果/制作汉字辞典包装.psd”，最终效果如图 12-226 所示。

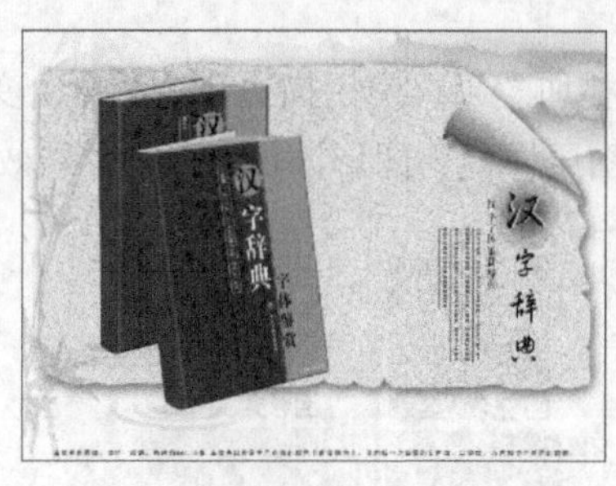

图 12-226

3. 制作要点

使用选框工具、滤镜命令、画笔工具、扩展命令和描边命令制作书面效果，使用色彩平衡命令调整图片的颜色，使用套索工具、添加杂色滤镜命令和图层样式制作卷页效果，使用矩形选框工具和拼缀图滤镜命令制作书页。

课后习题 1——制作酒盒包装

习题 1.1 项目背景及要求

1. 客户名称

云天酒庄。

2. 客户需求

云天酒庄是一家主要经营各类酒品的企业，现要求为公司最新酿制的白酒制作产品包装，包装重点要表现白酒的口感与特色，且与品牌的形象相符合。

3. 设计要求

（1）包装风格要求清新自然，突出牌品和卖点。

（2）能够凸显出白酒沉淀的气息。

（3）要使用舒适的色彩，丰富画面效果。

（4）图片与文字合理搭配，能够详细地介绍产品。

（5）设计规格均为 420mm（宽）×265mm（高），分辨率为 150 dpi。

习题 1.2　项目创意及制作

1. 设计素材

图片素材所在位置：本书学习资源中的“Ch12/素材/制作酒盒包装/ 01 ~ 09”。

文字素材所在位置：本书学习资源中的“Ch12/素材/制作酒盒包装/文字文档”。

2. 设计作品

设计作品效果所在位置：本书学习资源中的“Ch12/效果/制作酒盒包装.psd”，最终效果如图 12-227 所示。

图 12-227

3. 制作要点

使用移动工具、矩形工具以及文字工具制作酒盒包装平面图，使用变换命令制作酒盒包装立体图，使用移动工具和图层蒙版制作酒盒包装效果图。

课后习题 2——制作饮料包装

习题 2.1　项目背景及要求

1. 客户名称

玉石龙饮品公司。

2. 客户需求

玉石龙饮品公司是一家规模庞大，饮品种类众多的饮料经营公司。现阶段公司新研发了一款适合在夏季饮用的新品饮料，需设计一个关于该款饮料的罐装包装，包装设计既要起到宣传和吸引顾客注意的作用，又要能直观地表现出这款饮料适合炎热的夏季。

3. 设计要求

（1）设计风格要求冰爽可口，突出品牌和卖点。

（2）清新的色彩能够触动顾客的味蕾，要求色彩明快夺人眼球。

（3）画面简洁大方，以冰块为设计元素，文字效果突出显示。

（4）整体效果具有动感和活力。

（5）设计规格均为 100mm（宽）× 100mm（高），分辨率为 150 dpi。

习题 2.2　项目创意及制作

1．设计素材

图片素材所在位置：本书学习资源中的“Ch12/素材/制作饮料包装/ 01 ~ 04”。

文字素材所在位置：本书学习资源中的“Ch12/素材/制作饮料包装/文字文档”。

2．设计作品

设计作品效果所在位置：本书学习资源中的“Ch12/效果/制作饮料包装.psd”，最终效果如图 12-228 所示。

图 12-228

3．制作要点

使用渐变工具和添加图层混合模式命令制作背景效果，使用添加图层蒙版命令制作水滴和冰块效果，使用剪贴蒙版命令制作饮料包装立体效果。